Auslegung prototypischer Produktinkremente im Kontext agiler Entwicklungsprojekte

Prototype Design in Agile Product Development

Von der Fakultät für Maschinenwesen
der Rheinisch-Westfälischen Technischen Hochschule Aachen
zur Erlangung des akademischen Grades eines
Doktors der Ingenieurwissenschaften
genehmigte Dissertation

vorgelegt von

Elmar Sebastian Schlößer

Berichter:

Univ.-Prof. Dr.-Ing Dipl.-Wirt. Ing. Günther Schuh
apl. Prof. Dr.-Ing. Wolfgang Boos

Tag der mündlichen Prüfung: 08. Oktober 2020

ERGEBNISSE AUS DER PRODUKTIONSTECHNIK

Elmar Sebastian Schlößer

Auslegung prototypischer Produktinkremente im Kontext agiler Entwicklungsprojekte

Herausgeber:
Prof. Dr.-Ing. T. Bergs
Prof. Dr.-Ing. Dipl.-Wirt. Ing. G. Schuh
Prof. Dr.-Ing. C. Brecher
Prof. Dr.-Ing. R. H. Schmitt

Band 29/2020

WZL | RWTH AACHEN UNIVERSITY

Fraunhofer IPT

Bibliografische Information der Deutschen Nationalbibliothek
Die Deutsche Nationalbibliothek verzeichnet diese Publikation in der Deutschen Nationalbibliografie; detaillierte bibliografische Daten sind im Internet über https://portal.dnb.de abrufbar.

Elmar Sebastian Schlößer:

Auslegung prototypischer Produktinkremente im Kontext agiler Entwicklungsprojekte

1. Auflage, 2020

Gedruckt auf holz- und säurefreiem Papier, 100% chlorfrei gebleicht.

Apprimus Verlag, Aachen, 2020
Wissenschaftsverlag des Instituts für Industriekommunikation und Fachmedien an der RWTH Aachen
Steinbachstr. 25, 52074 Aachen
Internet: www.apprimus-verlag.de, E-Mail: info@apprimus-verlag.de

Druck: KN Digital Printforce GmbH, Stuttgart

ISBN 978-3-86359-914-0

D 82 (Diss. RWTH Aachen University, 2020)

Vorwort

Diese Dissertation entstand während meiner Zeit als wissenschaftlicher Mitarbeiter am Lehrstuhl für Produktionssystematik des Werkzeugmaschinenlabors (WZL) der RWTH Aachen in der Abteilung Innovationsmanagement. Zwar sind die Dissertation und die Promotion stark personenbezogen, allerdings wird durch sie ebenso ein Weg beschrieben, der von zahlreichen Personen geebnet und fortlaufend unterstützt wurde. Diesen Personen möchte ich von Herzen danken.

Zunächst danke ich Herrn Professor Günther Schuh, meinem Doktorvater und Inhaber des Lehrstuhls für Produktionssystematik am WZL, für die Schaffung eines Umfelds, welches meine persönliche und fachliche Entwicklung durch kontinuierlich neue Herausforderungen maßgeblich gefördert hat. Seine visionären Sichtweisen und seine Expertise zum Thema der agilen Produktentwicklung sowie die in dem Zusammenhang geschaffenen Anwendungsbeispiele auf dem RWTH Aachen Campus waren ausschlaggebend für die Themenfindung und die Motivation meiner Dissertation.

Für die Übernahme des Koreferats danke ich Herrn Professor Boos. Herrn Professor Stumpf danke ich für die Übernahme des Prüfungsvorsitzes und Herrn Professor Trimpe danke ich für die Übernahme des Prüfungsbeisitzes.

Bedanken möchte ich mich bei meinem Oberingenieur, Dr. Michael Riesener, der mir in den ersten Jahren als wissenschaftlicher Mitarbeiter sein Vertrauen in verschiedenster Weise schenkte und meine ersten Schritte zur Promotion unterstützte. Ein besonderer Dank gilt meinem ersten Gruppenleiter und späteren Oberingenieur, Dr. Christian Dölle. Von der ersten Dissertationsidee bis zur Durchsicht der finalen Dissertationsschrift war er zeitgleich ein kritischer Diskussionspartner, ein konstruktiver Impulsgeber, ein akribischer Prüfer, ein motivierender Chef und ein guter Freund.

Aufgrund des freundschaftlich-kollegialen Umgangs mit meinen Kolleginnen und Kollegen in der Abteilung Innovationsmanagement blicke ich mit großer Freude und voller positiver Erinnerungen auf die Zeit am WZL zurück. Zuerst danke ich Dr. Kai Korthals und Dr. Sebastian Barg, die mir während meiner Zeit als studentische Hilfskraft das gesamte Spektrum von spannenden Beratungstätigkeiten, herausfordernden Phasen des Dissertationsprozesses bis hin zu unvergesslichen Abteilungsfahrten und -feiern aufzeigten. Dr. Jan Kantelberg, Dr. Frederic Diels und Johanna Ays danke ich für zahlreiche Diskussionen im „Diss-Cluster Agil". Jan Koch und Christian Tönnes haben entscheidend zur Motivation in vielen Arbeitsrunden an den Wochenenden beigetragen. Dr. Christian Mattern danke ich für seine kompetente Unterstützung in den Vorbereitungen zu meinem Dispositionsgespräch. Für die tolle gemeinsame Zeit als Gruppenleiter und Bürokollege sowie unzählige wertvolle Stunden auch außerhalb des Büros danke ich Maximilian Kuhn. Über die Zeit am WZL hinausgehende gute Freundschaften entstanden außerdem mit Alexander Menges, Michael Mendl-Heinisch und Jonas Tittel, die durch ihren Einsatz für verschiedene Freizeitaktivitäten wertvolle Erinnerungen im Kollegenkreis prägten. Ich bin sicher, diesen Spirit werden die vielen tollen Menschen der nächsten WZL'er Generationen weiter prägen.

Bedanken möchte ich mich zudem bei meinen studentischen Mitarbeiterinnen und Mitarbeitern, insbesondere bei Annika Becker, Jan-Marco Radermacher und David Richard, für ihre wertvolle Unterstützung und den konstruktiven Diskurs.

Paul Zeller und Jérôme Uelpenich sind seit dem Mathematik-Vorkurs an der RWTH Aachen gute Freunde und seither wesentliche Wegbegleiter meiner akademischen und persönlichen Entwicklung. Ihnen wünsche ich auf der Zielgeraden zu ihren Promotionen den größten Erfolg und danke ihnen für die jahrelange Unterstützung. Meinen Schulfreunden Mark Rossbroich und Simon Lennartz danke ich für die lange und enge Freundschaft sowie ihr stetes Interesse an meinem Werdegang.

Meinen Eltern danke ich für ihre fortwährende Unterstützung in allen Lebensphasen. Die Begeisterung meines Vaters Friedo für technische Sachverhalte und sein motivierender Zuspruch haben meinen Werdegang wesentlich geprägt. Meine Mutter Kornelia legte durch ihre unendliche Fürsorge die Grundlagen für große Teile meiner schulischen und akademischen Laufbahn und meine Schwester Carina lebt mir bis heute in weiten Teilen meines Lebens einen beispielhaften Weg vor. Abschließend danke ich meiner Freundin Natalie, die mich während meiner Bachelor- und Masterarbeit und nun während meiner Promotion nicht nur als verständnisvoller Rückhalt begleitet hat. Maßgeblich hat sie mir auch in schwierigen Phasen des Dissertationsprozesses immer wieder die Perspektive des „Großen Ganzen" aufgezeigt, woraus ich neue Kraft und Motivation ziehen konnte. Ihre liebevolle, kreative und offene Art sowie ihre Unternehmenslust waren ausschlaggebend für viele Erlebnisse und Freundschaften, welche die Promotion für mich zu einer unvergesslichen Lebensphase gemacht haben. Eure beständige Unterstützung erfüllt mich mit tiefer Dankbarkeit, weshalb ich euch diese Arbeit widme.

Aachen, im Oktober 2020

Sebastian Schloesser

Zusammenfassung

Die Entwicklungsbereiche produzierender Unternehmen erfahren heute einen zunehmenden Innovationsdruck, um sich im globalen Wettbewerbsumfeld nachhaltig erfolgreich positionieren zu können. Innovative Produkte müssen in dem Zuge in immer kürzeren Zyklen auf globalen Absatzmärkten positioniert werden. Gleichzeitig nimmt die Dynamik technologischer Entwicklung ebenso zu wie die Volatilität und Unsicherheit marktseitiger Kundenbedürfnisse. Um diesen Herausforderungen zu begegnen, adaptieren produzierende Unternehmen zunehmend agile Entwicklungsprozesse, wodurch in der Softwareentwicklung bereits vergleichbare Herausforderungen erfolgreich adressiert wurden. Maßgeblich rückt dabei die Verwendung von prototypischen Realisierungen vorläufiger Entwicklungsergebnisse während des Entwicklungsprozesses in den Fokus der Betrachtung. In zeitlich definierten Entwicklungszyklen werden prototypische Produktinkremente realisiert, um den Entwicklungsfortschritt mit verschiedenen Stakeholdern frühzeitiger und kurzzyklischer zu validieren. Dabei ist jedoch erkennbar, dass die technische und organisatorische Planung prototypischer Produktinkremente häufig unsystematisch erfolgt.

Folglich besteht das Ziel dieser Arbeit darin, die Auslegung prototypischer Produktinkremente im Kontext agiler Entwicklungsprojekte methodisch zu unterstützen. Anhand einer durchgängigen Methodik soll im Rahmen der Planung von Entwicklungszyklen definiert werden, welche technischen Design-Parameter des Produkts im jeweils nächsten prototypischen Produktinkrement spezifiziert und validiert werden.

Die Methodik besteht aus fünf Teilmodellen. Zunächst gilt es in einem ersten Schritt das zu entwickelnde Produkt in einer Form zu modellieren, die eine spätere Ableitung prototypischer Produktinkremente ermöglicht. Im zweiten Schritt werden Produktumfänge hinsichtlich ihrer Wichtigkeit zur Beantwortung entwicklungsbezogener Fragestellungen unterschieden. Der dritte Schritt dient der Beschreibung und fragestellungsspezifischen Priorisierung technischer Design-Parameter. Alle technischen Design-Parameter werden im vierten Schritt hinsichtlich ihrer Eignung zur Spezifikation und Validierung im nächsten prototypischen Produktinkrement bewertet. Auf dieser Basis erfolgt im fünften Schritt die Auslegung des prototypischen Produktinkrements durch Auswahl und Kombination der geeigneten technischen Design-Parameter.

Summary

Today, the development departments of manufacturing companies experience an increasing pressure to innovate in order to position themselves successfully in the global competitive environment. Innovative products must be positioned in global sales markets in shortened cycles. At the same time, the dynamic of technological development as well as the volatility and uncertainty of market needs are increasing. To meet these challenges, manufacturing companies are adapting agile development processes, which have already successfully addressed similar challenges in software development. The use of prototypical realizations of preliminary development results during the development process is a key factor in this context. Prototypical product increments are realized in time-defined development cycles in order to validate the development progress with different stakeholders at an early stage and in short cycles. However, it turns out that the technical and organizational planning of prototypical product increments is often conducted unsystematically.

Therefore, the goal of this thesis is to methodically support the design of prototypical product increments in the context of agile development projects. By means of a consistent methodology, it shall be defined in the context of planning development cycles which technical design parameters of the product are to be specified and validated in the next prototypical product increment.

The methodology consists of five sub-models. In a first step, the product to be developed is modelled in a form that allows a later derivation of prototypical product increments. In the second step, product scopes are differentiated according to their importance for answering development-related questions. The third step serves to describe and prioritize technical design parameters in a question specific way. In the fourth step, all technical design parameters are evaluated with regard to their suitability for specification and validation in the next prototypical product increment. On this basis, the fifth step defines the design of the prototypical product increment by selecting and combining an appropriate set of technical design parameters.

Inhaltsverzeichnis

Verzeichnis der Abbildungen

Verzeichnis der Tabellen

Verzeichnis der Abkürzungen

ABS	Antiblockiersystem
acatech	Deutsche Akademie der Technikwissenschaften
AG	Aktiengesellschaft
ASME	American Society of Mechanical Engineers
Aufl.	Auflage
BM	Basismerkmal
bspw.	beispielsweise
bzw.	beziehungsweise
bzgl.	bezüglich
ca.	circa
CAD	Computer Aided Design
CIRP	College International pour la Recherche en Productique
CPM	Critical Path Method
d.h.	das heißt
DIN	Deutsches Institut für Normung e.V
DSM	Design Structure Matrix
elektr.	Elektrisch
EN	Europäische Norm
engl.	englisch
ESP	Elektronisches Stabilitäts Programm
et al.	et alii

etc.	et cetera
F&E	Forschung und Entwicklung
f.	folgende
ff.	fortfolgende
FM	Fakultatives Merkmal
FMEA	Failure Mode and Effect Analysis
ggf.	gegebenenfalls
h	Stunden
HCI	Humam-Computer-Interaction
Hrsg.	Herausgeber
Hrsg. v.	herausgegeben von
ID	Identifikationsnummer
i.d.R.	in der Regel
inform.	informationstechnisch
IPT	Fraunhofer Institut für Produktionstechnologie
i.S.e.	im Sinne einer
ISO	Internationale Organisation für Normung
IEEE	Institute of Electrical and Electronics Engineers, INC.
Jg.	Jahrgang
Kap.	Kapitel
kHz	Kilohertz
LED	Light-emitting diodes
LH	Lösungshypothese
LM	Leistungsmerkmal
MECE	mutually exclusive and collectively exhaustive

mech.	Mechanisch
mm	Millimeter
mN	Millinewton
MVP	Minimum Viable Product
Nr.	Nummer
o.V.	ohne Verfasserangabe
OECD	Organisation für wirtschaftliche Zusammenarbeit und Entwicklung
QFD	Quality Function Deployment
PCB	Printed Circuit Board
PEP	Produktentwicklungsprozess
RM	Rückweisendes Merkmal
RWTH	Rheinisch-Westfälische Technische Hochschule
S.	Seite
SAFe	Scaled Agile Framework
SOP	Start of Production
Tab.	Tabelle
TDP	Technischer Design-Parameter
TH	Technische Hochschule
TMS	Think.Make.Start
TPS	Toyota Production System
TRL	Technology Readiness Level
TU	Technische Universität
u.a.	unter anderem
UM	Unerhebliches Merkmal
USA	Vereinigte Staaten von Amerika

VDA	Verband der Automobilindustrie e.V.
VDI	Verein Deutscher Ingenieure e.V.
VDID	Verband Deutscher Industrie Designer e.V.
VDMA	Verband Deutscher Maschinen- und Anlagenbauer e.V.
Verl.	Verlag
vgl.	vergleiche
WGP	Wissenschaftliche Gesellschaft für Produktionstechnik
WS	Widerspruch
WZL	Werkzeugmaschinenlabor der RWTH Aachen
z.B.	zum Beispiel

Verzeichnis der Formelzeichen

AKB	Absoluter Konfidenzbeitrag einer Fragestellung
a	Relative Wichtigkeit der Dimension Desirability
b	Relative Wichtigkeit der Dimension Feasibility
BOSB	Beitrag zur objektorientierten Systembestimmung
c	Relative Wichtigkeit der Dimension Viability
$a_{i,j}$	Binärvariable zur Darstellung des Zusammenhangs zwischen Design-Parameter und Produktfunktion
$b_{j,q}$	Entscheidungsvariable bzgl. des Funktionstyps
$c_{i,j,h}$	Binärvariable zur Darstellung des Zusammenhangs zwischen Design-Parameter und Merkmal
$d_{j,h,q}$	Entscheidungsvariable bzg. des Merkmaltyps
des	Desirability
feas	Feasibility
FSKB	Fragestellungsspezifischer Konfidenzbeitrag
GKB	Gesamter Konfidenzbeitrag eines Design-Parameters
g	Binärvariable zur Beschreibung der aktuellen Auslegung
h	Laufindex für Prototypenmerkmale (h=1 bis h=o)
i	Laufindex für technische Design-Parameter (i=1 bis i=n)
j	Laufindex für Produktfunktionen (j=1 bis j=m)
K	Kritikalität einer Fragestellung
m	Anzahl Produktfunktionen

n	Anzahl technischer Design-Parameter
o	Anzahl Prototypenmerkmals
p	Grad der Bestimmtheit eines Design-Parameters
q	Laufindex für Fragestellungen (q=1 bis q=t)
Rel FSKB	Relativer fragestellungsspezifischer Konfidenzbeitrag
SW	Startwert eines Design-Parameters
T_{fix}	Zeitlich fixierte Länge
t	Anzahl Fragestellungen
UH	Unsicherheitshöhe einer Fragestellung
viab	Viability
x, y	Binärvariablen zur Darstellung des richtungsbezogenen Zusammenhangs zwischen zwei Design-Parametern

1 Einleitung

1.1 Motivation

Nachhaltiger Unternehmenserfolg für Unternehmen der produzierenden Industrie am Hochlohnstandort Deutschland lässt sich im Zuge des zunehmenden globalen Wettbewerbs heute maßgeblich durch innovative Produkte und Lösungen realisieren.[1] Insbesondere radikale Produkt- oder Geschäftsmodellinnovationen haben dabei das Potenzial, umfassende Wettbewerbsvorteile zu erzeugen.[2] Allerdings ist erkennbar, dass Unternehmen am Standort Deutschland eher inkrementelle Innovationen hervorbringen, welche bestehende Produkte erweitern und die Realisierung von Sprunginnovationen vornehmlich ausländischen Wettbewerbern, beispielsweise aus den USA, gelingt.[3] Ein Grund für die Zurückhaltung bei Entwicklungsvorhaben mit radikalem Innovationscharakter liegt in dem hohen Risiko derartiger Projekte. Während die Aufwände für Entwicklung und Zulassung technischer Produkte branchenübergreifend in den vergangenen Dekaden signifikant zugenommen haben[4], attestiert eine aktuelle Studie, dass 95% der Neuproduktideen technologieorientierter Unternehmen scheitern und, dass lediglich 50% der Produkte, die es bis zur Markteinführung schaffen, auch zu einem Markterfolg werden.[5] Die Kombination beider Faktoren sowie das resultierende Risiko lässt die Durchführung radikaler Innovationsvorhaben für mittelständische Unternehmungen nicht selten zur existenziellen Bedrohung werden.[6] Eine Gegenmaßnahme zur Begegnung der aufgezeigten Risiken wird in der frühzeitigen Kundenorientierung gesehen, wodurch die Erfolgswahrscheinlichkeit kundengerechter Innovationen gesteigert wird.[7] Dabei zeigen die Möglichkeiten der kundenorientierten Entwicklung verschiedene Formen bis hin zur „Co-Creation", bei der potenzielle Kunden aktiv in den Innovationsprozesses eingebunden werden.[8] Aufgrund der fehlenden Abstraktionsfähigkeit potenzieller Kunden ist es dabei unerlässlich, bereits

[1] Vgl. Schuh et al. (2017), Radikale Innovationen und neue Geschäftsmodelle, 55.
[2] Vgl. Serrat (2017), Knowledge Solutions, S. 504.
[3] Vgl. Harhoff et al. (2018), Impulse für Sprunginnovationen in Deutschland (acatech Diskussion), S. 9.
[4] Vgl. Erixon und Weigel (2016), The Innovation Illusion, S. 133ff.
[5] Vgl. Kerka et al. (2017), FuE-Management: Mehr aus knappen Innovationsressourcen machen.
[6] Vgl. Gassmann und Kobe (2006), Management von Innovation und Risiko, S. 191.
[7] Vgl. Kerka et al. (2017), FuE-Management: Mehr aus knappen Innovationsressourcen machen.
[8] Vgl. Grafmüller, Leontin K.Möslein, Kathrin M. (2017), Customer Co-Creation, S. 57.

in frühen Phasen des Entwicklungsprozesses mit vereinfachten Prototypen zu arbeiten, um eine effektive Kundeneinbindung zu gewährleisten.[9] Auf diese Weise wird in iterativen Zyklen die Markt- und Kundenkenntnis weiterentwickelt.[10] Diese Herangehensweise des experimentellen Entwickelns ist insbesondere aus agilen Softwareentwicklungsprozessen[11] sowie aus den Praktiken zum besseren Kundenverständnis im Design Thinking[12] bekannt und wird von Unternehmen der produzierenden Industrie für ausgewählte Entwicklungsphasen und Produktumfänge heute adaptiert.

Neben den Risiken in Innovationsprojekten erfordern die hohe Volatilität von Marktanforderungen sowie die hohe technologische Dynamik in Zeiten des digitalen Wandels[13] eine gesteigerte Reaktionsfähigkeit für Unternehmen entlang des Entwicklungsprozesses.[14] Die beiden Effekte führen dazu, dass es Unternehmen schwerfällt, die Produktanforderungen zu Beginn eines Entwicklungsprozesses korrekt zu definieren.[15] Gleichzeitig sind die domänenübergreifenden Anforderungen insbesondere bei mechatronischen Produktentwicklungen stark verknüpft, was zu einer besonderen Herausforderung in Bezug auf die flexible Reaktionsfähigkeit im Laufe eines Entwicklungsprozesses führt.[16] Darüber hinaus erkennen Unternehmen, dass die etablierten Richtlinien im Innovationsprozess schwer vereinbar sind mit der geforderten Flexibilität bei der Realisierung radikaler Innovationen.[17] Vor ähnlichen Herausforderungen stehend wurden in der industriellen Praxis der Softwareentwicklung innerhalb der vergangenen beiden Dekaden die etablierten Wasserfallprozesse weitestgehend durch agile Prozessrahmen, wie beispielsweise Scrum ersetzt.[18] Diese agilen Entwicklungsansätze zeichnen sich durch ihre eingebaute Flexibilität aus, da sie nicht von einer vollständigen Anforderungsdokumentation zu Entwicklungsbeginn ausgehen, sondern diese entwicklungsbegleitend erstellen.[19] Aufgrund der vielversprechenden Nutzenpotenziale adaptieren zunehmend auch produzierende Unternehmen verschiedener Branchen agile Entwicklungsansätze aus der Softwareentwicklung.[20] Eine aktuelle Studie des Werkzeugmaschinenlabors (WZL) der RWTH Aachen in Zusammenarbeit mit

[9] Vgl. Debruyne und Tackx (2019), Customer innovation, S. 209.
[10] Vgl. Ehrlich et al. (2017), Agile Insights – früher wissen, was Kunden wollen, S. 40.
[11] Vgl. Ries et al. (2017), Lean Enterprise, S. 72f.
[12] Vgl. Liedtka (2019), Warum Design Thinking funktioniert, S. 50.
[13] Vgl. Abbosh et al. (2019), Pivot to the future, S. 10ff.
[14] Vgl. Smith (2007), Flexible product development, S. 2.
[15] Vgl. Cooper (2017), Idea-to-Launch Gating Systems, S. 48.
[16] Vgl. Albers et al. (2018), Managing Systems of Objectives in the agile Development, S. 1.
[17] Vgl. Swarek (2016), Digitalisierte Innovation, S. 305.
[18] Vgl. Merkow (2020), Secure, Resilient and Agile Software Development, S. 1f.
[19] Vgl. Schwaber und Sutherland (2017), The Scrum Guide, S. 15.
[20] Vgl. VDI (2018), Agile Entwicklung physischer Produkte, S. 4.

dem Fraunhofer Institut für Produktionstechnologie (IPT) zeigt, dass fast die Hälfte der Unternehmen, welche mit der erfolgreichen Anwendung agiler Entwicklungsprozesse bereits weit fortgeschritten sind, keine vollständigen Lastenhefte zum Beginn der Entwicklungsprojekte mehr einfordern.[21] Eine weitere Studie der genannten Organisationen zeigt, dass wiederum 85% der erfolgreichen Anwender agiler Entwicklungsprozesse angeben, Prototypen systematisch zur Spezifizierung und Validierung von Teilanforderungen einzusetzen.[22]

Neben den geschilderten hohen Risiken radikaler Innovationen und dem zunehmenden Bedarf flexibler Entwicklungsprozesse besteht in der industriellen Praxis der Trend, Produktlebenszyklen kontinuierlich zu verkürzen und in immer kürzeren Intervallen verbesserte Produkte auf den Märkten zu platzieren.[23] Aus diesem Trend resultiert der Bedarf nach beschleunigten Entwicklungsprozessen.[24] Da die Softwareentwicklung auch dieser Herausforderung mit agilen Entwicklungsprozessen erfolgreich begegnet ist, besteht ein weiterer Grund für produzierende Unternehmen, sich mit den entsprechenden Ansätzen auseinanderzusetzen.

Offenbar versprechen agile Entwicklungsmethoden, die drei zentralen Herausforderungen der heutigen Produktentwicklung (Reduzierung der Risiken, Steigerung der Adaptionsfähigkeit, Beschleunigung der Produktentwicklung) zu adressieren, sodass bereits einige Unternehmen die Skalierung entsprechender Methoden auf die Entwicklungsorganisation umsetzen.[25] Neben den deutschen Kernbranchen Maschinenbau und Fahrzeugtechnik[26] zeigen auch hochregulierte Branchen wie die Luft- und Raumfahrt[27] erste Beispiele agiler Entwicklungsprozesse. Nachweislich gelingt es den Anwendern agiler Entwicklungsprozesse, Innovationen unter unsicheren Rahmenbedingungen adaptionsfähiger und schneller als mit herkömmlichen Prozessansätzen umzusetzen, aber es besteht der Bedarf, etablierte Entwicklungsmethoden anzupassen, um die agilen Methoden im Unternehmen skalierbar und anwendbar zu machen.[28]

Diesem Anspruch hat sich die wissenschaftliche Literatur in den vergangenen Jahren bereits angenommen und bestehende Standardwerke der Produktentwicklung in den

---

[21] Vgl. WZL der RWTH Aachen und Fraunhofer IPT (2019), Benchmarking Agile Product Development.

[22] Vgl. WZL der RWTH Aachen und Fraunhofer IPT (2018), Benchmarking Agile Invention.

[23] Vgl. Hopf (2016), Integration of Mobile Device Features in Product Data Management Systems, S. 331f.

[24] Vgl. Schwerak (2017), Sicherheit durch Agile, S. 26.

[25] Vgl. Rigby et al. (2019), Das agile Unternehmen, S. 33.

[26] Vgl. VDI (2018), Agile Entwicklung physischer Produkte, S. 9.

[27] Vgl. Garzaniti et al. (2019), Effectiveness of the Scrum Methodology for Agile Development of Space Hardware; Mosher et al. (2018), Agile Hardware Development Approaches Applied to Space Hardware.

[28] Vgl. VDI (2018), Agile Entwicklung physischer Produkte, S. 23.

aktuellsten Auflagen um agile Methodenelemente erweitert.[29] COOPER UND SOMMER führen mit „Protocepts" beziehungsweise „Pretotypes" neuartige Begriffe ein, um den notwendigen Neuinterpretationen im Kontext der Nutzung von Prototypen in agilen Entwicklungsprozessen gerecht zu werden.[30] Diese Neuinterpretation wird notwendig, da aus den Lösungsansätzen für die beiden eingangs vorgestellten Herausforderungen ein neuartiges Nutzungsverständnis für Prototypen resultiert. Demnach werden Prototypen frühzeitiger und kurzzyklischer genutzt, um Entwicklungsrisiken zu eliminieren und dienen gleichzeitig der schrittweisen Spezifikation und Validierung des Produkts. Nach SCHUH ET AL. wird die Planung von Prototypen zum Taktgeber agiler Entwicklungsprozesse.[31] Darüber hinaus bieten Methoden des „Rapid Prototypings" ideale Voraussetzungen, die Fertigung prototypischer Realisierungen im eigenen Unternehmen schnell umzusetzen.[32] Gleichzeitig wird die Einbindung von prototypischen Realisierungen aber bis heute in verschiedenen Studien als zentrale Herausforderung bei der Integration agiler Entwicklungsmethoden in Produktentwicklungsprozesse bewertet.[33] Dies ist dadurch begründet, dass die etablierte phasenorientierte Umsetzung vordefinierter Prototypen abgelöst wird durch eine bedarfsgerechte Gestaltung und Nutzung vereinfachter prototypisch realisierter Entwicklungsstände.[34] Dabei gilt es, sich von dem verbreiteten Verständnis, Prototypen würden in Eigenschaften und Verhalten nahezu dem Endprodukt gleichen, zu lösen.[35]

1.2 Zielsetzung der Arbeit

Vor dem Hintergrund der dargestellten Herausforderungen besteht das Ziel der vorliegenden Forschungsarbeit darin, die Gestaltung prototypischer Produktinkremente in agilen Entwicklungsprojekten für technische Produkte methodisch zu unterstützen. Dem Anwender der Methodik soll ein Hilfsmittel bereitgestellt werden, mit dem die Ausgestaltung von Prototypen die frühe und kurzzyklische Reduzierung von Risiken im Entwicklungsprojekt adressiert. Die Definition von Prototypen soll zudem eine

[29] Vgl. Fuchs und Golenhofen (2019), Mastering Disruption and Innovation in Product Management; Ullman (2019), Scrum for hardware design.

[30] Vgl. Cooper und Sommer (2018), Agile–Stage-Gate for Manufacturers, S. 23.

[31] Vgl. Schuh et al. (2017), Agile Produktentwicklung, S. 39ff.

[32] Vgl. Bergweiler et al. (2019), Agile Entwicklung mit physischen Prototypen, S. 46f.

[33] Vgl. Atzberger und Paetzold (2019), Current Challenges of Agile Hardware Development, S. 2212f.; VDI (2018), Agile Entwicklung physischer Produkte, S. 23.

[34] Vgl. Kampker et al. (2016), Prototypen im agilen Entwicklungsmanagement, S. 75.

[35] Vgl. Di Resta et al. (2015), The hardware startup, S. 79.

adaptionsfähige Spezifikation und Validierung des Produkts ermöglichen und im Hinblick auf die Maßgabe zeitlich definierter Entwicklungszyklen erfolgen.

Die Zielsetzung lässt sich somit wie folgt zusammenfassen:

Zielsetzung dieser Arbeit ist die Befähigung produzierender Unternehmen zur Erschließung der Potenziale agiler Entwicklungsprozesse mit Hilfe einer durchgängigen Methodik zur Auslegung prototypischer Produktinkremente im Rahmen der Planung von Entwicklungszyklen.

Aus dieser Zielsetzung lassen sich folgende Teilziele ableiten:

- Erarbeitung eines **Beschreibungsmodells** zur prototypenorientierten Beschreibung technischer Produkte, sodass die Ableitung prototypischer Produktinkremente möglich wird.
- Erarbeitung eines **Erklärungsmodells** zur fragestellungsspezifischen Differenzierung von Produktumfängen, sodass die Zusammenhänge zwischen einzelnen Fragestellungen des Entwicklungsvorhabens und konkreten Funktionen und Eigenschaften des Produkts ersichtlich werden.
- Erarbeitung eines **Erklärungsmodells** zur fragestellungsspezifischen Priorisierung technischer Design-Parameter, sodass die zu spezifizierenden und zu validierenden Produktumfänge technisch beschrieben werden können.
- Erarbeitung eines **Erklärungsmodells** zur Bewertung technischer Design-Parameter, sodass die Nutzenversprechen agiler Entwicklungsprozesse bei der Auslegung prototypischer Produktinkremente berücksichtigt werden.
- Erarbeitung eines **Entscheidungsmodells** zur Bestimmung der optimalen Auslegung prototypischer Produktinkremente, sodass dem Anwender der Methodik Handlungsoptionen und entsprechende Auswirkungen aufgezeigt werden.

Zur Eingrenzung des Betrachtungsbereichs sowie zur Absicherung des Forschungsprozesses empfiehlt KUBICEK die Formulierung grundlegender Forschungsfragen.[36] Für die vorliegende Dissertation wird aus der oben genannten Zielsetzung folgende Forschungsfrage abgeleitet:

„Wie können prototypische Produktinkremente im Rahmen der Planung von Entwicklungszyklen agiler Produktentwicklungsprojekte ausgelegt werden?“

[36] Vgl. Kubicek (1977), Heuristische Bezugsrahmen, S. 25.

Gegenstand der folgenden Dissertationsschrift ist die Beantwortung dieser Forschungsfrage unter Darlegung des strukturierten Forschungsprozesses. Der zugrundeliegende forschungsmethodische Ansatz wird im folgenden Kapitel erläutert.

1.3 Forschungskonzeption

Der Prozess wissenschaftlicher Forschung lässt sich nach BINDER UND KANTOWSKY mit dem Bild einer Reise vergleichen. Der Forschende erschließt auf seiner Reise durch Entdecken neuer Orte und Länder „[...] eine neue Wirklichkeit für sich und die ‚scientific community'[...]"[37].[38] Dabei sind die Beschreibung und Weitergabe der gemachten Entdeckungen die wesentliche Aufgabe des Forschenden. Zu diesem Zweck muss zunächst die Erkenntnisperspektive und die methodologische Vorgehensweise des Erkenntnisprozesses verdeutlicht werden.[39]

In der vorliegenden Arbeit wird dazu die in Abbildung 1-1 gezeigte Wissenschaftssystematik von ULRICH UND HILL verwendet, um die Erkenntnisperspektive einzuordnen. Demnach werden die Wissenschaften in die Bereiche der Formalwissenschaften und der Realwissenschaften unterteilt.

Abbildung 1-1: Wissenschaftssystematik[40]

[37] Binder und Kantowsky (1996), Technologiepotentiale, S. 3f.

[38] Vgl. Dölle (2017), Projektsteuerung in der Produktentwicklung mittels Predictive Analytics, S. 7.

[39] Vgl. Binder und Kantowsky (1996), Technologiepotentiale, S. 3.

[40] In Anlehnung an Ulrich und Hill (1976), Wissenschaftstheoretische Grundlagen der Betriebswirtschaftslehre, S. 305; Dölle (2017), Projektsteuerung in der Produktentwicklung mittels Predictive Analytics, S. 8.

Die Formalwissenschaften verfolgen das Ziel, durch die Konstruktion von Zeichensystemen und Regeln zur Verwendung der Zeichen, Sprachen zu entwickeln. Zu diesen Sprachen wird die Mathematik, die Logik oder die Philosophie gezählt. Die Realwissenschaften verfolgen das Ziel, empirisch wahrnehmbare Ausschnitte der Wirklichkeit zu beschreiben, zu erklären und zu gestalten. Untergliedert werden die Realwissenschaften in die reinen Grundlagenwissenschaften und die angewandten Handlungswissenschaften. Zu den reinen Grundlagenwissenschaften zählen beispielsweise die Physik, die Chemie oder die Biologie. Diese besitzen ein rein theoretisches Ziel, indem sie empirische Wirklichkeitsausschnitte erklären. Zu den angewandten Handlungswissenschaften zählen die Psychologie oder die Betriebswirtschaftslehre. Diese verfolgen ein praktisches Ziel, indem sie menschliche Handlungsalternativen analysieren.[41]

Bereits die Motivation in Kapitel 1.1 sowie die Zielsetzung in Kapitel 1.2 haben gezeigt, dass die Entwicklung technischer Produkte den Betrachtungsgegenstand der vorliegenden Forschungsarbeit darstellt. Somit ist die Forschungsarbeit den Ingenieurwissenschaften zuzuordnen, welche sich an der Schnittstelle zwischen den Handlungswissenschaften und den Grundlagenwissenschaften einordnen lassen. Dies ist durch die Tatsache begründet, dass sich die Ingenieurwissenschaften zwar realer Probleme annehmen, bei der Lösung aber auf den Anspruch der Geschlossenheit und der vollkommenen Mathematisierung verzichtet wird und somit nicht von einer „reinen Theorie" gesprochen werden kann.[42] In Kapitel 3.1 werden die angedeuteten Herausforderungen und Defizite der industriellen Praxis im Zusammenhang der Auslegung prototypischer Produktinkremente vertieft. Dabei wird herausgestellt, dass die Idee für das Forschungsvorhaben im Rahmen von Beratungstätigkeiten in der Industrie entstanden ist und diese Arbeit somit im unmittelbarem Praxiszusammenhang steht. Die zu entwickelnde Methodik verfolgt das Ziel, den handelnden Führungskräften in einem Produktentwicklungsprojekt Handlungsalternativen aufzuzeigen und gleichzeitig eine Entscheidungsunterstützung anzubieten. Gleichzeitig werden zu diesem Zweck Ausschnitte der Methodik mathematisiert, um eine automatisierbare Entscheidungsunterstützung zu gewährleisten. Wie oben beschrieben, erhebt das mathematische Modell aber nicht den Anspruch auf Vollständigkeit und Ausschließlichkeit, sondern dient dem handelnden Menschen als Unterstützung. Daher wird die Arbeit den Handlungswissenschaften zugeordnet.

[41] Vgl. Ulrich und Hill (1976), Wissenschaftstheoretische Grundlagen der Betriebswirtschaftslehre, S. 305f.

[42] Vgl. Ulrich und Hill (1976), Wissenschaftstheoretische Grundlagen der Betriebswirtschaftslehre, S. 308; Dölle (2017), Projektsteuerung in der Produktentwicklung mittels Predictive Analytics, S. 9.

Somit ist die Erkenntnisperspektive festgelegt, sodass noch die Vorgehensweise entlang des Erkenntnisprozesses vorgestellt werden muss. Dazu bedarf es der Darstellung einer Leitidee für die Vorgehensweise im Forschungsprozess, um die Subjektivität in der wissenschaftlichen Arbeit in Form vorwissenschaftlicher oder weggebundener Annahmen ausschließen zu können.[43] In der Wissenschaftstheorie wird eine derartige allgemeine Leitidee als Erkenntnisprogramm[44], Forschungsprogramm[45] oder Paradigma[46] bezeichnet. Durch die Verwendung von Grundmodellen soll sichergestellt werden, dass die wissenschaftliche Gemeinschaft eine gemeinsame Orientierung verfolgt.[47] Als theoretische Grundmodelle können der theoretische Ansatz nach GUTENBERG, der entscheidungstheoretische Ansatz nach HEINEN und der systemtheoretische Ansatz nach ULRICH unterschieden werden.[48] Da der systemtheoretische Ansatz nach ULRICH einen besonderen Bezug zu den Ingenieurwissenschaften aufweist und gleichzeitig auf reale Problemstellungen der Unternehmensführung abzielt[49], soll dieser Ansatz gemäß Abbildung 1-2 für die vorliegende Forschungsarbeit verwendet werden.

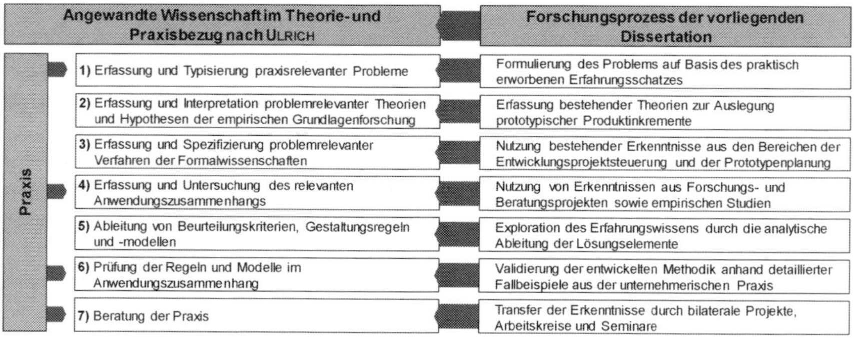

Abbildung 1-2: Forschungsprozess nach ULRICH[50]

[43] Vgl. Ulrich und Hill (1976), Wissenschaftstheoretische Grundlagen der Betriebswirtschaftslehre, S. 306; Diels (2018), Indikatoren für die Ermittlung agil zu entwickelnder Produktumfänge, S. 8.

[44] Vgl. Albert (1967), Marktsoziologie und Entscheidungslogik.

[45] Vgl. Lakatos (1974), Falsifikation und die Methodologie wissenschaftlicher Forschungsprogramme.

[46] Vgl. Kuhn (2001), Die Struktur wissenschaftlicher Revolutionen, S. 25.

[47] Vgl. Kuhn (2001), Die Struktur wissenschaftlicher Revolutionen, S. 25; Riesener (2015), Ähnlichkeitsbasierte Produktkonfiguration im Maschinenbau, S. 10.

[48] Vgl. Ulrich und Hill (1976), Wissenschaftstheoretische Grundlagen der Betriebswirtschaftslehre, S. 307; Riesener (2015), Ähnlichkeitsbasierte Produktkonfiguration im Maschinenbau, S. 10.

[49] Vgl. Ulrich und Hill (1976), Wissenschaftstheoretische Grundlagen der Betriebswirtschaftslehre, S. 307ff.; Mattern (2018), Steigerung der Kollaborationsproduktivität in der Produktentwicklung, S. 7.

[50] In Anlehnung an Ulrich et al. (1984), Management, S. 193.

Wie angedeutet, sind die in der Forschungsarbeit adressierten Problemstellungen Gegenstand von Forschungs- und Beratungsprojekten des Autors im Rahmen der Tätigkeit als wissenschaftlicher Mitarbeiter am Lehrstuhl für Produktionssystematik des Werkzeugmaschinenlabor WZL der RWTH Aachen. Die für diese Problemstellungen relevanten Theorien und Verfahren werden in einer ganzheitlichen Literaturanalyse über verschiedene Forschungsgebiete erfasst und interpretiert, sodass der geforderten interdisziplinären Forschungsarbeit Rechnung getragen wird. Da die Forschungsarbeit eine fortlaufende Flankierung von Forschungs- und Beratungsprojekten im Zusammenhang der agilen Produktentwicklung für technische Produkte darstellt, wird der Anwendungszusammenhang sichergestellt. Somit ist auch die wissenschaftliche Erarbeitung der Teilmodelle charakterisiert durch eine fortlaufende Prüfung der Anwendbarkeit anhand realer Problemstellungen der unternehmerischen Praxis.

1.4 Aufbau der Arbeit

Nachdem die vorliegende Forschungsarbeit in die Wissenschaftssystematik eingeordnet wurde und mit dem Forschungsprozess nach ULRICH eine theoretische Vorgehensweise definiert wurde, erfolgt die Erläuterung des Aufbaus der Arbeit. Dazu werden die einzelnen Kapitel den Phasen des Forschungsprozesses gegenübergestellt (siehe Abbildung 1-3) und im Folgenden erläutert.

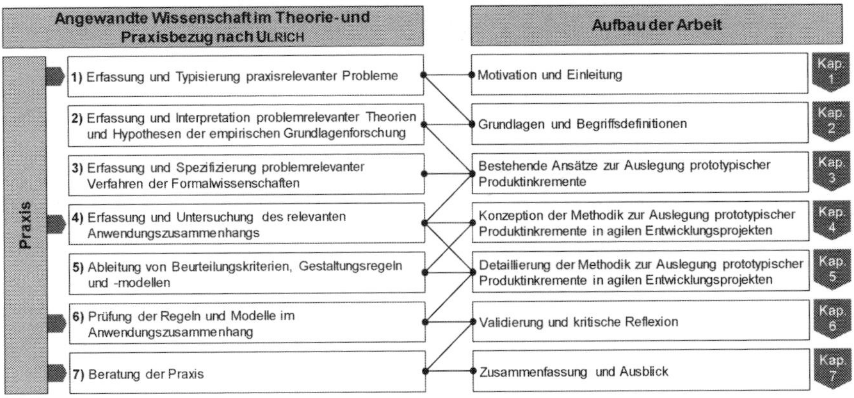

Abbildung 1-3: Aufbau der Arbeit[51]

[51] In Anlehnung an Ulrich et al. (1984), Management, S. 193.

Die für die vorliegende Forschungsarbeit relevanten Problemstellungen wurden bereits im ersten Kapitel dargelegt.

Anknüpfend vertieft Kapitel 2 das Verständnis der Problemstellungen, indem die notwendigen Grundlagen und Begrifflichkeiten eingeführt werden. Dabei wird neben den Grundlagen technischer Produkte und technischer Produktentwicklungsprozesse insbesondere auf die Themen der agilen Entwicklungsprozesse sowie der Auslegung prototypischer Produktinkremente eingegangen.

In Kapitel 3 wird das Forschungsdefizit herausgearbeitet, welches in der vorliegenden Arbeit adressiert wird. Dazu werden die Herausforderungen und Defizite der industriellen Praxis im Zusammenhang der Auslegung prototypischer Produktinkremente im Kontext agiler Entwicklungsprojekte detailliert. Anschließend werden Kriterien hergeleitet, anhand derer die wissenschaftliche Literatur auf problemrelevante Lösungen hin untersucht wird. Auf der Basis wird der weitere Forschungsbedarf erläutert.

In Kapitel 4 erfolgt die Konzeption der Methodik zur Auslegung prototypischer Produktinkremente. Dazu werden zunächst zentrale Paradigmen vorgestellt, welche in der Methodik zu verankern sind. Diese Paradigmen werden hergeleitet aus den drei zentralen Herausforderungen, vor denen die Entwicklungsbereiche produzierender Unternehmen heute stehen (siehe Kapitel 1.1). Neben den inhaltlichen Anforderungen werden in Kapitel 4 noch formale Anforderungen hergeleitet, welche durch die zu entwickelnde Methodik erfüllt werden müssen. Auf der Basis wird ein Grobkonzept der Methodik entwickelt und in Form von fünf Teilmodellen dargelegt.

Die Ausarbeitung der Teilmodelle erfolgt in Kapitel 5 unter Berücksichtigung der genannten Paradigmen und Anforderungen. Im Sinne eines agilen Entwicklungsprozesses erfolgt die Prüfung der Teilmodelle im Zuge der Erarbeitung im unmittelbaren Anwendungszusammenhang. Dadurch wird sichergestellt, dass durch die Anwendung der Teilmodelle ein greifbarer Nutzen entsteht und dass die Anwendbarkeit gegeben ist. Weiterhin trägt ein durchgängiges Fallbeispiel dazu bei, die Stringenz und Verknüpfung der Teilmodelle abzusichern und nachvollziehbar zu machen.

In Kapitel 6 erfolgt eine weitere Prüfung der Modelle im Anwendungszusammenhang, indem ein zweites Fallbeispiel aus der industriellen Praxis zur Validierung herangezogen wird. In dem Zuge werden die Erkenntnisse aus der Anwendung der Methodik in beiden Fallbeispielen im Sinne einer kritischen Reflexion dargelegt.

Abschließend werden die Ergebnisse der Forschungsarbeit in Kapitel 7 zusammengefasst und es folgt ein Ausblick auf den weiteren Forschungsbedarf.

2 Grundlagen und Definitionen

Nachdem im ersten Kapitel die Motivation, die Zielstellung sowie die forschungsmethodische Herangehensweise erläutert wurden, erfolgt in Kapitel 2 die Einführung in die Grundlagen und Begrifflichkeiten zum Thema Auslegung prototypischer Produktinkremente im Kontext agiler Entwicklungsprojekte. Dazu wird in Kapitel 2.1 zunächst ein Verständnis für technische Produkte entwickelt. Anschließend werden in Kapitel 2.2 die Grundlagen der Produktentstehung und Produktentwicklung unter besonderer Berücksichtigung der Unterschiede plangetriebener und agiler Herangehensweisen diskutiert. In Kapitel 2.3 werden die Grundlagen der Gestaltung und Nutzung prototypischer Produktinkremente eingeführt, wobei die Rolle prototypischer Produktinkremente in agilen Produktentwicklungsprozessen fokussiert wird. In einem Zwischenfazit fasst Kapitel 2.4 die wesentlichen Inhalte zusammen.

2.1 Grundlagen technischer Produkte

Die in der vorliegenden Dissertation zu erarbeitende Methodik fokussiert im Objektbereich die Entwicklung technischer Produkte durch Unternehmen der produzierenden Industrie. Um den allgemeinen Produktbegriff in diesem Kontext zu konkretisieren, werden die Grundlagen technischer Produkte aus unternehmerischer Perspektive aufbereitet. Anschließend wird die systemtheoretische Perspektive eingenommen, um die Charakteristika technischer Produkte zu beschreiben. Abschließend werden die für diese Arbeit relevanten Methoden zur Gestaltung technischer Produkte eingeführt.

2.1.1 Technische Produkte aus unternehmerischer Perspektive

Im deutschen Sprachgebrauch wird unter einem Produkt ein physisches Erzeugnis verstanden, welches einer Produktion entstammt.[52] Beispielsweise definiert der Duden ein Produkt als ein durch menschliche Arbeit aus bestimmten Stoffen hergestelltes Erzeugnis.[53] Eine weitere Definition bietet das Gabler Wirtschaftslexikon an, indem ein

[52] Vgl. Diels (2018), Indikatoren für die Ermittlung agil zu entwickelnder Produktumfänge, S. 14.

[53] Vgl. Duden Redaktion (2019), Duden - Deutsches Universalwörterbuch, S. 1407.

Produkt als das Ergebnis der Produktion und Sachziel eines Unternehmens beschrieben wird, das als Mittel der Bedürfnisbefriedigung dient. Konkret wird dabei zwischen materiellen Sachgütern, immateriellen Dienstleistungen und Energieleistungen unterschieden.[54] In der vorliegenden Arbeit ist unter dem Begriff der technischen Produkte ein überwiegend materielles Erzeugnis zu verstehen. Damit inkludiert die Definition auch mechatronische Produkte mit gleichzeitig materiellen und immateriellen Anteilen, die in Mechanik, Elektrik und Informatik zusammenwirken.[55]

Nach HERMANN UND HUBER ist ein Produkt eine „Lösung zur Befriedigung von Kundenbedürfnissen".[56] Diese Bedürfnisse werden dadurch befriedigt, dass ein Produkt eine bestimmte Funktion bereitstellt.[57] MEFFERT ET AL. ergänzen, die anvisierte Bedürfnisbefriedigung des Kunden erfolge durch ein Bündel technisch-funktionaler Produkteigenschaften.[58] In diesen Definitionen ist erkennbar, dass technische Produkte so gestaltet sein müssen, dass sie für Kunden einen Wert besitzen.[59]

Eine ausbringungsorientierte Definition wird in der DIN ISO 16016 vertreten, nach der unter einem Produkt ein Gegenstand oder eine Substanz verstanden wird, „[welche] von einem natürlichen oder künstlichen Prozess [realisiert wird]".[60] Übertragen auf die unternehmerische Perspektive ist zu konstatieren, dass eine Unternehmung in der Lage sein muss, die am Markt zu platzierende Leistung mit den ihr zur Verfügung stehenden Ressourcen und Prozessen erbringen zu können.

EPPINGER UND ULLRICH vertreten eine pragmatische Definition des Produktbegriffs, indem sie ein Produkt als „something sold by an enterprise to its customers" umreißen.[61] Diese Erkenntnis lässt sich um die wirtschaftliche Perspektive unternehmerischen Handels ergänzen, nach der ein Produkt, bevor es zum Verkauf angeboten wird, auf Basis markt- und betriebswirtschaftlicher Kriterien (z. B. Marktpotenzial, Absatz, Umsatz, Deckungsbeitrag) analysiert werden muss, um dessen ökonomischen Nutzen für die Unternehmung bewerten zu können.[62]

[54] Vgl. Springer Fachmedien Wiesbaden (2019) Gabler Wirtschaftslexikon.
[55] Vgl. Czichos (2015), Mechatronik, S. 29.
[56] Vgl. Herrmann und Huber (2013), Produktmanagement, S. 5.
[57] Vgl. Sabisch (1996), Produkte und Produktgestaltung a, S. 1439.
[58] Vgl. Meffert et al. (2015), Marketing, S. 362.
[59] Vgl. VDI (2017), VDI 4520 - Produktmanagement, S. 4.
[60] Deutsches Institut für Normung (2007), DIN ISO 16016, S. 6.
[61] Ulrich und Eppinger (2015), Product design and development, S. 2.
[62] Vgl. VDI (2017), VDI 4520 - Produktmanagement, S. 25.

Zusammenfassend kann festgehalten werden, dass ein erfolgreiches technisches Produkt aus unternehmerischer Perspektive die drei aus dem Design Thinking abgeleiteten Kriterien „Desirability" („What do [customers and markets] need?"), „Feasibility" („Can it be done from a technical or organizational perspetive?") und „Viability" („Can we make money doing it?") positiv erfüllt.[63] Mit jedem der drei Kriterien sind im Zuge der Entwicklung technischer Produkte Unsicherheiten verbunden[64], welche in den frühen Phasen des Entwicklungsprozesses für Unternehmen nicht selten ein gesamtunternehmerisches Risiko darstellen.[65] Um derartige Unsicherheiten bereits früh im Entwicklungsprozess zu adressieren, sollten diese in Form von Fragestellungen expliziert werden.[66] Unsicherheiten können beispielsweise in Form technischer Fragestellungen, wie „Bietet das ausgewählte Karosseriekonzept ausreichende Sicherheit im Falle eines Unfalls?", in Form technisch-wirtschaftlicher Fragestellungen, wie „Bietet ein kleiner und kostengünstiger Elektroantrieb ausreichend Leistung, um für Fahrspaß zu erzeugen?" oder in Form kundenorientierter Fragestellungen, wie „Gibt es unter den gegebenen Rahmenbedingungen ein für den Kunden attraktives Produktdesign?" ausgedrückt werden.[67] Das Ziel unternehmerischen Handels muss es demzufolge sein, derartige Unsicherheiten, welche die Marktfähigkeit, die technische Machbarkeit oder die Wirtschaftlichkeit technischer Produkte in Frage stellen, so früh wie möglich zu reduzieren.

Technische Produkte werden üblicherweise als Systeme verschiedener Funktionen und Komponenten verstanden. Daher wird neben der unternehmerischen Perspektive im Folgenden die systemtheoretische Perspektive technischer Produkte eingeführt.

2.1.2 Technische Produkte aus systemtheoretischer Perspektive

In der Systemtheorie werden grundlegende Prinzipien definiert, welche zur Beschreibung technischer Produkte geeignet sind. Neben einer Einführung in die Systemtheorie werden im Folgenden die wesentlichen Aspekte der in der vorliegenden Arbeit betrachteten technischen Produkte herausgestellt.

[63] Vgl. Neck et al. (2018), Entrepreneurship, S. 173.

[64] Vgl. Hostettler et al. (2017), TAF agile framework, S. 770f.

[65] Vgl. Ryan und Devitt (2014), An investigation into design thinking behaviours in early stage radical innovation, S. 2755; Gassmann und Kobe (2006), Management von Innovation und Risiko, S. 191.

[66] Vgl. Diels (2018), Indikatoren für die Ermittlung agil zu entwickelnder Produktumfänge, S. 100f.

[67] Vgl. Schuh et al. (2017), Agile Produktentwicklung, S. 41.

2.1.2.1 Systemtheorie

Eine der grundlegendsten Feststellungen der Systemtheorie geht auf LUDWIG VON BERALANFFY zurück, der in den 1930er Jahren in einer allgemeinen Systemtheorie postulierte, dass sich ein System nicht ausschließlich als die Summe seiner Elemente beschreiben lässt. Vielmehr versteht VON BERALANFFY ein System als die Summe der Systemelemente sowie deren wechselseitigen Beziehungen.[68] Heute dient die Systemtheorie als Beschreibungsinstrument, welches verschiedenartige Perspektiven der Technik integriert.[69] Da die Systemtheorie als Metawissenschaft unabhängig von konkreten Disziplinen oder Branchen nutzbar ist[70], erscheint sie auch als Grundalge wissenschaftlicher Arbeiten geeignet.[71] SCHWANINGER folgend ist die Systemtheorie „eine formale Wissenschaft von der Struktur, den Verknüpfungen und dem Verhalten komplexer Systeme“[72], was deren Anwendbarkeit im Kontext der vorliegenden Arbeit unterstreicht. Mithin soll die Systemtheorie auch für das Verständnis des Aufbaus und der Gestaltung komplexer technischer Produkte in dieser Arbeit gelten.

2.1.2.2 Systemdefinition

Um die Systemtheorie für die Beschreibung der in dieser Arbeit betrachteten technischen Produkte nutzbar zu machen, soll im Folgenden mit dem Systembegriff zunächst deren zentraler Gegenstand erläutert werden. Mit dem **strukturalen Konzept**, dem **funktionalen Konzept** und dem **hierarchischen Konzept** nach ROPOHL können nahezu alle etablierten Interpretationen von Systemen eingeordnet werden.[73] Abbildung 2-1 visualisiert die genannten Konzepte, welche im Folgenden erläutert werden.

Das strukturale Systemkonzept (siehe Abbildung 2-1, a) besteht darin, ein System als Gesamtheit miteinander verknüpfter Elemente zu betrachten. Diese Sichtweise ist bereits in dem erwähnten Gesetz verankert, dass das Ganze mehr ist, als die Summe seiner Teile.[74] Die Relationen können im Kontext realer Systeme in Form räumlicher, funktionaler, energetischer oder informationeller Beziehungen zwischen den Systemelementen auftreten.[75] Weiterhin können die Relationen anhand ihrer Beziehungsstärke

---

[68] Vgl. Bertalanffy (1968), General system theory, S. 54f.
[69] Vgl. Ropohl (2009), Allgemeine Technologie, S. 83.
[70] Vgl. Göpfert (1998), Modulare Produktentwicklung, S. 10.
[71] Vgl. Breunig (2017), Produktarchitekturgestaltung mechatronischer Baukastensysteme, S. 14.
[72] Schwaninger (2004), Systemtheorie, S. 4.
[73] Vgl. Ropohl (2009), Allgemeine Technologie, S. 75.
[74] Vgl. Ropohl (2009), Allgemeine Technologie, S. 75.
[75] Vgl. Pimmler und Eppinger (1994), Integration Analysis of Product Decompositions b, S. 4.

sowie der Wirkrichtung beschrieben werden, sodass sich unterschiedliche Beziehungsstrukturen herausbilden.[76]

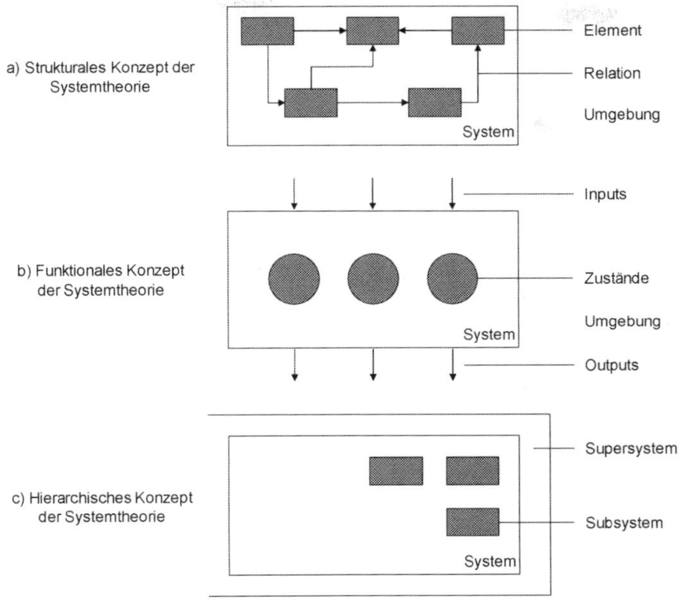

Abbildung 2-1: Konzepte der Systemtheorie[77]

Im funktionalen Konzept (siehe Abbildung 2-1, b) wird ein System verstanden als eine „Black Box", welche durch charakteristische Zusammenhänge zwischen seinen Eigenschaften gekennzeichnet ist. Diese charakteristischen Eigenschaften sind in den Eingangsgrößen (engl. Inputs), den Ausgangsgrößen (engl. Outputs) sowie den Zuständen, mit denen die Verfassung des Systems beschrieben wird, zu sehen.[78] Aus der Perspektive des funktionalen Konzepts wird beschrieben, wie Eingangsgrößen in definierte Ausgangsgrößen umgewandelt werden, ohne dabei den inneren Aufbau des Systems zu kennen.[79] Um derartige Beschreibungen eindeutig zu ermöglichen, ist eine genaue

[76] Vgl. Göpfert (1998), Modulare Produktentwicklung, S. 36.
[77] In Anlehnung an Ropohl (2009), Allgemeine Technologie, S. 76.
[78] Vgl. Ropohl (2009), Allgemeine Technologie, S. 75.
[79] Vgl. Ropohl (2009), Allgemeine Technologie, S. 75f.

Kenntnis der Systemgrenzen, das heißt eine Abgrenzung eines Systems zu seiner Umwelt von elementarer Bedeutung.[80]

Schließlich fokussiert das hierarchische Konzept (siehe Abbildung 2-1, c) den Umstand, dass die Elemente eines Systems wiederum als Subsysteme, das System selbst aber seinerseits als Teil eines umfassenderen Supersystems angesehen werden können. Somit erweitert dieses Konzept die strukturelle Systembeschreibung um eine hierarchische Ordnung.[81] Die Zerlegung eines Systems in Subsysteme beziehungsweise Systemelemente wird als Dekomposition bezeichnet, während der umgekehrte Vorgang, die Zusammensetzung eines Systems beziehungsweise Supersystems aus Subsystemen als Systembildung verstanden wird.[82]

Konsolidierend kommt ROPOHL zu einer Definition des Systembegriffs, der sich die vorliegende Arbeit anschließt:

> „Ein System ist das Modell einer Ganzheit, die (a) Beziehungen zwischen Attributen (Inputs, Outputs, Zustände etc.) aufweist, die (b) aus miteinander verknüpften Teilen beziehungsweise Subsystemen besteht, und die (c) von ihrer Umgebung beziehungsweise von einem Supersystem abgegrenzt wird."[83]

2.1.2.3 Systemtheoretisches Verständnis technischer Produkte

Um die Definition des Systembegriffs im Rahmen der vorliegenden Arbeit zu konkretisieren, wird die in Abbildung 2-2 dargestellte Klassifizierung von Systemen nach HUBKA ET AL. herangezogen. Demzufolge kann zwischen natürlichen und künstlichen Systeme unterschieden werden. Im Bereich der künstlichen Systeme werden unter anderem chemische, technische und gesellschaftliche Systeme eingeordnet.[84]

Zentraler Betrachtungsgegenstand der vorliegenden Arbeit sind technische Systeme, welche gemäß VDI-Richtlinie 3780 beschrieben werden können als „die Menge der nutzenorientierten, künstlichen, gegenständlichen Gebilde (Artefakte oder Sachsysteme)"[85]. Allgemein wird der Begriff des technischen Systems heute als Überbegriff für die Ausdrücke Maschine, Gerät und Apparat genutzt. Grundsätzlich ist technischen Systemen gemein, dass sie Stoff (Material), Energie und/ oder Information umwandeln,

---

[80] Vgl. Cilliers (2001), Boundaries, Hierarchies and Networks in Complex Systems, S. 138ff.

[81] Vgl. Ropohl (2009), Allgemeine Technologie, S. 77.

[82] Vgl. Göpfert (1998), Modulare Produktentwicklung, S. 15f.

[83] Ropohl (2009), Allgemeine Technologie, S. 77.

[84] Vgl. Hubka (1984), Theorie Technischer Systeme, S. 5.

[85] VDI (2000), VDI 3780 - Technikbewertung Begriffe und Grundlagen, S. 2.

transportieren und/ oder speichern. Entsprechend des jeweils fokussierten funktionalen Bestandteils kann eine weitere Unterteilung technischer Systeme in materialbasierte technische Systeme (z.B. Produktionsanlagen), Energiebasierte technische Systeme (z.B. Antriebssysteme) und informationsbasierte technische Systeme (z.B. Smartphones) vorgenommen werden.[86]

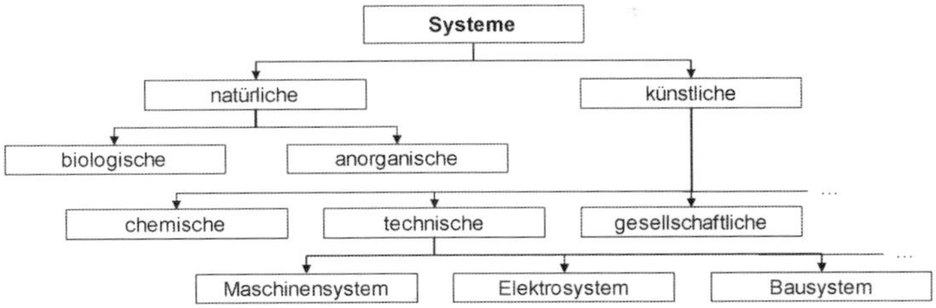

Abbildung 2-2: Klassifizierung von Systemen[87]

Entsprechend der vorgestellten Grundlagen der Systemtheorie können die systemtheoretischen Charakteristika technischer Systeme nun anhand von Abbildung 2-3 auf die zu betrachtenden technischen Produkte übertragen werden.

Zunächst kann ein technisches System entsprechend des von ROPOHL eingeführten funktionalen Konzepts als ein Element verstanden werden, welches Eingangsgrößen in Ausgangsgrößen wandelt und damit eine nutzenbringende Funktion erfüllt.[88] Entsprechend des hierarchischen Konzepts nach ROPOHL kann dieses technische System aus Subsystemen bestehen, welche individuell als funktionale technische Systeme zu betrachten sind und selber aus Subsystemen bestehen (siehe Abbildung 2-3, links).[89] Häufig können die Subsysteme einzelner technischer Systeme zwar als verwaltungstechnisch und/ oder operativ unabhängige Teilsysteme betrachtet werden, wenngleich die übergeordnete nutzenbringende Funktionalität alleine aus der Zusammenarbeit dieser Teilsysteme resultiert.[90] Dieses systemtheoretische Verständnis konkretisiert BREUNIG für technische Produkte (siehe Abbildung 2-3, rechts). Demnach kann ein technisches Produkt zunächst auf der Ebene des Gesamtsystems definiert werden. Dieses Produkt besteht auf der Ebene der Subsysteme aus Modulen, welche aus Komponenten der Elementebene bestehen. Entsprechend des strukturalen Konzepts nach

[86] Vgl. Czichos (2015), Mechatronik, S. 11.
[87] In Anlehnung an Hubka (1984), Theorie Technischer Systeme, S. 5.
[88] Vgl. Ropohl (2009), Allgemeine Technologie, S. 75f.
[89] Vgl. Ropohl (2009), Allgemeine Technologie, S. 77.
[90] Vgl. Rebentisch (2017), Integrating Program Management and Systems Engineering, S. 65.

ROPOHL, können die Bestandteile eines technischen Produkts durch Relationen wechselseitig interagieren. Diese Relationen beschreibt BREUNIG als Schnittstellen.[91]

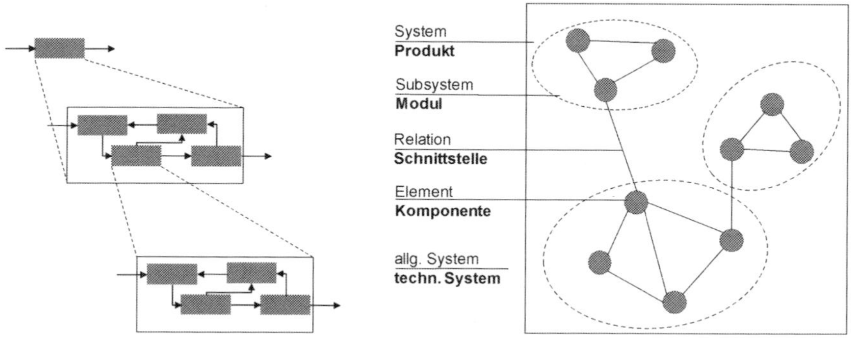

Abbildung 2-3: Systemtheoretisches Verständnis technischer Produkte[92]

Aufgrund dieses systemtheoretischen Verständnisses technischer Produkte wird im Folgenden auf wesentliche methodische Grundlagen zur Gestaltung technischer Produkte eingegangen. Weiterhin sei für die vorliegende Arbeit festgehalten, dass die Begriffe technisches Systems und technisches Produkt synonym verwendet werden.

2.1.3 Methodische Gestaltung technischer Produkte

Nach dem Stand der Technik werden verschiedene methodische Ansätze zur Gestaltung technischer Produkte verwendet. Die gängigsten Ansätze werden im Folgenden vorgestellt, um das Verständnis technischer Produkte abzurunden. Außerdem wird im Lösungsteil dieser Arbeit auf methodische Elemente der Gestaltung technischer Produkte zurückgegriffen, sodass ein entsprechendes Grundverständnis unabdingbar ist.

2.1.3.1 Gestaltung der Produktarchitektur

Technische Produkte erfüllen Funktionen, welche definierte Bedürfnisse der Kunden befriedigen.[93] Neben dieser kundenorientierten Sichtweise empfehlen PONN UND LIN-

---

[91] Vgl. Breunig (2017), Produktarchitekturgestaltung mechatronischer Baukastensysteme, S. 32f.

[92] In Anlehnung an Zeigler et al. (2018), Theory of modeling and simulation, S. 5; Breunig (2017), Produktarchitekturgestaltung mechatronischer Baukastensysteme, S. 32.

[93] Vgl. Sabisch (1996), Produkte und Produktgestaltung b, S. 1439.

DEMANN eine technische Sichtweise zur Beschreibung von Bauteilen und Komponenten, die auf die Erfüllung einzelner Funktionen abzielen.[94] Die verknüpfende Betrachtung von Funktionen und physischen Bauteilstrukturen wurde von ULRICH als Produktarchitektur geprägt.[95] Aufbauend auf diesem Verständnis beschreibt GÖPFERT eine Produktarchitektur durch drei Charakteristika (siehe Abbildung 2-4).

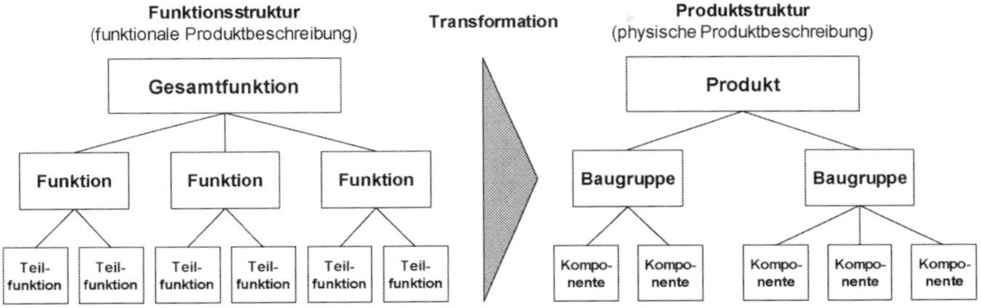

Abbildung 2-4: Darstellung der Charakteristika einer Produktarchitektur[96]

Die **Funktionsstruktur** stellt lösungsneutral dar, welche Gesamtfunktion ein Produkt zur Erfüllung der Anforderungen der Kunden leisten soll.[97] Entsprechend des in Kapitel 2.1.2.2 eingeführten hierarchischen Konzepts kann diese Gesamtfunktion heruntergebrochen werden in Teilfunktionen.[98] Anhand der Funktionsstruktur kann die hierarchische Zusammensetzung der Gesamtfunktionen aus den Teilfunktionen eines technischen Produkts in verschiedenen Detailgraden abgebildet werden.[99] Die **Produktstruktur** dient der Beschreibung der Zusammensetzung eines Produkts aus Bauteilen, Komponenten und Baugruppen.[100] Analog zur Funktionsstruktur kann die Produktstruktur verstanden werden als die hierarchische Darstellung des technisch-physischen Zusammenbaus eines technischen Produkts zur Erfüllung der vom Kunden geforderten Funktionen.[101] Nach ULRICH wird die Zuordnung von funktionalen Elementen zu physischen Elementen als **Transformation** beschrieben.[102] Die Transformation

[94] Vgl. Ponn und Lindemann (2011), Konzeptentwicklung und Gestaltung technischer Produkte, S. 141.
[95] Vgl. Ulrich (1995), The role of product architecture, S. 419.
[96] In Anlehnung an Göpfert (1998), Modulare Produktentwicklung, S. 75.
[97] Vgl. Cutherell (1996), Product Architecture, S. 217f.
[98] Vgl. Feldhusen et al. (2013), Technische Systeme, S. 255.
[99] Vgl. Cornet (2002), Plattformkonzepte in der Automobilentwicklung, S. 42f.
[100] Vgl. Schuh und Riesener (2017), Produktkomplexität managen, S. 90.
[101] Vgl. Feldhusen et al. (2013), Technische Systeme, S. 255.
[102] Vgl. Ulrich (1995), The role of product architecture, S. 421.

ist dabei als iterativer Such- und Entscheidungsprozess zu verstehen, der auf eine optimale Erfüllung der aus funktionaler Perspektive beschriebenen Aufgabenstellung durch eine physische Umsetzung abzielt.[103]

Bei der physischen Gestaltung von Produktfunktionen bestehen Freiheitsgrade, die über entsprechende Methoden modelliert werden können. Diese methodischen Grundlagen sind Gegenstand des folgenden Kapitels.

2.1.3.2 Gestaltung technischer Design-Parameter

Im Kontext der Gestaltung technischer Produkte wurde der Begriff der Freiheitsgrade von LENDERS geprägt und interpretiert als Beschreibung des Lösungsraums bei der Entwicklung eines technischen Produkts. Betrachtet werden dabei Lösungsalternativen, welche mit einer Vielzahl möglicher Erscheinungsformen den Lösungsraum aufspannen. Diese Vielzahl potenzieller Gestaltungsparameter der Lösungen beschreibt LENDERS als Freiheitsgrade, die im Laufe der Produktentwicklung schrittweise eingeschränkt werden, um am Ende eine optimale Gestaltfestlegung treffen zu können.[104]

BREUNIG greift den Aspekt der Freiheitsgrade auf und ergänzt diesen um die Betrachtung technischer Design-Parameter. Ein technischer Design-Parameter kann demnach beispielsweise eine Längenbeschreibung einer Komponente sein.[105] Ähnlich definieren TOEPFER UND NAUMANN den Begriff „Engineering Parameter" als jegliche Beschreibung der Eigenschaften und Relationen technischer Produkte, die durch ein Merkmal und eine Ausprägung modelliert werden können.[106] Aufbauend auf den Vorarbeiten verschiedener Autoren klassifiziert BREUNIG technische Design-Parameter anhand der generischen Kategorien Wirkprinzip, Leistungsfähigkeit, Elementgestalt, Verknüpfungsprinzip und Topologie (siehe Abbildung 2-5). Zur weiteren Erläuterung anhand konkreter Beispiele sei an dieser Stelle auf die Arbeit von BREUNIG verwiesen.[107]

Der Ausprägungsbereich eines technischen Design-Parameters, das heißt die quantitativen oder qualitativen Ausprägungen, welche dieser annehmen kann, wird definiert als Freiheitsgrad.[108] BREUNIG versteht die Definition technischer Design-Parameter als

---

[103] Vgl. Göpfert (1998), Modulare Produktentwicklung, S. 100; Breunig (2017), Produktarchitekturgestaltung mechatronischer Baukastensysteme, S. 28.

[104] Vgl. Lenders (2009), Beschleunigung der Produktentwicklung durch Lösungsraum-Management, S. 36; Lenders (2009), Beschleunigung der Produktentwicklung durch Lösungsraum-Management, S. 108.

[105] Vgl. Breunig (2017), Produktarchitekturgestaltung mechatronischer Baukastensysteme, S. 187.

[106] Vgl. Toepfer und Naumann (2017), Parameter Management, S. 387.

[107] Vgl. Breunig (2017), Produktarchitekturgestaltung mechatronischer Baukastensysteme.

[108] Vgl. Breunig (2017), Produktarchitekturgestaltung mechatronischer Baukastensysteme, S. 44.

wesentlichen Schritt bei der Gestaltung technischer Produkte, da hier die Funktionsanforderungen schrittweise in die physische Ausgestaltung eines Produkts überführt werden.[109] Durch Suche und Analyse alternativer Werte soll der Lösungsraum dabei schrittweise eingeschränkt werden, bis die optimale Lösungsalternative gefunden ist. Diese Alternative wird dann spezifiziert und definiert einen Teil des Gesamtsystems.[110]

	Klasse	Mechanik	Elektrik/ Elektronik	Informationsverarbeitung
Element	Wirkprinzip	**Mech. Wirkprinzip:** z.B. Hebelprinzip, Reibung	**Elektr. Wirkprinzip:** z.B. kapazitiv, induktiv, piezoelektrisch	**Inform. Wirkprinzip:** z.B. Algorithmen, logische Operationen
	Leistungsfähigkeit	**Mech. Leistungsfähigkeit:** z.B. Drehmoment, Kraft, Drehzahl	**Elektr. Leistungsfähigkeit:** z.B. Stromstärke, Spannung, Kapazität	**Inform. Leistungsfähigkeit:** z.B. Prozessorleistung, Taktung, Speichergröße
	Elementgestalt	**Physische Gestalt:** z.B. Drehmoment, Kraft, Drehzahl	**Elektr./ Energetische Gestalt:** z.B. Verschaltung, magnetischer Fluss	**Virtuelle Gestalt:** z.B. Programmiersprache, Aufbau Mikrocontroller
Relation	Verknüpfungs-prinzip	**Mech. Verknüpfung:** z.B. kraft-, form-, stoffschlüssige Verbindung	**Elektr. Verknüpfung:** z.B. kontaktgebunden, kontaktlos	**Inform. Verknüpfung:** z.B. Kommunikations-schnittstelle, Protokolle
	Topologie	**Physische Anordnung:** z.B. verteilte oder gebündelte Anordnung	**E/E-Architektur:** z.B. Vernetzung/ Verschaltung der Elemente	**SW-Architektur:** z.B. Schichtenarchitektur, modulare Architektur

Abbildung 2-5: Disziplinübergreifende Klassifizierung technischer Design-Parameter[111]

Mithin beschreibt die Summe der variablen technischen Design-Parameter und der fixierten technischen Design-Parameter das zu entwickelnde technische Produkt.[112] STEWARD konkretisiert die Bedeutung technischer Design-Parameter (engl. design variables) dahingehend, dass die Gesamtheit technischer Design-Parameter definiert, wie ein technisches Produkt gebaut wird und wie es sich verhält.[113] FERNANDEZ ET AL. erweitern diesen Gedanken und erwähnen den Aspekt der Unsicherheit im Kontext der Gestaltung technischer Produkte: "Uncertainty is the absence of sufficient knowledge, definition or confidence in design variables that prevent design process participants to specify or predict a priori the system being designed."[114] Die in dieser Definition erwähnte Kenntnis beziehungsweise die Unkenntnis technischer Design-Parameter (engl. absence of sufficient knowledge, definition or confidence in design variables) ist im deutschen Sprachgebrauch gemeinhin ebenfalls mit dem Begriff der Unsicherheit belegt. Um für die vorliegende Arbeit ein eindeutiges Begriffsverständnis zu schaffen,

[109] Vgl. Breunig (2017), Produktarchitekturgestaltung mechatronischer Baukastensysteme, S. 20f.
[110] Vgl. National Aeronautics and Space Administration (2007), NASA Systems Engineering Handbook, S. 65ff.
[111] In Anlehnung an Breunig (2017), Produktarchitekturgestaltung mechatronischer Baukastensysteme, S. 137.
[112] Vgl. Schuh (2013), Lean Innovation, S. 116.
[113] Vgl. Steward (1981), The design structure system, S. 71.
[114] Fernandes et al. (2014), A Method for Managing Uncertainty Levels, S. 115.

sei an dieser Stelle allerdings der Begriff Bestimmtheit beziehungsweise Unbestimmtheit eingeführt. Demzufolge ist ein technischer Design-Parameter bestimmt, wenn ihm ein konkreter Ausprägungswert oder zumindest ein enger Wertebereich zugeordnet werden kann. Im Gegenzug ist ein technischer Design-Parameter unbestimmt, wenn der Wertebereich möglicher Ausprägungen breit gestreut oder gar gänzlich unbekannt ist. Dementsprechend kann der von FERNANDEZ ET AL. eingeführte Gedanke wie folgt für die vorliegende Arbeit zugänglich gemacht werden: "Unsicherheit im Entwicklungsprozess entsteht, indem die Prozessbeteiligten die Eigenschaften und das Verhalten des zu entwickelnden Produkts aufgrund der Unbestimmtheit technischer Design-Parameter nicht verlässlich vorhersagen können".[115]

Um diesen Gedanken zu illustrieren, soll weiterhin die Arbeit von LÜDTKE herangezogen werden. LÜDTKE unterscheidet Stufen der Unbestimmtheit[116]. Eine geringe Unbestimmtheit liegt im Falle einer verlässlichen Informationslage vor, welche zu einer geringen Änderungswahrscheinlichkeit der Ausprägung eines Design-Parameters führt. Eine hohe Unbestimmtheit liegt im Gegenzug dann vor, wenn ebendiese Informationen nur in geringem Maße vorliegen und in einer hohen Änderungswahrscheinlichkeit der Ausprägung eines Design-Parameters resultieren.[117] Im Kontext des oben angesprochenen Wertebereichs der möglichen Ausprägungen technischer Design-Parameter gilt somit, je ungenauer die zur Definition eines technischen Design-Parameter relevante Informationslage ist, desto breiter ist sein wahrscheinlicher Wertebereich.

Auf Basis der erläuterten Zusammenhänge, gilt für die vorliegende Arbeit das folgende Begriffsverständnis technischer Design-Parameter:

Technische Design-Parameter beschreiben in ihrer Gesamtheit die Eigenschaften und das Verhalten eines technischen Produkts. Durch die Bestimmung technischer Design-Parameter im Laufe des Produktentwicklungsprozesses werden die Freiheitsgrade sukzessive eingeschränkt und die Unsicherheit bezüglich der Marktfähigkeit sowie der technisch-wirtschaftlichen Herstellbarkeit des Produkts wird reduziert.

Technische Design-Parameter unterliegen insbesondere bei der Entwicklung komplexer technischer Produkte zahlreichen reihenfolgebedingten Abhängigkeiten, welche

[115] Vgl. Fernandes et al. (2014), A Method for Managing Uncertainty Levels, S. 115.

[116] Im Wortlaut definiert LÜDTKE verschiedene Stufen der Unsicherheitshöhe. Inhaltlich sind diese jedoch deckungsgleich mit dem in der vorliegenden Arbeit eingeführten Begriffsverständnis der Unbestimmtheit bzw. der Bestimmtheit.

[117] Vgl. Lüdtke (2016), Lösungsraum-Steuerung in der Produktentwicklung, S. 158.

es bei der Spezifizierung der jeweiligen Ausprägungen zu berücksichtigen gilt. Grundlegende methodische Möglichkeiten, um diesem Umstand bei der Gestaltung Rechnung zu tragen, sollen daher im folgenden Kapitel vorgestellt werden.

2.1.3.3 Gestaltung systemischer Interdependenzen

Bereits in Kapitel 2.1.2.3 wurde darauf hingewiesen, dass komplexe technische Produkte durch ihre hohe Anzahl an Interdependenzen charakterisiert sind. Nach PICOT UND BAUMANN können Interdependenzen bezeichnet werden als „generelle Form von Interaktion oder Abhängigkeitsbeziehung zwischen zwei Elementen, die sowohl positiv (zwei Elemente verstärken sich in ihrer Wirkung), negativ (die Elemente schwächen sich in ihrer Wirkung ab) oder auch in beide Richtungen wirksam sein kann.“[118] Unidirektionale Interdependenzen (A wirkt auf B) oder bidirektionale Interdependenzen (A wirkt auf B und B wirkt auf A) zwischen Systemelementen können aus verschiedenen Arten der technischen Interaktion resultieren.[119] PIMMLER UND EPPINGER unterscheiden vier Arten technischer Interaktion (siehe Abbildung 2-6).

Räumlich	Energie	Information	Material
Eine räumliche Interaktion beschreibt den Bedarf an physischer Abgrenzung oder Orientierung zwischen zwei Elementen.	Eine energetische Interaktion identifiziert den Bedarf für die Energieübertragung zwischen zwei Elementen.	Eine Interaktion vom Typ Information identifiziert den Bedarf für den Informations- oder Signalaustausch zwischen zwei Elementen.	Eine materielle Interaktion identifiziert den Bedarf an Material- oder Stoffaustausch zwischen zwei Elementen.

Abbildung 2-6: Generische Arten technischer Interaktion[120]

Aus technischen Interaktionen resultieren informatorische Interdependenzen, welche es bei der Gestaltung technischer Produkte zu berücksichtigen gilt. Daher ist es unerlässlich, in der frühen Phase der Produktentwicklung die relevanten Interaktionen in einem initialen Stand zu dokumentieren und im weiteren Verlauf der Entwicklung bei Bedarf zu aktualisieren.[121]

Beispielhafte informatorische Interdependenzen, die aus technischer Interaktion resultieren, sind in einer „Design Structure Matrix“ (DSM) in Anlehnung an STEWARD in Abbildung 2-7 dargestellt. Im abgebildeten Beispiel der Entwicklung eines Automobils

[118] Picot und Baumann (2007), Modularität in der verteilten Entwicklung komplexer Systeme, S. 224f.
[119] Vgl. Eckert et al. (2004), Change and customisation in complex engineering domains, S. 11f.
[120] In Anlehnung an Pimmler und Eppinger (1994), Integration Analysis of Product Decompositions a, S. 4.
[121] Vgl. Steward (1981), The design structure system, S. 71; Pimmler und Eppinger (1994), Integration Analysis of Product Decompositions a, S. 4.

können Gewicht und Größe der Batterie (Design-Parameter 7) erst spezifiziert werden, sofern die benötige Energiespeicherkapazität (Design-Parameter 5) sowie die Spezifika der zu verwendenden Batterietechnologie (Design-Parameter 6) bekannt sind.

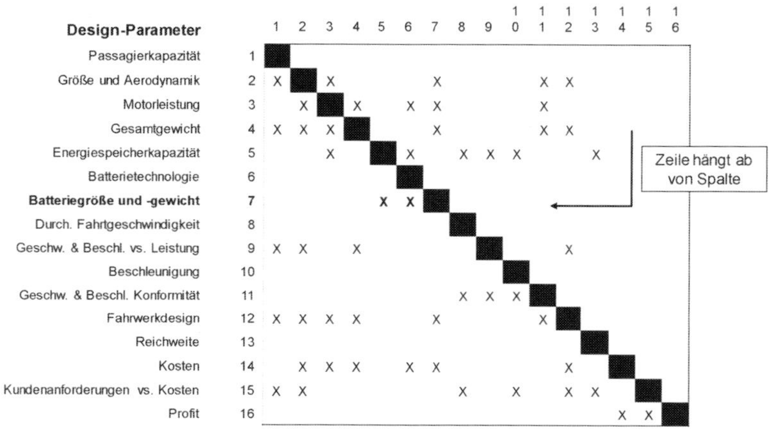

Abbildung 2-7: Beispiele informatorischer Interdependenzen[122]

STEWARD schlägt eine Reihenfolgebildung der Entwicklungstätigkeiten auf Basis der identifizierten Interdependenzen auf Ebene der technischen Design-Parameter vor.[123]

Aufgrund der Vielfältigkeit und der Wechselseitigkeit der Interdependenzen ist eine sequenzielle Bestimmung technischer Design-Parameter oftmals nicht möglich. Vielmehr bedarf es einer iterativen Vorgehensweise, wenn relevante Vorgängerinformationen nicht in ausreichender Güte vorliegen.[124] Dann gilt es, gezielte Annahmen wahrscheinlicher Ausprägungsbereiche zu treffen, um weitere technische Design-Parameter spezifizieren zu können.[125] Bei derartigen Schätzungen ist die Güte der Informationsbasis von elementarer Wichtigkeit, da Entscheidungen auf unsicherer Informationsbasis andernfalls in späten konzeptionellen Änderungen resultieren können.[126]

Die Relevanz informatorischer Interdependenzen sowie deren Einflüsse auf die Reihenfolgebildung ist insbesondere im Zusammenhang der prozessualen Steuerung von

[122] In Anlehnung an Steward (1981), The design structure system, S. 72.
[123] Vgl. Steward (1981), The design structure system, S. 73.
[124] Vgl. Yassine und Braha (2016), Complex Concurrent Engineering, S. 169.
[125] Vgl. Bussche et al. (2017), The Hardware Development Tool Stack for Future Space Exploration, S. 2.
[126] Vgl. Schuh (2013), Lean Innovation, S. 120.

agilen Entwicklungsprojekten von zentraler Bedeutung, sodass die entsprechenden Grundlagen im Folgenden vorgestellt werden.

2.2 Grundlagen agiler Produktentwicklungsprozesse

Die zu entwickelnde Methodik findet ihren Anwendungsbereich in agilen Produktentwicklungsprozessen technischer Produkte. Ziel dieses Kapitels ist es daher, die grundlegenden Begrifflichkeiten im Zusammenhang der agilen Produktentwicklung zu erläutern und zu definieren. Dazu sollen in einem ersten Schritt allgemeine Grundlagen der Produktentwicklung beleuchtet werden. Anschließend werden die Grundlagen prozessualer Ansätze zur Realisierung einer Produktentwicklung vorgestellt.

2.2.1 Allgemeine Grundlagen der Produktentwicklung

Bevor mit der Erarbeitung prozessualer Grundlagen der Produktentwicklung begonnen werden kann, bedarf es einer Einordnung der Produktentwicklung in den Kontext produzierender Unternehmen. Dazu hat sich die Sichtweise etabliert, mit der Produktentstehung zunächst den Weg von einer Produktidee bis hin zum fertigen Produkt zu beleuchten.[127] Anschließend wird mit der Produktentwicklung ein Teilbereich der Produktentstehung beleuchtet, bevor mit dem Produktentwicklungsprojekt die klassische Form der Realisierung von Produktentwicklungsvorhaben vorgestellt wird.

2.2.1.1 Produktentstehung

Die Produktentstehung wird in der wissenschaftlichen Literatur als zentraler unternehmensinterner Kernprozess in den übergeordneten Produktlebenszyklus eingebettet (siehe Abbildung 2-8).[128]

EHRLENSPIEL UND MEERKAMM sehen die Aufgabe der Produktentstehung in der zunächst modellhaften und später materiellen Festlegung der Eigenschaften eines Produkts unter Einbindung nahezu aller Unternehmensfunktionen.[129] Als Zielstellung definieren EHRLENSPIEL UND MEERKAMM weitergehend wie folgt: „Zweck der Produkterstellung ist das erfolgreiche Produkt. Der Produkterfolg hängt trotz der Bedeutung früher Phasen des Lebenslaufs nicht allein vom Ergebnis der Entwicklung und Konstruk-

[127] Vgl. Feldhusen und Grote (2013), Der Produktentstehungsprozess (PEP), S. 11.
[128] Vgl. Eigner und Stelzer (2009), Product Lifecycle Management, S. 9f.
[129] Vgl. Ehrlenspiel und Meerkamm (2017), Integrierte Produktentwicklung, S. 198.

tion oder gar der Produktdefinition ab. Während der Produktdefinition wird nur geplant, die Realisierung durch Produktion, Vertrieb und Service kann aber erheblich vom Soll, zum Beispiel bezüglich der Qualität, der Termine oder der Kosten, abweichen. Hinzu kommt die Akzeptanz vom Markt."[130]

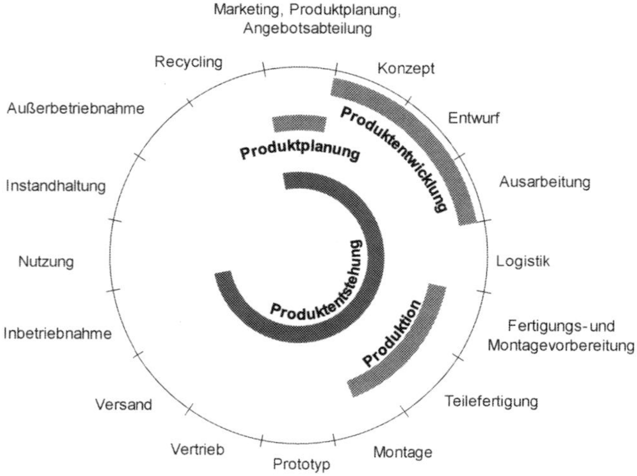

Abbildung 2-8: Einordnung der Produktentstehung in den Lebenszyklus eines technischen Produkts[131]

Somit setzt die Produktentstehung an der Umsetzung des unternehmerischen Bestrebens zur Realisierung technisch-wirtschaftlich machbarer Produkte, die einen Marktbedarf adressieren, an. Die Aufgabe der Entwicklung kommt schließlich der Produktentwicklung zu, deren konkrete Bedeutung im folgenden Kapitel herausgestellt wird.

2.2.1.2 Produktentwicklung

Um ein eindeutiges Verständnis der Produktentwicklung schaffen zu können, muss dieser Begriff zunächst in den übergeordneten Zusammenhang der Forschung und Entwicklung (F&E) gesetzt werden. KERN ET AL. beschreiben die F&E als „[...] alle planvollen und systematischen Aktivitäten, die mithilfe wissenschaftlicher Methoden den Erwerb neuer Kenntnisse über Natur- und Kulturphänomene und/ oder die erstmalige

[130] Ehrlenspiel und Meerkamm (2017), Integrierte Produktentwicklung, S. 199.

[131] In Anlehnung an Ehrlenspiel und Meerkamm (2017), Integrierte Produktentwicklung, S. 199; Kantelberg (2018), Gestaltung agiler Entwicklungsprozesse technischer Systeme, S. 19.

oder neuartige Anwendung derartiger Kenntnisse anstreben“.[132] Weiterhin spezifiziert die Organisation für wirtschaftliche Zusammenarbeit und Entwicklung (OECD) die F&E als Summe der kreativen und systematischen Tätigkeiten, welche das Ziel verfolgen, die Basis menschlichen, kulturellen und gesellschaftlichen Wissens zu steigern sowie neuartige Anwendungsfelder des verfügbaren Wissens auszugestalten.[133] Die von der OECD vorgesehene Gliederung der F&E in Grundlagenforschung, angewandte Forschung und experimenteller Entwicklung[134] hat sich zudem heute als wissenschaftlicher Standard etabliert.[135]

Die Grundlagenforschung dient maßgeblich dem Erkenntnisgewinn, der nicht auf eine konkrete Anwendung oder Verwendung in einem Produkt ausgerichtet ist.[136] Häufig bilden die Ergebnisse der Grundlagenforschung die Basis für die angewandte Forschung[137], welche auf die Wissensgewinnung für ein spezifisches praktisches Objekt oder Ziel abzielt.[138] Diese Phase ist gemäß SPECHT gleichbedeutend zur Technologieentwicklung.[139] Schließlich zielt die experimentelle Entwicklung auf die systematische Nutzung von Grundlagenwissen sowie praktischen Erkenntnissen zur Neugestaltung oder Anpassung von Produkten und Prozessen ab.[140] Diese Definition umfasst wiederum die Vorentwicklung und die Produktentwicklung.[141] Im Rahmen der Vorentwicklung werden die in der Forschung generierten Theorien und Technologien anwendungsorientiert adaptiert und deren technische Umsetzbarkeit wird geprüft. Die Überführung in die für die Produktion sowie die Markteinführung erforderlichen Spezifikationen von Produkten und Produktionsprozessen erfolgt schließlich in der Produktentwicklung.[142] Entsprechend dieser Ausführungen können die genannten Phasen, wie in Abbildung 2-9 dargestellt, in den Zusammenhang gesetzt werden.

---

[132] Kern et al. (1977), Forschung und Entwicklung in, S. 16.
[133] Vgl. OECD (2015), Frascati Manual 2015, S. 44.
[134] Vgl. OECD (2015), Frascati Manual 2015, S. 45.
[135] Vgl. Lüdtke (2016), Lösungsraum-Steuerung in der Produktentwicklung, S. 15.
[136] Vgl. OECD (2015), Frascati Manual 2015, S. 45.
[137] Vgl. Böttger (2004), Ansätze für eine ökonomische Analyse, S. 72.
[138] Vgl. OECD (2015), Frascati Manual 2015, S. 45.
[139] Vgl. Specht et al. (2002), F&E-Management : Kompetenz im, S. 15ff.
[140] Vgl. OECD (2015), Frascati Manual 2015, S. 45.
[141] Vgl. Dölle (2017), Projektsteuerung in der Produktentwicklung mittels Predictive Analytics, S. 18.
[142] Vgl. Specht et al. (2002), F&E-Management : Kompetenz im, S. 16.

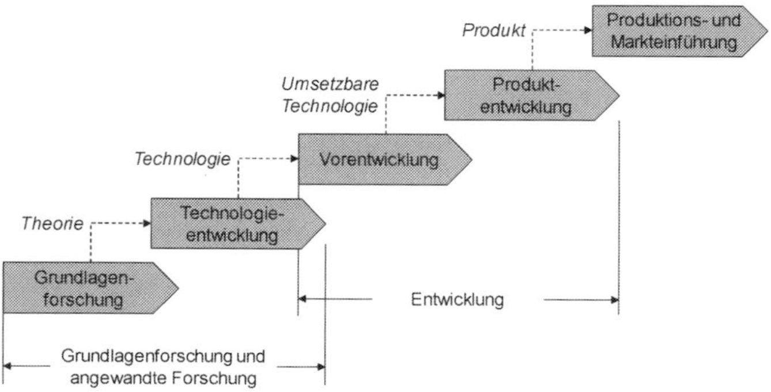

Abbildung 2-9: Einordnung der Produktentwicklung in die F&E[143]

In der vorliegenden Arbeit ist die Phase der Produktentwicklung zu fokussieren und in Anlehnung an LENDERS konkret zu verstehen als eine spezifische Form der experimentellen Entwicklung mit dem Ziel der Schaffung neuer Produkte und weniger der Erstellung neuer Verfahren.[144] In Anlehnung an DÖLLE und DIELS wird das Begriffsverständnis der Produktentwicklung für die vorliegende Arbeit wie folgt festgehalten.

„Die Produktentwicklung ist die Erarbeitung eines Lösungskonzepts zum Hervor-bringen oder Verbessern eines Produkts gemäß geforderter Spezifikationen und Anforderungen basierend auf Forschungsergebnissen und Erfahrungen technischer und ökonomischer Art“[145], „[…] um einen spezifischen Kundennutzen zu erfüllen und die Zielsetzung des Unternehmens zu erreichen“[146].

Zur Durchführung von Vorhaben zur Produktentwicklung hat sich in der Praxis die Projektform etabliert, sodass im folgenden Kapitel die grundlegenden Begrifflichkeiten im Zusammenhang von Produktentwicklungsprojekten erläutert werden.

2.2.1.3 Produktentwicklungsprojekt

Ein Produktentwicklungsprojekt, oder synonym Entwicklungsprojekt, zeichnet sich als inhaltlich, zeitlich und finanziell abgegrenztes einmaliges Vorhaben mit dem Ziel

[143] In Anlehnung an Specht et al. (2002), F&E-Management : Kompetenz im, S. 15f.; Kantelberg (2018), Gestaltung agiler Entwicklungsprozesse technischer Systeme, S. 18.

[144] Vgl. Lenders (2009), Beschleunigung der Produktentwicklung durch Lösungsraum-Management, S. 10.

[145] Dölle (2017), Projektsteuerung in der Produktentwicklung mittels Predictive Analytics, S. 18.

[146] Diels (2018), Indikatoren für die Ermittlung agil zu entwickelnder Produktumfänge, S. 27.

der Transformation eines Produktauftrags oder einer Marktanforderung in ein neues Produkt aus.[147] Die DIN EN ISO 9000 beschreibt ein Projekt als „einmaligen Prozess, der aus einem Satz von abgestimmten und gesteuerten Tätigkeiten [...] durchgeführt wird, um [...] ein Ziel zu erreichen, das spezifische Anforderungen erfüllt"[148]. Außerdem sind Produktentwicklungsprojekte durch neuartige Aufgabestellungen und einmalige Problemlösungsprozesse charakterisiert, was die resultierenden Tätigkeiten von Routinetätigkeiten in Prozessen wie Fertigung und Montage unterscheidet.[149]

Aus der Charakteristik von Entwicklungsprojekten folgt ein hohes Maß an Unsicherheit.[150] Die Unsicherheiten, welche im Zusammenhang der Entwicklung technischer Produkte zu berücksichtigen sind, wurden in Kapitel 2.1.1 mit marktseitigen, technischen und wirtschaftlichen Unsicherheiten umrissen. SPECHT führt Unsicherheit im Kontext der Produktentwicklung als Folge einer unvollkommenen Informationslage im Entwicklungsprojekt an.[151] Dahingehend ist er konform zur der Definition von FERNANDEZ ET AL. der Unsicherheit im Zusammenhang der Bestimmung technischer Design-Parameter (siehe Kapitel 2.1.3.2). Somit kann bereits auf den direkten Zusammenhang zwischen der Spezifikation technischer Design-Parameter und der Reduktion von Unsicherheit im Verlauf eines Produktentwicklungsprojekts hingewiesen werden. Gegenstand eines Entwicklungsprojekts ist die Generierung von Wissen und Informationen sowie deren Transformation in technische Design-Parameter, wodurch die entwicklungsbezogenen Unsicherheiten systematisch reduziert werden.

Risiken im Entwicklungsprojekt ergeben sich aus der Multiplikation der Unsicherheit, die gesetzten Entwicklungsziele im Sinne eines marktfähigen und technisch-wirtschaftlich sinnvoll realisierbaren Produkts zu erreichen mit dem Schadensausmaß, welches aus den quantifizierten Folgen der Nicht-Erreichung der Ziele resultiert.[152] Das Schadenausmaß in Entwicklungsprojekten lässt sich beispielsweise dadurch darstellen, dass aufgrund von Fehlentwicklungen Revisionskosten anfallen oder eingeplante Umsätze aufgrund nicht-marktgerecht entwickelter Produkte ausbleiben.[153]

---

[147] Vgl. Schmelzer (1992), Organisation und Controlling von, S. 148; Paulukuhn (2004), Typologisierung von Entwicklungsprojekten im, S. 20; Lüdtke (2016), Lösungsraum-Steuerung in der Produktentwicklung, S. 23; Kantelberg (2018), Gestaltung agiler Entwicklungsprozesse technischer Systeme, S. 24.

[148] Deutsches Institut für Normung (2005), DIN EN ISO 9000, S. 25.

[149] Vgl. Paulukuhn (2004), Typologisierung von Entwicklungsprojekten im, S. 24.

[150] Vgl. Dölle (2017), Projektsteuerung in der Produktentwicklung mittels Predictive Analytics, S. 25.

[151] Vgl. Specht et al. (2002), F&E-Management : Kompetenz im, S. 25.

[152] Vgl. Specht et al. (2002), F&E-Management : Kompetenz im, S. 25.

[153] Vgl. Specht et al. (2002), F&E-Management : Kompetenz im, S. 27f.; Feldhusen et al. (2013), Grundsätzliche Überlegungen zur Rationalisierung, S. 810.

Mitunter können sich daraus substanzielle Gefahren für gesamte Unternehmungen ergeben, sodass die Maßgabe in jedem Entwicklungsprojekt darin besteht, kontinuierlich das Vertrauen in das vorangetriebene Produktkonzept zu steigern und somit die Erfolgswahrscheinlichkeit des Produkts zu verbessern.[154] Für die vorliegende Arbeit sei der Begriff Konfidenz synonym für diesen Ausdruck des Vertrauens der entwicklungsbeteiligten Personen in das zu entwickelnde Produkt zu verstehen. Dementsprechend kann der Verlauf eines Entwicklungsprojekts im Hinblick auf Unsicherheiten beziehungsweise Risiken abstrahiert werden (siehe Abbildung 2-10).

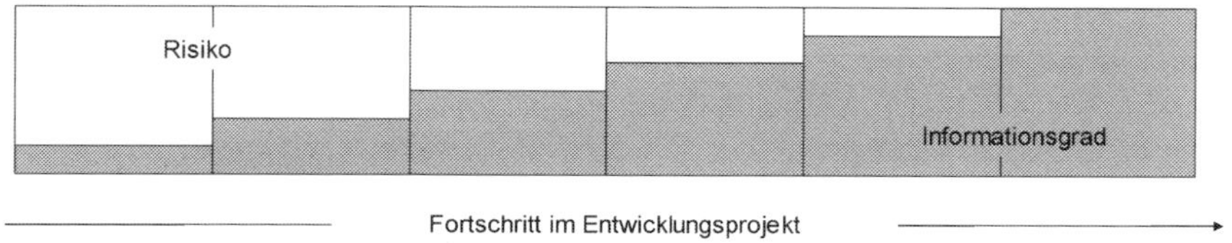

Abbildung 2-10: Risiko und Informationsgrad im Entwicklungsprojekt[155]

Kernaufgabe von Projektleitern und Entwicklungsleitern ist es, einen entsprechenden Verlauf der genannten Kenngrößen in einem Produktentwicklungsprojekt zu gewährleisten. Dabei besteht die Aufgabe nicht darin, Beiträge zur Problemlösung zu liefern, sondern das Management des Problemlösungsprozesses zu übernehmen.[156] RAUHUT erkennt in der Definition und Priorisierung von Entwicklungsaufgaben die vorrangige Steuerungsmöglichkeit für Projektleiter zur Organisation des Entwicklungsprozesses.[157] Die Reihenfolgebildung zur Bearbeitung von Produktumfängen und Entwicklungsaufgaben wird in der vorliegenden Arbeit verstanden als Entwicklungsprojektsteuerung. Zusammenfassend kann aus den genannten Aspekten folgende Definition für den Begriff Produktentwicklungsprojekt festgestellt werden:

> Ein Produktentwicklungsprojekt ist ein zeitlich und ressourcenseitig begrenztes und einmaliges Vorhaben zur Entwicklung eines marktfähigen sowie technisch-wirtschaftlich sinnvoll realisierbaren Produkts. Die aus der Unsicherheit, diese Ziele erreichen zu können, resultierenden Risiken gilt es im Verlaufe eines Entwicklungsprojekts durch eine gezielte Steuerung des Informationsgewinns zu eliminieren.

[154] Vgl. Korthals (2014), Wertstromanalyse in der Produktentwicklung, S. 43.
[155] In Anlehnung an McManus (2005), Product Development Value Stream Mapping, S. 31.
[156] Vgl. Fiedler (2016), Controlling von Projekten, S. 6.
[157] Vgl. Rauhut (2011), Synchronisation von Entwicklungsprozessen durch Taktung, S. 142.

Zur Durchführung von Entwicklungsprojekten haben sich in der industriellen Praxis verschiedene prozessuale Ansätze etabliert. Dementsprechend sollen im folgenden Kapitel die Grundlagen der Produktentwicklungsprozesse aufgearbeitet werden.

2.2.2 Prozessuale Grundlagen der Produktentwicklung

Um technische Produkte unter den betonten zeitlichen und ressourcenseitigen Begrenzungen systematisch entwickeln zu können, werden definierte Entwicklungsprozesse eingesetzt. Entwicklungsprozesse verfolgen das Ziel, die Vielzahl an Beteiligten und erforderlichen Handlungen zu definieren und synchronisieren.[158] Die definierte Abfolge zusammenhängender Aktivitäten, die materielle oder immaterielle Inputs wie Personal, Methoden und Informationen in vorgesehene Ergebnisse transformiert, wird als Prozess bezeichnet.[159] Im Zusammenhang der Entwicklung technischer Produkte kann der Produktentwicklungsprozess daher zunächst allgemein definiert werden:

„Die Gesamtheit der Aktivitäten in der Entwicklung technischer Produkte sowie die Steuerung des zeitlichen Ablaufs des übergreifenden Entwicklungsvorgehens auf Basis inhaltlicher Schwerpunkte und der definierten Schnittstellen der einzelnen Entwicklungsaufgaben wird als Produktentwicklungsprozess definiert.“[160]

Mit plangetriebenen und agilen Entwicklungsprozessen können zwei grundsätzlich unterschiedliche Ansätze unterschieden werden. Die jeweiligen Charakteristika werden im Folgenden vorgestellt.

2.2.2.1 Plangetriebene Produktentwicklungsprozesse

Maßgeblich geprägt durch die englische Literatur („plan-driven product development“) wurde im deutschen Sprachgebrauch der Begriff der plangetriebenen Produktentwicklungsprozesse eingeführt.[161] In der deutschen Literatur werden Begriffe wie

---

158 Vgl. Feldhusen und Grote (2013), Der Produktentstehungsprozess (PEP), S. 11.

159 Vgl. Deutsches Institut für Normung (2005), DIN EN ISO 9000, S. 18; Schmelzer und Sesselmann (2013), Geschäftsprozessmanagement in der Praxis, S. 51ff.

160 Kantelberg (2018), Gestaltung agiler Entwicklungsprozesse technischer Systeme, S. 20; Schuh et al. (2012), Gestaltung von Produktentwicklungsprozessen, S. 161; Feldhusen und Grote (2013), Der Produktentstehungsprozess (PEP), S. 11.

161 Vgl. Boehm und Turner (2003), Using risk to balance agile and plan- driven methods; Petersen und Wohlin (2010), The effect of moving from a plan-driven to an incremental software development approach with agile practices; Li et al. (2010), Transition from a plan-driven process to Scrum.

deterministische[162], klassische[163] oder traditionelle[164] Produktentwicklungsprozesse synonym verwendet.[165] Charakteristisch für diese Prozessansätze ist die Annahme, Entwicklungsaufgaben gemäß eines vordefinierten Plans sequenziell bearbeiten zu können.[166] Vorrangiges Ziel ist die effiziente Durchführung eines Entwicklungsprojekts auf Basis einer zu Projektbeginn detaillierten Beschreibung der Aufgaben- und Zeitpläne.[167] Ausgehend von klaren Anforderungsdefinitionen, Projektzielen und Zeitplänen wird die Planung und Überwachung des Projektfortschritts sichergestellt.[168]

Diese Grundsätze plangetriebener Entwicklungsprozesse finden sich manifestiert in der ursprünglichen Fassung der VDI-Richtlinie 2221[169], welche seit der Veröffentlichung in den 1990er Jahren branchenübergreifend vielfach angewendet wurde und heute die Basis für zahlreiche industriell verwendete Produktentwicklungsprozesse darstellt. Weiterhin bietet die Richtlinie die Basis für viele in der wissenschaftlichen Literatur entwickelte Prozessansätze.[170] Wie Abbildung 2-11 zeigt, sieht die VDI-Richtlinie 2221 in ihrer ursprünglich Form die vier generischen Phasen Planen, Konzipieren, Entwerfen und Ausarbeiten vor, welche wiederum in konkrete Arbeitsschritte sowie die entsprechenden Arbeitsergebnisse heruntergebrochen werden.[171]

Ohne auf die Einzelheiten der Arbeitsschritte einzugehen, ist bereits erkennbar, dass dieser Prozessansatz von einer vollständigen Anforderungsliste ausgeht, welche in den folgenden Phasen durch einen sequenziellen Ansatz der Produktentwicklung in Konzepte und Entwürfe überführt wird.[172] Ein weiteres Charakteristikum besteht darin, dass maßgeblich in der Entwurfsphase Erprobungen und technisch-wirtschaftliche Bewertungen anhand von Mustern und Prototypen vorgesehen werden.[173]

---

[162] Vgl. Kantelberg (2018), Gestaltung agiler Entwicklungsprozesse technischer Systeme, S. 21.

[163] Vgl. Patzak und Rattay (2014), Projektmanagement, S. 672.

[164] Vgl. Schmidt und Paetzold (2016), Agilität als Alternative zu traditionellen Standards in der Entwicklung physischer Produkte, S. 256.

[165] Vgl. Diels (2018), Indikatoren für die Ermittlung agil zu entwickelnder Produktumfänge, S. 29.

[166] Vgl. Kantelberg (2018), Gestaltung agiler Entwicklungsprozesse technischer Systeme, S. 21.

[167] Vgl. Wysocki (2013), Effective project management, S. 42ff.

[168] Vgl. Aichele und Schönberger (2014), IT-Projektmanagement, S. 31f.

[169] Vgl. VDI (1993), VDI 2221.; Die ursprüngliche Fassung der VDI 2221 wurde mit der Neufassung aus dem November 2019 (siehe unten) abgelöst. Da die ursprüngliche Fassung dennoch Grundlage zahlreicher wissenschaftlicher Veröffentlichungen und praktischer Anwendungen ist, wird auch die ursprüngliche Fassung in ihren Grundzügen vorgestellt.

[170] Vgl. Eigner et al. (2014), Modellbasierte virtuelle Produktentwicklung, S. 16.

[171] Vgl. VDI (1993), VDI 2221, 9; Schuh et al. (2012), Gestaltung von Produktentwicklungsprozessen, S. 164.

[172] Vgl. VDI (1993), VDI 2221, 9-12.

[173] Vgl. Schuh et al. (2012), Gestaltung von Produktentwicklungsprozessen, S. 190f.

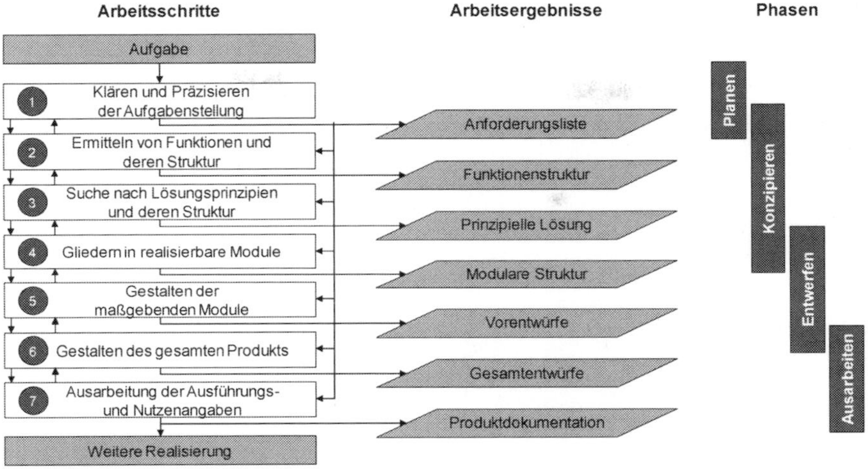

Abbildung 2-11: Vorgehensmodell nach VDI-Richtlinie 2221[174]

Aufgrund wissenschaftlicher Erkenntnisse und Erfahrungen in der Anwendung der dargestellten VDI 2221, wurde im November 2019 eine Neuauflage der Richtlinie veröffentlicht. Auch in der aktualisierten Fassung wird von einem systematischen Ablauf der Produktentwicklung in logischen Phasen ausgegangen.[175] Allerdings wird dieser Ablauf stärker als in der ursprünglichen Fassung abstrahiert auf eine modellhafte Formulierung von Zielen, Aktivitäten und Ergebnissen. Dieses Modell der Produktentwicklung kann entsprechend der Formulierung der Richtlinie in Abhängigkeit des Kontexts der Produktentwicklung in Iterationen, in parallelen Ausführungen oder sonstigen Formen spezifisch ausgestaltet werden.[176] Insbesondere wird im Sinne einer gesteigerten Praxistauglichkeit eine kontinuierliche physische oder virtuelle Absicherung der Entwicklungsergebnisse und eine entsprechende iterative Verfeinerung und Ergänzung der Anforderungen vorgesehen.[177] Insbesondere die Thematisierung der iterativen Anwendbarkeit eines generischen Modells der Produktentwicklung weist auf Tendenzen hin, die ursprünglich plangetriebene Formulierung der VDI 2221 in

[174] In Anlehnung an VDI (1993), VDI 2221, 9; Schuh et al. (2012), Gestaltung von Produktentwicklungsprozessen, S. 164; Dölle (2017), Projektsteuerung in der Produktentwicklung mittels Predictive Analytics, S. 20.

[175] Vgl. VDI (2019), VDI 2221 Blatt 2 - Gestaltung individueller Produktentwicklungsprozesse, S. 2f.

[176] Vgl. VDI (2019), VDI 2221 Blatt 2 - Gestaltung individueller Produktentwicklungsprozesse, S. 3.

[177] Vgl. VDI (2018), VDI legt sein Standardwerk neu auf, S. 8.

Abhängigkeit der konkreten Aufgabenstellung und der Rahmenbedingungen der Produktentwicklung in Richtung eines agilen Prozessverständnisses (siehe Kapitel 2.2.2.2 und 2.2.2.3) adaptieren zu können.

In der Praxis werden plangetriebene Entwicklungsprozesse in Form von Stage-Gate-Prozessen nach COOPER angewendet. Diese bestehen aus Stufen (engl. Stages) und Meilensteinen (engl. Gates), wobei auf jede Stage ein Gate folgt (siehe Abbildung 2-12).[178]

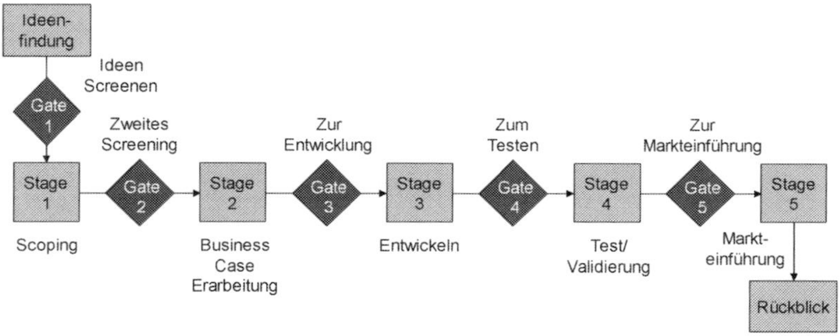

Abbildung 2-12: Exemplarischer Stage-Gate-Prozess nach COOPER[179]

Die Grundidee der Stages besteht darin, Aufgaben umzusetzen, welche an einem Gate mit definierten Qualitäts- bzw. Reifegradanforderungen überprüft werden. Die Gates stellen damit Entscheidungspunkte zum Abbruch oder Weiterführung des Entwicklungsprojekts dar.[180] Der Stage-Gate-Prozess umfasst die Phasen Ideenfindung, Scoping, Business Case Erarbeitung, Entwicklung, Test/Validierung sowie Markteinführung.[181] Wiederum ist die Validierung der Entwicklungstätigkeiten erst in einer späten Phase des Entwicklungsprozesses vorgesehen, was somit als Charakteristikum plangetriebener Entwicklungsprozesse hervorgehoben werden kann. Erkennbar ist auch in diesem Prozessansatz die Grundannahme einer initial vollständigen Produktidee sowie der damit verbundenen Entwicklungsaufgaben, welche über den Prozessverlauf mit zunehmendem Reifegrad in ein Produkt überführt werden.

---

[178] Vgl. Cooper (2011), Winning at new products, S. 148.

[179] In Anlehnung an Cooper (2011), Winning at new products, S. 149f.; Kantelberg (2018), Gestaltung agiler Entwicklungsprozesse technischer Systeme, S. 23.

[180] Vgl. Cooper (2011), Winning at new products, S. 148ff.

[181] Vgl. Cooper (2011), Winning at new products, S. 148f.

Hauptkritikpunkte an plangetriebenen Entwicklungsprozessen sind in der zurückliegenden Dekade im Hinblick auf die hervorgerufenen Verzögerungen im Entwicklungsprozess durch sogenannte „Gate-Sperren“[182], die fehlende Adaptionsfähigkeit in Bezug auf sich ändernde Aufgabenstellungen beziehungsweise Anforderungen für das Gesamtprojekt[183] sowie die fehlende Integration von Kunden zur frühen Validierung von Entwicklungsergebnissen[184] benannt worden.[185]

Zusammenfassend kann das Verständnis plangetriebener Entwicklungsprozesse im Kontext der vorliegenden Arbeit in Anlehnung an DIELS wie folgt definiert werden.

Plangetriebene Entwicklungsprozesse „zeichnen sich durch ein phasenorientiertes und überwiegend sequenzielles Vorgehen aus. Dabei kann zwischen Phasen der Entwicklung und Überprüfung unterschieden werden. Durch ein Top-down-Vorgehen werden dabei ausgehend von den Projektzielen einzelne Teilanforderungen und Zeitpläne heruntergebrochen und den einzelnen Phasen zugeordnet, was eine Planung und Steuerung komplizierter Projekte ermöglichen soll.“[186]

Vor dem Hintergrund der geschilderten Schwachpunkte werden in der Softwareentwicklung bereits seit einigen Jahren agile Entwicklungsprozesse als Gegenentwurf zu plangetriebenen Entwicklungsprozessen genutzt, welche zunehmend auch in der Entwicklung technischer Produkte Anwendung finden. Die grundlegenden Charakteristika dieser Entwicklungsprozesse werden im folgenden Kapitel präsentiert.

2.2.2.2 Agile Produktentwicklungsprozesse

Die Entstehung agiler Produktentwicklungsprozesse wird als Antwort auf die geschilderten Schwachpunkte der plangetriebenen Prozesse verstanden.[187] Erstmals im Jahre 1986 wurde der Begriff der agilen Produktentwicklung durch TAKEUCHI UND NONAKA geprägt, die bereits zu dieser Zeit nach alternativen Prozessansätzen suchten, um

[182] Vgl. Verworn und Herstatt (2007), Strukturierung und Gestaltung der frühen Phasen des Innovationsprozesses, S. 118.

[183] Vgl. Cooper (2017), Idea-to-Launch Gating Systems, S. 48.

[184] Vgl. Sandmeier (2007), Extreme Innovation, S. 184; Smith (2007), Flexible product development, S. 2.

[185] Vgl. Spundak (2014), Mixed Agile/Traditional Project Management Methodology, S. 941f.; Schuh et al. (2017), Agile Produktentwicklung, S. 31.

[186] Diels (2018), Indikatoren für die Ermittlung agil zu entwickelnder Produktumfänge, S. 32.

[187] Vgl. Ahmed-Kristensen und Daalhuizen (2015), Pioneering the combined use of agile and stage-gate, S. 2.

schneller und flexibler im Kontext dynamischer Marktanforderungen Produkte entwickeln zu können.[188] Entgegen der weitläufigen Meinung, agile Produktentwicklungsprozesse entstammten der Softwareentwicklung[189], entwickelten Takeuchi und Nonaka die Grundgedanken im Kontext der Entwicklung physischer Produkte.[190]

Die enge Assoziation agiler Produktentwicklungsprozesse mit der Softwareentwicklung lässt sich eher auf die Tatsache zurückführen, dass Anfang des 21. Jahrhunderts eine Gruppe von 17 Softwareexperten in einem „Agilen Manifest“[191] ihre Philosophie einer agilen Softwareentwicklung zusammengetragen haben. Auf Basis der Grundgedanken von Takeuchi und Nonaka erarbeiteten sie die vier in Abbildung 2-13 dargestellten Leitsätze, welche gemäß ihrer beruflichen Erfahrungen sowie ihrer persönlichen Überzeugungen eine effizientere und erfolgreichere Durchführung von Entwicklungsprojekten im Umfeld wachsender Dynamik und Komplexität sicherstellen.[192]

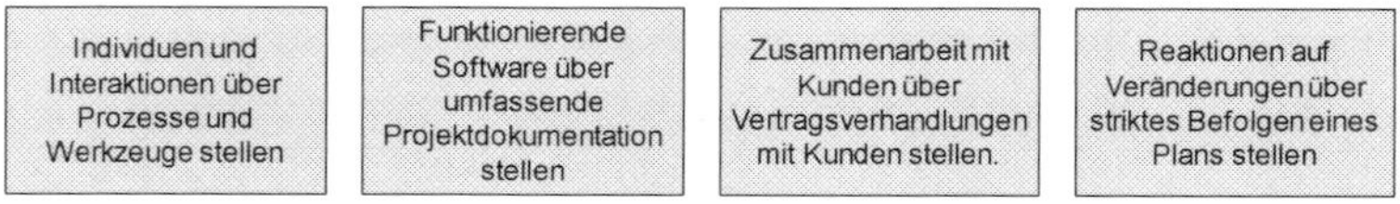

Abbildung 2-13: Leitsätze des Agilen Manifest nach Beck et al.[193]

Das agile Manifest definiert in diesen Leitsätzen die übergeordneten Werte einer agilen Softwareentwicklung.[194] Um diese Leitsätze für die operative Gestaltung von Entwicklungsprozessen nutzbar zu machen, wurden diese weiterhin in zwölf Agilen Prinzipien konkretisiert.[195] Die Werte und Prinzipien agiler Softwareentwicklung stellen somit eine Art Rahmenbedingung für die effiziente und erfolgreiche Software-Entwicklung dar.

Mit Scrum nach Schwaber und dem Spiralmodell nach Boehm sollen im Folgenden zwei Prozessmodelle vorgestellt werden, welche die Umsetzung der agilen Leitsätze

[188] Vgl. Takeuchi und Nonaka (1986), The new new product development game, S. 137.
[189] Vgl. Conforto et al. (2016), The agility construct on project management theory, S. 661.
[190] Vgl. Diels (2018), Indikatoren für die Ermittlung agil zu entwickelnder Produktumfänge, S. 34.
[191] Vgl. Beck et al. (2001), Manifest für Agile Softwareentwicklung.
[192] Vgl. Cooper und Sommer (2016), The Agile-Stage-Gate Hybrid Model, S. 517f.; Sandhaus et al. (2014), Hybride Softwareentwicklung, S. 34.
[193] In Anlehnung an Beck et al. (2001), Manifest für Agile Softwareentwicklung.
[194] Vgl. Schmitt et al. (2017), Agiles Qualitätsmanagement, S. 82.
[195] Vgl. Beck et al. (2001), Manifest für Agile Softwareentwicklung.

und Prinzipien in konkreten prozessualen Vorgaben realisieren. Anhand dieser Prozessmodelle werden die grundlegenden Charakteristika agiler Produktentwicklungsprozesse herausgearbeitet.

Scrum nach Schwaber

Der Scrum-Ansatz nach SCHWABER ist der am weitesten verbreitete agile Prozessrahmen.[196] Die Grundidee von Scrum besteht darin, der Komplexität von Entwicklungsprojekten durch eine agile Prozesssteuerung zu begegnen, welche den Hauptanforderungen Überwachung, Anpassung und Sichtbarkeit Rechnung tragen soll.[197] Zwar findet Scrum heute flächendeckenden Einsatz in der Softwareentwicklung, grundsätzlich sind die vorgesehenen Rollen, Phasen und Werkzeuge zur agilen Prozesssteuerung verschiedener Entwicklungsaufgaben jedoch branchenübergreifend anwendbar.[198] Der grundlegende Ansatz zur Prozessteuerung ist in Abbildung 2-14 dargestellt.

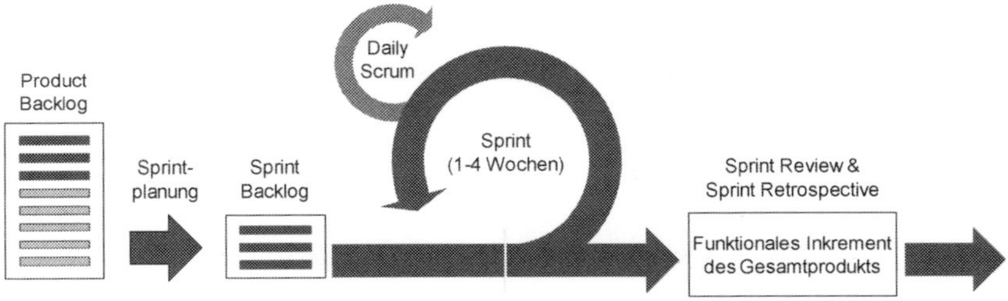

Abbildung 2-14: Scrum Ansatz[199]

Der iterative Prozessrahmen unterscheidet mit der Sprintplanung, dem Sprint, dem Daily Scrum, sowie dem Sprint Review und der Retrospective fünf Phasen eines Planungszeitraums. In der **Sprintplanung** werden die inhaltlichen Entwicklungsaufgaben und Anforderungen für den jeweils nächsten Planungszeitraums geplant.[200] Im anschließenden **Sprint** werden die definierten Entwicklungsaufgaben und Anforderungen operativ in Produktfunktionen umgesetzt.[201] Die Länge eines Sprints ist dabei fest

[196] Vgl. Komus und Kuberg (2017), Status Quo Agile, S. 10.
[197] Vgl. Schwaber (2007), Agiles Projektmanagement mit Scrum, S. 6.
[198] Vgl. Schwaber und Sutherland (2017), The Scrum Guide, S. 4.
[199] In Anlehnung an Schwaber (2007), Agiles Projektmanagement mit Scrum, S. 6; Pichler (2008), Scrum, S. 7; Diels (2018), Indikatoren für die Ermittlung agil zu entwickelnder Produktumfänge, S. 39.
[200] Vgl. Schwaber (2007), Agiles Projektmanagement mit Scrum, S. 136f.
[201] Vgl. Pichler (2008), Scrum, S. 7f.

definiert und jeder Sprint endet, unabhängig von den erbrachten Entwicklungsleistungen, zu dem vereinbarten Termin.[202] Während des Sprints trifft sich das Team täglich zum sogenannten **Daily Scrum**. Dieses Treffen im gesamten Entwicklungsteam dient der transparenten Koordination der anstehenden Arbeit sowie der systematischen Identifizierung und Kommunikation von Hindernissen im Entwicklungsverlauf.[203] Im abschließenden **Sprint Review** werden die Entwicklungsergebnisse allen relevanten Stakeholdern vorgestellt.[204] Die Stakeholder können dabei unternehmensinterne Personen (z.B. Marketing und Vertrieb) oder unternehmensexterne Personen (z.B. Kunden und Anwender) sein, die von den Entwicklungsergebnissen betroffen, aber nicht unmittelbar an deren Entstehung beteiligt sind.[205] Im Anschluss an das Sprint Review findet mit der **Retrospective** wiederum ein internes Treffen der an der Entwicklung beteiligten Personen statt, um die gemachten Erfahrungen zu rekapitulieren und entsprechende Verbesserungsmaßnahmen einzuleiten.[206]

Entlang der vorgestellten Phasen sieht Scrum Werkzeuge zur Steuerung des Entwicklungsprozesses vor. Zunächst wird das Produkt aus der Perspektive des Anwenders anhand von User Stories beschrieben. Somit dienen User Stories der kunden- und anwenderorientierten Definition der zentralen Anforderungen.[207] Auf diese Art und Weise wird eine Liste an Anforderungen und Arbeitsgerbnissen erstellt, die erbracht werden müssen, um das Projektziel zu erreichen. Diese Liste wird als Product Backlog bezeichnet und wird im Verlaufe des Entwicklungsprozesses kontinuierlich ergänzt beziehungsweise entsprechend der in einem Sprint generierten Erkenntnisse aktualisiert.[208] An dieser Stelle sei auf einen ersten substanziellen Unterschied agiler Entwicklungsprozesse im Vergleich zu planorientierten Entwicklungsprozessen hingewiesen, der darin besteht, dass agile Entwicklungsansätze nicht von einer vorab definierten Anforderungsliste ausgehen, welche das Produkt spezifiziert.[209] Vielmehr gehen agile Ansätze davon aus, einen Entwicklungsprozess bereits mit einer Produktvision und groben Anforderungen aus Anwendersicht beginnen zu können.[210] Die Anforderungen im Product Backlog liegen in priorisierter Form vor, wobei üblicherweise die Kriterien

---

[202] Vgl. Pichler (2008), Scrum, S. 86.
[203] Vgl. Pichler (2008), Scrum, S. 8.
[204] Vgl. Schwaber (2007), Agiles Projektmanagement mit Scrum, S. 139.
[205] Vgl. Pichler (2008), Scrum, S. 169.
[206] Vgl. Pichler (2008), Scrum, S. 8.
[207] Vgl. Pichler (2008), Scrum, S. 46.
[208] Vgl. Pichler (2008), Scrum, S. 28.
[209] Vgl. Lorenz et al. (2015), The Lean Advantage in Engineering, S. 5.
[210] Vgl. Link (2014), Agile Methoden im Produkt-Lifecycle-Prozess, S. 65f.

Nutzen, Risiko und Kosten als Priorisierungskriterien herangezogen werden.[211] Auf Basis des Product Backlogs wird im Rahmen der Sprintplanung durch das Entwicklungsteam in einem Sprint Backlog dokumentiert, welche Anforderungen und Entwicklungsergebnisse in dem jeweils nächsten Sprint zu erzielen sind.[212] Dabei besteht das Ziel darin, in jedem Sprint ein funktionales Produktinkrement zu realisieren. Explizit benennt PICHLER im Kontext der Softwareentwicklung das Ziel, in jedem Sprint lauffähige, getestete und dokumentierte Software zu erstellen, um somit einen greifbaren Mehrwert für die verschiedenen Stakeholder zu generieren.[213] Mithin ist ein weiterer substanzieller Unterschied zu planorientierten Entwicklungsprozessen dahingehend zu erkennen, dass definierte Produktumfänge einen objektorientierten Planungszyklus von der Anforderungsdefinition, über die Konzipierung, den Entwurf bis hin zur Ausarbeitung und Validierung der Entwicklungsergebnisse mit unternehmensinternen und unternehmensexternen Stakeholdern durchlaufen.[214] Der objektorientierte Grundsatz agiler Entwicklungsprozesse wird im Zusammenhang der Softwareentwicklung verstanden als die Entwicklung und Validierung „[...] relativ autonomer Objekte, Komponenten oder Services als Elemente eines größeren, in der Regel komplexen Systems [...]“[215].

Aus der Perspektive des Qualitätsmanagements sehen SCHMITT ET AL. einen zentralen Vorteil des Scrum Prozessrahmens in der frühen Eliminierung von Risiken im Entwicklungsprozess. Weiterhin werde durch Scrum Fehlentwicklungen vorgebeugt, indem Kunden, Anwender und weitere Stakeholder kontinuierlich in den Entwicklungsprozess eingebunden werden.[216] SCHWABER resümiert die zentralen Vorteile des Scrum Prozessrahmens in dem geschaffenen Kontrollmechanismus, der die Flexibilität, Reaktionsfähigkeit und Sicherheit im Entwicklungsprozess erhöht.[217]

Spiralmodell nach Boehm

Bereits SCHWABER referenzierte bei der initialen Veröffentlichung von Scrum den iterativen Prozesscharakter des Spiralmodells nach BOEHM[218]. Das Spiralmodell hat sich immer dann bewährt, wenn Software in „Zyklen“, sogenannten Iterationen, entwi-

---

[211] Vgl. Pichler (2008), Scrum, S. 28.

[212] Vgl. Pichler (2008), Scrum, S. 8.

[213] Vgl. Pichler (2008), Scrum, S. 83.

[214] Vgl. Pichler (2008), Scrum, S. 148; Böhmer et al. (2016), Think.Make.Start - An Agile Framework, S. 922.

[215] Picot und Baumann (2007), Modularität in der verteilten Entwicklung komplexer Systeme, S. 226.

[216] Vgl. Schmitt et al. (2017), Agiles Qualitätsmanagement, S. 84.

[217] Vgl. Schwaber (1997), Scrum Development Process, S. 10.

[218] Boehm (1988), A spiral model of software development and enhancement.

ckelt werden muss. Dies ist insbesondere dann notwendig, wenn die funktionalen Anforderungen an die Software zu Beginn des Entwicklungsprozesses nicht vollständig definiert werden können oder diese sich im Laufe des Projekts ändern.[219] Abbildung 2-15 zeigt den für diese Fälle vorgeschlagenen spiralförmigen Entwicklungsprozess.

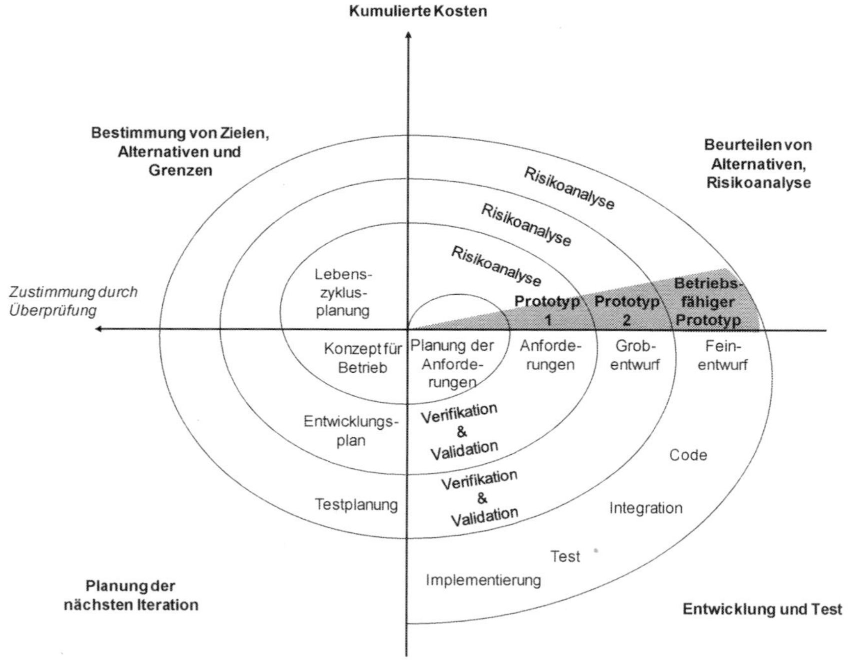

Abbildung 2-15: Schematischer Aufbau des Spiralmodells[220]

Die Idee des Spiralmodells besteht in der der Analyse und der schrittweisen Reduzierung von Risiken, welche den Erfolg des Entwicklungsprojekts bedrohen können.[221] Das Ziel des iterativen Prozessansatzes ist es, frühzeitig diejenigen Anforderungen zu adressieren, welche eine potenzielle Gefahr für die Kosten-, Zeit- und/ oder Funktionsziele im Entwicklungsprojekt darstellen.[222] Zu diesem Zweck sieht BOEHM die vier Phasen Festlegung von Zielen, Beurteilung von Alternativen, Entwicklung und Test

[219] Vgl. Hanser (2010), Agile Prozesse, S. 5.
[220] In Anlehnung an Boehm (1988), A spiral model of software development and enhancement, S. 64.
[221] Vgl. Braude und Bernstein (2011), Software engineering, S. 44.
[222] Vgl. Buede und Miller (2016), The Engineering Design of Systems, S. 21f.

sowie Planung des nächsten Zyklus vor, die in jedem Entwicklungszyklus durchlaufen werden. Als Ergebnis eines Entwicklungszyklus beschreibt BOEHM die Auslieferung eines Prototyps.[223] Der Vorteil der Auslieferung eines Prototyps pro Entwicklungszyklus wird darin gesehen, dass Risiken in Form kritischer Fragen bezüglich des Projektgegenstands überprüft werden, bevor Aufwand in die Detailarbeit investiert wird.[224]

Neben den angeführten Vorteilen der vorgestellten Prozessmodelle konnte im Zusammenhang von Softwareentwicklungsprojekten der Wert agiler Entwicklungsprozesse bereits quantifiziert werden. RICO ET AL. resümieren, dass agile Entwicklungsprojekte im Vergleich zu plangetriebenen Entwicklungsprojekten eine um 37% schnellere Time-to-Market besitzen. Außerdem realisieren agile Vorgehensmodelle einen um durchschnittlich 26% geringeren Kostenumfang und eine um 63% höhere Qualität gegenüber plangetriebenen Entwicklungsprojekten.[225]

Nachdem die Charakteristika plangetriebener und agile Entwicklungsprozess dargestellt wurden, werden im folgenden Kapitel insbesondere die Unterschiede hinsichtlich der Prozesssteuerung zusammengefasst.

2.2.2.3 Unterschiede plangetriebener und agiler Prozesssteuerung

Nach der Vorstellung der Charakteristika plangetriebener und agiler Produktentwicklungsprozesse werden in Abbildung 2-16 die zentralen Unterschiede mit Hinblick auf die Prozesssteuerung illustriert.

Während plangetriebene Entwicklungsprozesse ausgehend von einer vollständigen Anforderungsliste ein phasenweises Voranschreiten im Sinne einer Erhöhung des Reifegrades des Gesamtprodukts vorsehen, werden bei agilen Entwicklungsprozessen die Phasen Planen, Konzipieren, Entwerfen und Ausarbeiten für ausgewählte Produktumfänge in einem objektorientierten Entwicklungszyklus durchlaufen und in Form eines funktionalen Produktinkrements (Scrum) beziehungsweise eines auslieferungsfähigen Prototypen (Spiralmodell) die Entwicklungsergebnisse mit den relevanten Stakeholdern validiert. Somit werden plangetriebene Entwicklungsprozesse auch synonym als reifegradorientierte Prozesse verstanden, welche ausgehend von einer definierten Gesamtaufgabe, den Reifegrad des Produkts kontinuierlich erhöhen. Im Gegenzug werden agile Entwicklungsprozesse auch synonym als objektorientierte Prozesse verstanden, bei denen ausgewählte Objekte des Gesamtprodukts spezifiziert, entwickelt und

[223] Vgl. Boehm (1988), A spiral model of software development and enhancement, S. 64f.
[224] Vgl. Jakoby (2010), Projektmanagement für Ingenieure, S. 132.
[225] Vgl. Rico et al. (2009), The business value of Agile software methods, S. 167ff.

validiert werden. Wie der Ansatz objektorientierter Entwicklungsprozesse im Kontext der Entwicklung technischer Produkte Anwendung findet, ist Gegenstand des folgenden Kapitels.

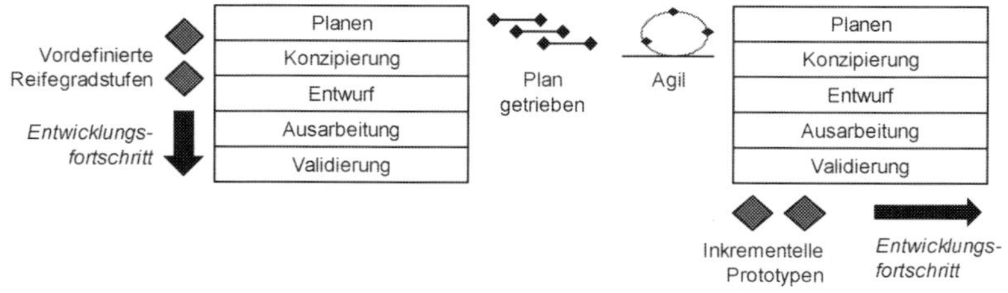

Abbildung 2-16: Differenzierung plangetriebener und agiler Entwicklungsprozesse[226]

2.2.2.4 Agile Entwicklungsprozesse für technische Produkte

Bereits im Rahmen der Vorstellung der grundlegenden Charakteristika agiler Entwicklungsprozesse anhand von Scrum und dem Spiralmodell wurde ausgedrückt, dass diese Prozessmodelle ihre maßgebliche Anwendung heute in der Softwareentwicklung finden. Allerdings wird der Übertragung agiler Entwicklungsprozesse aus dem Softwarebereich auf Produktentwicklungsprozesse technischer Produkte ein hohes Erfolgspotential bescheinigt.[227] Dabei ist allerdings die einhellige Meinung, dass eine reine Übertragung agiler Prozessrahmen, wie Scrum, auf die Entwicklung technischer Produkte nicht praktikabel ist, sondern es einer gezielten Adaption bedarf, welche die Charakteristika technischer Produkte berücksichtigt.[228] Im Folgenden soll daher beschrieben werden, welche Prinzipien agiler Entwicklungsprozesse auf die Entwicklung technischer Produkte anwendbar sind, welche Anpassungen notwendig sind und welche Nutzenpotenziale somit für die Entwicklung technischer Produkte gehoben werden können. Schließlich soll auf dieser Basis ein für die vorliegende Arbeit geltendes Verständnis agiler Entwicklungsprozesse für technische Produkte festgehalten werden.

---

[226] In Anlehnung an Feldhusen et al. (2009), Agile methods for design to customer, S. 452; Johnson (2011), Applying Agile To Hardware Development, S. 24; Schloesser et al. (2017), Prototyping in highly-iterative product development for technical systems, S. 150.

[227] Vgl. Cooper und Sommer (2016), The Agile-Stage-Gate Hybrid Model, S. 516; Komus und Kuberg (2017), Status Quo Agile, S. 23; Carlson und Turner (2013), Review of Agile Case Studies for Applicability to Aircraft Systems Integration, S. 470.

[228] Vgl. Ovesen (2012), The Challenges of Becoming Agile, S. 151; Kantelberg (2018), Gestaltung agiler Entwicklungsprozesse technischer Systeme, S. 48; Wellmann (2018), Agile Physische Produktentwicklung.

Zunächst ist mit den Arbeiten von KLEIN ET AL. eine Reihe von Ansätzen zu nennen, welche eine unmittelbare Übertragung des aus Scrum bekannten Prinzips der Auslieferung funktionaler Produktinkremente in Sprints auf technische Produkte des Maschinen- und Anlagenbaus vorschlagen.[229] Diese Produktinkremente als Bestandteil des fertigen Produkts sollen dem Kunden bereits einen Mehrwert bieten und sollen sukzessive zu Modulen der fertigen Maschine oder Anlage integriert werden.[230] Im Zusammenhang der Entwicklung technischer Produkte hat sich allerdings die Ansicht durchgesetzt, dass der Hauptanwendungsfall agiler Entwicklungsprozesse nicht in der Auslieferung funktionsfähiger Bestandteile des fertigen Produkts bestehen wird.[231] Vielmehr gilt es, Mehrwert für interne und externe Stakeholder zu schaffen, indem diese durch die Realisierung von Prototypen frühzeitiger und kurzyklischer in den Entwicklungsprozess eingebunden werden.[232] WELLMANN schlägt in dem Zusammenhang vor, von der Auslieferung funktionaler Produktumfänge abzusehen und die Realisierung testbarer Prototypen oder Produktmodelle zu fokussieren.[233]

SCHUH ET AL. schlagen vor, die zentralen Fragestellungen im Rahmen eines Entwicklungsprojekts in frühen Entwicklungsphasen in Form zeitlich definierter Entwicklungszyklen zu beleuchten.[234] In dem Zusammenhang repräsentieren Fragestellungen die kritischen Unsicherheiten, welche es auszuräumen gilt, um die Entwicklung eines marktfähigen Produkts, welches technisch-wirtschaftlich sinnvoll realisierbar ist, zu gewährleisten (siehe Kapitel 2.1.1). PUNKKA ist ähnlicher Ansicht und postuliert, Unsicherheiten seien in einem agilen Hardwareentwicklungsprozesse das Äquivalent für Funktionen in einem Softwareentwicklungsprozess, welche kontinuierlich priorisiert und entsprechend durch Entwicklungsaktivitäten adressiert werden müssen.[235] Aus diesen priorisierten Unsicherheiten lassen sich konkrete Produktumfänge in Form von Komponenten, Baugruppen oder Produktfunktionen ableiten, welche es entsprechend der zu betrachtenden Fragestellung zu entwickeln gilt.[236] In der VDI-Richtlinie VDI 2206 wird ein ähnlicher Grundsatz postuliert, indem vorgeschlagen wird, „[...] kritische Teilsysteme zur Minimierung des Entwicklungsrisikos fast bis zur Serienreife zu bringen, bevor mit der Entwicklung des davon abhängigen komplexen Gesamtsystems

[229] Vgl. Klein (2016), Agiles Engineering im Maschinen- und Anlagenbau.
[230] Vgl. Klein und Reinhart (2016), Scrum im Maschinen- und Anlagenbau, S. 71.
[231] Vgl. Böhmer et al. (2017), Scrum within hardware development, S. 793.
[232] Vgl. Schuh et al. (2018), Agile Prototyping for technical systems, S. 3.
[233] Vgl. Wellmann (2018), Agile Physische Produktentwicklung.
[234] Vgl. Schuh et al. (2017), Agile Produktentwicklung, S. 38ff.
[235] Vgl. Punkka (2012), Agile Hardware and Co-Design, S. 5.
[236] Vgl. Diels (2018), Indikatoren für die Ermittlung agil zu entwickelnder Produktumfänge, S. 101f.

begonnen wird."[237] Mit dem Ziel einer frühen und kontinuierlichen Validierung der Entwicklungsergebnisse sehen ALBERS ET AL. die prototypische Realisierung von Teilsystemen des Produkts vor.[238] Durch die prototypische Realisierung werden Entwicklungsergebnisse greifbar und erlebbar, sodass diese frühzeitig gemeinsam mit verschiedenen Stakeholdern validiert werden können.[239] Dementsprechend versprechen agile Entwicklungsprozesse, die hohen Änderungsaufwände, welche durch späte Änderungen üblicherweise verursacht werden, zu vermeiden.[240] In Anlehnung an SCHUH ET AL. werden die genannten Nutzenversprechen in Abbildung 2-17 zusammengefasst und gleichzeitig gegenüber plangetriebenen Entwicklungsprozessen eingeordnet.

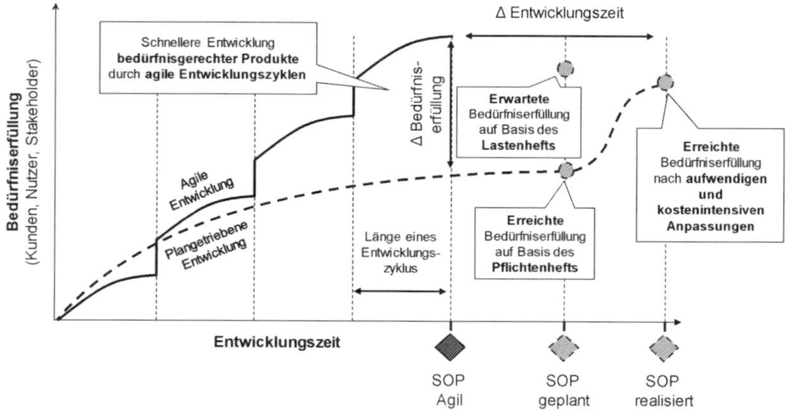

Abbildung 2-17: Nutzenversprechen agiler Produktentwicklungsprozesse[241]

In plangetriebenen Entwicklungsprozessen wird üblicherweise das Entwicklungsziel im Sinne der Bedürfniserfüllung von Kunden, Nutzern und weiteren Stakeholdern in Form eines Lastenhefts zu Beginn der Entwicklung dokumentiert und ein Start der Produktion (engl. Start of Production, SOP) terminiert. Mit Beginn der Produktentwicklung wird ein Lastenheft erstellt und in ein Pflichtenheft überführt, welches aus der Perspektive der Entwicklungsbeteiligten die optimalen Lösungen unter Berück-

[237] Vgl. VDI (2004), VDI 2206, 26.

[238] Vgl. Albers et al. (2017), Agile product engineering, S. 11.

[239] Vgl. Gabrysiak et al. (2010), How Tangible can Virtual Prototypes be, S. 163; Link (2014), Agile Methoden im Produkt-Lifecycle-Prozess, S. 65ff.

[240] Vgl. Albers et al. (2016), Verifikation und Validierung im Produktentstehungsprozess, S. 543.

[241] In Anlehnung an Schuh et al. (2017), Agile Produktentwicklung, S. 32.

sichtigung der im Lastenheft definierten Bedürfnisse enthält. Allerdings wird zum geplanten SOP regelmäßig erkannt, dass die im Pflichtenheft definierten Lösungen nur zu einer unzureichenden Bedürfniserfüllung führen. Die Folge sind aufwändige und kostenintensive Änderungen der bestehenden Entwicklungen, um noch einen möglichst hohen Grad der geplanten Bedürfniserfüllung zu generieren. Als Gegenentwurf sehen agile Entwicklungsprozesse die kurzzyklische Abstimmung von Entwicklungsergebnissen mit Kunden, Nutzern und weiteren Stakeholdern vor, sodass regelmäßig ein erkennbarer Mehrwert hinsichtlich der Bedürfniserfüllung geschaffen wird. In der Folge ist erkennbar, dass die erwarteten Bedürfnisse durch die kurzzyklische Abstimmung besser erfüllt werden. Ebenso werden die späten und kostenintensiven Änderungen vermieden, da Fehlentwicklungen aufgrund der kurzzyklischen Abstimmungen bereits frühzeitig erkannt werden.[242]

Neben der Entwicklung bedürfnisgerechterer Produkte in kürzerer Zeit wird der Hauptnutzen agiler Produktentwicklungsprozesse für technische Produkte vielfach in einer gesteigerten Adaptionsfähigkeit gesehen, welche es ermöglicht, auch im Verlaufe des Entwicklungsprozesses auf sich ändernde Anforderung effizient reagieren zu können.[243] Dies wird dadurch realisiert, dass von dem Anspruch vollständiger Anforderungs- und Spezifikationslisten zu Beginn eines Entwicklungsprozesses Abstand genommen wird.[244] Vielmehr setzt sich die Erkenntnis durch, dass die angesprochenen Fragestellungen den Entwicklungstakt sowie die zu spezifizierenden und zu validierenden Produktumfänge vorgeben.[245] Mithin kann in dem Zusammenhang von einem objektorientierten Entwicklungsansatz für technische Produkte gesprochen werden, aus dem sich ein neues Vollständigkeitsverständnis ableitet.[246] Es gilt, die Fragestellungen sowie die damit verbundenen Produktumfänge zu priorisieren.[247] Dabei greifen die aus der Softwareentwicklung bekannten Priorisierungskriterien wie Wertbeitrag, Aufwand und Risiko zu kurz, weil technische Abhängigkeiten bei der Reihenfolgebildung gezielt berücksichtigt werden müssen.[248] Da die vielfältigen technischen Abhängigkeiten technischer Produkte üblicherweise eine Separierbarkeit von Teilsystemen erschwert, wird die Definition von (Teil-)Entwicklungsergebnissen zu einer besonderen

[242] Vgl. Schuh et al. (2017), Agile Produktentwicklung, S. 31ff.

[243] Vgl. Cooper und Sommer (2016), The Agile-Stage-Gate Hybrid Model, S. 513; Smith (2007), Flexible product development, S. 2.

[244] Vgl. Lorenz et al. (2015), The Lean Advantage in Engineering, S. 5.

[245] Vgl. Kampker et al. (2016), Prototypen im agilen Entwicklungsmanagement, S. 77.

[246] Vgl. Schuh et al. (2017), Agile Produktentwicklung, S. 49; Böhmer et al. (2017), Towards Agile Product Development - The Role of Prototyping, S. 7.

[247] Vgl. Schuh et al. (2017), Agile Produktentwicklung, S. 49.

[248] Vgl. Rauhut (2011), Synchronisation von Entwicklungsprozessen durch Taktung, S. 144.

Herausforderung.[249] Modulare Produkte, bei denen physische Module abgeschlossene Funktionen des Gesamtsystems realisieren, erleichtern in diesem Zusammenhang den objektorientierten Entwicklungsansatz maßgeblich.[250] Da die Gestaltung modularer Produktarchitekturen ein präzises Verständnis der funktionalen und physischen Zusammenhänge des zu Produkts voraussetzt, ist die Perspektive des Systems-Engineerings von fundamentaler Bedeutung zur Realisierung des Nutzenversprechens einer gesteigerten Adaptionsfähigkeit.[251] HABERFELLNER ET AL. betonen daher im Kontext agiler Produktentwicklungsprozesse die Wichtigkeit, einerseits technische Produkte in ihren Strukturen so zu gestalten, dass sie unter geringem Aufwand flexibel anpassbar sind und andererseits Prozesse so zu gestalten, dass etwaige Änderungen auch effizient durchgeführt werden können.[252]

COOPER AT AL. empfehlen, zeitlich definierte Entwicklungszyklen auch bei agilen Entwicklungsprozessen für technische Produkte vorzusehen.[253] SMITH betont dabei die Umkehrung üblicher Planungsvorgehen, bei denen zunächst Aufgaben verteilt und anschließend die benötigte Bearbeitungszeit definiert wird. In der Vorgabe zeitlich definierter Entwicklungszyklen und der anschließenden Planung möglicher Aufgaben sieht SMITH maßgebliche Vorteile hinsichtlich der Planbarkeit, Messbarkeit und Transparenz von Entwicklungsprozessen.[254] Allerdings ist im Zusammenhang der Entwicklung technischer Produkte zu berücksichtigen, dass die Entwicklung und prototypische Realisierung einer umfangreicheren Umsetzungsphase bedarf, als dies im Falle funktionaler Inkremente in der Softwareentwicklung der Fall ist.[255] Folgerichtig bietet KANTELBERG acht charakteristische Iterationstypen für die Entwicklung technischer Produkte an, welche jeweils durch die beteiligten Rollen sowie die typischen Entwicklungstätigkeiten spezifiziert sind.[256] Auch RAUHUT bestätigt den Nutzen getakteter Entwicklungsprozesse und erkennt in der methodengestützten Takt- und Aufgabenplanung einen zentralen Erfolgsfaktor zur Realisierung dieses Ansatzes im Kontext

---

[249] Vgl. Schmidt und Paetzold (2016), Agilität als Alternative zu traditionellen Standards in der Entwicklung physischer Produkte, S. 263.

[250] Vgl. Picot und Baumann (2007), Modularität in der verteilten Entwicklung komplexer Systeme, S. 226.

[251] Vgl. Schuh und Riesener (2017), Produktkomplexität managen, S. 89ff.; Schindel und Dove (2016), Introduction to the Agile Systems Engineering, S. 725f.

[252] Vgl. Haberfellner und deWeck (2005), Agile Systems Engineering, S. 1449.

[253] Vgl. Cooper (2017), Idea-to-Launch Gating Systems, S. 50.

[254] Vgl. Smith (2007), Flexible product development, S. 190.

[255] Vgl. Schmidt und Paetzold (2016), Agilität als Alternative zu traditionellen Standards in der Entwicklung physischer Produkte, S. 263.

[256] Vgl. Kantelberg (2018), Gestaltung agiler Entwicklungsprozesse technischer Systeme, S. 209ff.

der Entwicklung technischer Produkte.[257] Während Scrum typischerweise eine Sprintdauer von 1-4 Wochen vorsieht, untersuchen REBENTISCH ET AL. im Rahmen der Übertragung agiler Methoden auf die Entwicklung technischer Produkte die Wirkung von Entwicklungszyklen zwischen einer und 20 Wochen auf die Güte der Projektergebnisse. Insbesondere im Falle der Realisierung von Prototypen empfehlen die Autoren eher längere Entwicklungszyklen zu definieren.[258] COOPER ET AL. bestätigen dies auf Basis verschiedener Fallstudien, in denen Entwicklungszyklen von acht bis zwölf Wochen verwendet wurden.[259] Eine ähnliche Tendenz zeigen Ergebnisse aus einer von der Fraunhofer Gesellschaft durchgeführten Benchmarking-Studie zum Thema Agile Invention aus dem Jahre 2018. Demnach geben 92% der erfolgreichen Anwender agiler Entwicklungsmethoden an, in Zeitabständen von mindestens neun Wochen Prototypen zu entwickeln.[260]

Während agile Prozessrahmen, wie Scrum, auf die Steuerung einzelner Entwicklungsteams, bestehend aus drei bis neun Personen[261], ausgerichtet sind, charakterisiert ein hohes Maß an Arbeitsteilung zwischen verschiedenen Entwicklungsteams in diversen Fachbereichen die Entwicklung technischer Produkte. Dementsprechend greift ein teambezogener Prozessrahmen wie Scrum zu kurz, um derartig große und interdisziplinäre Entwicklungsprojekte zu steuern. Daher haben sich in der industriellen Praxis Skalierungsansätze etabliert, von denen der Scaled Agile Framework (SAFe)[262] als der am weitesten verbreitete Ansatz hinsichtlich seiner Methoden zur Entwicklungsprozesssteuerung vorgestellt werden soll.[263] Die Grundelemente zur Entwicklungsprozesssteuerung gemäß SAFe lassen sich zurückführen auf die Synchronisation und Taktung von Entwicklungsprozessen und sind in Abbildung 2-18 dargestellt. Die wesentlichen Begrifflichkeiten, die im Kontext der agilen Entwicklung technischer Produkte Anwendung finden sollen, werden im Folgenden anhand dieser Grafik herausgearbeitet.

Sprint

Innerhalb einzelner Fachbereiche oder auch in fachbereichsübergreifenden Teams wird gemäß der oben beschriebenen Systematik in getakteten Sprints zusammengearbeitet. Diese Sprints besitzen eine teamspezifisch definierte Länge von einer Woche bis zu vier Wochen. Zwar ist die Sprintlänge teamspezifisch wählbar, allerdings sollte

---

[257] Vgl. Rauhut (2011), Synchronisation von Entwicklungsprozessen durch Taktung, S. 148ff.
[258] Vgl. Rebentisch et al. (2018), Agility factors and their impact on product development performance, S. 901.
[259] Vgl. Cooper und Sommer (2016), The Agile-Stage-Gate Hybrid Model, S. 524.
[260] Vgl. WZL der RWTH Aachen und Fraunhofer IPT (2018), Benchmarking Agile Invention.
[261] Vgl. Schwaber und Sutherland (2017), The Scrum Guide, S. 7.
[262] Scaled Agile (2020), Scaled Agile Framework (SAFe).
[263] Vgl. Komus und Kuberg (2017), Status Quo Agile, S. 25.

im Sinne der Synchronisation darauf geachtet werden, dass die Sprintlängen jeweils ein Vielfaches voneinander betragen, sodass zu Beginn beziehungsweise zum Ende der Sprints entsprechende Synchronisationen möglich sind.

Entwicklungszyklus

Alle an der Entwicklung beteiligten Personen, Teams, Fachbereiche sowie die entsprechenden Produktumfänge und Module werden in zeitlich definierten Entwicklungszyklen synchronisiert. Ein Entwicklungszyklus hat in der Regel eine Länge von mindestens 9 und maximal 15 Wochen[264] und muss zu Beginn des Entwicklungsprojekts fachbereichsübergreifend abgestimmt werden. Zu Beginn eines Entwicklungszyklus werden in einer Zyklusplanung für das Gesamtprojekt die Ziele definiert, welche für alle Beteiligten Gültigkeit besitzen. Somit kann das Ende eines Entwicklungszyklus als Synchronisationspunkt verstanden werden, an dem die Entwicklungsergebnisse in Form eines prototypischen Produktinkrements integriert werden.[265]

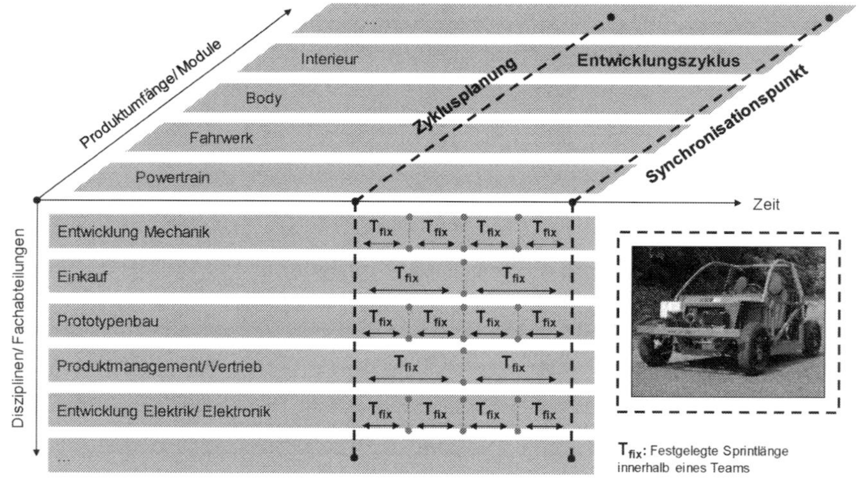

Abbildung 2-18: Agiler Entwicklungsprozess für technische Produkte

Im Zusammenhang der Übertragung agiler Methoden auf die Entwicklungsprozesse technischer Produkte erwägen zahlreiche Autoren und industrielle Anwender eine

[264] WZL der RWTH Aachen und Fraunhofer IPT (2018), Benchmarking Agile Invention.

[265] Vgl. Scaled Agile (2020), Scaled Agile Framework (SAFe); Schuh et al. (2019), Agile Entwicklung und Produktion im Internet of Production.

Kombination der vorgestellten plangetriebenen und agilen Entwicklungsprozesse im Sinne eines hybriden Produktentwicklungsprozesses.[266] COOPER ET AL. schlagen vor, agile Entwicklungsmethoden insbesondere in Phasen hoher Unsicherheiten anzuwenden, in denen eine enge Einbindung des Kunden notwendig ist.[267] Dies ist beispielsweise in den frühen Entwicklungsphasen radikaler Innovationen der Fall.[268] HILT ET AL. bestätigen diese Beobachtung im Rahmen der Vorentwicklungsaktivitäten eines deutschen Automobilherstellers, der agile Entwicklungsmethoden zur Entwicklung einer Produktionstechnologie für die Batteriemontage erfolgreich angewendet hat.[269] Während die beschriebenen Anwendungsfälle agiler Entwicklungsprozesse charakterisiert sind durch ein hohes Maß an Unsicherheit, hohe Änderungsraten und daraus folgender hoher Flexibilität, lassen sich andere Beispiele von Entwicklungsphasen beschreiben, welche durch ein hohes Maß an Vorhersagbarkeit, Stabilität und Standardisierung geprägt sind. Die letztgenannten Charakteristika stehen dabei sinnbildlich für die charakteristischen Rahmenbedingungen plangetriebener Entwicklungsprozesse. Demzufolge gilt es, entsprechend der vorherrschenden Rahmenbedingungen im Entwicklungsprozess agile und plangetriebene Entwicklungsprozesse über verschiedene Phasen des Entwicklungsprozesses gezielt zu kombinieren.[270] Neben der phasenspezifischen Auswahl und Kombination der verschiedenen Entwicklungsmethoden sehen SCHUH ET AL. eine Auswahl entsprechend der Charakteristika konkreter Produktumfänge vor. Demnach gilt es, anhand verschiedener Kriterien wie beispielsweise der Markt- und Kundenrelevanz oder der Herstellbarkeit von Prototypen jene Produktumfänge zu bestimmen, welche in einem agilen Prozess entwickelt werden sollen.[271] Mit einem vergleichbaren Ziel führen SOLTES ET AL. eine Fallstudie im Zusammenhang der Entwicklung eines Elektrofahrzeugs durch, welche in der Erkenntnis resultiert, einzelne Module beziehungsweise Baugruppen agil zu entwickeln und andere Module beziehungsweise Baugruppen plangetrieben zu entwickeln.[272] Für die vorliegende Arbeit sei die Betrachtung fokussiert auf jene Phasen und Umfänge eines technischen Entwicklungsvorhabens, welche eine Anwendung agiler Entwicklungsprozesse erfordert.

---

[266] Vgl. Kneuper (2015), Klassische und agile Vorgehensmodelle, S. 34.

[267] Vgl. Cooper und Sommer (2016), The Agile-Stage-Gate Hybrid Model, S. 524.

[268] Vgl. Ryan und Devitt (2014), An investigation into design thinking behaviours in early stage radical innovation, S. 2755.

[269] Vgl. Hilt et al. (2016), Agile Predevelopment of Production Technologies, S. 92.

[270] Vgl. Riesener et al. (2018), Hybridization of Development Projects, S. 3f.

[271] Vgl. Schuh et al. (2017), Determining the Application Suitability of Agile Methods, S. 5.

[272] Vgl. Soltes et al. (2018), A case study of a framework for user-centered hardware development, S. 5.

Nachdem nun die grundlegenden Begrifflichkeiten agiler Produktentwicklungsprozesse im Zusammenhang technischer Produkte diskutiert wurden, kann die Begriffsdefinition für die vorliegende Arbeit wie folgt vorgenommen werden.

Ein agiler Produktentwicklungsprozess für technische Produkte zielt auf die frühe und kurzzyklische Validierung kritischer Fragestellungen sowie damit verbundener Produktumfänge mit verschiedenen Stakeholdern durch die Validierung von Prototypen ab. Eine gesteigerte Adaptionsfähigkeit im Entwicklungsvorhaben wird erzielt, indem in objektorientierten Entwicklungszyklen gearbeitet wird, welche eine kontinuierliche Anpassung von Spezifikationen erlauben. Den charakteristischen Eigenschaften technischer Produkte wird ein agiler Entwicklungsprozess gerecht, indem bei der Planung von Entwicklungszyklen, die technischen Abhängigkeiten berücksichtigt werden und die zeitlich definierte Zykluslänge mit Hinblick auf die Aufwände und Durchlaufzeiten zur prototypischen Realisierung von Produktumfängen gestaltet wird.

Bereits dieser Begriffsdefinition agiler Entwicklungsprozesse für technische Produkte ist zu entnehmen, dass der Rolle von Prototypen beziehungsweise prototypischen Realisierungen von Produktumfängen eine besondere Bedeutung zukommt. Entsprechend werden die einschlägigen Grundlagen im folgenden Kapitel aufgearbeitet.

2.3 Grundlagen zur Auslegung prototypischer Produktinkremente

Ziel des folgenden Kapitels ist es, den zentralen Begriff der Auslegung prototypischer Produktinkremente definitorisch einzuordnen. Dazu werden zunächst mit den Begriffen Prototyp und Produktinkrement die elementaren Begriffsbestandteile erläutert. Anschließend wird die Bedeutung prototypischer Produktinkremente mit Hinblick auf die Verwendung in agilen Produktentwicklungsprozessen begründet, bevor die Auslegung prototypischer Produktinkremente erläutert wird.

2.3.1 Prototypen

Obwohl der Begriff „Prototyp" heute Einzug in den alltäglichen Sprachgebrauch gefunden hat, ist eine eindeutige Begriffsbestimmung nicht trivial. Dies ist darauf zurückzuführen, dass unterschiedliche Fachdisziplinen beziehungsweise Branchen unterschiedliche Sichtweisen auf den Begriff entwickelt haben.[273] Insbesondere den Be-

[273] Vgl. Doll (2009), Prototyping zur Unterstützung sozialer Interaktionsprozesse, S. 107.

reichen der Produktionstechnik und der Entwicklung mechanischer Produkte entstammt ein sehr enges Verständnis eines Prototypen als „Erstem seiner Art", der eine erste vollfunktionsfähige Version des zu entwickelnden Produkts darstellt.[274]

Eine erweiternde Perspektive nehmen ULRICH UND EPPINGER ein, indem Prototypen als Approximation des zu entwickelnden Produkts entlang einer oder mehrerer Dimensionen verstanden werden.[275] Weiterhin kann das Verständnis des Begriffs gemäß der Sichtweise aus dem Bereich der Softwareentwicklung erweitert werden als Werkzeug zur Klärung von Fragen der Systemspezifikation auch in frühen Entwicklungsphasen.[276] KOHLER ET AL. fassen einige der genannten Aspekte zusammen und definieren einen Prototypen als „Artefakt, das innerhalb eines Gestaltungs- und Entwicklungsprozesses erzeugt wird und eine Annäherung an das Endprodukt darstellt."[277]

Begründet durch die fach- und branchenspezifischen Sichtweisen haben sich in der Literatur zahlreiche synonym verwendete Begrifflichkeiten etabliert, von denen EXNER ET AL. die Begriffe Modell, Mock-Up, Simulation, Entwurf, Muster, Skizze und Zeichnung beispielhaft benennen.[278] SCHUH ET AL. konkretisieren mit dem Designmodell, dem geometrischen Prototyp, dem Funktionsprototyp, dem technischen Prototyp und dem Vorserienprototyp verschiedene Arten von Prototypen entlang eines Produktentwicklungsprozesses.[279] In ähnlicher Weise sieht die VDI-Richtlinie 2206 mit zunehmendem Reifegrad im Entwicklungsprozess zunächst den Aufbau eines Labormusters, anschließend den Aufbau eines Funktionsmusters und schließlich ein Vorserienprodukt als Meilensteine eines technischen Entwicklungsprozesses vor.[280] Da eine Eingrenzung des für die vorliegende Arbeit relevanten Begriffsverständnisses auf Basis der genannten Begriffe nicht zielführend wäre, soll im Folgenden der Zweck von Prototypen beleuchtet werden, sodass eine inhaltliche Eingrenzung ermöglicht wird.

DIEFENBACH UND HASSENZAHL unterscheiden mit der Exploration, der Demonstration und der Evaluation drei charakteristische Rollen, die Prototypen als zentrales Werkzeug im Produktentwicklungsprozess einnehmen können.[281] LIM ET AL. charakterisieren auf Basis durchgeführter Fallstudien die folgenden vier Anwendungszwecke von

[274] Vgl. Renner et al. (2000), Rapid Prototyping, S. 78ff.; Dodgson et al. (2005), Think, play, do, S. 242; Doll (2009), Prototyping zur Unterstützung sozialer Interaktionsprozesse, S. 107.

[275] Vgl. Ulrich und Eppinger (2012), Product design and development, S. 291.

[276] Vgl. Doll (2009), Prototyping zur Unterstützung sozialer Interaktionsprozesse, S. 108.

[277] Kohler et al. (2013), Durch schnelles Scheitern zum Erfolg, S. 78.

[278] Vgl. Exner et al. (2015), A transdisciplinary perspective on prototyping, S. 5.

[279] Vgl. Schuh et al. (2012), Gestaltung von Produktentwicklungsprozessen, S. 217ff.

[280] Vgl. VDI (2004), VDI 2206, 31.

[281] Vgl. Diefenbach und Hassenzahl (2017), Psychologie in der nutzerzentrierten Produktgestaltung, S. 172.

Prototypen: Testen und Beurteilung von Gestaltungsoptionen, Verständnisgewinn für Nutzererfahrungen, -bedürfnisse und -werte, Ideengenerierung und Kommunikation zwischen Entwicklern.[282] Ebenso benennen CAMBURN ET AL. die vier zentralen Ziele, welche mit Prototypen im Zusammenhang der Produktentwicklung verfolgt werden und leiten diese basierend auf Häufigkeiten von Nennungen in 40 wissenschaftlichen Veröffentlichungen ab: Designanpassung, Exploration, Aktives Lernen und Kommunikation.[283] Im Gegensatz zu den holistischen Definitionen der vorgenannten Autoren, konkretisiert GEBHARDT den Zweck von Prototypen auf deren Eignung „[...] die Entwicklung von der Produktidee zum Produkt zu verbessern und zu verkürzen, indem sie den virtuellen Entwurf dreidimensional erfassbar machen. Prototypen werden zur Evaluierung von Produkteigenschaften hergestellt und eingesetzt und ermöglichen schon in der Entwurfsphase wichtige Produkteigenschaften zu testen.“[284] Ähnlich erfassen SCHUH ET AL. Prototypen als physische Hilfsmittel zur entwicklungsbegleitenden Überprüfung der Produkteigenschaften, indem die Produktgestalt bereits in frühen Entwicklungsphasen auf mögliche Fehler getestet wird.[285] LINK unterstreicht dementsprechend den Zweck von Prototypen als Werkzeug zum vereinfachten Problemverständnis, welches zur Reduzierung von Unsicherheiten in einem frühen Entwicklungsstadium beiträgt.[286] Ergänzend sind mit der Viability, der Feasibilty und der Desirability die Dimensionen der Unsicherheit zu benennen, welche nach MENOLD ET AL. durch den Einsatz von Prototypen reduziert werden können.[287] Dieser Prüfprozess kann verallgemeinert werden als Prüfung mit Fachexperten und Anwendern, ob das Produkt für seinen Zweck geeignet ist und dabei den erwünschten Wert erzielt und wird als Validierung bezeichnet.[288] Dementsprechend verstehen ALBERS ET AL. Prototypen auch als Modelle für die Validierung von Produkteigenschaften und -verhalten.[289] Diesem Verständnis schließt sich die vorliegende Arbeit an, sodass mit dem Abbildungsmerkmal, dem Verkürzungsmerkmal und dem pragmatischen Merkmal im Folgenden die drei charakteristischen Eigenschaften von Modellen in ihrer Bedeutung im Zusammenhang von Prototypen erläutert werden.[290]

---

[282] Vgl. Lim et al. (2008), The anatomy of prototypes, S. 24.
[283] Vgl. Camburn et al. (2017), Design prototyping methods, S. 3.
[284] Gebhardt (2013), Generative Fertigungsverfahren, S. 309.
[285] Vgl. Schuh et al. (2012), Gestaltung von Produktentwicklungsprozessen, S. 217.
[286] Vgl. Link (2014), Agile Methoden im Produkt-Lifecycle-Prozess, S. 80f.
[287] Vgl. Menold et al. (2017), Prototype for X, S. 91f.
[288] Vgl. Albers et al. (2016), Verifikation und Validierung im Produktentstehungsprozess, S. 542.
[289] Vgl. Albers et al. (2016), Verifikation und Validierung im Produktentstehungsprozess, S. 557.
[290] Vgl. Stachowiak (1973), Allgemeine Modelltheorie, S. 131ff.

Gemäß des Abbildungsmerkmals ist jedes Modell ein Abbild eines künstlichen oder natürlichen Originals[291], welches im Falle von Prototypen durch das zu entwickelnde Produkt repräsentiert ist. Prototypen verfolgen dabei das Ziel, ein Abbild zu schaffen, welches für den Anwender beziehungsweise den Fachexperten hinreichend genau greifbar und verstehbar ist.[292] Nach LINK kann dieses Abbild in verschiedenen Formen von einfachen Papiermodellen über Funktionsmuster bis hin zu voll funktionsfähigen Ausarbeitungen realisiert werden.[293] GEBHARDT fasst die vom Verband der Deutschen Industrie Designer (VDID) und dem Verein Deutscher Ingenieure (VDI) aufgeführten Prototypenarten zusammen und ordnet diese entsprechend des Abstraktionsniveaus und des Detaillierungsgrads des jeweiligen Abbildes ein (siehe Abbildung 2-19). Für die vorliegende Arbeit sei festgehalten, dass ein Prototyp als physisches Abbild des zu entwickelnden Produkts beziehungsweise von Teilumfängen dessen zu verstehen ist.

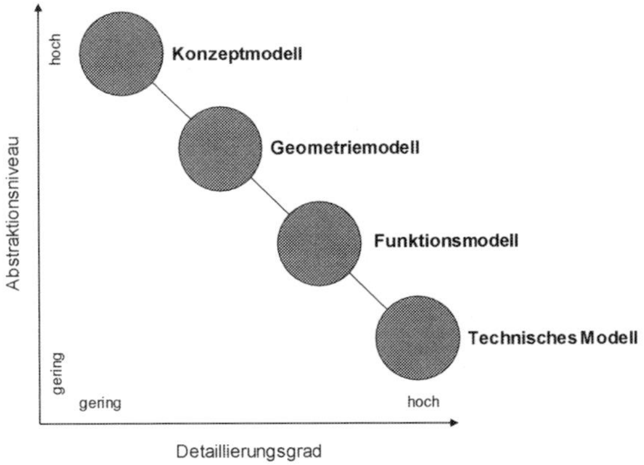

Abbildung 2-19: Arten von Prototypen nach GEBHARDT[294]

Im Sinne des pragmatischen Merkmals wird ein Modell mit Hinblick auf einen konkreten Verwendungszweck geschaffen.[295] Der für die vorliegende Arbeit vornehmliche Verwendungszweck ist in Anlehnung an die vorhergehenden Definitionen von GEBHARDT, SCHUH ET AL., LINK und ALBERS ET AL. in der entwicklungsbegleitenden Redu-

[291] Vgl. Stachowiak (1973), Allgemeine Modelltheorie, S. 131.
[292] Vgl. Donati und Vignoli (2015), How tangible is your prototype?, S. 112.
[293] Vgl. Link (2014), Agile Methoden im Produkt-Lifecycle-Prozess, S. 65.
[294] In Anlehnung an Gebhardt (2016), Additive Fertigungsverfahren, S. 359.
[295] Vgl. Stachowiak (1973), Allgemeine Modelltheorie, S. 132f.

zierung von Unsicherheiten zu verstehen. Es gilt demnach, durch den Einsatz von Prototypen bestehende Wissenslücken im Entwicklungsprozess zu schließen.[296] Diese Wissenslücken können geschlossen werden, indem Ideen auf Umsetzbarkeit geprüft werden, sodass die Sicherheit der Funktionserfüllung gesteigert wird.[297] Es kann somit resümiert werden, dass an einen Prototypen gezielte Fragestellungen zu richten sind, welche dessen Verwendungszweck repräsentieren. Aus diesem Verwendungszweck leitet sich ab, welche Eigenschaften in einem Prototypen zu fokussieren sind.[298]

Mit dem Verkürzungsmerkmal wird beschrieben, dass Modelle das abgebildete Original niemals vollständig abbilden, sondern lediglich jene Attribute erfassen, die für den Verwendungszweck relevant sind.[299] Im Kontext des in der vorliegenden Arbeit geltenden Verständnisses von Prototypen ist der Begriff der Wiedergabetreue (engl. Fidelity) einschlägig definiert. Die Wiedergabetreue beschreibt, in welchem Ausmaß ein Prototyp die realen Eigenschaften und das Verhalten des zu entwickelnden Produkts abbildet.[300] Entsprechend ergeben sich sogenannte Low-Fidelity Prototypen, als eher abstrakte Darstellungen des Endprodukts und High-Fidelity Prototypen als eher detaillierte Darstellungen des Endprodukts.[301] MCCURDY ET AL. haben basierend auf diesem Verständnis mit der visuellen Erscheinung, der Funktionsbreite, der Funktionstiefe, der Interaktionsfähigkeit und der Datengenauigkeit fünf Dimensionen entwickelt, anhand derer die Wiedergabetreue von Prototypen technischer Produkte eingeordnet werden kann.[302] Ähnliche Arbeiten mit vergleichbaren Ergebnissen gehen zurück auf SCHMIDT ET AL[303]., HILTON ET AL.[304], EXNER ET AL.[305], CHRISTIE ET AL.[306] und WALL ET AL.[307]. Basierend auf diesem Ansatz zur Modellierung von Prototypen haben LIM ET AL. das Verständnis von Prototypen definiert, welches auch für die vorliegende Arbeit Anwendung finden soll: "To create a prototype is to find the manifestation that, in its

296 Vgl. Klingler (2016), Methode zur kontinuierlichen Validierung, S. 1.
297 Vgl. Matthiesen et al. (2017), Frontloading in der Produktentwicklung, S. 1.
298 Vgl. Clausen und Weber (2006), Prototypenplanung im Nutzfahrzeugbau, S. 741.
299 Vgl. Stachowiak (1973), Allgemeine Modelltheorie, S. 132.
300 Vgl. Thomke (2007), Learning by experimentation: Prototyping and testing, S. 409.
301 Vgl. Kohler et al. (2013), Durch schnelles Scheitern zum Erfolg, S. 79.
302 Vgl. McCurdy et al. (2006), Breaking the fidelity barrier, S. 1235.
303 Schmidt et al. (2017), Media richness theory in agile development.
304 Hilton et al. (2015), Understanding prototyping strategies.
305 Exner et al. (2015), A transdisciplinary perspective on prototyping.
306 Christie et al. (2012), Prototyping strategies: Literature review and identification of critical variables.
307 Wall et al. (1992), Evaluating prototyping technologies for product design.

most economic form, will filter the qualities in which the designer is interested, without distorting the understanding of the whole."[308] Auf Basis dieses Verständnisses wird im Folgenden der Begriff des prototypischen Produktinkrements eingeführt.

2.3.2 Prototypische Produktinkremente

Scrum definiert ein Produktinkrement als einen funktionalen Bestandteil des Produkts, der nach einem Sprint potenziell auslieferbar ist und dementsprechend getestet sowie dokumentiert ist.[309] Dabei soll dieses Produktinkrement gemäß des klassischen Verständnisses in der Softwareentwicklung eine Funktionalität realisieren, welche einen Kundennutzen generiert.[310] In modernen Definition wird betont, dass ein Produktinkrement das Ergebnis aus allen in einem Sprint realisierten Anforderungen aus dem Product Backlog ist und als testbarer Gegenstand die Empirie am Ende des Sprints unterstützt.[311] Ähnlich definiert COOPER ein reduziertes, aber dafür im Zusammenhang der Entwicklung technischer Produkte unmittelbar anwendbares Begriffsverständnis, welches Produktinkremente als Objekte, die gegenüber Stakeholdern demonstrierbar sind, beschreibt.[312] Da bereits herausgestellt wurde, dass im Kontext agiler Produktentwicklungsprozesse technischer Produkte die kurzzyklische Validierung von Entwicklungsergebnissen mit verschiedenen Stakeholdern im Vordergrund steht, schließt sich die vorliegende Arbeit dem von COOPER postulierten Begriffsverständnis an.

Somit ist ein Produktinkrement zu verstehen als die physische Manifestation eines definierten Produktumfangs. Produktumfänge können wiederum konform zu DIELS wie folgt definiert werden kann: „Produktumfänge bilden abgeschlossene Teilbereiche innerhalb eines zu entwickelnden Produkts. Sie setzen sich aus dem Zusammenspiel von Anforderungen, Funktionen und der physischen Produktstruktur zusammen."[313] Je Produktumfang kann zudem in Anlehnung an DIELS entschieden werden, ob dieser zur Entwicklung in einem agilen oder in einem plangetriebenen Prozess geeignet ist. In Kombination mit dem im vorangegangen Kapitel hergeleiteten Begriffsverständnis von Prototypen kann das für die vorliegende Arbeit geltende Verständnis prototypischer Produktinkremente wie folgt definiert werden.

---

[308] Lim et al. (2008), The anatomy of prototypes, S. 10.

[309] Vgl. Schwaber (2007), Agiles Projektmanagement mit Scrum, S. 15.

[310] Vgl. Hanser (2010), Agile Prozesse, S. 21; Robert France und Rumpe (2002), Limitations of Agile Software Processes, S. 43.

[311] Vgl. Schwaber und Sutherland (2017), The Scrum Guide, S. 17.

[312] Vgl. Cooper (2014), What's Next?: After Stage-Gate, S. 21.

[313] Diels (2018), Indikatoren für die Ermittlung agil zu entwickelnder Produktumfänge, S. 22.

Ein prototypisches Produktinkrement ist eine physische Manifestation eines agil zu entwickelnden Produktumfangs, die mit Hinblick auf den Verwendungszweck auf die relevanten Eigenschaften und Verhaltensaspekte des zu entwickelnden Produkts reduziert ist, aber hinreichend detailliert ist, um in Bezug auf das Entwicklungsergebnis ein qualitativ hochwertiges Meinungsbild von Projektbeteiligten sowie potenziellen Kunden, Nutzern und weiteren Anspruchsgruppen einholen zu können.

Basierend auf diesem Begriffsverständnis wird im Folgenden die Einbindung prototypischer Produktinkremente in einen agilen Produktentwicklungsprozess erläutert.

2.3.3 Rolle prototypischer Produktinkremente in agilen Entwicklungsprozessen

Die Nutzung von Prototypen in agilen Produktentwicklungsprozessen unterscheidet sich substanziell im Vergleich zu plangetriebenen Produktentwicklungsprozessen.[314] Dieses Kapitel ordnet die neue Rolle prototypischer Produktinkrement vor dem Hintergrund der grundlegenden Erkenntnisse in diesem Themengebiet ein.[315]

LINK betont im Zusammenhang der Anwendung agiler Entwicklungsmethoden für technische Produkte die Notwendigkeit der Nutzung zahlreicher Prototypen zur sukzessiven Ermittlung, Spezifizierung und Validierung von Produktanforderungen in enger Abstimmung mit potenziellen Nutzern und weiteren Anspruchsgruppen. Die Möglichkeit, derartige prototypische Produktinkremente zur verstärkten Integration verschiedener Anspruchsgruppen zu nutzen, begründet somit eine erste zentrale Veränderung in der Rolle von Prototypen im Kontext agiler Entwicklungsprozesse.[316] Besonders in den frühen Phasen der Produktentwicklung bescheinigt LINK der Nutzung verschiedener Arten von Prototypen ein Erfolgspotenzial, um die hohen Unsicherheiten systematisch zu reduzieren.[317] PUNKKA betont die Rolle von Prototypen in agilen Hardware-Entwicklungsprojekten als Versicherung, die zwar in frühen Phasen des Entwicklungsprojekts Aufwände verursache, aber zur erfolgreichen Reduzierung von Unsicherheiten und den daraus resultierenden Risiken führt.[318] In der früheren Nutzung prototypischer Realisierungen ist mithin ein weiterer Wandel im Zusammenhang agi-

[314] Vgl. Böhmer et al. (2017), Towards Agile Product Development - The Role of Prototyping, S. 3.

[315] Mit dem Begriff der prototypischen Produktinkremente sei in der vorliegenden Arbeit die neuartige Rolle im Zusammenhang agiler Produktentwicklungsprozesse assoziiert, wenngleich in Kapitel 2.3.3 noch der Begriff Prototyp im Zusammenhang der Nennung der Originalquellen verwendet wird.

[316] Vgl. Link (2014), Agile Methoden im Produkt-Lifecycle-Prozess, S. 75.

[317] Vgl. Link (2014), Agile Methoden im Produkt-Lifecycle-Prozess, S. 65.

[318] Vgl. Punkka (2012), Agile Hardware and Co-Design, S. 4.

ler Entwicklungsprozesse zu sehen, welcher durch Werkzeuge der generativen Fertigung sowie dem damit eng verbundenen Anwendungsfeld des „Rapid Prototyping" unterstützt wird.[319] DIEFENBACH ET AL. beobachten in der Praxis Prototypen, welche auf Basis etablierter Praktiken in einer prozessual definierten Abfolge entlang eines Entwicklungsprozesses realisiert werden.[320] Dementsprechend wird der unternehmerischen Praxis eine fehlende Zielorientierung beim Einsatz von Prototypen bescheinigt.[321] Ähnlich argumentieren KAMPKER ET AL., indem beschrieben wird, dass Prototypen im Kontext agiler Entwicklungsprozesse nicht mehr einer phasenbezogenen Umsetzungsplanung entlang vorausgeplanter Reifegrade im Entwicklungsprozess unterliegen, sondern mit Hinblick auf definierte Prüfzwecke bedarfsgerecht entwickelt werden.[322] SCHORK ET AL. unterstreichen diese Sichtweise, indem explizit von der Entwicklung von Prototypen gesprochen wird, was dem traditionellen Verständnis von Prototypen als reine Repräsentationen des aktuellen Entwicklungsstandes widerspricht.[323] ALBERS ET AL. sprechen in diesem Zusammenhang von dem Pull-Prinzip der Validierung, welches für agile Entwicklungsprozesse prägend sei.[324]

Bereits im Jahre 2006 wurde das klassische Verständnis von Prototypen unter dem Begriff Protocepts als testbares Produktinkrement im Konzeptstatus, welches die frühe und kontinuierliche Validierung von Entwicklungsergebnissen ermöglicht, von LUNDAHL re-interpretiert.[325] LUNDAHL hat dazu den Stage-Gate Prozess nach COOPER genutzt und den Stages grob definierte Arten physisch realisierter Manifestationen des Produktkonzepts zugeordnet, welche eine engere Einbindung von Anwendern in den Produktentwicklungsprozess ermöglichen sollten.[326] Diese Denkweise ist konform zu dem von UEBERNICKEL UND BRENNER vorgeschlagenen Stufenmodell im Zusammenhang von Design Thinking Projekten.[327] Entlang der fünf Haupthasen des Entwicklungsprozesses, welche entsprechend der vorgeschlagenen Prototypen „Critical Function", „Dark Horse", „Funky Prototype", „Functional Prototype" und „Final Prototype" benannt sind, soll der Ideenraum durch evolutionäre Prototypen erschlossen und in ein

[319] Vgl. Gebhardt (2013), Generative Fertigungsverfahren, S. 311ff.; Böhmer et al. (2015), Open Innovation Ecosystem - Makerspaces within an Agile Innovation Process, S. 8.

[320] Vgl. Diefenbach et al. (2013), Prototypen auf dem Prüfstand., S. 54.

[321] Vgl. Diefenbach und Hassenzahl (2017), Psychologie in der nutzerzentrierten Produktgestaltung, S. 180.

[322] Vgl. Kampker et al. (2016), Prototypen im agilen Entwicklungsmanagement, S. 75.

[323] Vgl. Schork und Kirchner (2018), Defining Requirements in Prototyping, S. 10.

[324] Vgl. Albers et al. (2017), Agile product engineering, S. 11.

[325] Vgl. Lundahl (2006), Holistic Product Development for New Product Success.

[326] Vgl. Lundahl (2006), Holistic Product Development for New Product Success, S. 3ff.

[327] Vgl. Uebernickel und Brenner (2016), Design Thinking, S. 252.

Produktkonzept überführt werden.[328] Erkennbar in diesen Ansätzen ist, dass individuelle prototypische Realisierungen die Taktung entlang des Entwicklungsprozesses prägen und keine reifegradbezogenen Entwicklungsstufen vorgesehen werden.

Aus der industriellen Anwendung agiler Entwicklungsprozesse für technische Produkte ist heute erkennbar, dass derartige prototypische Produktinkremente sowie die durch sie adressierten Fragestellungen zum Taktgeber agiler Entwicklungsprozesse werden.[329] Es gilt, in der Planung von Entwicklungszyklen zu definieren, welche Fragestellungen anhand des nächsten prototypischen Produktinkrements beantwortet werden sollen und welche Produktumfänge demensprechend in dem Entwicklungszyklus zu spezifizieren und zu validieren sind.[330] Abbildung 2-20 zeigt schematisch einen beispielhaft getakteten agilen Produktentwicklungsprozess für batteriebetriebene Werkzeuge.

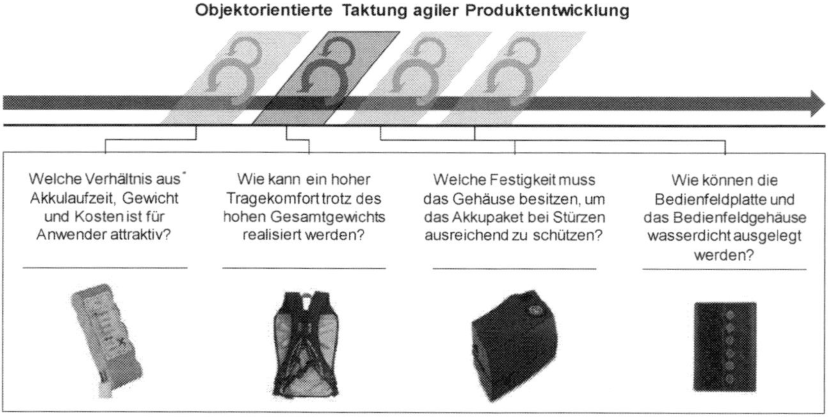

Abbildung 2-20: Taktung eines agilen Produktentwicklungsprozesses

Dabei ist erkennbar, dass für das Unternehmen, das traditionell verbrennungsmotorbetriebene Werkzeuge entwickelt und produziert hat, insbesondere aus der neuartigen Integration von Batterien sowie der zugehörigen Elektrik und Elektronik die maßgeblichen Unsicherheiten der frühen Phase des Entwicklungsprojekts resultieren. Demensprechend werden die Unsicherheiten in Form von Fragestellungen expliziert und die

[328] Vgl. Uebernickel und Brenner (2016), Design Thinking, S. 252ff.
[329] Vgl. Schuh et al. (2017), Agile Produktentwicklung, S. 39ff.
[330] Vgl. Schuh et al. (2018), Agile Prototyping for technical systems, S. 4f.; Kampker et al. (2016), Prototypen im agilen Entwicklungsmanagement, S. 74.

entsprechenden protypischen Produktinkremente als Zielstellung für einzelne Entwicklungszyklen definiert. Dabei ist erkennbar, dass zunächst grundsätzliche Rahmenbedingungen zur Laufzeit, zum Gewicht und zu den Kosten des Akkus spezifiziert werden mussten, um auf der Basis die Integration des Akkus in ein Gesamtkonzept für tragbare Werkzeuge spezifizieren zu können. Als dritte Fragestellung wird, in Abhängigkeit von Größe und Gewicht des Akkus ein Gehäusekonzept spezifiziert, welches den mechanischen Belastungen aus der Produktanwendung gerecht wird. Eine weitere Fragestellung betrifft die Wasserdichtigkeit der bedienbaren Elektronikkomponenten.

Den vorangegangenen Ausführungen folgend wird die Planung der in einem prototypischen Produktinkrement zu spezifizierenden und zu validieren Aspekte des Gesamtprodukts zur zentralen Aufgabe in der Planung eines Entwicklungszyklus. Dabei gilt es, die Charakteristika technischer Produkte im Zusammenhang agiler Entwicklungsprozesse zu berücksichtigen. Der dazu notwendige technische Planungs- und Priorisierungsprozess wird in der vorliegenden Arbeit als Auslegung prototypischer Produktinkremente verstanden und soll im folgenden Kapitel detailliert erläutert werden.

2.3.4 Auslegung prototypischer Produktinkremente in agilen Entwicklungsprozessen

Wie bereits in den vorangegangenen Kapiteln betont, sind Fragestellungen prägend für den Verlauf agiler Produktentwicklungsprozesse, da basierend auf Fragestellungen zu jeder Zeit eines Entwicklungsprojekts die jeweils relevanten Komponenten beziehungsweise Funktionen benannt werden können.[331] Aus dieser Art der Steuerung von Entwicklungsprojekten ergibt sich nach SCHUH ET AL. ein neuartiges Vollständigkeitsverständnis, indem aus den priorisierten Fragestellungen die zu entwickelnden und zu validierenden prototypischen Produktinkremente abgeleitet werden.[332] CLAUSEN nennt in dem Zusammenhang einige Beispiele, welche im Bereich der Prototypenplanung in der Nutzfahrzeugentwicklung dazu führen, dass von den acht Komponenten Motor, Getriebe, Radstand, Aufbau, Lenkung, Kabine, Laderaum und Nutzlast in Abhängigkeit der zugrundeliegenden Fragestellung nur einzelne Umfänge Bestandteil der Betrachtung sind.[333] Insbesondere im Kontext der Entwicklung technischer Produkte, welche durch starke technische Abhängigkeiten geprägt sind, ist allerdings zu beachten, dass sich die Funktionalität häufig erst im Systemverbund ergibt, sodass bei der Bildung prototypischer Produktinkremente in der Regel auf die Gewährleistung des

---

[331] Vgl. Diels (2018), Indikatoren für die Ermittlung agil zu entwickelnder Produktumfänge, S. 101f.

[332] Vgl. Schuh et al. (2017), Agile Produktentwicklung, S. 41.

[333] Vgl. Clausen und Weber (2006), Prototypenplanung im Nutzfahrzeugbau, S. 741.

funktionalen Kontexts zu achten ist.[334] Bei der Auslegung prototypischer Produktinkremente geht es folglich zunächst darum, die funktionalen Produktumfänge zu identifizieren, welche zur Untersuchung einer Fragestellungen zu realisieren sind.

Darüber hinaus ist zu erkennen, dass entsprechend des Typs der zugrundeliegenden Fragestellung, unterschiedliche Aspekte von Produktumfängen relevant sind. So erfordern geometrisch konzeptionelle Fragestellungen ein detailgetreues Abbild der geometrischen Verhältnisse sowie des Erscheinungsbildes, während funktionale Fragestellungen die Abbildung des Prinzips zur Realisierung der Funktionalität erfordern.[335] TERHO erkennt in der Bestimmung der zu entwickelnden Eigenschaften eines prototypischen Produktinkrements einen zentralen Hebel zur Gewährleistung von Effizienz und Effektivität in agilen Entwicklungsprozessen.[336] Für die vorliegende Arbeit ist folglich die Bestimmung der relevanten Eigenschaften und Verhaltensaspekte neben der oben beschriebenen Auswahl relevanter Produktfunktionen der zweite Aspekt, welchen es bei der Auslegung prototypischer Produktinkremente zu bestimmen gilt.

Bereits in Kapitel 2.1.3.2 wurde herausgestellt, dass maßgeblich durch die Spezifikation und Fixierung technischer Design-Parameter die Produktgestalt bestimmt wird. Gleichzeitig wurde in Kapitel 2.3.3 herausgearbeitet, dass die Konkretisierung der Produktgestalt in agilen Entwicklungsprozessen für technische Produkte durch die kontinuierliche Realisierung prototypischer Produktinkremente in Entwicklungszyklen erfolgt. Demzufolge gilt es, in der zu entwickelnden Methodik die Auslegung prototypischer Produktinkremente auf der Ebene technischer Design-Parameter zu verankern.

Insbesondere vor dem Hintergrund, dass technische Design-Parameter einen direkten Rückschluss auf die notwendigen Entwicklungstätigkeiten erlauben[337], ist diese Betrachtungsebene zur Auslegung prototypischer Produktinkremente besonders geeignet. Darüber hinaus sind technische Design-Parameter direkt verknüpfbar mit Unsicherheiten im Entwicklungsprozess, welche sich maßgeblich aus der Unkenntnis der Eigenschaften und des Verhaltens des Endprodukts ergeben.[338] Schließlich können informatorische Abhängigkeiten eines Entwicklungsprojekts auf Ebene technischer Design-Parameter modelliert werden.[339] Somit bieten technische Design-Parameter die

[334] Vgl. Albers et al. (2016), Verifikation und Validierung im Produktentstehungsprozess, S. 559; Matthiesen et al. (2017), Frontloading in der Produktentwicklung, S. 1.
[335] Vgl. Diels (2018), Indikatoren für die Ermittlung agil zu entwickelnder Produktumfänge, S. 120.
[336] Vgl. Terho et al. (2016), The Developers Dilemma, S. 574.
[337] Vgl. Browning (2001), Applying the design structure matrix, S. 300.
[338] Vgl. Fernandes et al. (2014), A Method for Managing Uncertainty Levels, 115.
[339] Vgl. Steward (1981), The design structure system, S. 71.

ideale Betrachtungsebene, um den Prozess der Planung von Entwicklungszyklen zu modellieren und diesen wie folgt definitorisch festzuhalten:

Die Auslegung prototypischer Produktinkrement in agilen Entwicklungsprozessen ist eine technische Planungs- und Priorisierungsaufgabe, die im Rahmen der Planung von Entwicklungszyklen durchgeführt wird und bestimmt, welche technischen Design-Parameter im prototypischen Produktinkrement des jeweils nächsten Entwicklungszyklus spezifiziert und validiert werden sollen.

2.4 Zwischenfazit: Grundlagen zur Auslegung prototypischer Produktinkremente in agilen Entwicklungsprojekten

Das Ziel des zweiten Kapitels bestand in der Diskussion der relevanten Grundlagen zur Auslegung prototypischer Produktinkremente im Kontext agiler Entwicklungsprojekte für technische Produkte sowie in der Definition der zum Verständnis der weiteren Arbeit erforderlichen grundlegenden Begrifflichkeiten. Ergänzend zu den vorangegangenen Ausführungen sollen in diesem Zwischenfazit die wesentlichen Inhalte zusammengefasst und anhand von Abbildung 2-21 illustriert werden.

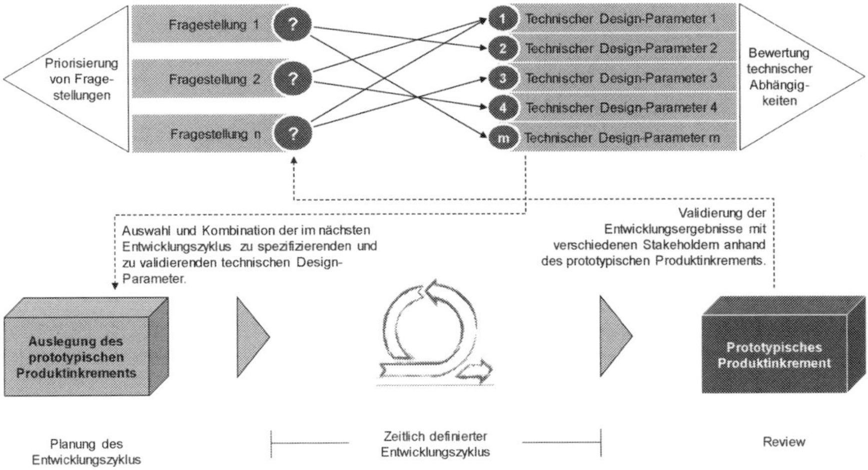

Abbildung 2-21: Zusammenfassung der grundlegenden Begrifflichkeiten

Zunächst wurde in Kapitel 2.1 ein grundlegendes Begriffsverständnis für technische Produkte im Kontext produzierender Unternehmen geschaffen. Dabei wurde herausgestellt, dass technische Produkte aus systemtheoretischer Perspektive in Form von Elementen und den Abhängigkeiten dieser Elemente modelliert werden können. Technische Design-Parameter wurden in dem Zusammenhang als geeignetes Werkzeug zur Modellierung eingeführt. Die Grundlagen plangetriebener und agiler Entwicklungsprozesse wurden in Kapitel 2.2 vorgestellt und der zentrale Anwendungsgegenstand agiler Entwicklungsprozesse für technische Produkte wurde in der getakteten und synchronisierten Durchführung von Entwicklungszyklen dargelegt. Diese Entwicklungszyklen zielen insbesondere in frühen Entwicklungsphasen auf die Reduzierung priorisierter Unsicherheiten im Entwicklungsvorhaben, die durch Fragestellungen expliziert werden, ab. Abschließend wurde in Kapitel 2.3 der Begriff der Auslegung prototypischer Produktinkremente eingeführt. Prototypische Produktinkremente dienen demnach der Beantwortung der zentralen Fragestellungen eines Entwicklungsprojekts, indem ausgewählte Design-Parameter spezifiziert und validiert werden. Dazu wird im Rahmen der Planung eines Entwicklungszyklus die Auslegung des prototypischen Produktinkrements bestimmt. Ein prototypisches Produktinkrement stellt somit zum Abschluss des Entwicklungszyklus einerseits einen Synchronisationspunkt für die entwicklungsbeteiligten Personen dar und bietet andererseits für Kunden, Nutzer und weitere Stakeholder die Möglichkeit, die aktuellen Entwicklungsergebnisse in physischer Form zu bewerten. Auf der Basis kann die Spezifikation technischer Design-Parameter bestätigt oder angepasst werden und eventuell aufkommende neue Fragestellungen werden zum Gegenstand der nächsten Zyklusplanung.

Somit wurden die relevanten Grundlagen für die im weiteren Verlauf der Arbeit zu entwickelnde Methodik zur Auslegung prototypischer Produktinkremente im Kontext agiler Entwicklungsprojekte technischer Produkte vorgestellt. Vor der Konzeption und Detaillierung der Methodik in Kapitel vier und Kapitel fünf werden nachfolgend zunächst die zentralen Herausforderungen der industriellen Praxis im angesprochenen Themengebiet aufgezeigt und anschließend die bestehenden Forschungsansätze vorgestellt und hinsichtlich des verbleibenden Forschungsbedarfs analysiert.

3 Bestehende Ansätze zur Auslegung prototypischer Produktinkremente

Ziel des dritten Kapitels ist die Ableitung des Forschungsbedarfs im Zusammenhang der Auslegung prototypischer Produktinkremente in agilen Produktentwicklungsprojekten. Um das Forschungsvorhaben anwendungsorientiert und praxisrelevant zu gestalten, werden zunächst die Herausforderungen in der industriellen Praxis in dem aufgezeigten Themenfeld diskutiert (Kapitel 3.1). Auf Basis dieser Erkenntnisse werden bestehende wissenschaftliche Ansätze dahingehend untersucht, ob sie adäquate Lösungen bereitstellen, um diese Defizite zu adressieren. Dazu erfolgt in Kapitel 3.2 eine kritische Diskussion aller relevanten Ansätze aus der Wissenschaft vor dem Hintergrund des Objektbereichs, des Zielbereichs sowie der Lösungshypothese der vorliegenden Arbeit. Abschließend resümiert Kapitel 3.3 in einem Zwischenfazit das Praxisdefizit und das Theoriedefizit, um auf dieser Basis einen konkreten Forschungsbedarf abzuleiten. Diesen Forschungsbedarf gilt es im weiteren Verlauf der Arbeit durch die Ausgestaltung einer entsprechenden Methodik zu adressieren.

3.1 Herausforderungen in der Praxis

Einleitend wurde in Kapitel 1 herausgestellt, dass mit der Einführung agiler Methoden in die Entwicklungsprozesse technischer Produkte in der industriellen Praxis drei zentrale Nutzenpotenziale verbunden werden. Demnach ist die Anwendung agiler Entwicklungsmethoden für produzierende Unternehmen das Mittel der Wahl, Innovationen unter unsicheren Rahmenbedingungen schneller als mit herkömmlichen Prozessansätzen umzusetzen und dabei gleichzeitig adaptionsfähiger zu sein.

Ferner wurde in Kapitel 2 herausgearbeitet, dass in der Auslegung von prototypischen Produktinkrementen im Rahmen der Planung von Entwicklungszyklen das Kerninstrument zur Steuerung des agilen Entwicklungsprozesses liegt. Dieser Bedeutung sind sich insbesondere die Vorreiter agiler Entwicklungsprozesse in der Praxis bewusst. So konnte in einer Studie des Werkzeugmaschinenlabors der RWTH Aachen in Zusammenarbeit mit dem Fraunhofer Instituts für Produktionstechnologien nachgewiesen werden, dass erfolgreiche Anwender agiler Entwicklungsmethoden (Good Practice) im Vergleich zu den weiteren Unternehmen der Stichprobe (Basis), Prototypen zu einem größeren Teil als Ergebnis nach einem Entwicklungszyklus einfordern (vgl. Abbildung 3-1). Zusätzlich gibt ein großer Teil der Good Practice Unternehmen an, Prototypen systematisch zur Spezifizierung und Validierung einzelner Teilanforderungen einzusetzen. Somit bestätigen die erfolgreichen Anwender agiler Entwicklungsmethoden das in der vorliegenden Arbeit postulierte Verständnis prototypischer Produktinkremente im Kontext agiler Entwicklungsprojekte (vgl. Kapitel 2.3.4).

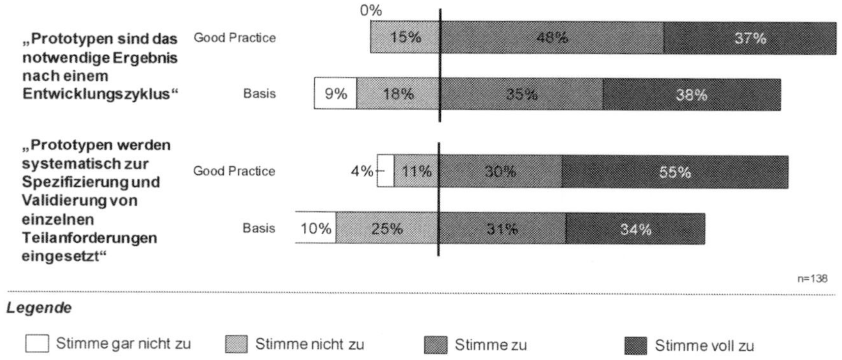

Abbildung 3-1: Einsatz von Prototypen in agilen Entwicklungsprojekten[340]

Ebenso führt eine Studie des Unternehmens KPMG im Bereich des Projektmanagements zu den Empfehlungen, Projekte in zeitlich definierte Phasen zu takten und dabei den Fokus auf die inkrementelle Validierung von Entwicklungsergebnissen durch Prototypen zu legen.[341] Eine zentrale Erfolgsthese, welche im Rahmen der Entwicklung des StreetScooter[342] generiert wurde, besagt zudem, dass „klassische Prototypen nicht mehr notwendig sind, um ein entwickeltes Produkt zu testen. Stattdessen werden Primotypen[343] für einen schnellen Lernprozess (Learning) früh im Innovationsprozess (Innovation) aufgebaut."[344] Diese Primotypen habe man bereits als Vorstufen eines

[340] In Anlehnung an WZL der RWTH Aachen und Fraunhofer IPT (2018), Benchmarking Agile Invention.
[341] Vgl. KPMG (2017), Driving business performance, S. 31.
[342] StreetScooter GmbH (2019), https://www.streetscooter.eu/de/.
[343] Primotypen können im vorliegenden Kontext synonym zu prototypischen Produktinkrementen verstanden werden.
[344] Kampker et al. (2017), Think Big, Start Small, S. 69.

klassischen Prototyps bewusst zur frühen Abfrage von Kundenanforderungen genutzt, so berichten die beteiligten Führungskräfte aus der Entwicklung des StreetScooters.[345]

Folglich lässt sich festhalten, dass fortgeschrittene Anwender von agilen Entwicklungsmethoden im Kontext technischer Produkte den Einsatz prototypischer Realisierungen durch frühere Einbindung und kurzzyklischere Spezifizierung und Validierung gegenüber klassischen Entwicklungsprozessen deutlich verändert haben.

Gleichzeitig wird erkannt, dass Optimierungspotenzial bei der Planung physischer Prototypen besteht. Im Rahmen einer Studie aus dem Jahre 2012 konnte herausgestellt werden, dass die Planung von Prototypen eine der zentralen Herausforderungen bei der Einführung agiler Entwicklungsmethoden im Kontext technischer Produkte darstellt.[346] Zu einer ähnlichen Erkenntnis kommen KOMUS ET AL. in einer Studie, bei welcher der Optimierung von Prototypenbau und Testprozessen im Zusammenhang der Einführung agiler Entwicklungsmethoden von über 50% der befragten Unternehmen eine zentrale Rolle beigemessen wird.[347] Ergänzend wurde in einer Expertenbefragung von Anwendern aus der Hightech und Elektroindustrie das Bestreben zum stärkeren Ausbau des Prototypings als wichtiges Mittel zur stärkeren Kundenintegration in den Produktentwicklungsprozess genannt.[348] Vor diesem Hintergrund warnt OETTER vom Verband Deutscher Maschinen- und Anlagenbau die große Anzahl traditioneller Unternehmen des deutschen Maschinenbaus, welche „an einer schnellen und kundenorientierten Entwicklung von Prototypen sowie einem schnellen Kundenfeedback [...] interessiert [...]“ sind, sich aber prozessual und methodisch noch nicht entsprechend agil aufgestellt haben, vor möglichen Wettbewerbsnachteilen insbesondere im Zusammenhang der Entwicklung nutzenorientierter Digitalisierungslösungen.[349]

Die Studienergebnisse decken sich mit den Erfahrungen des Autors als wissenschaftlicher Mitarbeiter des Werkzeugmaschinenlabors WZL der RWTH Aachen. In diversen Beratungs-, Seminar- und Netzwerktätigkeiten konnten im Verlaufe des Promotionsprozesses Einblicke in agile Entwicklungsprozesse von Unternehmen verschiedener Branchen gewonnen werden. So wurde von einem leitenden Angestellten eines Elektroautomobilherstellers konstatiert, die Bestimmung des jeweils nächsten Teilprototypen gebe die Taktung des Entwicklungsprozesses vor, erfolge aber weitgehend erfah-

[345] Vgl. Kampker et al. (2017), Think Big, Start Small, S. 75.
[346] Vgl. Ovesen (2012), The Challenges of Becoming Agile, S. 168.
[347] Vgl. Komus et al. (2018), Studie Status Quo PEP, S. 81.
[348] Vgl. Komus et al. (2018), Studie Status Quo PEP, S. 189.
[349] Vgl. Oetter (2017), Agile und designorientierte Methoden wie Scrum und Design Thinking, S. 40.

rungsbasiert und unsystematisch. In einem Unternehmen, welches motor- und batteriebetriebene Geräte für die Land- und Forstwirtschaft entwickelt, wurde erkannt, dass die unsystematische Planung von Prototypen für zeitlich definierte Entwicklungszyklen zu Fehleinschätzungen führt, welche wiederum Verzögerungen im gesamten Entwicklungsprozess hervorrufen. Ein Projektleiter aus dem hochregulierten Umfeld medizintechnischer Produkte beschrieb eine zentrale Herausforderung dahingehend, dass Prototypen zur kurzzyklischen Validierung von Entwicklungsergebnissen nur dann effizient genutzt werden können, wenn zulassungsrelevante und kostentreibende Material- und Oberflächenanforderungen in frühen Prototypen begründet ausgeschlossen werden können, um den Aufwand zur Realisierung eingrenzen zu können.

KNIBERG, Anwender und Coach agiler Entwicklungsmethoden bei der Firma Spotify stellt mit der Aussage "We need it to be narrative-complete, not feature-complete"[350] eine methodische Grundregel für den Einsatz von prototypischen Realisierungen in agilen Entwicklungsprojekten auf. Obwohl in der industriellen Praxis Einigkeit über den Bedarf einer methodischen Unterstützung bei der Auslegung von prototypischen Produktinkrementen während der Planung von Entwicklungszyklen herrscht, fehlt es an einer handlungsleitenden Methodik zur Umsetzung des postulierten Grundsatzes, welcher die besonderen Charakteristika technischer Produkte berücksichtigt.

Die aufgezeigten Studienergebnisse sowie die individuellen Erfahrungsberichte im Zusammenhang der Einführung agiler Entwicklungsprozesse technischer Produkte zeigen Defizite in der methodischen Unterstützung zur Planung und Gestaltung prototypischer Produktinkremente. Während diese methodischen Defizite maßgeblich auf die Vorgehensweisen im Kontext der Nutzung agiler Entwicklungsprozesse abzielen, bestehen weitere Defizite, welche sich auf die Ergebnisperspektive beziehen. Aus der Ergebnisperspektive gilt es zu untersuchen, inwieweit die versprochenen Nutzenpotenziale agiler Entwicklungsmethoden tatsächlich gehoben werden. In einer entsprechenden Untersuchung vergleichen SCHMIDT ET AL. den erzielten Nutzen mit dem erwarteten Nutzen, welcher im Vorfeld der Einführung definiert wurde.[351] Abbildung 3-2 zeigt das Ergebnis dieser Studie, indem die einzelnen Nutzenversprechen, welche im Kontext agiler Entwicklungsprozesse bestehen, hinsichtlich der Höhe des erwarteten Nutzens und des tatsächlich erzielten Nutzens gegenübergestellt werden. Die Nutzenversprechen mit der größten negativen Diskrepanz zwischen Zielstellung und Zielerreichung sind im rechten Teil der Darstellung aufgeführt und bedürfen einer besonderen Diskussion. Erkennbar ist, dass zahlreiche der im rechten Teil der Darstellung

[350] Kniberg (2013), How Spotify builds products, S. 6.

[351] Vgl. Schmidt et al. (2018), Expected vs. Real Effects of Agile Development, S. 2122.

aufgeführten Nutzenversprechen in die drei übergeordneten Nutzenversprechen, die bereits in Kapitel 1 herausgearbeitet werden konnten, kategorisiert werden können.

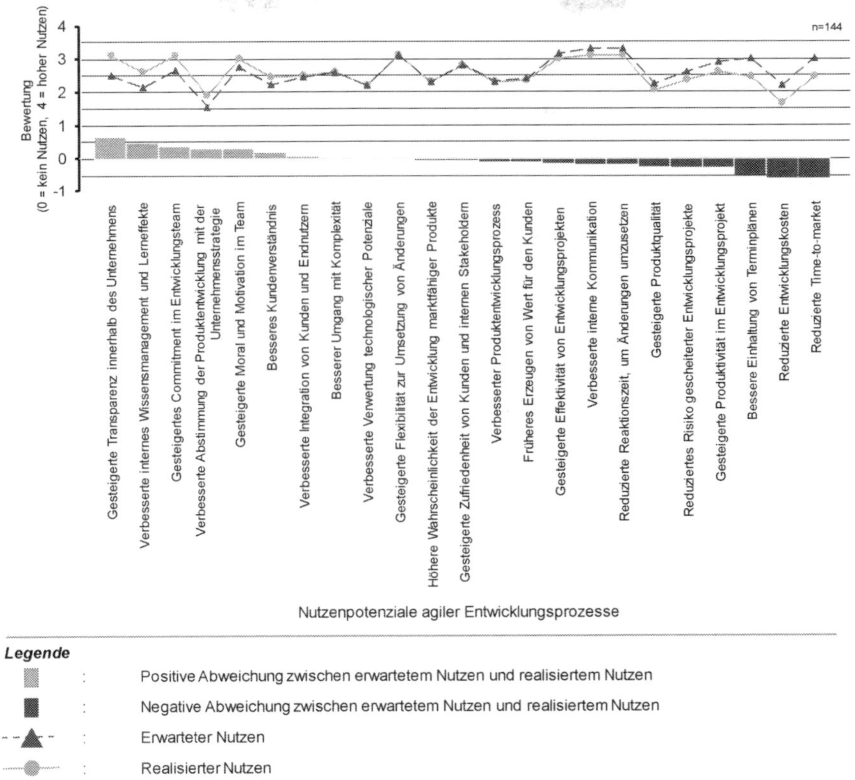

Abbildung 3-2: Bewertung der Nutzenpotenziale agiler Entwicklungsprozesse[352]

Die Reduzierung des Projektrisikos, eine höhere Projekteffektivität, eine erhöhte Zufriedenheit von Kunden und internen Stakeholdern sowie eine gesteigerte Wahrscheinlichkeit erfolgreicher Vermarktung lassen sich dem übergeordneten Nutzenversprechen einer erhöhten Zielsicherheit der Produktentwicklung zuordnen, die darauf abzielt, frühzeitig im Entwicklungsprozess sicherzustellen, dass die angestrebte Lösung marktfähig und für das Unternehmen technisch-wirtschaftlich sinnvoll realisierbar ist. Die vier genannten Nutzenversprechen weisen der gezeigten Studie zufolge alle eine

[352] In Anlehnung an Schmidt et al. (2018), Expected vs. Real Effects of Agile Development, S. 2125.

negative Diskrepanz zwischen erwartetem und erzieltem Nutzen auf, sodass festgehalten werden muss, dass das übergeordnete Nutzenversprechen einer gesteigerten Zielsicherheit durch die Einführung agiler Entwicklungsprozesse in der industriellen Praxis noch nicht im erwarteten Ausmaß erzielt werden kann.

Eine reduzierte Reaktionszeit sowie eine erhöhte Flexibilität im Falle von Änderungen lassen sich dem übergeordneten Nutzenversprechen einer erhöhten Adaptionsfähigkeit der Produktentwicklung zuordnen, die dazu befähigt, notwendige Änderungen während des Entwicklungsprozesses aufwandsarm und schnell durchführen zu können.[353] Die beiden genannten Nutzenversprechen weisen der Studie zufolge die höchsten erwarteten Nutzenpotenziale auf. Während der erhöhten Flexibilität noch eine Erreichung des Nutzenpotenzials beigemessen wird, zeigt die Reduktion der Reaktionszeit eine negative Diskrepanz zwischen erwartetem und erzieltem Nutzen. Da insbesondere durch die Geschwindigkeit bei der Umsetzung von Änderungen die Adaptionsfähigkeit einer Produktentwicklung zum Ausdruck kommt[354], ist auch in diesem Falle festzuhalten, dass das übergeordnete Nutzenversprechen einer gesteigerten Adaptionsfähigkeit agiler Entwicklungsprozesse in der industriellen Praxis noch nicht flächendeckend in dem erwarteten Maße realisiert werden kann.

Schließlich wurden in der Studie die Nutzenversprechen einer verkürzten Time-to-market sowie der erhöhten Termineinhaltung, welche dem übergeordneten Nutzenversprechen einer Beschleunigung der Produktentwicklung zuzuordnen sind, untersucht. Beide Nutzenversprechen weisen der Studie zufolge starke negative Diskrepanzen zwischen erwartetem und erzieltem Nutzen auf. Mithin ist auch hier festzustellen, dass das übergeordnete Nutzenversprechen einer Beschleunigung der Produktentwicklung durch die Einführung agiler Entwicklungsprozesse in der industriellen Praxis noch nicht wie erwartet erzielt werden kann.

Es kann folglich resümiert werden, dass neben den eingangs angeführten methodischen Defiziten im Zusammenhang agiler Entwicklungsprozesse insbesondere deutliche Defizite in der Erreichung erwarteter Nutzenpotenziale nach der Einführung agiler Entwicklungsprozesse vorherrschen. An diesen erkannten Defiziten der industriellen Praxis setzt die vorliegende Forschungsarbeit an und verfolgt das Ziel, durch eine ganzheitliche Planungsmethodik die Auslegung prototypischer Produktinkremente in der Planung von Entwicklungszyklen agiler Entwicklungsprozesse zu unterstützen.

[353] Vgl. Smith (2007), Flexible product development, S. 2.
[354] Vgl. Schuh et al. (2017), Agile Produktentwicklung, S. 42f.

Die zu entwickelnde Methodik soll dabei explizit die derzeit nicht erreichten Nutzenpotenziale agiler Entwicklungsprozesse adressieren.

3.2 Darstellung und Bewertung bestehender Ansätze zur Auslegung prototypischer Produktinkremente

Die für die vorliegende Arbeit relevanten wissenschaftlichen Ansätze werden in diesem Kapitel vorgestellt und bewertet. Zur Systematisierung und Gewährleistung einer objektiven Vergleichbarkeit aller Ansätze werden in Kapitel 3.2.1 zunächst verschiedene Bewertungskriterien definiert. Diese Kriterien beschreiben den Objektbereich, die Zielsetzung und die Lösungshypothese der vorliegenden Arbeit und ermöglichen eine einheitliche und qualitative Bewertung aller bestehenden Ansätze. Anschließend erfolgt in Kapitel 3.2.2 die inhaltliche Diskussion der relevanten Ansätze. In einem zusammenfassenden Kapitel 3.2.3 werden die Bewertungen zusammengefasst und die vorliegende Arbeit wird gegenüber der bestehenden Literatur positioniert.

3.2.1 Kriterien zur Bewertung bestehender Ansätze

Um eine vergleichende qualitative Bewertung von bestehenden wissenschaftlichen Ansätzen vornehmen zu können, müssen zunächst Kriterien für deren Bewertung hergeleitet werden. Auf diese Weise wird die systematische Ableitung des Theoriedefizits sichergestellt. Die Kriterien lassen sich aus der Hauptforschungsfrage sowie den vorgestellten Herausforderungen in der Praxis ableiten und werden den Kategorien Objektbereich, Zielbereich sowie Lösungshypothese zugeordnet. Dabei wird über die Kriterien in der Kategorie Objektbereich geprüft, ob der wissenschaftliche Ansatz einen vergleichbaren Analysegegenstand beziehungsweise ein vergleichbares Betrachtungsobjekt wie die vorliegende Forschungsarbeit fokussiert. Zusätzlich prüfen die Kriterien im Zielbereich, inwieweit das durch einen wissenschaftlichen Ansatz verfolgte Ziel kohärent zu dem in der vorliegenden Forschungsarbeit verfolgten Ziel ist. Schließlich wird geprüft, inwieweit ein wissenschaftlicher Ansatz auf einer vergleichbaren Lösungshypothese wie die vorliegenden Forschungsarbeit basiert.

In Bezug auf den **Objektbereich** werden die bestehenden Ansätze dahingehend bewertet, ob sie die folgenden Aspekte berücksichtigen und untersuchen:

- **Betrachtung technischer Produkte**: Die Methodik berücksichtigt explizit die Charakteristika technischer Produkte, welche im Rahmen der grundlegenden Begrifflichkeiten und Definitionen vorgestellt wurden.

- **Fokus auf agile Produktentwicklungsprojekte**: Der Ansatz fokussiert Entwicklungsprojekte, welche aufgrund ihrer Rahmenbedingungen die Anwendung agiler Entwicklungsprozesse erfordern. Die Prinzipien und Regeln, welche im Kontext agiler Entwicklungsprojekte gelten, sollen in der Methodik Anwendung finden.
- **Betrachtung der Planung von Entwicklungszyklen**: Die Methodik soll in der Planung von Entwicklungszyklen im Sinne einer rollierenden Entwicklungsprojektsteuerung Anwendung finden.
- **Betrachtung prototypischer Produktinkremente**: Zentrales Betrachtungsobjekt der Methodik sollen prototypische Produktinkremente sein.
- **Betrachtung technischer Design-Parameter**: Es werden in dem Ansatz Design-Parameter betrachtet, die spezifiziert und validiert werden sollen.

Im Hinblick auf den **Zielbereich** ergeben sich im Zusammenhang mit dem Forschungsvorhaben der vorliegenden Arbeit folgende Bewertungskriterien:

- **Auswahl der Produktumfänge**: Der Ansatz zielt auf die Priorisierung und Auswahl der in einem Entwicklungszeitraum zu erarbeiteten Problemstellungen und Produktumfänge ab.
- **Auslegung prototypischer Produktinkremente**: Der Ansatz zielt auf die Gestaltung eines prototypischen Produktinkrements ab.
- **Steigerung der Zielsicherheit von Entwicklungsprojekten**: Der Ansatz zielt auf die frühzeitige Minimierung von Unsicherheiten sowie die damit verbundenen Risiken im Entwicklungsprojekt ab.
- **Steigerung der Adaptionsfähigkeit in Entwicklungsprojekten**: Der Ansatz zielt auf die Steigerung der Adaptionsfähigkeit im Verlaufe eines Entwicklungsprojekts ab.
- **Reduzierung der Time-to-market**: Der Ansatz zielt auf eine Beschleunigung von Entwicklungsprojekten ab.
- **Sicherstellung der Praxistauglichkeit**: Die Methodik stellt die Praxistauglichkeit im Sinne eines positiven Aufwand-/ Nutzen-Verhältnisses in der Planung von Entwicklungszyklen sicher.

Der Arbeit liegt die grundsätzliche Lösungshypothese zugrunde, dass durch eine gezielte Kombination technischer Design-Parameter im Rahmen der Planung von Entwicklungszyklen die optimale Auslegung des prototypischen Produktinkrements für den jeweils nächsten Entwicklungszyklus bestimmt werden kann. Dabei stehen mit der Steigerung der Zielsicherheit, der Steigerung der Adaptionsfähigkeit sowie der Beschleunigung der Produktentwicklung die drei maßgeblichen Wertversprechen agiler

Entwicklungsmethoden im Mittelpunkt der Betrachtung. Deren Realisierung soll durch die konsequente Anwendung der drei im Zielbereich genannten ergebnisseitigen Zielstellungen gewährleistet werden. Die **Lösungshypothese** dieser Arbeit kann somit wie folgt konkretisiert werden:

- Durch eine systematische **Auswahl und Kombination technischer Design-Parameter** zur Auslegung des prototypischen Produktinkrements für den jeweils nächsten Entwicklungszyklus können die Wertversprechen agiler Entwicklungsmethoden im Rahmen der Entwicklung technischer Produkte realisiert werden.

3.2.2 Darstellung bestehender Ansätze

Im folgenden Kapitel werden die wissenschaftlichen Ansätze zusammengefasst und vor dem Hintergrund der benannten Kriterien diskutiert. Dazu werden die Ansätze in drei Gruppen eingeteilt. Zunächst beleuchtet Kapitel 3.2.2.1 Ansätze zur Planung und Auslegung von Prototypen. Anschließend werden in Kapitel 3.2.2.2 Ansätze zur Steuerung von Produktentwicklungsprojekten beleuchtet, bevor in Kapitel 3.2.2.3 Ansätze zur objektorientierten Entwicklungsprojektsteuerung betrachtet werden. Schließlich werden in Kapitel 3.2.2.4 Veröffentlichungen des Autors im Zusammenhang der Thematik der vorliegenden Dissertation präsentiert. Diese Arbeiten wurden im Rahmen des Forschungsprozesses erstellt und auf einschlägigen nationalen und internationalen Fachkonferenzen vorgestellt sowie in den entsprechenden Tagungsbänden publiziert.

3.2.2.1 Ansätze zur Planung und Auslegung von Prototypen

Evaluating prototyping technologies for product design nach WALL ET AL. (1992)

Mit dem Ziel, die Auswahl von Technologien zur Herstellung von physischen Prototypen methodisch zu unterstützen, definieren WALL ET AL.[355] generische Attribute von Prototypen, welche im Hinblick auf die mit dem Prototypen im individuellen Anwendungsfall zu untersuchende Problemstellung auf Relevanz zu prüfen sind und quantitativ bewertet werden. Dabei beziehen die Autoren die generischen Attribute auf die individuelle Ausgestaltung einzelner Produktumfänge in Form von Komponenten. Aus der komponentenspezifischen Priorisierung der generischen Attribute ergibt sich wiederum für jede Komponente ein Performancevektor, welcher die Wiedergabetreue einzelner Komponenten im Vergleich zu den erwarteten Eigenschaften des Endprodukts in verschiedenen Dimensionen quantifiziert. Auf Basis der Performancevektoren

[355] Wall et al. (1992), Evaluating prototyping technologies for product design.

werden schließlich geeignete Fertigungstechnologien für die prototypische Realisierung einzelner Komponenten ausgewählt. Wenngleich die grundsätzliche Zielsetzung des Ansatzes von WALL ET AL. für die vorliegende Arbeit von untergeordneter Bedeutung ist, stellt die problemspezifische Bewertung generischer Attribute auf Komponentenebene einen methodisch wertvollen Ansatz für dar. Die Arbeit von WALL ET AL. entstand vor der Verbreitung agiler Entwicklungsprozesse und kann somit die geltenden Grundsätze nicht erfüllen und weist folgerichtig auch keinen Bezug zur Planung von Entwicklungszyklen auf. Allerdings ist festzustellen, dass die Autoren eine Anwendung ihres Planungsansatzes für jene Fälle empfehlen, in denen ein Prototyp unter Zeit- und Aufwandsrestriktionen realisiert werden muss, was den grundsätzlichen Rahmenbedingungen eines zeitlich definierten Entwicklungszyklus entspricht. Dementsprechend adressieren WALL ET AL. den Aspekt der zeit- und kostengerechten Gestaltung von Prototypen explizit.

The anatomy of prototypes nach LIM ET AL. (2008)

Ziel der Ausarbeitung von LIM ET AL.[356] ist es, ein ganzheitliches Modell zur Beschreibung unterschiedlicher Charakteristika von Prototypen aus dem Bereich der Human-Computer-Interaction (HCI) zu entwickeln. Die Autoren verstehen Prototypen dabei als Filter, die nach dem folgenden Prinzip funktionieren: Prototyping is „finding the manifestation that in its simplest form, filters the qualities in which designers are interested, without distorting the understanding of the whole"[357]. Die Autoren erweitern den Gedanken um das ökonomische Prinzip des Prototypings, welches besagt „[The] best prototype is one that, in the simplest and most efficient way, makes the possibilities and limitations of a design idea visible and measurable"[358]. Basierend auf diesen grundsätzlichen Prinzipien, welche auch im Kontext der vorliegenden Arbeit Gültigkeit besitzen sollen, leiten LIM ET AL. ein mehrdimensionales Beschreibungsmodell für Prototypen her. Dieses beschreibt anhand der übergeordneten Dimensionen Material, Detailgrad und Darstellungsumfang sowie Erscheinung, Daten, Funktionalität, Interaktivität und räumliche Struktur Variablen, in welchen Prototypen mit Hinblick auf den jeweiligen Anwendungszweck ausgestaltet werden können. Wenngleich LIM ET AL. keine Handlungsanleitung zur Auslegung von Prototypen im konkreten Anwendungsfall anbieten und auch der Bezug zur agilen Produktentwicklung fehlt, stellt das Beschreibungsmodell für die vorliegende Arbeit einen nützlichen Ordnungsrahmen

[356] Lim et al. (2008), The anatomy of prototypes.
[357] Lim et al. (2008), The anatomy of prototypes, S. 10.
[358] Lim et al. (2008), The anatomy of prototypes, S. 3.

zur Beschreibung prototypischer Produktinkremente dar. Anhand der eingangs erläuterten Grundprinzipien ist erkennbar, dass LIM ET AL. neben einer Steigerung der Zielsicherheit auch eine Rationalisierung des Prototyping-Prozesses anstreben, was mit zwei der postulierten Zielrichtungen der vorliegenden Arbeit grundsätzlich übereinstimmt.

Durch schnelles Scheitern zum Erfolg nach KOHLER ET AL. (2013)

Ähnlich der zuvor genannten Autoren, thematisieren auch KOHLER ET AL.[359] die Begrifflichkeiten der Wiedergabetreue (engl. Fidelity) und der Filterfunktion von Prototypen. Die Autoren entwickeln ein Filter-Fidelity Modell zur Beschreibung der Eigenschaften von Prototypen für Produkte zur softwarebasierten Nutzerinteraktion. Dazu werden generische Eigenschaften der Produkte aufgelistet, welche in unterschiedlicher Wiedergabetreue in Prototypen abgebildet sein können. Ziel der Erarbeitung ist es, aus der Kombinatorik einzelner Eigenschaften und deren individueller Wiedergabetreue Filter-Fidelity-Profile herauszubilden. Die Gegenüberstellung von konkreten Fragestellungen im Entwicklungsprojekt mit den möglichen Filter-Fidelity-Profilen soll eine zielgerichtete Auslegung eines jeweils passenden Prototyps ermöglichen. Diese bewusste Reduktion der Prototypenumfänge auf die jeweils relevantesten Eigenschaften begründen die Autoren mit der Generierung valider Erkenntnisse bei gleichzeitig minimalen Zeit- und Kostenaufwand für das Prototyping, was mit der grundsätzlichen Ausrichtung der vorliegenden Arbeit konform ist. Dabei gehen die Autoren in Ihrem Modell allerdings explizit von definierten Fragestellungen aus und sehen keine Priorisierung und Auswahl derer vor. Der Ansatz von KOHLER ET AL. dient der vorliegenden Arbeit dennoch als wertvoller methodischer Ansatz zur Auslegung prototypischer Produktinkremente, auch wenn der Bezug zu technischen Produkten sowie zur agilen Entwicklung fehlt. Der von den Autoren gewählte Ansatz zur Bildung von Prototypen aus der Kombinatorik technischer Eigenschaften entspricht darüber hinaus in den Grundzügen der Lösungshypothese der vorliegenden Arbeit.

Eine Methode zur kontinuierlichen Validierung nach KLINGLER (2016)

KLINGLER[360] entwickelt eine Methode zur Priorisierung von Validierungsaktivitäten in technischen Produktentwicklungsprojekten. Dabei liegt der Fokus der Methode nicht explizit auf der Betrachtung von Prototypen, sondern es werden übergeordnete Validierungsaktivitäten in Form von Tests betrachtet. Der Autor entwickelt dazu ein Vorgehen, in dem ein technisches Produkt zunächst in seine Subsysteme zergliedert wird

[359] Kohler et al. (2013), Durch schnelles Scheitern zum Erfolg.
[360] Klingler (2016), Methode zur kontinuierlichen Validierung.

und diese hinsichtlich ihres Bedarfs zur Validierung bewertet werden. Dazu wird zunächst der systemseitige Einfluss von Subsystemen auf weitere Produktumfänge bewertet, um die Auswirkungen möglicher späterer technischer Änderungsbedarfe bei der Auswahl zu validierender Subsysteme zu berücksichtigen. Zusätzlich werden Subsysteme hinsichtlich ihres technologischen Neuheitsgrades sowie des Neuheitsgrades der konkreten Anwendung bewertet. Die Kombination dieser Bewertungsaspekte zeigt eine weitgehende Überdeckung mit der Zielsetzung der vorliegenden Arbeit in Bezug auf die Zielsicherheit und die Adaptionsfähigkeit eines Entwicklungsvorhabens. Wenngleich die Arbeit von KLINGLER keinen expliziten Bezug zur agilen Produktentwicklung aufweist, ist dennoch erkennbar, dass der Autor im Sinne einer Zyklusplanung vorschlägt, die Bewertung der Kritikalität der Subsysteme rollierend zu wiederholen, um eine entsprechende aktualisierte Ausrichtung der Tätigkeiten für die jeweils nächsten Entwicklungsabschnitte ableiten zu können. Auf Basis der priorisierten Subsysteme stellt KLINGLER weiterhin eine Auswahl geeigneter Testmethoden zur Validierung der Subsysteme bereit und verzichtet auf eine Handlungsanleitung zur Ausgestaltung der benötigten Prototypen.

Agile product engineering nach ALBERS ET AL. (2017)

ALBERS ET AL.[361] interpretieren die Anwendung agiler Entwicklungsprozesse für technische Produkte maßgeblich dahingehend, dass eine kontinuierliche Validierung von Entwicklungsergebnissen ermöglicht wird, um eine zielsichere Ausrichtung des Entwicklungsvorhabens zu gewährleisten. Da auch der oben genannte Autor KLINGLER Teil des Autorenkreises um ALBERS ET AL. ist, verwundert es nicht, dass auch die Betrachtungsebene in diesem Ansatz auf Subsysteme und entsprechende Validierungs-/ Testaktivitäten fällt. Weiter schränken ALBERS ET AL. den Betrachtungsraum auf die Produktgenerationenentwicklung ein, bei der ein Entwicklungsvorhaben auf funktionsähnlichen eigenen Referenzprodukten oder Wettbewerbsprodukten aufbaut. In dem Zusammenhang wird ein ganzheitlicher Ordnungsrahmen erarbeitet, indem Test- und Validierungsumgebungen für Subsysteme durch Referenzprodukte oder virtuelle Umgebungen für die kontinuierliche Validierung bereitgestellt werden. Gemäß den Autoren bieten insbesondere vordefinierte Validierungsumgebungen den großen Vorteil einer aufwandsarmen und beschleunigten Durchführung von Testaktivitäten, was auf das übergeordnete Ziel einer reduzierten Time-to-market einzahlt. ALBERS ET AL. gehen in der Anwendung des Ordnungsrahmens von einer definierten Problemstellung sowie einem abgeleiteten Validierungsziel aus, auf dessen Basis ein geeigneter Ansatz zur Validierung ausgewählt werden kann. Dabei steht die Ausgestaltung eines

[361] Albers et al. (2017), Agile product engineering.

Prototyps nicht im Fokus der Betrachtung. Ebenso wie KLINGLER empfehlen ALBERS ET AL. eine rollierende Anwendung des Frameworks im Sinne einer Zyklusplanung agiler Entwicklungsprozesse.

Prototype experiments nach TRONVOLL ET AL. (2017)

TRONVOLL ET AL.[362] entwickeln eine Methode zur Unterstützung der Auslegung von Prototypen in technischen Produktentwicklungsprojekten. Wenngleich die Autoren nicht aus dem Forschungsgebiet der agilen Produktentwicklung stammen, adressieren sie durch ihren Ansatz der iterativen Prototypenplanung ein Grundprinzip agiler Entwicklungsprozesse. Dabei besteht die Grundannahme darin, dass Prototypen während eines Produktentwicklungsprozesses dynamisch und entsprechend der Bedarfe zur Exploration, Verifizierung oder Validierung geplant und realisiert werden müssen. Ausgehend von derartigen Anwendungsfällen, so postulieren die Autoren, bestehen bei der konkreten Auslegung von Prototypen immer vergleichbare Zielkonflikte, deren Auflösung sie durch eine entsprechende Planungsmethode unterstützen. Zunächst werden dazu die übergeordneten Zielstellungen, welche es bei der Planung und Auslegung von Prototypen zu berücksichtigen gilt in der Reduzierung von Entwicklungskosten, der Reduzierung der Entwicklungszeit, der Steigerung der Produktqualität, der Generierung wiederverwendbarer physischer Produktinkremente sowie in der Generierung wiederverwendbaren Wissens benannt. Allerdings bewerten TRONVOLL ET AL. diese Zielstellungen als nicht handhabbar im Rahmen der Auslegung von Prototypen und empfehlen daher eine Betrachtung konkreter Kriterien. Mit der Abbildungsgenauigkeit sowie der Eindeutigkeit der erzielbaren Erkenntnisse werden dabei Kriterien angeführt, welche auf die Fähigkeit zur Reduzierung von Unsicherheiten im Entwicklungsprojekt abzielen. In dem Zusammenhang führen die Autoren ebenfalls das Kriterium der Nutzbarkeit an, welches bewertet, in welchem Umfang mögliche interne oder externe Stakeholder in die Evaluierung der zugrundeliegenden Problemstellung eingebunden werden können. Ein hohes Level der Nutzbarkeit lässt demnach die Einbindung verschiedener Stakeholder zu, was wiederum umfangreichere Lerneffekte ermöglicht. Neben den genannten Aspekten der Effektivität findet die Prototypeneffizienz durch die Kriterien des Kosten- und Zeitbedarfs der Prototypenerstellung Berücksichtigung. Weiterhin wird die Flexibilität eines Prototyps als Kriterium angeführt, um dessen Anpassbarkeit auf weitere, im Verlaufe des Entwicklungsvorhabens entstehende Anwendungsfälle zu bewerten. Die Autoren geben in der Publikation wertvolle Hinweise, welche es bei der Ausgestaltung der einzelnen Kriterien zu berücksichtigen

[362] Tronvoll et al. (2017), Prototype Experiments.

gibt und illustrieren beispielhaft an realen Anwendungsfällen, wie entstehende Zielkonflikte aufgelöst werden können.

Design prototyping of systems nach CAMBURN ET AL. (2017)

CAMBURN ET AL.[363] zielen auf die Entwicklung eines Frameworks ab, der den Zusammenhang zwischen verschiedenen Techniken zur Planung und Gestaltung technischer Prototypen und der Leistungsfähigkeit sowie den Kosten der dabei realisierten Prototypen aufzeigt. Auf Basis des Frameworks sollen Anwender bei der Auswahl und Ausgestaltung von Prototypen unter Berücksichtigung der genannten Zielgrößen Leistungsfähigkeit und Kosten methodisch unterstützt werden. Zunächst werden dazu im Bereich der Prototypenplanung drei verschiedene Methoden zur Partitionierung von Produktumfängen zur prototypischen Realisierung vorgestellt. Weiterhin werden mit der iterativen beziehungsweise der parallelen Realisierung von Prototypen unterschiedliche Pfade bei der Planung von Prototypen aufgezeigt. Schließlich werden mit der geometrischen und funktionalen Skalierung sowie der Isolation drei generische Gestaltungsmaßnahmen aufgezeigt, nach denen die Auslegung von Prototypen erfolgen kann. Indem diese Methoden jeweils an der Leistungsfähigkeit sowie den Kosten der realisierten Prototypen gespiegelt werden, soll der Anwender in der Planung und Gestaltung unterstützt werden. Allerdings ist anzumerken, dass sowohl die Methoden zur Planung und Gestaltung als auch der quantitative Bewertungsansatz auf sehr abstrakter Ebene verbleiben, sodass die unmittelbare Anwendbarkeit unter Berücksichtigung der Komplexität technischer Produkte in Frage gestellt werden muss.

Media richness theory in agile development nach SCHMIDT ET AL. (2017)

Ähnlich wie auch die vorliegende Forschungsarbeit, erkennen SCHMIDT ET AL.[364] einen maßgeblichen Hebel zur erfolgreichen Implementierung agiler Entwicklungsprozesse im Kontext technischer Produkte in der Bereitstellung geeigneter Methoden zur Gestaltung von Prototypen, welche in zeitlich definierten Iterationen zur Reduzierung von Unsicherheit beitragen sollen. Konkret entwickeln die Autoren einen Ansatz zur Auswahl des passenden Abstraktionsgrades eines Prototyps in Abhängigkeit des jeweiligen Einsatzzwecks. Dazu wird das theoretische Konstrukt der „Media Richness Theory" aufgegriffen, welches die Auswahl eines passenden Kommunikationsmediums in Abhängigkeit der Komplexität der Kommunikationsaufgabe unterstützt. In dem Zusammenhang bezeichnet „Media Richness" die Menge von Informationen, die mithilfe eines bestimmten Kommunikationsmediums übermittelt werden kann. SCHMIDT ET AL.

[363] Camburn et al. (2017), Design prototyping of systems.
[364] Schmidt et al. (2017), Media richness theory in agile development.

adaptieren die Theorie, um sicherzustellen, dass die Wiedergabetreue eines Prototyps abgestimmt ist mit dessen Einsatzzweck, welcher sich beispielsweise an einer zu beantwortenden Fragestellung orientieren kann. Dabei stellen SCHMIDT ET AL. als zentrale Maßgabe heraus, dass der Prototyp valide Informationen generiert und gleichzeitigt günstig und schnell gefertigt werden soll. Aus dieser Maßgabe entwickeln die Autoren einen portfoliobasierten Ansatz, der Handlungsoptionen für die effiziente und effektive Prototypengestaltung aufgezeigt. Dieser Bereich wird einerseits abgegrenzt gegenüber dem Bereich der „Overcomplication", welcher durch unverhältnismäßig hohe Wiedergabetreue und entsprechende Aufwände charakterisiert ist, und andererseits gegenüber dem Bereich der „Oversimplification", welcher durch unverhältnismäßig starke Vereinfachungen und entsprechend verzerrte Informationsübermittlung charakterisiert ist. Wenngleich der portfoliobasierte Ansatz als pragmatisches Werkzeug zur Auswahl geeigneter Prototypen in der Planung von Iterationen bewertet werden kann, greift die methodische Unterstützung bei der konkreten Ausgestaltung eines Prototyps zu kurz.

Prototype for X nach MENOLD ET AL. (2017)

Ziel des Ansatzes von MENOLD ET AL.[365] ist der Aufbau eines theoretischen Frameworks zur Strukturierung aller Aktivitäten von der Planung über den Aufbau bis zur Nutzung von Prototypen in der Entwicklung technischer Produkte. Für die in der vorliegenden Forschungsarbeit relevante Planungsphase wird eine methodische Anleitung zur Auslegung von Prototypen erarbeitet. Dazu setzen die Autoren bei den drei zentralen Arten der Unsicherheit eines Entwicklungsvorhabens Desirability, Feasibility und Viability an, um die Prototypengestaltung unmittelbar an diesen Zielen auszurichten. Dementsprechend wird empfohlen, zunächst die übergeordnete Zielstellung eines Prototyps anhand der drei genannten Dimensionen herauszuarbeiten. Anschließend gilt es zu priorisieren, an welchen Stellen der Informationsbedarf besonders kritisch ist, um die Aktivitäten entsprechend ausrichten zu können. Auf der Basis kann schließlich die Auslegung eines Prototyps im Sinne einer konkreten Zielbeschreibung abgeleitet werden. Allerdings verbleibt der Ansatz zur Auslegung von Prototypen auf der Ebene der Zielbeschreibung und gibt keine Planungsunterstützung zur konkreten Ausgestaltung. Zwar ist die Orientierung der Auslegung von Prototypen zur Steigerung der Zielsicherheit im Entwicklungsprojekt konform zur vorliegenden Arbeit, allerdings fehlt es an einer Berücksichtigung der Adaptionsfähigkeit und der Beschleunigung der Produktentwicklung. Dennoch sind die Ausarbeitungen von MENOLD ET AL. als wertvoll für die vorliegende Arbeit zu bewerten, weil trotz des fehlenden expliziten Bezugs zu

[365] Menold et al. (2017), Prototype for X.

agilen Entwicklungsprozessen ein iterativer Ansatz in der Planung und Umsetzung von Prototypen verfolgt wird, um den kontinuierlichen Wissenszugewinn im Verlaufe des Entwicklungsprojekts zu fördern.

Defining requirements in prototyping nach SCHORK UND KIRCHNER (2018)

SCHORK und KIRCHNER[366] stellen eine Vorgehensweise vor, um die Prototypenentwicklung in technischen Entwicklungsprojekten stärker zu systematisieren. Wenngleich der Ansatz nicht unmittelbar dem Forschungsbereich der agilen Produktentwicklung entstammt, sehen die Autoren eine kontinuierliche Validierung von Entwicklungsergebnissen in Form von Prototypen vor und proklamieren eine zyklische Anwendung ihres Ansatzes zur dynamischen Planung notwendiger Prototypen. Weiterhin wird davon ausgegangen, dass Anforderungen entwicklungsbegleitend in Teilprototypen spezifiziert und validiert werden, was dem grundsätzlichen Verständnis agiler Entwicklungsprozesse der vorliegenden Arbeit entspricht. Die von den Autoren angebotene Vorgehensweise sieht vor, mit der Zieldefinition eines Prototyps zu beginnen, um auf dieser Basis die nicht-relevanten Anforderungen gezielt eliminieren zu können. In einem letzten Schritt ist zu prüfen, ob einzelne Anforderungen für die prototypische Realisierung im Vergleich zum finalen Endprodukt vereinfacht werden können. Somit wird eine praxistaugliche Methode zur Auslegung von Prototypen auf der Ebene von Anforderungen bereitgestellt. Dabei betonen die Autoren die Notwendigkeit, die Auswahl abzubildender Anforderungen an jenen Produkteigenschaften zu orientieren, die zum aktuellen Zeitpunkt kritisch für den Erfolg des Gesamtprojekts sind. Gleichzeitig erfahren die Aspekte einer gesteigerten Adaptionsfähigkeit sowie einer Beschleunigung des Entwicklungsprozesses im Zusammenhang der Auslegung von Prototypen keine explizite Berücksichtigung.

3.2.2.2 Ansätze zur allgemeinen Entwicklungsprojektsteuerung

The design structure system nach STEWARD (1981)

Bereits in den 1980er Jahren prägte STEWARD[367] den heute in der Entwicklungsmethodik weit verbreiteten Begriff der Design Structure Matrix (DSM) und wendet das Konzept der DSM in einem methodischen Ansatz zur Reihenfolgebildung von Entwicklungsaktivitäten im Kontext mechanischer Produkte an. Der Autor nutzt dazu die Ebene technischer Design-Parameter, um informatorische Abhängigkeiten eines zu entwickelnden Produkts zu modellieren. Auf Basis der modellierten Beziehungen ist

[366] Schork und Kirchner (2018), Defining Requirements in Prototyping.
[367] Steward (1981), The design structure system.

der Anwender der Methode somit in der Lage, zu Beginn eines Entwicklungsprojekts eine technisch optimale Reihenfolge zur Definition technischer Design-Parameter zu identifizieren. Diese Reihenfolge wird generiert, indem idealerweise jene Design-Parameter fixiert werden, deren Spezifikation nicht auf Basis von Spekulationen oder Annahmen erfolgen muss, sondern auf Basis belastbarer und fixierter Design-Parameter erfolgt. Mithin ermöglicht STEWARD eine gesteigerte Adaptionsfähigkeit im Entwicklungsprozess, da implizite Annahmen in der technischen Ausgestaltung systematisch vermieden werden. Da aufwändige späte Änderungen vermieden werden können, postuliert STEWARD gleichsam eine Beschleunigung des Entwicklungsprozesses. Während in diesem Ansatz die technische Perspektive dominiert, fehlt es an einer Berücksichtigung der Kritikalität einzelner Produktumfänge im Hinblick auf den Gesamterfolg des Entwicklungsvorhabens bei der Reihenfolgebildung von Entwicklungsaktivitäten. Jedoch ist die Ausarbeitung von STEWARD für die vorliegende Forschungsarbeit von besonderer Relevanz, da sie mit der Betrachtungsebene der technischen Design-Parameter die geeignete Ebene zur Auslegung prototypischer Produktinkremente bereitstellt.

Applying the design structure matrix to system decomposition and integration problems nach BROWNING (2001)

Aufbauend auf den von STEWARD publizierten Erkenntnissen nutzt auch BROWNING[368] einen DSM-basierten Ansatz zur Strukturierung von Entwicklungsaktivitäten. Dabei vertritt der Autor den Standpunkt, dass die Betrachtungsebene der Design-Parameter sehr gut geeignet ist, um Entwicklungsaktivitäten zu planen, da sich diese unmittelbar aus den zu bestimmenden Design-Parametern sowie den entsprechenden Wechselwirkungen ergeben. BROWNING analysiert verschiedene publizierte Fallbeispiele, welche parameterbasierte DSMs zur Strukturierung des Entwicklungsvorhabens genutzt haben. Auf Basis der Erkenntnisse der Fallbeispiele resümiert der Autor den Hauptnutzen der Methode ergänzend zu den Ausführungen von STEWARD in der Verkürzung der Entwicklungszeit und in der Steigerung der Entwicklungsqualität, indem spätere Entwicklungsaktivitäten und -entscheidungen nicht durch frühere Entscheidungen übermäßig eingeschränkt werden. Zusammengefasst kann festgehalten werden, dass die parameterbasierten DSM-Ansätze zur Strukturierung von Entwicklungsaktivitäten die Lösungshypothese der vorliegenden Forschungsarbeit begründen und somit für die weitere Ausarbeitung von besonderer Bedeutung sind.

[368] Browning (2001), Applying the design structure matrix.

First Things First: Prioritizing requirements nach WIEGERS (1999)

Der von WIEGERS[369] vorgestellte Ansatz zur Priorisierung von Anforderungen in Softwareentwicklungsprojekten wurde unter dem Namen „Wiegers Method“ als Werkzeug zur Strukturierung eines Entwicklungsvorhabens insbesondere in den frühen Entwicklungsphasen populär. WIEGERS vertritt dabei den Standpunkt, dass die Priorisierung von Anforderungen gemeinsam von Kunden und Entwicklern in den Dimensionen Wert, Kosten und Risiko erfolgen muss. Bemerkenswert ist dabei die von dem Autor vorgeschlagene zweiseitige Bewertung zur Steigerung der Objektivität in der Wertdimension, welche einerseits den durch die Implementierung einer Anforderung generierten Nutzen und andererseits die durch die Vernachlässigung einer Anforderung entstehenden Nachteile bemisst. Die Bewertungsdimensionen überführt WIEGERS in ein praktikables mathematisches Bewertungsmodell, welches jeder Anforderung eine Prioritätskennzahl beimisst. Zwar thematisiert WIEGERS keinen expliziten Bezug zur agilen Produktentwicklung, allerdings entspricht die gezielte Auswahl der jeweils wichtigsten Entwicklungsumfänge dem im Rahmen der rollierenden Projektplanung umgesetzten agilen Grundgedanken. Durch die Wahl der Bewertungsdimensionen fokussiert die Methode insbesondere eine gesteigerte Zielsicherheit sowie eine Beschleunigung des Entwicklungsvorhabens, während aufgrund des konkreten Bezugs zur Softwareentwicklung die Adaptionsfähigkeit nicht im Fokus der Betrachtung steht.

VDI 2206 - Entwicklungsmethodik für mechatronische Systeme (2004)

In der VDI Richtlinie 2206[370] wird ein iteratives Vorgehensmodell zur Entwicklung mechatronischer Produkte beschrieben, welches in der industriellen Praxis aufgrund seiner generischen Praktikabilität vielfach angewendet wird. Insbesondere soll durch die Anwendung die Effizienz der interdisziplinären Zusammenarbeit in komplexen Entwicklungsvorhaben durch eine gezielte Parallelisierung gesteigert werden und Entwicklungszeiten entsprechend verkürzt werden. Das Modell beschreibt in Form eines V-Modells einen Makrozyklus, der in den Schritten Systementwurf, Domänenspezifischer Entwurf, Systemintegration und Eigenschaftsabsicherung iterativ durchlaufen wird. Das Modell geht von einer vollständigen Aufgabenstellung in Form von Anforderungen aus, welche nach jeder Iteration in einem jeweils höheren Reifegrad zunächst in einem Labormuster, anschließend in einem Funktionsmuster und schließlich in einem Vorserienprodukt abgebildet werden müssen. Eine Adaption des Entwicklungsvorhabens an aktualisierte Anforderungen wird dabei prozessual nicht vorgesehen, worin ein maßgeblicher Unterschied zu agilen Entwicklungsprozessen zu sehen

[369] Wiegers (1999), First Things First: Prioritizing Requirements.
[370] VDI (2004), VDI 2206.

ist. Mit Hinblick auf die Minimierung von Entwicklungsrisiken empfiehlt die Richtlinie, den Makrozyklus zunächst für besonders kritische Teilsysteme zu durchlaufen, bevor mit der Entwicklung des komplexeren Gesamtsystems begonnen wird, unterstützt aber eben diesen Schritt nicht methodisch. Neben dem Makrozyklus sieht die Richtlinie einen Mikrozyklus vor, welcher der operativen Handlungsorganisation im Entwicklungsprojekt entlang des Problemlösungszyklus dient und die Projektbeteiligten bei der Planung und Durchführung von Entwicklungsumfängen unterstützt.

Synchronisation von Entwicklungsprozessen durch Taktung nach RAUHUT (2011)

Mit dem Ziel der optimierten Synchronisation von Entwicklungsaktivitäten stellt RAUHUT[371] eine Methodik zur Planung und Steuerung von technischen Entwicklungsprozesses zur Verfügung. Als zentralen Bestandteil der Methodik sieht RAUHUT die Planung und Taktung von Aufgaben in Entwicklungsprojekten vor, welche in enger Anlehnung an agile Entwicklungsmethoden in Form von zeitlich definierten Entwicklungszyklen erfolgt. Im Gegensatz zu dem heutigen Verständnis von agilen Entwicklungsprozessen thematisiert RAUHUT jedoch nicht den Einsatz prototypischer Realisierungen, sondern fokussiert die Betrachtung grundsätzlich auf Entwicklungsaufgaben. Dazu wird eine methodische Anleitung zur systematischen Definition von Entwicklungsaufgaben bereitgestellt. Zusätzlich wird in Anlehnung an WIEGERS ein Modell zur Priorisierung von Entwicklungsaufgaben erarbeitet, welches sich wiederum maßgeblich am Wert, dem Risiko und den Aufwänden einer Entwicklungsaufgabe orientiert. Dabei betont der Autor die Relevanz systemischer Abhängigkeiten bei der Reihenfolgebildung der Entwicklungsaufgaben zur Steigerung der Adaptionsfähigkeit und empfiehlt deren Berücksichtigung, eine konkrete Ausarbeitung und Verankerung dieser Implikationen in der Methodik bleibt jedoch aus.

Lösungsraum-Management nach LENDERS (2009)

Dee Lösungsraum in technischen Entwicklungsvorhaben beschreibt den Raum möglicher Lösungsprinzipien und entsprechender Konstruktionsalternativen für die (Teil-) Funktionen eines zu entwickelnden Produkts.[372] Dementsprechend bietet LENDERS[373] einen Ansatz zur proaktiven Planung und Steuerung spezifischer Produkteigenschaften im Sinne eines Lösungsraum-Managements an. Die grundsätzliche Motivation einer gezielten Steuerung des Lösungsraums leitet der Autor aus der Tatsache ab, dass in

---

371 Rauhut (2011), Synchronisation von Entwicklungsprozessen durch Taktung.

372 Vgl. Lüdtke (2016), Lösungsraum-Steuerung in der Produktentwicklung, S. 40.

373 Lenders (2009), Beschleunigung der Produktentwicklung durch Lösungsraum-Management.

vielen Entwicklungsprojekten, technische Lösungen auf unsicherer Informationsbasis in frühen Entwicklungsphasen fixiert werden, sodass im weiteren Verlauf die Adaptionsfähigkeit stark eingeschränkt ist. Die damit verhinderte Ausrichtung des Produkts auf den tatsächlichen Marktbedarf resultiert folglich in einer geringen Effektivität der Produktentwicklung. Die zentrale Zielstellung der Arbeit definiert LENDERS folglich in der Effizienzsteigerung zur Verringerung der Durchlaufzeit des Entwicklungsprozesses, ohne dabei den erläuterten Aspekt der Effektivität einzuschränken. Dazu entwickelt LENDERS generische Lösungsraum-Strategien, welche auf Basis der Projektrahmenbedingungen ausgewählt werden können und dementsprechend die anzustrebende Vielfalt an Lösungsalternativen über den Projektverlauf indizieren. Dabei bleibt eine konkrete methodische Unterstützung zur Auswahl der Lösungsalternativen im Sinne einer entwicklungsbegleitenden Steuerung aus. Dennoch ist der Ansatz von LENDERS für die vorliegende Arbeit von wichtiger Bedeutung, da die verfolgten Zielstellungen einer gesteigerten Adaptionsfähigkeit, einer Beschleunigung der Produktentwicklung sowie der Steigerung der Zielsicherheit konform zu den in der vorliegenden Arbeit verfolgten Zielen sind und somit die beschriebenen Methodenelemente hinsichtlich ihrer Zielausrichtung nutzbar sein sollten.

Lösungsraum-Steuerung nach LÜDTKE (2016)

Aufbauend auf der Arbeit von LENDERS entwickelt LÜDTKE[374] einen Ansatz zur entwicklungsbegleitenden Steuerung des Lösungsraums. Dabei schlägt der Autor eine zyklische Anwendung der Planungsmethodik in zeitdiskreten Abständen im Sinne einer rollierenden Planung zur Auswahl der anstehenden Entwicklungsaufgaben vor, wenngleich der Ansatz keinen Bezug zur agilen Produktentwicklung besitzt. Im Mittelpunkt der Betrachtung von LÜDTKE steht die Auswahl parallel zu verfolgender Lösungsalternativen je (Teil-)Funktion des zu entwickelnden Produkts. Dabei erfolgt eine umfassende Bewertung der mit einer Lösungsalternative verbundenen Unsicherheiten, indem Einflüsse der Produkttechnologie, des Produktionsprozesses sowie Einflüsse des Marktes auf die entsprechenden Lösungsalternativen analysiert und in Form einer Lösungsprinzipunsicherheit quantifiziert werden. Schließlich erfolgt die Auswahl parallel zu verfolgender Lösungsalternativen in Abhängigkeit der Unsicherheitsstärke, sodass im Falle stark unsicherheitsbehafteter Lösungsprinzipien eine parallele Entwicklung verfolgt wird um im Falle geringer Unsicherheit, die Entwicklungskapazitäten stärker fokussiert auf einzelne Lösungsprinzipien gelenkt werden können. Auf diese Weise stellt LÜDTKE sicher, dass in Abhängigkeit der Sicherheit beziehungsweise

[374] Lüdtke (2016), Lösungsraum-Steuerung in der Produktentwicklung.

der Unsicherheit der Informationslage im Entwicklungsprojekt eine adäquate Adaptionsfähigkeit gewährleistet wird. Während LENDERS die Effizienz des Entwicklungsprozesses in den Mittelpunkt stellt, fokussiert LÜDTKE somit maßgeblich die Effektivität des Entwicklungsvorhabens, indem die Unsicherheiten beziehungsweise die resultierenden Risiken explizit in der Entwicklungsprojektsteuerung berücksichtigt werden.

Agile-Stage-Gate for manufacturers nach COOPER und SOMMER (2018)

COOPER und SOMMER[375] erarbeiten einen Rahmen zur Integration agiler Entwicklungsmethoden in den Stage-Gate Prozess im Sinne eines hybriden Entwicklungsprozesses, indem die zentralen Bestandteile agiler Softwareentwicklungsprozesse auf ihre Anwendung im Kontext technischer Produkte adaptiert werden. Die Autoren sehen dabei eine inkrementelle Prozesssteuerung in Form von Sprints vor, deren Ergebnis allerdings nicht zwingenderweise ein marktfähiges Produktinkrement ist. Vielmehr werden in dem Zusammenhang die Begriffe der Protocepts oder Pretotypes als notwendiges Ergebnis eines Sprints geprägt, um die kurzzyklische Validierung von Entwicklungsergebnissen zu fördern. Dabei stellen COOPER und SOMMER heraus, dass ein Protocept oder Pretotype in der Regel eine physische Realisierung eines inkrementellen Produktumfangs in Form eines Demonstrationsobjekts im Entwicklungsstadium darstellt. Zwar empfehlen die Autoren, die jeweils größten Unsicherheiten mit Hilfe von Protocept oder Pretotype zu adressieren, allerdings wird keine methodische Unterstützung bei der Auswahl geeigneter Produktumfänge beziehungsweise bei der Ausgestaltung im Rahmen einer Sprintplanung angeboten. Ebenso wird von einer Steigerung der Adaptionsfähigkeit und einer Erhöhung der Entwicklungsgeschwindigkeit als Nutzenvorteile gesprochen, ohne diese Zielstellungen konkret methodisch zu adressieren. Deutlich stärker fokussieren die Autoren im Rahmen ihrer Publikation die Berichterstattung von Erfolgsfaktoren aus erfolgreichen Anwendungen agiler Entwicklungsprozesse für technische Produkte. Dabei ist unter anderem erkennbar, dass in allen Anwendungsfällen zeitlich fixierte Sprints vorgesehen werden, welche in Abhängigkeit der Komplexität des zu entwickelnden Produkts bis zu zwölf Wochen dauern können.

3.2.2.3 Ansätze zur objektorientierten Entwicklungsprojektsteuerung

Agile project management with Scrum nach SCHWABER (2004)

Scrum nach SCHWABER[376] stellt den bekanntesten und am weitesten verbreiteten Prozessrahmen für agile Entwicklungsprozesse dar, deren grundlegende Charakteristika

---

[375] Cooper und Sommer (2018), Agile–Stage-Gate for Manufacturers.
[376] Schwaber (2004), Agile Project Management with Scrum.

bereits im Rahmen der Grundlagen agiler Entwicklungsprozesse (siehe Kapitel 2.2.2.2) erläutert wurden. Wenngleich die branchenübergreifende Anwendbarkeit des Prozessrahmens heute von den Urhebern von Scrum postuliert wird[377], ist in den grundlegenden Ausführungen und den methodischen Elementen im Originalwerk von SCHWABER eine vornehmliche Ausrichtung auf die Softwareentwicklung deutlich erkennbar. Insbesondere in der Forderung, auslieferbare funktionale Produktinkremente in regelmäßigen 2-4 Wochen dauernden Sprints zu realisieren, ist ein konkreter Bezug zur Softwareentwicklung zu sehen. Somit wird die in der vorliegenden Arbeit vorgesehene Realisierung von prototypischen Produktinkrementen nur mittelbar adressiert. Während Scrum die beteiligten Rollen, die notwendigen Prozesselemente sowie die grundlegenden Werte sehr ausführlich beschreibt, bleibt die methodische Unterstützung zur Planung und Ausgestaltung von Produktinkrementen weitgehend unkonkret. Es wird beispielsweise nicht aufgezeigt, wie Anforderungen priorisiert und von einem Product Backlog in ein Sprint Backlog überführt werden können. Im Zuge vielfacher Anwendung des Prozessrahmens in der Softwareentwicklung konnten einerseits bessere Entwicklungsergebnisse, verkürzte Entwicklungszeiten sowie eine erhöhte Flexibilität während der Entwicklung gegenüber klassischen Softwareentwicklungsprozessen festgestellt werden. Daher wird in der vorliegenden Arbeit zu prüfen sein, in welcher Form die methodischen Elemente, welche die genannten Nutzenpotenziale adressieren, für den vorliegenden Anwendungszweck adaptiert werden können.

Scrum nach PICHLER (2008)

Basierend auf den Ausarbeitungen von SCHWABER konkretisiert PICHLER[378] einige methodische Elemente zur stärkeren operativen Umsetzungsunterstützung agiler Softwareentwicklungsprozesse. Im Gegensatz zu SCHWABER differenziert PICHLER drei mögliche Arten von Sprints. Mit Explorationssprints, welche auf die interne Wissensgenerierung durch Prototypen abzielen, Standardsprints, welche auf die Generierung von potenziell auslieferbarer Produktfunktionen abzielen und Releasesprints, welche auf die tatsächliche Auslieferung von Produktfunktionen abzielen, unterscheidet PICHLER drei Arten von Sprints und adressiert somit das in der vorliegenden Arbeit vertretene Verständnis prototypischer Produktinkremente. Außerdem bietet der Autor methodische Unterstützung zur Priorisierung und Auswahl von Entwicklungsumfängen im Rahmen der zyklischen Sprintplanung an. Ähnlich wie auch andere der bereits vor-

[377] Vgl. Schwaber und Sutherland (2017), The Scrum Guide.
[378] Pichler (2008), Scrum.

gestellten wissenschaftlichen Ansätze fokussiert allerdings auch PICHLER zur Priorisierung die Dimensionen Wert, Risiko und Kosten, welche maßgeblich die Zielsicherheit und die Geschwindigkeit eines Entwicklungsvorhabens adressieren. Die Adaptionsfähigkeit im Zuge des Entwicklungsprojekts wird in der Sprintplanung nicht explizit methodisch adressiert.

Flexible product development nach SMITH (2007)

Einer der ersten umfassenden Ansätze zur systematischen Übertragung methodischer Elemente aus Scrum auf die Entwicklung technischer Produkte geht auf SMITH[379] zurück. Mit Hinblick auf die zunehmende Volatilität marktseitiger Anforderungen zielt der Autor maßgeblich auf eine Flexibilisierung der Produktentwicklung ab. Mit dem Ziel, Entwicklungsprozesse zu beschleunigen, empfiehlt SMITH außerdem eine konsequente Taktung auch komplexer technischer Entwicklungsprojekte in zeitlich definierte Sprints. Darüber hinaus wird der Nutzen der frühen und umfangreichen Nutzung von Prototypen dahingehend thematisiert, dass Unsicherheiten systematisch eliminiert werden können und umfangreiche Lerneffekte in die Entwicklungsarbeit zurückgeführt werden können. Wie der Titel der Arbeit von SMITH bereits nahelegt, steht allerdings die Steigerung der Adaptionsfähigkeit im Mittelpunkt der Betrachtung und wird demensprechend methodisch unterstützt. Beispielsweise wird im Sinne einer Lösungsraum-Steuerung eine progressive Entscheidungsfindung empfohlen, welche keine vollständige Produktspezifikation zu Entwicklungsbeginn vorsieht, sondern eine graduelle Fixierung der Design-Parameter. Außerdem berücksichtigt SMITH in Grundzügen die Systematik modularer Produktarchitekturen zur Isolierung von Subsystemen, welche ebenfalls eine zusätzliche Flexibilität im Zuge des Entwicklungsprozesses ermöglicht. Während zahlreiche auch für die vorliegende Arbeit wertvolle übergeordnete Methodenelemente genannt werden, stellt SMITH keine operative Planungsunterstützung zur Priorisierung von Entwicklungsumfängen oder zur Ausgestaltung von Prototypen während einer Zyklus- oder Sprintplanung bereit.

The Lean Startup nach RIES (2011)

RIES[380] verfolgt mit der Lean Startup Methode das Ziel, im Umfeld extremer Unsicherheit neuartige Produkte oder Dienstleistungen effizient zu entwickeln, erfolgreich zu vermarkten und im Rahmen des Innovationsprozesses eine ausreichende Adaptionsfähigkeit zu gewährleisten. RIES fokussiert damit weniger den technischen Produktent-

[379] Smith (2007), Flexible product development.
[380] Ries (2011), Lean Startup.

wicklungsprozess, sondern vielmehr den gesamtunternehmerischen Prozess zur Realisierung erfolgreicher Innovationen. Dabei bedient sich der Autor mit dem Build-Measure-Learn-Zyklus allerdings einem vergleichbaren prozessualen Grundprinzip wie die agile Produktentwicklung. In dem Zusammenhang stehen weder die Planung von Entwicklungszyklen noch die Realisierung prototypischer Produktinkremente im Fokus, sondern RIES beabsichtigt, den Anwender zur Realisierung (Build-Phase) eines Minimum Viable Products (MVP) zu befähigen. Dabei ist der Umfang für ein MVP so zu wählen, dass im Rahmen der Learn-Phase valides Feedback von Kunden und Anwendern bezüglich der Leistung beziehungsweise des Produkts eingeholt werden kann und der Aufwand zu dessen Realisierung minimal bleibt. Zusätzlich ist im Rahmen der Measure-Phase sicherzustellen, dass geeignete Metriken definiert sind, um das Feedback der Kunden und Anwender bewerten und für die weitere Entwicklung nutzbar zu machen. Wenngleich RIES an der Stelle nicht konkret auf prototypische Produktinkremente eingeht, ist der methodische Ansatz zur Fokussierung des MVPs für die vorliegende Arbeit von großem Interesse. Gleichzeitig ist allerdings anzumerken, dass eine unmittelbare Praxistauglichkeit der Lean Startup-Methode im Kontext aufgrund des fehlenden konkreten Bezugs zu technischen Produktentwicklungsprozessen nur bedingt gegeben ist.

Agile hardware and co-design nach PUNKKA (2012)

PUNKKA[381] präsentiert einen Ansatz zur Überführung von Methoden der agilen Softwareentwicklung auf die Entwicklung technischer Produkte. Der Autor begründet die Notwendigkeit agiler Entwicklungsprozesse durch die Tatsache, Produkte und Projektpläne nicht mehr vollständig vordefinieren zu können, sondern diese iterativ zu planen. Dementsprechend wird beschrieben, wie technische Entwicklungsvorhaben in iterativen Sprints geplant und durchgeführt werden. Einen besonderen Fokus legt PUNKKA auf die frühzeitige und intensive Nutzung von Prototypen, welche zur Bearbeitung von Unsicherheiten im Entwicklungsprojekt genutzt werden können. In dem Zusammenhang zieht der Autor eine Parallele zur Softwareentwicklung, indem postuliert wird, dass Unsicherheiten im agilen Hardwareentwicklungsprozess das Äquivalent zu Softwarefeatures im agilen Softwareentwicklungsprozess sind. Weiterhin empfiehlt PUNKKA verschiedene Techniken und Methoden zur Gestaltung von Prototypen und ergänzt diese Empfehlungen um grobe Hinweise zur Auswahl geeigneter Entwicklungsumfänge für Sprints am Beispiel von bestückten Leiterplatten (engl. Printed Cir-

---

[381] Punkka (2012), Agile Hardware and Co-Design.

cuit Boards PCB). PUNKKA kalkuliert in der Publikation weiterhin die Kosten- und Zeitersparnisse, welche durch frühes Prototyping im Entwicklungsprojekt realisierbar sind und stellt dabei die Vermeidung von Nacharbeit als zentralen Stellhebel dar.

Agiles Engineering im Maschinen- und Anlagenbau nach KLEIN (2016)

Unter konkretem Branchenbezug zum Maschinen- und Anlagenbau verfolgt KLEIN [382] das Ziel, agile Entwicklungsmethoden in die Aufbau- und Ablauforganisation der Produktentwicklung zu integrieren. Dazu wird ein Referenzmodell entwickelt, welches in Abhängigkeit der Agilitätseignung konkreter Anwendungsfälle skaliert werden kann. Grundsätzlich wird agiles Engineering dabei als inkrementelle Entwicklung und Produktion funktionaler auslieferungsfähiger Teilsysteme in zeitlich definierten Sprints verstanden. Allerdings schlägt der Autor gleichzeitig vor, dieses Verständnis dahingehend zu lockern, als dass auch die Ergebnisse mehrerer Sprints gemeinsam ausgeliefert werden können, sofern innerhalb eines Sprints eine (Teil-)Funktion nicht vollständig und auslieferungsfähig realisiert werden kann. Dahingehend wird auch die Sprintplanung als die Koordination auslieferungsfähiger und gleichzeitig kundenseitig mehrwertschaffender Teilfunktionen verstanden, während die Planung und Gestaltung prototypischer Produktinkremente zur Reduzierung von Unsicherheiten nicht betrachtet wird. Als Grundvoraussetzung zur Anwendung des beschriebenen Ansatzes definiert KLEIN ein weitgehend modularisiertes Gesamtsystem. Erst ein in funktional unabhängige Teilsysteme gegliedertes Gesamtsystem ermöglicht demnach einerseits die inkrementelle Auslieferung funktionaler Teilsysteme und andererseits die sukzessive Integration des Gesamtsystems unter Berücksichtigung etwaiger Änderungsbedarfe, welche aufgrund der isolierten Teilsysteme flexibel im Entwicklungsverlauf umgesetzt werden können. Aus dieser Grundvoraussetzung folgt zugleich die Bewertung einer eingeschränkten flächendeckenden Praxistauglichkeit für allgemeine technische Produkte, da eine Gliederung technischer Produkte in funktional nutzbare eigenständige Teilsysteme nur in vereinzelten Branchen beziehungsweise Produktarten denkbar ist.

Prototypen im agilen Entwicklungsmanagement nach KAMPKER ET AL. (2016)

Im Rahmen eines Forschungsprojekts, welches auf die Entwicklung eines elektrischen Taxis für Innenstädte abzielt, beschreiben KAMPKER ET AL.[383] den in dem Vorhaben verfolgten Entwicklungsansatz unter besonderer Berücksichtigung sogenannter agiler Prototypen. Agile Prototypen werden von Autoren dabei verstanden als dynamisch

[382] Klein (2016), Agiles Engineering im Maschinen- und Anlagenbau.
[383] Kampker et al. (2016), Prototypen im agilen Entwicklungsmanagement.

planbare physische Produktinkremente, die je nach Bedarf im Projekt eine oder mehrere Funktionen abbilden. In der bedarfsorientierten Planung von Prototypen sehen die Autoren einen maßgeblichen Gegensatz zu klassischen Entwicklungsprozessen, welche phasenbezogen vordefinierte Prototypen in Form von Konzeptmodellen, Geometrieprotypen, Funktionsprototypen und technischen Prototypen vorsehen. Dementsprechend schlagen KAMPKER ET AL. vor, den Entwicklungsprozess in zeitlich definierte mehrwöchige Sprints zu unterteilen, deren Ziel jeweils die Realisierung oder Weiterentwicklung eines prototypischen Produktinkrements ist. Die zyklische Auswahl von Entwicklungsumfängen empfehlen die Autoren durch Betrachtung der kritischen Fragestellungen sowie der damit verbundenen technischen oder marktseitigen Unsicherheiten zu systematisieren. Auf der Basis sollen in einer Sprint-Backlog-Liste jene Anforderungen zusammengestellt werden, die bei der Ausgestaltung eines prototypischen Produktinkrements umgesetzt und validiert werden sollen. Dieser Schritt wird zwar exemplarisch an konkreten Prototypen, welche im Rahmen des Forschungsprojekts eingesetzt wurden, illustriert, erfährt allerdings keiner weiteren methodischen Unterstützung. Die Beschleunigung und die Steigerung der Adaptionsfähigkeit der Produktentwicklung werden zwar als grundsätzliche Zielsetzung im Kontext der Nutzung agiler Prototypen ausgegeben, werden jedoch nicht durch Methodenelemente konkret adressiert. Die von den Autoren vorgestellten Hypothesen und Methodenelemente decken sich mit dem Verständnis der vorliegenden Arbeit und bieten dementsprechend einen geeigneten generischen Rahmen zur Integration prototypischer Produktinkremente in agile Entwicklungsprozesse, der allerdings aufgrund der geringfügigen handlungsleitenden Methodenelemente als nicht unmittelbar Praxistauglichkeit bewertet wird.

Target-oriented prototyping in highly iterative product development nach GARTZEN ET AL. (2016)

GARTZEN ET AL.[384] entwickeln eine Methodik zur iterativen Auslegung von Prototypen in der agilen Produktentwicklung zur systematischen Reduzierung von Unsicherheiten im Kontext radikaler Innovationen für technische Produkte. Dazu wird empfohlen, im Rahmen einer zyklischen Sprintplanung Funktionalitäten, Anforderungen, Spezifikationen oder auch Anwendungsfälle des zu entwickelnden Produkts in einem Product Backlog zu priorisieren und die priorisierten Elemente im folgenden Sprint prototypisch zu realisieren. GARTZEN ET AL. sehen dazu eine methodische Priorisierung der Elemente entlang der Unsicherheitsdimensionen Marktunsicherheit, technologische Produktunsicherheit und technologische Prozessunsicherheit vor, um die jeweils

[384] Gartzen et al. (2016), Target-oriented Prototyping in Highly Iterative Product Development.

größten Unsicherheiten in einem Entwicklungsvorhaben adressieren zu können. Zusätzlich wird eine phasenbezogene Gewichtung der Unsicherheitsdimensionen empfohlen, sodass beispielsweise in der frühen Phase einer Marktneuentwicklung die marktseitigen Unsicherheiten zuerst bearbeitet werden. Neben dieser Nutzenbetrachtung wird eine Aufwandsbetrachtung im Zuge der Priorisierung methodisch unterstützt, sodass auch die für eine Entwicklung und prototypische Realisierung verschiedener Produktumfänge anfallenden Zeiten und Kosten berücksichtigt werden können. Dazu wird im Sinne von Scrum der Arbeitsumfang eines zeitlich definierten Sprints auf Basis der zur Verfügung stehenden Zeit und Kapazität limitiert, um Verzögerungen und Verschwendung im Entwicklungsvorhaben systematisch auszuschließen. Gleichzeitig wird eine Steigerung der Adaptionsfähigkeit von Entwicklungsprojekten zwar als übergeordnetes Ziel agiler Prozesse benannt, diese Zielrichtung wird allerdings im Rahmen der Sprintplanung nicht methodisch adressiert.

Indikatoren für die Ermittlung agil zu entwickelnder Produktumfänge nach DIELS (2018)

Ziel der von DIELS[385] entwickelten Methodik ist die Steuerung, ob Produktumfänge aufgrund der vorherrschenden Rahmenbedingungen in einem agilen oder einem planorientierten Entwicklungsprozess entwickelt werden sollen. Dazu wird ein indikatorbasiertes Entscheidungsmodell aufgebaut, welches auf der Ebene von Produktfunktionen beziehungsweise physischer Komponenten die Agilitätseignung von Produktumfängen bewertet. Wenngleich die Methodik nicht unmittelbar zur Anwendung in der Planung von Entwicklungszyklen vorgesehen ist, wird eine rollierende Anwendung im Verlaufe eines Entwicklungsprojekts empfohlen. DIELS stellt insgesamt acht Kriterien bereit, bezüglich derer ein Produktumfang zu bewerten ist, sodass sich auf Basis der Bewertung ein Indikator ergibt. Dieser Indikator gibt folglich die Eignung eines Produktumfangs zur agilen Realisierung beziehungsweise zur planorientierten Realisierung an. Anhand der Kriterien ist erkennbar, dass die Ausarbeitung von DIELS auf übergeordneter Ebene auf ähnliche Zielgrößen ausgerichtet ist, wie die vorliegende Arbeit. Beispielsweise wird auf Basis der Kriterien Technologiefähigkeit beziehungsweise Zielbedeutung die technologische Unsicherheit beziehungsweise die marktseitige Relevanz eines Produktumfangs bewertet, welcher bei starker Ausprägung einem agilen Entwicklungsprozess zugeordnet wird, um die entsprechenden Risiken frühzeitig zu eliminieren. Zusätzlich wird mit den Kriterien Lösungsraum, Zielstreuung und Zielvolatilität bewertet, ob ein Produktumfang bereits belastbar spezifiziert werden kann. Ergibt sich auf Basis der Bewertung ein weiter Lösungsraum in Verbindung mit

[385] Diels (2018), Indikatoren für die Ermittlung agil zu entwickelnder Produktumfänge.

einer unklaren oder volatilen Zielausrichtung, ist für den entsprechenden Produktumfang eine agile Vorgehensweise zu wählen, um der notwendigen Flexibilität gerecht werden zu können. Schließlich wird anhand der Kriterien Prototypenherstellbarkeit und Ressourcenverfügbarkeit bewertet, inwieweit ein Produktumfang in einem agilen Entwicklungsprozess zeit- und kosteneffizient prototypisch realisiert werden kann, um eine Verzögerung des Entwicklungsprojekts durch ungeeignete Produktumfänge zu vermeiden. Bei der Betrachtung der Produktumfänge verbleibt DIELS auf der Ebene von Funktionen beziehungsweise Komponenten eines technischen Produkts. Um die Praxistauglichkeit des Ansatzes weiter zu erweitern, soll die Betrachtung von DIELS im Rahmen der vorliegenden Arbeit auf die Ebene technischer Design-Parameter konkretisiert werden. Die vorgestellte Methodik dient somit als unmittelbarer Anknüpfungspunkt für das vorliegende Forschungsvorhaben.

Agile innovation of mechatronic systems nach BÖHMER (2018)

BÖHMER[386] stellt im Rahmen einer Dissertationsschrift eine Vielzahl an Methodenelementen zur agilen Entwicklung mechatronischer Produkte zusammen. Grundsätzlich erkennt BÖHMER im Einsatz prototypischer Realisierungen einen der zentralen Stellhebel zur Umsetzung agiler Entwicklungsprozesse im Kontext technischer Produkte. Außerdem wird postuliert, dass sich das im Rahmen planorientierter Entwicklungsprozesse etablierte klassische Verständnis von Prototypen durch die Einführung agiler Entwicklungsprozesse fundamental verändern wird. Dementsprechend stellt BÖHMER verschiedenste Methodenelemente bereit, welche zur Planung und Ausgestaltung von Prototypen nützlich sind und stellt dabei das validierte Lernen zur Reduzierung von Unsicherheiten im Entwicklungsprojekt als zentrale Motivation für den Einsatz von Prototypen heraus. Ein zentrales Methodenelement in der Ausarbeitung von BÖHMER stellt der sogenannte Think.Make.Start (TMS)-Ansatz dar. TMS zielt darauf ab, während der frühen Phase eines Entwicklungsprojekts eine Produktidee innerhalb von zehn Tagen sukzessive in einen Prototyp zu überführen. Dabei werden die drei Arten der Unsicherheit Feasibility, Desirability und Viability genutzt, um den Prozess zur maximalen Reduzierung von Unsicherheit zu strukturieren. Auf Basis der Einblicke in verschiedene industrielle Anwendungen von TMS stellt BÖHMER insbesondere die Geschwindigkeit des Erkenntnisgewinns heraus, die gegenüber klassischen Entwicklungsansätzen deutlich höher ist. Außerdem analysieren die Autoren die von verschiedenen Entwicklungsteams im Rahmen von TMS Projekten gewählten Vorgehensweisen dahingehend, wie Entwicklungsumfänge ausgewählt wurden und in welcher Form Prototypen ausgestaltet wurden. Dazu wird der Unterschied zwischen vertikalen und

[386] Böhmer (2018), Agile Innovation of Mechatronic Systems.

horizontalen Prototypen als grundsätzlich unterschiedliche Ansätze zur Auswahl und Ausgestaltung von Prototypen an konkreten Anwendungsbeispielen illustriert und hinsichtlich der jeweiligen Vor- und Nachteile diskutiert. Zusätzlich betrachtet BÖHMER den Einsatz von Prototypen aus der Perspektive der (Gesamt-)Systementwicklung und stellt dabei den Zielkonflikt heraus, maximalen Erkenntnisgewinn durch Prototypen zu generieren und gleichzeitig die Entwicklung des restlichen Systems für zukünftige Änderungen nicht zu sehr einzuschränken. Dazu wird eine Gestaltung unabhängiger Subsysteme im Sinne einer Modularisierung als zielführendes Mittel benannt. Wenngleich BÖHMER die Auswahl von Entwicklungsumfängen sowie die konkrete Ausgestaltung von Prototypen aus diversen Perspektiven beleuchtet und anhand nützlicher Fallbeispiele illustriert, wird dennoch keine konkrete methodische Unterstützung zur Auslegung von Prototypen bereitgestellt. Insbesondere werden die verschiedenen individuellen Methodenelemente nicht zu einer durchgängigen Planungsmethode für die Planung von Entwicklungszyklen oder Sprints konsolidiert, sodass die Praxistauglichkeit mit Hinblick auf die ganzheitliche Anwendbarkeit in Frage zu stellen ist. Dennoch sind die vorgestellten Methodenelemente von besonderem Interesse für das vorliegende Forschungsvorhaben, da sich die Analysegegenstände beider Forschungsarbeiten weitgehend decken.

Agile-inspired small scale design nach LINDBERG UND CAMPBELL (2019)

LINDBERG UND CAMPBELL[387] verfolgen das Ziel, im Rahmen der Entwicklung eines eigenen Stereolithografie 3D-Druckers die Prinzipien des agilen Manifests[388] aus der Softwareentwicklung auf die Entwicklung eines technisches Produkts zu übertragen. Zur Strukturierung und Unterteilung der Entwicklungsaufgabe wurde zunächst das methodische Element einer Funktionsstruktur gewählt. Mit Hinblick auf den Anspruch des agilen Manifests, kontinuierlich funktionsfähige Produktinkremente ausliefern zu können, stellen die Autoren fest, dass das Äquivalent im technischen Produktentwicklungsprozess in der kontinuierlichen Realisierung inkrementeller Prototypen besteht. In diesem Zusammenhang wurde erkannt, dass eine parameterbasierte Betrachtung der Konstruktion sowie die Wahl der Reihenfolge der Festlegung der technischen Design-Parameter unter Berücksichtigung technischer Abhängigkeiten von zentraler Bedeutung sind. Dementsprechend wurde das methodische Element einer grafenbasierten Abhängigkeitsdarstellung in Anlehnung an eine Decision Structure Matrix gewählt, um die Reihenfolge der Parameterfestlegung zu steuern. Wenngleich die Autoren keine explizite Methodik zur Auslegung prototypischer Produktinkremente in der

[387] Lindberg und Campbell (2019), Engineering Design Processes and The Agile Software Manifesto.
[388] Vgl. Beck et al. (2001), Manifest für Agile Softwareentwicklung.

Planung von Entwicklungszyklen anbieten, sind die verwendeten Methodenelemente sowie die in deren Anwendung gewonnenen Erkenntnisse auch für die vorliegende Dissertation von Interesse.

3.2.2.4 Eigene Ansätze

Im Rahmen des Forschungsvorhabens, dessen Ergebnisse in der vorliegenden Dissertation verschriftlicht sind, wurden Teilergebnisse auf nationalen und internationalen Fachkonferenzen publiziert und in dem Zuge mit Experten aus der Wissenschaft diskutiert sowie weiterentwickelt. Im Folgenden sollen daher einerseits die Teilergebnisse und ihr Beitrag zu dem übergeordneten Forschungsziel erläutert werden. Andererseits soll der Erkenntnisprozess, welcher durch den wissenschaftlichen Diskurs auf den Fachkonferenzen gefördert wurde, reflektiert werden.

Prototyping in highly-iterative product development for technical systems (2017)

In einem ersten Beitrag[389] bestand das Ziel in der grundsätzlichen Strukturierung des Forschungsvorhabens zur Auslegung prototypischer Produktinkremente in der Planung von Entwicklungszyklen agiler Produktentwicklungsprozesse. Dazu konnte ein Ordnungsrahmen entwickelt werden, der zunächst die Gestaltungsdimensionen von den Zieldimensionen prototypischer Produktinkremente trennt, um anschließend auf Basis der Kenntnis der Wechselwirkungen aus Gestalt- und Zieldimensionen eine zielgerichtete Ausgestaltung von Prototypen zu ermöglichen. Dabei wurden in der Menge sowie der Qualität der auf Basis von Prototypen generierten Informationen die maßgeblichen Nutzendimensionen definiert. Zusätzlich wurden Zeit und Aufwand als Zieldimensionen angeführt, die grundsätzlich konfliktär gegenüber der Nutzendimension sind. Somit konnte das Spannungsfeld bei der Auslegung von Prototyen systematisch beschrieben werden, wenngleich keine methodische Unterstützung zur Auflösung bereitgestellt wurde. Im Zuge des wissenschaftlichen Diskurses konnte die thematische Relevanz des Forschungsvorhabens bestätigt werden, jedoch wurde herausgestellt, dass im Zuge agiler Entwicklungsprojekte insbesondere die Zieldimension der Adaptionsfähigkeit zu berücksichtigen ist und dementsprechend bei der Planung von Entwicklungszyklen von Bedeutung ist. Zusätzlich wurde erkannt, dass die Praxistauglichkeit des Ansatzes durch eine Konkretisierung der Gestaltungsdimensionen auf die Ebene technischer Design-Parameter erreicht werden kann.

[389] Schloesser et al. (2017), Prototyping in highly-iterative product development for technical systems.

Agile Prototyping for technical systems (2018)

In einem zweiten Beitrag[390] bestand die Zielstellung darin, in einem methodischen Ansatz die Zieldimension des Erkenntnisgewinns beziehungsweise der Unsicherheitsreduktion mit der Betrachtungsebene der technischen Design-Parameter zu verknüpfen. Dazu wurde ein Vorgehen entwickelt, welches auf Basis gegebener Fragestellungen die Priorisierung der zu betrachtenden technischen Design-Parameter hinsichtlich ihrer Wichtigkeit zur Beantwortung der Fragestellung ermöglicht. Damit konnte die methodische Grundlage zur fragestellungsspezifischen Auslegung prototypischer Produktinkremente in der Planung von Entwicklungszyklen gelegt werden. Der Ansatz sah allerdings zunächst keine Auswahl von Entwicklungsumfängen aus der Gesamtheit der in einem Entwicklungsprojekt notwendigen Entwicklungsaufgaben vor. Wiederum konnte im Diskurs mit internationalen Wissenschaftlern herausgearbeitet werden, dass die Auswahl geeigneter Entwicklungsumfänge unter Berücksichtigung der Wechselwirkungen innerhalb eines technischen Produkts zu erfolgen hat, um die Adaptionsfähigkeit des Entwicklungsvorhabens sicherzustellen.

Dependency-oriented prototyping in agile development (2019)

In einem weiteren Beitrag[391] galt es zu beleuchten, in welcher Form Wechselwirkungen innerhalb eines technischen Produkts bei der Auslegung prototypischer Produktinkremente zu berücksichtigen sind, um die Adaptionsfähigkeit während des Entwicklungsprozesses steigern zu können. Dazu wurde sich im Rahmen des Forschungsprozesses mit den Methoden des Systems-Engineerings beschäftigt, da diese eine systemtheoretische Betrachtung technischer Systeme sowie der Wechselwirkungen auf Ebene von Subsystemen ermöglichen. Somit wurde der Betrachtungsgegenstand in der Ausarbeitung auf die Ebene von Modulen beziehungsweise Submodulen eines technischen Systems gelegt. Das Ergebnis der Ausarbeitung besteht in einem quantitativen Ansatz zur Bewertung der mit einem Prototyp reduzierbaren Unsicherheit im Entwicklungsprozess. Außerdem ermöglicht der quantitative Ansatz die Bewertung des Ausmaßes der Systembestimmung, welche aus der Spezifizierung von Modulen beziehungsweise Submodulen resultiert. Dabei ist als zentrale Erkenntnis hervorzuheben, dass zwischen der direkten Systembestimmung und der indirekten Systembestimmung unterschieden werden muss. Während die direkte Systembestimmung darstellt, wie detailliert ein Modul beziehungsweise ein Submodul in einem Prototyp spezifiziert wird, bemisst die indirekte Systembestimmung, welche Annahmen im Restsystem zu dieser Spezifizierung getroffen werden müssen. Je umfassender die Annahmen im

[390] Schuh et al. (2018), Agile Prototyping for technical systems.
[391] Riesener et al. (2019), Dependency-oriented prototyping in agile development.

Restsystem sind, desto stärker wiegt die indirekte Systembestimmung. Beide Arten der Systembestimmung reduzieren die Adaptionsfähigkeit im Entwicklungsprozess. Dementsprechend ermöglicht ein portfoliobasierter Ansatz die Auswahl eines Prototyps, welcher die größte Unsicherheitsreduktion bei minimaler Systembestimmung ermöglicht. Da die Ausarbeitung als grundlegende Arbeit zur Erforschung der Relevanz technischer Wechselwirkungen bei der Auslegung prototypischer Produktinkremente zu verstehen ist, ist die Praxistauglichkeit nur in begrenztem Maße gegeben. Dies ist insbesondere der Tatsache geschuldet, dass die Betrachtung prototypischer Produktinkremente auf Modul- bzw. Submodulebene in einer frühen Phase eines Entwicklungsvorhabens nur bedingt anwendbar ist.

Prototype Design in Agile Development Processes for Technical Systems (2019)

Schließlich wurden die im vorherigen Forschungsprozess gewonnen Erkenntnisse in einem Beitrag[392]. Der Fokus dieser Ausarbeitung lag auf der mathematischen Abbildung der entwickelten Methodik. Dazu wurde der Objektbereich auf die Ebene technischer Design-Parameter festgelegt. In dem bereitgestellten quantitativen Ansatz lassen sich folglich technische Design-Parameter ganzheitlich und fragestellungsübergreifend hinsichtlich ihres Beitrags zur Unsicherheitsreduktion sowie zur Systembestimmung bewerten. Allerdings wird dabei die fragestellungsspezifische Priorisierung, welche bereits in einer vorangegangenen Veröffentlichung[393] beleuchtet wurde, als gegeben vorausgesetzt und nicht weiter betrachtet. Durch ein mathematisches Regelwerk werden geeignete Kombinationen technischer Design-Parameter identifiziert. Schließlich erfolgt die Auswahl der in einem Prototyp zu spezifizierenden und zu validieren Design-Parameter mit Hinblick auf zeitliche und ressourcenbedingte Restriktionen in einem Entwicklungszyklus. Der quantitative Ansatz wurde anhand von zwei Fallbeispielen illustriert und validiert, sodass die Richtigkeit des formelbasierten Regelwerks bestätigt werden konnte. Mit Hinblick auf die Praxistauglichkeit ist festzustellen, dass es einer Überführung der mathematischen Zusammenhänge in eine anwendungsorientiert geführte Gesamtmethodik bedarf. An dieser Stelle knüpft die vorliegende Dissertation an die bestehenden internationalen wissenschaftlichen Veröffentlichungen des Autors an.

---

[392] Riesener et al. (2019), Prototype Design in Agile Product Development.

[393] Schuh et al. (2018), Agile Prototyping for technical systems.

3.2.3 Zusammenfassung bestehender Ansätze und Positionierung der Arbeit

Basierend auf den in Kapitel 3.2.1 vorgestellten Kriterien zur Bewertung bestehender wissenschaftlicher Ansätze sowie der vor diesem Hintergrund in Kapitel 3.2.2 diskutierten wissenschaftlichen Ausarbeitungen wird in diesem Abschnitt ein Fazit hinsichtlich des aktuellen Stands der wissenschaftlichen Literatur im Kontext der Auslegung prototypischer Produktinkremente in agilen Entwicklungsprozessen technischer Produkte gezogen. Dabei sollen einerseits die Defizite der Theorie deutlich aufgezeigt werden und andererseits Anknüpfungspunkte der bestehenden Theorie zur Weiterentwicklung in der vorliegenden Forschungsarbeit diskutiert werden. Zunächst können, entsprechend Abbildung 3-3, die analysierten wissenschaftlichen Arbeiten hinsichtlich ihres Ursprungslandes, ihrer Sprache sowie hinsichtlich des Jahres der Veröffentlichung dargestellt werden. Dabei ist bereits erkennbar, dass die Recherche relevanter wissenschaftlicher Publikationen im internationalen Umfeld durchgeführt wurde.

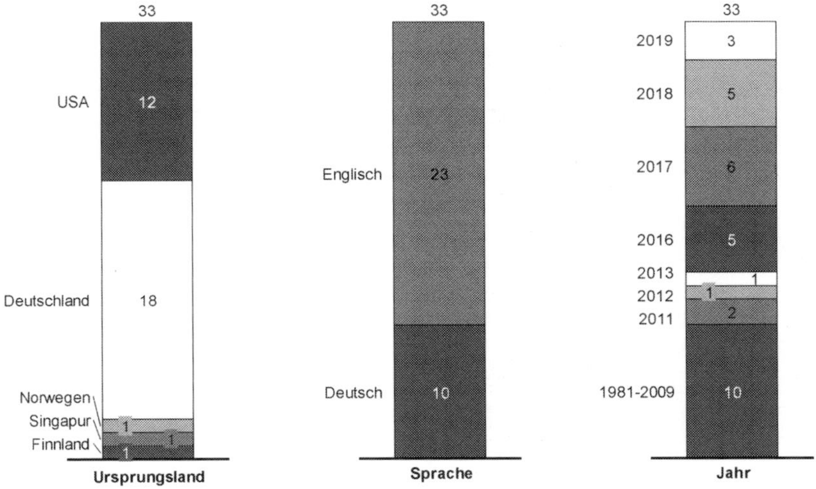

Abbildung 3-3: Statistik der analysierten wissenschaftlichen Ansätze

Eine weitere Maßgabe bestand während der umfassenden Literaturanalyse darin, den aktuellsten Stand der wissenschaftlichen Erkenntnisse abzubilden. Dementsprechend wurde der Fokus der Analyse auf Veröffentlichungen der vergangenen fünf Jahre gelegt. Gleichermaßen repräsentiert die Verteilung der Publikationsjahre die aktuelle wissenschaftliche Relevanz des Themengebiets. Nachdem zu Beginn der 2000er Jahre agile Prozessrahmen wie Scrum medienwirksam veröffentlicht wurden und anschließend zu breitenwirksamen Erfolgen in der Softwareentwicklung geführt haben, ist seit Beginn der 2010er Jahre ein drastischer Anstieg der Publikationen im Kontext agiler Entwicklungsprozesse für technische Produkte zu verzeichnen. Dabei wird in einem Großteil dieser Veröffentlichungen der maßgebliche Hebel zur erfolgreichen Implementierung agiler Prinzipien in technischen Entwicklungsprozesse in einer systematischen Einbindung prototypischer Produktinkremente gesehen.

Inhaltlich wurde die Literaturanalyse in die Teilbereiche „Planung und Auslegung von Prototypen", „Allgemeine Entwicklungsprojektsteuerung" und „Objektorientierte Entwicklungsprojektesteuerung" unterteilt. Entsprechend dieser Strukturierung ist die Bewertung aller wissenschaftlichen Ansätze hinsichtlich der Kriterien aus dem Objektbereich, dem Zielbereich und der Lösungshypothese in Abbildung 3-4 dargestellt.

Im Bereich der „Planung und Auslegung von Prototypen" wurden Ansätze vorgestellt, welche aus den Forschungsbereichen Verifizierung, Validierung und Prototypengestaltung im Zusammenhang der Produktentwicklung stammen. Nützliche Modelle zur allgemeinen Beschreibung von Prototypen technischer Produkte werden von LIM ET AL., CAMBURN ET AL., SCHMIDT ET AL. und MENOLD ET AL. bereitgestellt. Allerdings verbleiben diese Ansätze auf deskriptiver Ebene und geben keine handlungsleitenden Methodenelemente zur Ausgestaltung von Prototypen. Einen Gegensatz dazu stellt der Ansatz von KOHLER ET AL. dar, da die Autoren explizit die methodische Auslegung prototypischer Produktinkremente adressieren, dabei den Betrachtungsrahmen allerdings auf Produkte zur softwarebasierten Nutzerinteraktion konzentrieren. Darüber hinaus sehen die publizierten Methoden nur vereinzelt eine systematische Auswahl der in einem Prototyp abzubildenden Entwicklungsumfänge vor. Bemerkenswert ist, dass mit den Ansätzen von KLINGLER, CAMBURN ET AL. und MENOLD ET AL. ausschließlich sehr aktuelle Ansätze diesen Aspekt thematisieren. Ebenso bemerkenswert ist, dass insbesondere aktuelle Ansätze, wie die von SCHMIDT ET AL., KLINGLER, MENOLD ET AL. sowie SCHORK und KIRCHNER eine rollierende Anwendung der Methoden im Sinne einer Planung von Entwicklungszyklen zur dynamischen Ausrichtung der Prototyping-Aktivitäten vorsehen. Hier ist erkennbar, dass der Forschungsbereich der Validierung, Verifizierung und Prototypengestaltung zunehmend unter dem Einfluss agiler Entwicklungsprinzipien steht. Während der Großteil aller Ansätze die Reduzierung von Unsicherheiten und Risiken im Entwicklungsprojekt als Zielstellung für die Auslegung von Prototypen fokussiert, wird die Adaptionsfähigkeit eines Entwicklungsvorhabens lediglich in den Ansätzen von TRONVOLL ET AL. und KLINGLER angedeutet aber nicht in ausreichendem Maße zur Anwendung bei der Auslegung von Prototypen zugänglich gemacht.

Im Bereich der „Allgemeinen Entwicklungsprojektsteuerung" wurden Ansätze untersucht, die auf eine allgemeine Priorisierung und Reihenfolgebildung von Entwicklungsaktivitäten im Sinne einer Entwicklungsprojektsteuerung abzielen. Im Zusammenhang der vorliegenden Arbeit begründen die Arbeiten von BROWNING und STEWARD die relevante Betrachtungsebene, da beide Autoren beweisen, dass eine erfolgreiche Steuerung von Entwicklungsprojekten durch die gezielte Kombination und Reihenfolgebildung von technischen Design-Parametern möglich ist. Beide Ansätze weisen allerdings keinen Bezug zur Reduzierung von Unsicherheiten in Entwicklungsprojekten auf. Mit den Ansätzen von WIEGERS und RAUHUT bestehen wissenschaftliche Arbeiten, welche auf vergleichbare Art und Weise die Priorisierung von Entwicklungsaktivitäten anhand kritischer Unsicherheiten sowie resultierender Risiken vornehmen, dabei allerdings die Adaptionsfähigkeit des Entwicklungsvorhabens außer Betracht lassen. Aus dem Forschungsbereich des Lösungsraum-Managements wurden die Ansätze nach LENDERS und LÜDTKE vorgestellt, da insbesondere die methodischen Elemente zur Gewährleistung einer ausreichenden Flexibilität bei gleichzeitiger Beschleunigung der Entwicklungsprozesse durch gezielte Auswahl von Lösungsalternativen im Kontext der vorliegenden Arbeit von besonderem Interesse sind. Es ist somit ersichtlich, dass die Ansätze im Bereich der „Allgemeinen Entwicklungsprojektsteuerung" im Hinblick auf die ergebnisorientierten Zieldimensionen der Steigerung der Zielsicherheit und Adaptionsfähigkeit sowie der Reduzierung der Time-to-market bereits vereinzelt adäquate methodische Lösungsansätze anbieten. Da die Analysegegenstände dieser Ansätze allerdings weder agile Entwicklungsprozesse noch prototypische Produktinkremente darstellen, ist in der vorliegenden Dissertation zu prüfen, in welcher Form die bereitgestellten Methodenelemente auf die Auslegung prototypischer Produktinkremente übertragen werden können.

Schließlich wurden im Bereich der „Objektorientierten Entwicklungsprojektsteuerung" jene Ansätze untersucht, die dem Forschungsbereich agiler Entwicklungsprozesse entstammen und folglich die objektorientierte Auswahl und Realisierung von Entwicklungsumfängen adressieren. Dabei wurden mit den Werken von SCHWABER, PICHLER UND RIES auch explizit Ansätze berücksichtigt, welche nicht der technischen Produktentwicklung zuzuordnen sind und somit deren spezifische Charakteristika nicht adressieren können. Dennoch stellen diese Werke für das vorliegende Forschungsvorhaben zentrale Anknüpfungspunkte dar, da insbesondere durch Scrum und Lean Startup diverse Begrifflichkeiten geprägt wurden, die auch die vorliegende Arbeit aufgreifen und begrifflich einordnen muss. Der Ansatz von SMITH zur Flexibilisierung technischer Produktentwicklungsprozesse durch den Einsatz agiler Prinzipien wurde repräsentativ für eine Vielzahl vergleichbarer, in den vergangenen Jahren veröffentlichter Arbeiten vorgestellt. Die in derartigen Ausarbeitungen stattfindende Auseinandersetzung mit agilen Prinzipien und die Diskussion hinsichtlich ihrer Übertragbarkeit auf technische Entwicklungsprojekte ist auch für das vorliegende Forschungsvorhaben von großem Interesse, wenngleich diese Ansätze als methodische Unterstützung zur Auslegung prototypischer Produktinkremente in der Planung von Entwicklungszyklen zu unkonkret bleiben. PUNKKA, KAMPKER ET AL., GARTZEN ET AL. und BÖHMER fokussieren in ihren Forschungsarbeiten zur Gestaltung von Prototypen im Kontext agiler Produktentwicklungsprojekte nahezu den identischen Analysegegenstand wie die vorliegende Dissertation. Allerdings zeigt keiner der Ansätze eine durchgängige Berücksichtigung der Zieldimensionen „Steigerung der Zielsicherheit" und „Adaptionsfähigkeit" sowie „Verkürzung der Time-to-market". Außerdem empfiehlt und verwendet keiner der genannten Ansätze eine konkrete Betrachtungsebene, beispielswiese in Form technischer Design-Parameter, sodass die unmittelbare Anwendbarkeit der Methoden eingeschränkt ist.

Zusammenfassend ist festzustellen, dass kein Ansatz die Auslegung prototypischer Produktinkremente im Rahmen der Planung von Entwicklungszyklen technischer Entwicklungsprojekte methodisch unterstützt. Zwar existieren einerseits zahlreiche Ansätze, welche mit der Gestaltung prototypischer Produktinkremente vergleichbare Analysegegenstände beziehungsweise Objektbereiche betrachten und andererseits bestehen im Bereich der Entwicklungsprojektsteuerung Ansätze, welche die relevanten Zieldimensionen fokussieren. Dennoch existiert keine praxistaugliche und durchgängige Planungsmethodik. Dementsprechend wird sich die vorliegende Arbeit diesem theoretischen Defizit unter Berücksichtigung der aufgezeigten, wertvollen Anknüpfungspunkte widmen.

		Objektbereich					Zielbereich						LH
		Technische Produkte	Agile Entwicklungsprojekte	Planung von Entwicklungszyklen	Prototypische Produktinkremente	Design-Parameter	Auswahl der Entwicklungsumfänge	Auslegung prototypischer Produktinkremente	Steigerung Zielsicherheit	Steigerung Adaptionsfähigkeit	Reduzierung Time-to-market	Sicherstellung der Praxistauglichkeit	Kombination von Design-Parametern
I	WALL ET AL.	●	○	◔	●	◔	○	◑	○	○	◑	◑	○
I	LIM ET AL.	◑	○	○	●	○	○	○	◑	○	◑	◕	○
I	KOHLER ET AL.	◔	○	○	●	◑	○	●	◔	○	◔	◑	◔
I	KLINGLER	●	○	◕	◔	○	●	○	◕	◑	○	◕	○
I	ALBERS ET AL.	●	◑	◑	◔	○	○	○	●	○	◕	◕	○
I	TRONVOLL ET AL.	●	◔	◔	●	○	○	◑	◑	◔	◑	◑	○
I	CAMBURN ET AL.	●	○	○	●	○	◑	◑	◔	○	◔	○	○
I	SCHMIDT ET AL.	●	●	◕	●	○	○	◑	●	○	●	◕	○
I	MENOLD ET AL.	●	○	◕	●	○	◑	◑	◑	○	○	◑	○
I	SCHORK ET AL.	●	◕	◕	●	◑	○	●	◑	○	○	◕	○
II	STEWARD	●	○	○	○	●	●	◑	○	●	◑	●	●
II	BROWNING	●	○	○	○	●	●	◑	◑	●	◑	●	●
II	WIEGERS	○	◑	◑	○	◑	●	◑	●	○	◑	●	○
II	VDI 2206	●	○	○	◔	○	◑	○	◔	○	◕	●	○
II	RAUHUT	●	◕	◕	○	○	●	○	◕	◔	◕	◑	○
II	LENDERS	●	○	○	○	○	◔	○	◑	●	●	●	○
II	LÜDTKE	●	○	◑	○	○	◕	○	◕	●	◔	◕	○
II	COOPER ET AL.	●	◑	◑	●	○	◔	○	◔	◔	◔	●	○
III	SCHWABER	○	●	●	◑	○	◔	◔	●	●	●	◕	○
III	PICHLER	○	●	●	◕	○	◕	◑	●	◑	●	●	○
III	SMITH	●	●	○	◑	○	○	○	◑	●	◑	◑	○
III	RIES	◔	◑	◔	◔	○	◕	◑	●	●	●	◔	○
III	PUNKKA	●	●	◑	●	○	○	◔	◕	◔	◕	◔	○
III	KLEIN	●	●	◑	○	○	◑	○	○	◑	◔	◔	○
III	KAMPKER ET AL.	●	●	●	●	◔	◑	◑	●	◔	◕	◑	○
III	GARTZEN ET AL.	●	●	●	●	◑	●	●	●	○	◕	◑	○
III	DIELS	●	●	◑	○	○	●	○	◕	◕	◑	◕	○
III	BÖHMER	●	●	◑	●	○	◑	◑	●	◑	◕	◔	○
III	LINDBERG ET AL.	●	●	◔	●	●	◕	◔	○	◕	○	◔	◑
IV	SCHLOESSER ET AL.	●	●	◔	●	○	○	◑	●	○	●	◔	○
IV	SCHUH ET AL.	●	●	●	●	●	○	●	●	○	○	◑	●
IV	RIESENER ET AL.	●	●	●	●	○	●	◑	●	●	○	◔	○
IV	RIESENER ET AL.	●	●	●	●	●	●	●	◑	●	●	◑	●

Legende

○ = nicht erfüllt ◔ = kaum erfüllt ◑ = teilweise erfüllt ◕ = nahezu erfüllt ● = vollumfänglich erfüllt

I. Ansätze zur Planung und Auslegung von Prototypen
II. Ansätze zur allgemeinen Entwicklungsprojektsteuerung
III. Ansätze zur objektorientierten Entwicklungsprojektsteuerung
IV. Eigene Ansätze zur Auslegung prototypischer Produktinkremente

LH: Lösungshypothese

Abbildung 3-4: Bewertung der analysierten wissenschaftlichen Ansätze

3.3 Zwischenfazit: Forschungsbedarf zur Auslegung prototypischer Produktinkremente im Kontext agiler Entwicklungsprojekte

Im dritten Kapitel wurden die bestehenden wissenschaftlichen Vorarbeiten im Themenbereich der vorliegenden Dissertation untersucht und bewertet, um den Forschungsbedarf systematisch herleiten zu können. Dazu wurde in Kapitel 3.1 zunächst die praktische Relevanz der Auslegung prototypischer Produktinkremente im Kontext agiler Entwicklungsprojekte herausgearbeitet. Dabei wurde einerseits deutlich, dass führende Unternehmen in der Anwendung agiler Entwicklungsprozesse bereits die frühzeitige und kurzzyklische Nutzung von prototypischen Realisierungen intensiviert haben. Gleichzeitig wurde jedoch eine fehlende methodische Unterstützung bei der Integration von Prototypen in den agilen Entwicklungsprozess bemängelt. Neben dem methodischen Defizit wurde insbesondere auch ein ergebnisseitiges Defizit im Kontext agiler Entwicklungsprozess offenbart. Einer aktuellen Studie zufolge sind es insbesondere die Zieldimensionen der „Steigerung der Zielsicherheit von Entwicklungsprojekten", der „Steigerung der Adaptionsfähigkeit von Entwicklungsprojekten" sowie der „Reduzierung der Time-to-market" die eine starke negative Diskrepanz zwischen erwartetem Nutzenvorteil durch Einführung agiler Entwicklungsprozesse und dem tatsächlich realisierten Nutzenvorteil aufweisen. Um eine anwendungsorientierte und praxisrelevante Forschungsarbeit sicherzustellen, wurden diese Praxisdefizite unmittelbar in Kriterien zur Bewertung bestehender Ansätze überführt. Diese Kriterien wurden hinsichtlich Objektbereich, Zielbereich und Lösungshypothese strukturiert und zur Analyse der bestehenden wissenschaftlichen Literatur in den Kategorien „Planung und Auslegung von Prototypen", „Allgemeine Entwicklungsprojektsteuerung" und „Objektorientierte Entwicklungsprojektesteuerung" eingesetzt (Kapitel 3.2). Schließlich wurde die Literaturanalyse in Kapitel 3.2.3 in Form eines Theoriedefizits zusammengefasst und die vorliegende Forschungsarbeit entsprechend positioniert. Das Theoriedefizit wurde dabei insbesondere in einer fehlenden durchgängigen Planungsmethodik zur Unterstützung der Auslegung prototypischer Produktinkremente in der Planung von Entwicklungszyklen agiler Entwicklungsprozesse identifiziert.

Auf Basis der Kombination der identifizierten Defizite in Praxis und Theorie soll in Kapitel 4 die Grobkonzeption der Methodik erfolgen. Im Rahmen der Grobkonzeption ist dabei bereits sicherzustellen, dass die benannten Defizite konkrete Berücksichtigung finden, sodass die im Nachgang zu entwickelnde Methodik zur Auslegung prototypischer Produktinkremente diese Defizite explizit adressieren kann.

4 Konzeption der Methodik zur Auslegung prototypischer Produktinkremente

In den vorangegangenen Kapiteln wurden die grundlegenden Begrifflichkeiten und wissenschaftlichen Arbeiten im Kontext der Auslegung prototypischer Produktinkremente in agilen Entwicklungsprojekten vorgestellt. Darauf aufbauend verfolgt die vorliegende Dissertation das Ziel, eine Methodik zur Auslegung prototypischer Produktinkremente zu entwickeln. Das folgende Kapitel dient der Gestaltung des Grobkonzepts der Methodik. Dazu werden in Kapitel 4.1 übergeordnete Paradigmen hergeleitet, welche bei der Auslegung prototypischer Produktinkremente im Kontext agiler Entwicklungsprojekte Gültigkeit besitzen und somit in der Methodik verankert werden sollen. Die formalen und inhaltlichen Anforderungen an die Methodik werden in Kapitel 4.2 erläutert. Das Grobkonzept der Methodik wird in Kapitel 4.3 hergeleitet, indem die Grundstruktur sowie die Zusammenhänge der einzelnen Methodenschritte erläutert werden. Daraus werden in Kapitel 4.4 schließlich einzelne Teilmodelle abgeleitet, bevor ein Zwischenfazit in Kapitel 4.5 den Abschluss der Konzeption bildet.

4.1 Paradigmen zur Auslegung prototypischer Produktinkremente

Die in der Praxis bestehenden Herausforderungen im Kontext agiler Entwicklungsprojekte wurden in Kapitel 3.1 hergeleitet und in methodische Defizite bei der Auslegung prototypischer Produktinkremente und ergebnisseitige Defizite im Hinblick auf die zentralen Nutzenpotenziale unterteilt, welche durch agile Entwicklungsprozesse versprochen werden. Weiterhin wurde festgestellt, dass eine Methodik zur systematischen Auslegung prototypischer Produktinkremente sowohl die benannten methodischen Defizite als auch die ergebnisseitigen Defizite adressieren muss. Bevor die Anforderungen an die Methodik in Kapitel 4.2 erarbeitet werden und die Methodik in Form eines Grobkonzepts in Kapitel 4.3 definiert wird, werden in diesem Kapitel übergeordnete Paradigmen formuliert. Diese Paradigmen sind als Leitlinien zu verstehen, welche die Ausgestaltung der Methodik dahingehend prägen sollen, dass diese eine konkrete Ausrichtung auf die eingangs genannten Defizite erfährt.

Prototypische Produktinkremente stellen in der objektorientierten Steuerung von Entwicklungsprozessen das Vehikel zur Synchronisation und Taktung dar. In der Planung eines Entwicklungszyklus wird definiert, welche technischen Design-Parameter innerhalb des kommenden Planungszeitraums zur Beantwortung konkreter Fragstellungen spezifiziert und validiert werden sollen. Somit betrifft die Auslegung prototypischer Produktinkremente einen Großteil der am Entwicklungsprozess beteiligten Personen sowie interne und externe Stakeholder. Aufgrund dieser Rolle kommt der Planung und Auslegung prototypischer Produktinkremente eine zentrale Bedeutung im Hinblick auf die Realisierung der Nutzenpotenziale agiler Entwicklungsprozesse zu. Dementsprechend werden die Paradigmen im Folgenden anhand der drei Nutzenpotenziale „Steigerung der Zielsicherheit von Entwicklungsprojekten", „Steigerung der Adaptionsfähigkeit von Entwicklungsprojekten" sowie „Reduzierung der Time-to-market" hergeleitet (siehe Abbildung 4-1).

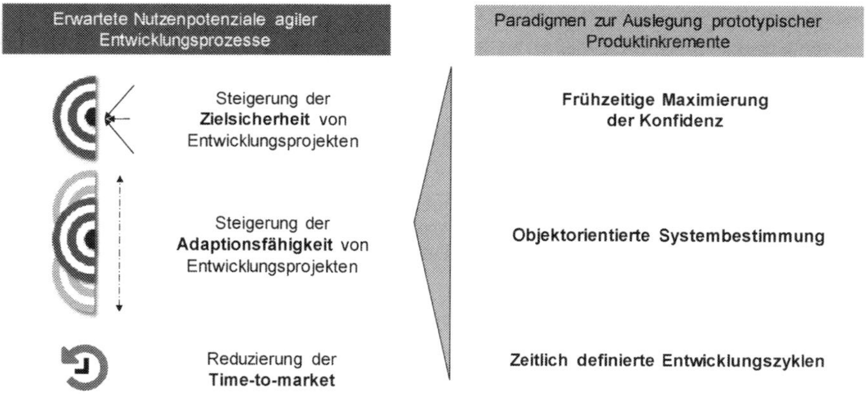

Abbildung 4-1: Paradigmen zur Auslegung prototypischer Produktinkremente

Das Paradigma „**Frühzeitige Maximierung der Konfidenz**" zielt auf die Steigerung der Zielsicherheit von Entwicklungsvorhaben ab. Der Begriff der Konfidenz wird in dem Zusammenhang gleichgesetzt mit der belegbaren Wahrscheinlichkeit, dass die zum Zeitpunkt der Betrachtung in der Produktentwicklung verfolgten Ideen und Konzepte schlussendlich zu einem marktfähigen Produkt führen, dass technisch-wirtschaftlich sinnvoll durch das entsprechende Unternehmen realisiert werden kann. Kurzum beschreibt die Konfidenz, die zu einem beliebigen Zeitpunkt der Entwicklung bewertbare Aussicht darauf, dass das zu entwickelnde Produkt zu einem Erfolg wird. Aufgrund des fehlenden Wissens über die tatsächlichen Eigenschaften und das Verhalten des Endprodukts sowie dessen Akzeptanz durch interne und externe Stakeholder ist die Vorhersagbarkeit des Produkterfolgs insbesondere in frühen Entwicklungsphasen jedoch eingeschränkt. Diese Art fehlenden Wissens kann beschrieben werden als entwicklungsbezogene Unsicherheiten. Aus derartigen Unsicherheiten resultieren Entwicklungsrisiken.[394] FELDHUSEN ET AL. betrachten als potenzielle Schäden in einem Entwicklungsprojekt beispielsweise die Revisions- und Änderungskosten im Falle einer Fehlentwicklung. Bereits unter der Annahme, die geleisteten Entwicklungsaufwände sowie die damit verbundenen Projektkosten nähmen entlang des Entwicklungsprojekts einen linearen Verlauf, steigt das Entwicklungsrisiko in einem plangetriebenen Entwicklungsprozess exponentiell. Dies liegt begründet in der Tatsache, dass zu Beginn der plangetriebenen Entwicklungsprozesse der Abstraktionsgrad von Entwicklungsergebnissen sehr hoch ist. Die Wahrscheinlichkeit, Fehlentwicklungen zu frühen Zeitpunkten zu identifizieren, ist entsprechend gering. Hingegen werden in späteren Entwicklungsphasen Entwicklungsergebnisse in Form von Prototypen validiert, sodass die Wahrscheinlichkeit zur Identifizierung von Fehlentwicklungen und folglich das Entwicklungsrisiko steigen.[395] Um die potenziellen Fehlentwicklungen frühzeitiger identifizieren zu können, ist die frühe Nutzung prototypischer Produktinkremente in einem agilen Entwicklungsansatz zu empfehlen. Jegliche Unsicherheiten, welche im Verlaufe eines Entwicklungsprojekts identifiziert werden, gilt es durch entsprechende Fragestellungen zu explizieren. Die Gestaltung prototypischer Produktinkremente soll die Fragestellungen, welche über den Erfolg oder Misserfolg des gesamten Entwicklungsvorhabens maßgeblich entscheiden, fokussieren. Zu Beginn der Projektlaufzeit werden die Fragestellungen mit der größten Unsicherheit und dem größten potenziellen Schadensausmaß betrachtet. Somit werden Unsicherheiten durch entsprechende prototypische Realisierungen adressiert und das Entwicklungsrisiko wird für den weiteren Projektverlauf substanziell reduziert. Die Fragestellungen, die im weiteren Projektlauf betrachtet werden, adressieren idealerweise weniger kritische Unsicherheiten.

Das zweite Paradigma „**Objektorientierte Systembestimmung**" zielt auf die Steigerung der Adaptionsfähigkeit von Entwicklungsprojekten ab. Dabei besteht der Anspruch darin, das zu entwickelnde Produkt im Laufe des Entwicklungsprozesses auf sich ändernde Ziele ausrichten zu können. Grundsätzlich tragen agile Entwicklungsprozesse diesem Anspruch dahingehend Rechnung, indem sie eine kontinuierliche Spezifikation und Validierung von Teilanforderungen und entsprechenden Systemelementen

---

[394] Risiko = Wahrscheinlichkeit des Eintritts eines schädigenden Ereignisses x Schadensausmaß des Ereignisses; Der konkrete Zusammenhang zwischen entwicklungsbezogenen Unsicherheiten und Entwicklungsrisiken wird in Kapitel 4.3.4.1 detailliert erläutert.

[395] Vgl. Feldhusen et al. (2013), Grundsätzliche Überlegungen zur Rationalisierung, S. 810.

durch die kurzzyklische Realisierung von Prototypen vorsehen.[396] Die daraus resultierenden Freiheitsgrade ermöglichen Handlungsspielräume, welche im Verlauf des Entwicklungsprozesses genutzt werden können, um die Adaptionsfähigkeit zu steuern.[397] Gleichzeitig nimmt mit jeder Spezifikation die Adaptionsfähigkeit ab, bis das Produkt schließlich zum Ende des Entwicklungsprozesses vollständig spezifiziert ist. Allerdings birgt die entwicklungsbegleitende Spezifikation die Gefahr zusätzlicher Unsicherheiten, da aufgrund der fehlenden Gesamtspezifikation eine valide Vorhersage der Eigenschaften und des Verhaltens des Produkts erschwert wird.[398] Somit wird insbesondere bei komplexen technischen Produkten, welche durch eine Vielzahl interdependenter Systemelemente geprägt sind, die Separierung funktionaler Teilsysteme und deren valide Exploration zur entscheidenden Fähigkeit.[399] Es gilt, selbst bei unvollständiger Kenntnis der Spezifikation einen qualitativ hochwertigen Entwicklungsfortschritt im Sinne der Konfidenzsteigerung zu erzielen. Die Hauptaufgabe besteht demzufolge darin, Entscheidungen auf Basis unsicherer Informationen in Form nicht-definierter Systemelementen nach Möglichkeit zu vermeiden.[400]

In Anlehnung an SMITH wird die Adaptionsfähigkeit in der Produktentwicklung verstanden als die Fähigkeit, Änderungen an dem zu entwickelnden Produkt so spät wie möglich bei minimaler Disruption zu ermöglichen. Disruption ist in dem Zusammenhang als das Verwerfen erzielter Entwicklungsergebnisse, z.B. in Form spezifizierter und validierter Systemelemente zu verstehen.[401] Abbildung 4-2 illustriert die resultierende Implikation für die Spezifikation von Systemelementen in agilen Entwicklungsprozessen. Abgebildet sind Systemelemente sowie deren Abhängigkeitsbeziehungen. Zudem ist dargestellt, ob ein Systemelement bereits spezifiziert ist oder nicht. Im Sinne der im vorangegangen Abschnitt skizzierten kontinuierlichen Spezifikation des Gesamtsystems gilt es bei der Auslegung eines prototypischen Produktinkrements, eine sinnvolle Reihenfolge der zu spezifizierenden Systemelemente auszuwählen. Im vereinfachten Beispiel ist im Hinblick auf die optimale Adaptionsfähigkeit zunächst Systemelement „4“ zu spezifizieren, da dieses Systemelement lediglich von dem bereits spezifizierten Systemelement „1“ und keinen weiteren unbestimmten Systemelementen abhängt. Die Spezifikation von Systemelementen „2“ oder „3“ würde jeweils eine

[396] Vgl. Lorenz et al. (2015), The Lean Advantage in Engineering, S. 5.
[397] Vgl. Lüdtke (2016), Lösungsraum-Steuerung in der Produktentwicklung, S. 127.
[398] Vgl. Fernandes et al. (2014), A Method for Managing Uncertainty Levels, 115.
[399] Vgl. Ovesen (2012), The Challenges of Becoming Agile, S. 151; Schmidt und Paetzold (2016), Agilität als Alternative zu traditionellen Standards in der Entwicklung physischer Produkte, S. 263.
[400] Vgl. Schuh (2013), Lean Innovation, S. 120.
[401] Vgl. Smith (2007), Flexible product development, S. 2.

Annahme bezüglich nicht-spezifizierter Systemelemente erfordern. Dies hätte beispielsweise zur Folge, dass durch die Spezifikation von Systemelement „2" eine implizite Spezifikation von Systemelementen „3" und „4" erfolgen würde. Derartige implizite Annahmen reduzieren jedoch die Adaptionsfähigkeit des Gesamtsystems im Falle von Änderungen und sollten vermieden werden. Mithin kann die Maßgabe einer objektorientierten Systembestimmung als Paradigma für die Auslegung prototypischer Produktinkremente im Kontext agiler Entwicklungsprojekte definiert werden.

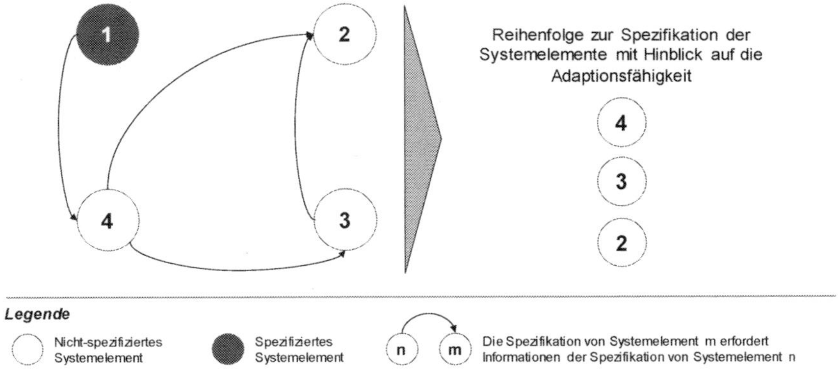

Abbildung 4-2: Objektorientierte Systembestimmung

Das dritte Paradigma **„Zeitlich definierte Entwicklungszyklen"** adressiert die Zielstellung einer reduzierten Time-to-market sowie der Einhaltung zeitlich definierter Entwicklungsziele. Bereits die in den Grundprinzipien des Toyota Production Systems (TPS) oder Lean Production-System verankerte Prozesssynchronisation durch Taktung hat gezeigt, welche Effizienzsteigerungen in verschiedenen Geschäftsprozessen hierdurch erzielt werden können.[402] Im Zuge der Übertragung der Lean Production Prinzipien auf die Entwicklungsprozesse technischer Produkte im Sinne der Lean Innovation, konnte nachgewiesen werden, dass insbesondere auch in diesem Bereich eine Unterteilung des Prozesses in definierte Zeitfenster zu Effizienzsteigerungen führt.[403] In Anlehnung an COOPER kann zur Beschleunigung des Entwicklungsprozesses die Taktung durch Vorgabe zeitlich definierter Entwicklungszyklen als Paradigma agiler Entwicklungsprozesse technischer Produkte festgehalten werden.[404] Somit folgt dieses

[402] Vgl. Spear und Bowen (1999), Decoding the DNA of the Toyota Production System, S. 96; Rauhut (2011), Synchronisation von Entwicklungsprozessen durch Taktung, S. 8.

[403] Vgl. Schuh (2013), Lean Innovation, S. 181f.

[404] Vgl. Cooper (2017), Idea-to-Launch Gating Systems, S. 50.

Paradigma dem Verständnis des agilen Projektmanagements. Demzufolge werden Zeitziele eines Entwicklungsprojekts verbindlich als Fixpunkte eingehalten. Sollte es zu kapazitiven Engpässen oder Konflikten mit Hinblick auf die Erreichbarkeit des geplanten Zeitziels kommen, ist der Umfang des Entwicklungsvorhabens entsprechend der bestehenden Prioritäten zu reduzieren, um den Zieltermin zu erreichen.

4.2 Anforderungen an die Methodik

Ziel dieses Kapitels ist die Herleitung und Erläuterung der Anforderungen an die zu entwickelnde Methodik. Diese Anforderungen stellen die Basis für die systematische Ableitung des Grobkonzepts dar.

4.2.1 Inhaltliche Anforderungen

Die Formulierung präziser inhaltlicher Anforderung stellt ein zielgerichtetes Vorgehen bei der Konzeption der Methodik sicher. Auf diese Weise wird einerseits gewährleistet, dass alle relevanten Herausforderungen, Rahmenbedingungen und Ziele bezüglich der Methodik berücksichtigt werden. Andererseits stellen die formulierten Anforderungen die Bewertungsgrundlage für die Validierung der Methodik dar. Wie in Abbildung 4-3 dargestellt, setzen sich die inhaltlichen Anforderungen zusammen aus der Zielsetzung (siehe Kapitel 1.2 und 3.2.1), dem Objektbereich (siehe Kapitel 3.2.1) sowie aus den Defiziten in Praxis (siehe Kapitel 3.1) und Theorie (siehe Kapitel 3.2 und 3.3).

Zielsetzung der Arbeit	Objektbereich der Arbeit
• Auswahl der **Produktumfänge** und **Auslegung der entsprechenden prototypischen Produktinkremente** • Steigerung der **Zielsicherheit** von Entwicklungsprojekten • Steigerung der **Adaptionsfähigkeit** in Entwicklungsprojekten • Reduzierung der **Time-to-market** • Sicherstellung der **Praxistauglichkeit**	• Fokus auf die Betrachtung **technischer Produkte** • Fokus auf **agile Produktentwicklungsprojekte** beziehungsweise auf Phasen und Produktumfänge, welche in agilen Prozessen entwickelt werden • Betrachtung der **Zyklus Planung** für einen zeitlich definierten Entwicklungszyklus • Betrachtung **prototypischer Produktinkremente** auf Ebene technischer **Design-Parameter**

Defizite in der Praxis	Defizite in der Theorie
• Fehlendes Verständnis für die **neuartige Rolle von prototypischen Produktinkrementen** in agilen Entwicklungsprozessen • Fehlende methodische Unterstützung bei der **Planung und Gestaltung prototypischer Produktinkremente** • Mangelnde **Erfüllung der versprochenen Nutzenpotenziale** agiler Entwicklungsprozesse	• Keine **durchgängige Methodik**, welche die **drei zentralen Wertversprechen agiler Entwicklungsprozesse kombiniert** • Keine **praxistaugliche Methode** zur effizienten Anwendung in der Planung von Entwicklungszyklen • Fehlende Ansätze zur **Auslegung prototypischer Produktinkremente auf Ebene technischer Design-Parameter**

Abbildung 4-3: Inhaltliche Anforderungen an die Methodik

Aus der **Zielsetzung der Arbeit** ergibt sich, dass die Methodik den Planungsprozess zur Auslegung prototypischer Produktinkremente unterstützen soll. Da prototypische Produktinkremente in agilen Entwicklungsprozessen zum Taktgeber der Entwicklungsaufgaben werden, impliziert diese Auslegung auch die Auswahl der relevanten Produktumfänge für einen Entwicklungszyklus. Zusätzlich soll die Methodik die drei zentralen Nutzenversprechen agiler Entwicklungsprozesse „Steigerung der Zielsicherheit von Entwicklungsprojekten", „Steigerung der Adaptionsfähigkeit von Entwicklungsprojekten" sowie „Reduzierung der Time-to-market" adressieren. Dazu wurde bereits in Kapitel 4.1 hergeleitet, dass drei zentrale Paradigmen in der Methodik verankert werden sollen, welche explizit auf eine Erfüllung der genannten Nutzenversprechen abzielen. Schließlich soll die Methodik im Rahmen der Planung von mehrwöchigen Entwicklungszyklen ein praxistaugliches und effizientes Werkzeug darstellen.

Durch die Vorgabe des **Objektbereichs der Arbeit** wird der angestrebte Anwendungskontext der Methodik definiert. Der Fokus liegt auf der Entwicklung technischer Produkte und im Speziellen auf jenen Phasen und Produktumfängen eines Entwicklungsprojekts, für die agile Entwicklungsprozesse angewendet werden. Innerhalb eines agilen Entwicklungsprozesses wird die Phase der Planung eines Entwicklungszyklus betrachtet, in der auf Ebene technischer Design-Parameter die Auslegung eines prototypischen Produktinkrements erfolgt.

Die dargestellten **Defizite in der Praxis** gilt es im Zuge der Entwicklung der Methodik zu berücksichtigen, sodass die Methodik einen Mehrwert im beschriebenen Anwendungskontext bietet. Zunächst muss durch eine geeignete Beschreibung prototypischer Produktinkremente beim Anwender der Methodik das Verständnis für die neuartige Rolle von Prototypen in agilen Entwicklungsprozessen geschaffen werden. Die mangelnde methodische Unterstützung bei der Planung von Entwicklungszyklen und entsprechenden prototypischen Produktinkrementen soll ebenso durch die Methodik behoben werden. Schließlich wird in der industriellen Praxis die fehlende Erfüllung der versprochenen Nutzenpotenziale agiler Entwicklungsprozesse beklagt, welche durch die Verankerung der benannten Paradigmen gezielt adressiert werden sollen.

Schließlich resultieren aus den **Defiziten in der Theorie** weitere inhaltliche Anforderungen an die Methodik. Zwar existieren wissenschaftliche Ansätze, welche eine Entwicklungsprojektsteuerung entsprechend der Einzelziele „Steigerung der Zielsicherheit von Entwicklungsprojekten", „Steigerung der Adaptionsfähigkeit von Entwicklungsprojekten" sowie „Reduzierung der Time-to-market" adressieren. Allerdings besteht ein forschungsseitiges Defizit in der Kombination aller drei Perspektiven in einer durchgängigen und praxistauglichen Planungsmethodik. Schließich wird erkannt, dass zwar wissenschaftliche Ansätze zum optimierten Einsatz prototypischer Produktinkremente in plangetriebenen und agilen Entwicklungsprozessen bestehen, jedoch mangelt es an einer Betrachtung auf Ebene technischer Design-Parameter.

4.2.2 Formale Anforderungen

Über die inhaltlichen Anforderungen hinaus bestehen formale Anforderungen, welche bei der Konzipierung und Ausarbeitung der Methodik zu berücksichtigen sind, um deren Richtigkeit und Anwendbarkeit sicherzustellen. PATZAK schlägt dazu die im Folgenden genannten generischen Anforderungen an Modelle vor, welche auch für die vorliegende Dissertation gelten sollen:[405]

- Ein Modell soll sich ähnlich wie die darin abgebildete Realität verhalten, um die **Anforderung der empirischen Richtigkeit** zu erfüllen.
- Die aus einem Modell abgeleiteten Aussagen sollen eine hohe Reliabilität besitzen, um die **Anforderung der formalen Richtigkeit** zu erfüllen.
- Ein Modell soll einfach Anwendbar sein und die Ergebnisse für den Anwender intuitiv interpretierbar sein, um die **Anforderung der Nutzerfreundlichkeit** zu erfüllen.
- Aus Sicht des Anwenders soll das Modell nützliche Aussagen zu definierten Fragestellungen bieten, um die **Anforderung der Zweckbezogenheit** zu erfüllen.
- Das Verhältnis aus dem Erstellungsaufwand für ein Modell und dem Nutzen in Form der Qualität der abgeleiteten Aussagen aus dem Modell soll gemäß der **Anforderung der optimalen Wirksamkeit** wirtschaftlich sinnvoll sein.

Die gleichzeitige Erfüllung der genannten formalen Anforderungen resultiert teilweise in natürlichen Widersprüchen, welche es bei der Erarbeitung der Methodik abzuwägen gilt. Zum Beispiel entsteht ein Konflikt zwischen der Forderung nach empirischer Richtigkeit und der Forderung nach optimaler Wirksamkeit. Aus den entstehenden Widersprüchen folgt somit die Anforderung, im Rahmen der Konzipierung und Ausarbeitung der Methodik Kompromisse zu erreichen, welche einen adäquaten Ausgleich zwischen der Genauigkeit der Modellbildung und der Verringerung des Aufwands zur Modellbildung bilden.[406]

[405] Vgl. Patzak (1982), Systemtechnik, S. 309f.; Dölle (2017), Projektsteuerung in der Produktentwicklung mittels Predictive Analytics, S. 97; Mattern (2018), Steigerung der Kollaborationsproduktivität in der Produktentwicklung, S. 103.

[406] Vgl. Patzak (1982), Systemtechnik, S. 310ff.; Mattern (2018), Steigerung der Kollaborationsproduktivität in der Produktentwicklung, S. 103.

4.3 Grobkonzept zur Auslegung prototypischer Produktinkremente

Das vorliegende Kapitel stellt das Kernelement der Konzeption dar, da das Grobkonzept der Gesamtmethodik erläutert wird. Wie Abbildung 4-4 darstellt, besteht die Methodik aus fünf Bestandteilen, die jeweils als individuelle Methodenschritte betrachtet werden und logisch aufeinander aufbauen. Somit besteht das Ziel im folgenden Kapitel einerseits in der Erläuterung der Grobkonzeption der Methodenschritte und andererseits in der Erläuterung der Zusammenhänge zwischen den Methodenschritten.

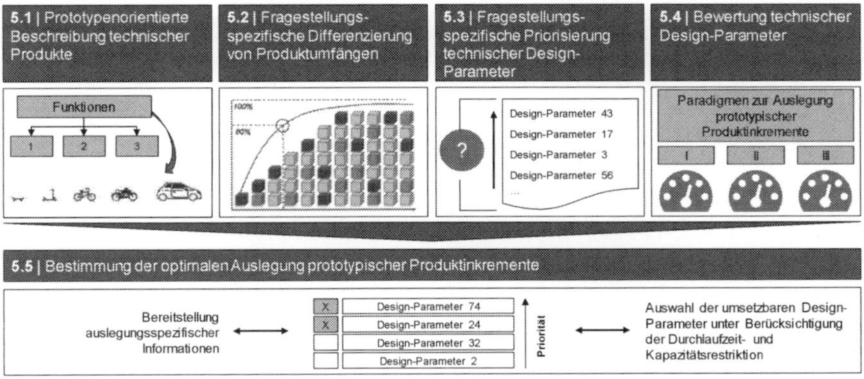

Abbildung 4-4: Grobkonzept zur Auslegung prototypischer Produktinkremente

Grundlage für die Auslegung prototypischer Produktinkremente ist die einheitliche Beschreibung technischer Produkte. Daher wird in Kapitel 4.3.1 ein Grobkonzept für eine prototypenorientierte Beschreibung technischer Produkte entworfen, welches in Kapitel 5.1 detailliert wird.

Produktumfänge eines Produkts müssen hinsichtlich ihrer Relevanz zur Beantwortung von Fragestellungen im Entwicklungsprojekt differenziert werden. Dazu wird in Kapitel 4.3.2 dargelegt, welche konzeptionellen Grundregeln bei der fragestellungsspezifischen Differenzierung von Produktumfängen zu berücksichtigen sind. Diese Grundregeln dienen als Grobkonzept, um in Kapitel 5.2 die konkreten Zusammenhänge zwischen einzelnen Fragestellungen und der jeweiligen Relevanz einzelner Produktfunktionen und Produkteigenschaften modellieren zu können.

Im dritten Schritt wird der Bezug zu der Betrachtungsebene der technischen Design-Parameter hergestellt. Dazu werden in Kapitel 4.3.3 zunächst die grundsätzlichen Charakteristika im Umgang mit technischen Design-Parametern im Kontext agiler Entwicklungsprojekte dargelegt. Darüber hinaus wird aufgezeigt, wie Zusammenhänge zwischen Design-Parametern und Fragestellungen modelliert werden können. Darauf aufbauend wird in Kapitel 5.3 ausgearbeitet, wie die Dokumentation sowie die fragestellungsspezifische Priorisierung technischer Design-Parameter erfolgen.

Im vierten Schritt werden die in Kapitel 4.1 vorgestellten Paradigmen operationalisiert. Dazu werden diese Paradigmen in Kapitel 4.3.4 einzeln aufgegriffen, um entsprechende Metriken zu konzipieren, die zur Bewertung von technischen Design-Parametern hinsichtlich der Paradigmen eingesetzt werden können. Auf dieser Basis werden in Kapitel 5.4 entsprechende Methoden zur Bewertung ausgearbeitet.

Im abschließenden fünften Schritt werden die Ergebnisse der vorangegangenen Schritte konsolidiert, um eine optimale Auslegung eines prototypischen Produktinkrements vornehmen zu können. Kapitel 4.3.5 stellt dazu die Zusammenhänge der bisherigen Teilergebnisse dar und bereitet somit ein methodisches Vorgehen zur Bestimmung der optimalen Auslegung vor. Dieses Vorgehen wird in Kapitel 5.5 detailliert und unterstützt den Anwender der Methodik bei der Entscheidung, welche technischen Design-Parameter, im nächsten prototypischen Produktinkrement unter Berücksichtigung der geltenden Restriktionen spezifiziert und validiert werden sollen.

4.3.1 Prototypenorientierte Beschreibung technischer Produkte

In Kapitel 2 wurde definiert, dass ein prototypisches Produktinkrement eine physische Manifestation eines definierten Produktumfangs ist, die mit Hinblick auf den Verwendungszweck des Produktinkrements auf die relevanten Eigenschaften und Verhaltensaspekte des zu Produkts reduziert ist.

Der maßgebliche Verwendungszweck prototypischer Produktinkremente wurde weiterhin in der Beantwortung zentraler Fragestellungen gesehen, welche für das Entwicklungsvorhaben die übergeordneten Unsicherheiten sowie die daraus resultierenden Entwicklungsrisiken explizieren. Somit bedarf es einer Anleitung zur systematischen Identifikation derartiger Fragestellungen. Dabei soll ein Top-Down Ansatz[407] ge-

[407] Der Top-Down Ansatz stellt sicher, dass die für das Entwicklungsvorhaben übergeordnet relevanten Fragestellungen identifiziert werden können. Ein gegensätzlicher Ansatz ist der Bottom-Up Ansatz zur Identifizierung von Fragestellungen. Dieser Ansatz basiert auf dem Anforderungsmanagement und leitet technische Fragestellungen in einem Entwicklungsprojekt auf Basis unvollständiger Anforderungen ab. Ein entsprechendes Vorgehen wird von Diels angeboten. Vgl. Diels (2018), Indikatoren für die Ermittlung agil zu entwickelnder Produktumfänge, S. 114ff.

wählt werden, welcher die strategisch relevanten Fragestellungen aus den Zieldimensionen Desirability, Feasibility und Viability ableitet (siehe Kapitel 2.1.1). In der vorliegenden Arbeit wird dementsprechend in Anlehnung an die Design Thinking Methode die Auffassung vertreten, dass erfolgreiche Innovationen aus der positiven Schnittmenge der drei genannten Zieldimensionen resultieren (siehe Abbildung 4-5). Aus diesem Grundsatz wird in der Methodik eine entsprechende Vorgehensweise zur Ableitung relevanter Fragestellungen erarbeitet. Diese Vorgehensweise muss sicherstellen, dass die abgeleiteten Fragestellungen jeweils hinterfragen, ob das Produkt die positive Schnittmenge der Zieldimensionen adressiert.

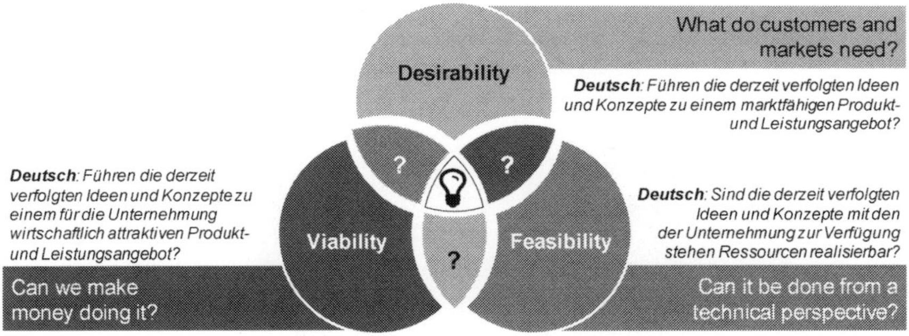

Abbildung 4-5: Konzept zur Identifikation von Fragestellungen[408]

Ist mit einer Fragestellung der Verwendungszweck eines prototypischen Produktinkrements expliziert, gilt es, die Reduktion auf die wesentlichen Produktumfänge durchzuführen. Mit dem Ausdruck „We need it to be narrative-complete, not feature-complete"[409] (Deutsch: Ein MVP muss funktional erklärbar und nachvollziehbar sein, ohne alle Eigenschaften des Produkts vollständig abzubilden."), wird der geltende Ansatz zur gezielten Reduktion von Produktumfängen in prototypischen Realisierungen beschrieben. In einer grafischen Darstellung (siehe Abbildung 4-6) wird dieses Verständnis illustriert und für die Verwendung im Kontext technischer Produkte nutzbar gemacht.

[408] In Anlehnung an Neck et al. (2018), Entrepreneurship, S. 173.

[409] Kniberg (2013), How Spotify builds products, S. 6.

Abbildung 4-6: Minimum Viable Product[410]

Im oberen Teil der Abbildung wird eine sequenzielle Detaillierung und Realisierung funktional isolierter Teilsysteme vorgenommen. Die zur Realisierung der Teilfunktionen notwendigen Komponenten werden in separaten Prototypen realisiert und validiert. Im Sinne der VDI 2221 ermöglicht eine derartige Auftrennung funktionaler Teilsysteme die arbeitsteilige Entwicklungsorganisation.[411] Im unteren Teil der Abbildung wird hingegen eine sequenzielle Konkretisierung eines Produkts vorgeschlagen, dessen übergeordnete Gesamtfunktion in jedem Schritt erhalten bleibt. Die vorliegende Arbeit schließt sich dieser Empfehlung an, in zeitlich definierten Abständen während eines Entwicklungsvorhabens prototypische Produktinkremente zu realisieren, welche den funktionalen Gesamtkontext des Produkts abbilden. Lediglich auf diesem Wege ist es möglich, Teilsysteme hinsichtlich ihrer Wirkweise im Systemkontext zu validieren.[412] Im Hinblick auf die eingangs angesprochenen übergeordneten Fragestellungen wird dementsprechend empfohlen, funktionsorientierte prototypische Produktinkremente zu realisieren. In dem vereinfachten Beispiel (siehe Abbildung 4-6) besteht das Ziel in der Entwicklung eines Transportmittels zur Personenbeförderung. Die daraus ableitbare Hauptfunktion des Produkts wird in jedem der realisierten Prototypen im unteren Teil der Abbildung ebenso abgebildet, wie die wichtigsten Teilfunktionen. Gleichzeitig ist jedoch die Ausgestaltung der funktionsrealisierenden Teilsysteme insbesondere noch in den frühen Phasen stark eingeschränkt. So ist beispielsweise die Leistungsfähigkeit der Beschleunigung eingeschränkt und das Grundprinzip zur Realisierung der Personenintegration wird erst im finalen Prototyp ausgestaltet. Um den Betrachtungsbereichs eines prototypischen Produktinkrements zu ermitteln, muss folglich zunächst mithilfe der zugrundeliegenden Fragestellung der relevante Produktumfang ermittelt werden.

Wenngleich das dargestellte Beispiel stark abstrahiert ist, bleibt erkennbar, dass die Beschreibung prototypischer Produktinkremente neben einer funktionalen Betrach-

[410] In Anlehnung an Kniberg (2013), How Spotify builds products, S. 6; Schuh et al. (2018), Agile Prototyping for technical systems, S. 4.

[411] Vgl. VDI (1993), VDI 2221, 10.

[412] Vgl. Albers et al. (2016), Verifikation und Validierung im Produktentstehungsprozess, S. 559.

tung auch einer merkmalbasierten Betrachtung bedarf. Während die funktionale Betrachtung prototypischer Produktinkremente notwendig ist, um den funktionalen Kontextbezug der zu adressierenden Fragestellungen zu beschreiben, bedarf es einer merkmalbasierten Betrachtung, um den notwendigen Detaillierungsgrad der funktionsrealisierenden Komponenten differenzieren zu können. Mithin bietet eine Modellierung technischer Produkte in Form von Funktionen und generischen Freiheitsgraden nach LENDERS geeignete Anknüpfungspunkte (siehe Abbildung 4-7).

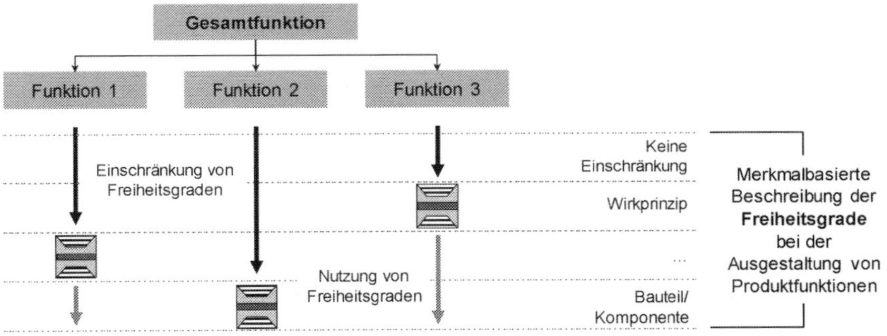

Abbildung 4-7: Modellierung von Funktionen und Freiheitsgraden technischer Produkte[413]

Gleichzeitig bietet die Betrachtung der Wiedergabetreue (engl. Fidelity) generischer Prototypenmerkmale geeignete Anknüpfungspunkte zur Modellierung technischer Produkte.[414] Auf dieser Basis wird in der Methodik eine Systematik vorgesehen, welche den Anwender befähigt, das zu entwickelnde Produkt in einer Form zu beschreiben, welche die spätere Ableitung von prototypischen Produktinkrementen erlaubt.

4.3.2 Fragestellungsspezifische Differenzierung von Produktumfängen

Durch Fragestellungen werden die für das Entwicklungsvorhaben kritischen Wissenslücken und Unsicherheiten abgebildet. Die Ursache derartiger Unsicherheiten liegt üblicherweise zu Beginn des agilen Entwicklungsprozesses in der fehlenden Spezifika-

[413] In Anlehnung an Lenders (2009), Beschleunigung der Produktentwicklung durch Lösungsraum-Management, S. 121.

[414] Siehe dazu Kapitel 2.3.1. Die in diesem Kapitel aufgezeigten wissenschaftlichen Ansätze zur generischen Beschreibung von Prototypen sollen den Ausgangspunkt zur Erarbeitung von generischen Prototypenmerkmalen in der vorliegenden Dissertation bilden.

tion technischer Design-Parameter, die für alle an der Entwicklung beteiligten Personen sowie die Stakeholder der Entwicklung eine Vorhersage der Eigenschaften und des Verhaltens des Produkts erschweren oder unmöglich machen.[415]

Die Rolle prototypischer Produktinkremente wurde dahingehend spezifiziert, dass die prototypische Realisierung ausgewählter Produktumfänge zur Beantwortung der Fragestellungen eingesetzt wird. Im Rahmen der grundlegenden Begrifflichkeiten zu prototypischen Produktinkrementen in Kapitel 2.3 wurde herausgestellt, dass es bei deren Auslegung um die Auflösung des Trade-Offs zwischen dem nutzenbringendem Erkenntnisgewinn und dem Aufwand zur Realisierung geht. Dazu bedarf es einer Fokussierung auf die zur Beantwortung einer Fragestellung relevanten Produktumfänge. Im Rahmen der Methodik bedarf es folglich einer Anleitung, um den Beitrag von Produktumfängen zur Generierung fragestellungsspezifischer Erkenntnisse zu bemessen. Mit Hinblick auf die Handhabung des skizzierten Trade-Offs soll sich dabei an dem Effizienzprinzip nach Pareto orientiert werden. Dieses ist nach VILFREDO PARETO benannt und besagt, dass 80% der Ergebnisse verschiedenartiger Untersuchungen mit 20% des Aufwands erreicht werden. Die weiteren 20% der Ergebnisse erfordern folglich mit 80% den weitaus größeren Teil des Aufwands.[416] Bei der Ausgestaltung von prototypischen Produktinkrementen sind demnach die Produktumfänge so auszuwählen, dass das Potenzial zum Erkenntnisgewinn maximal ist und die Aufwände zur Realisierung minimal sind. Es gilt, je Fragestellung die Produktumfänge herauszufinden, welche bei geringer Ausgestaltung einen hohen Erkenntnisgewinn liefern (siehe Abbildung 4-8).

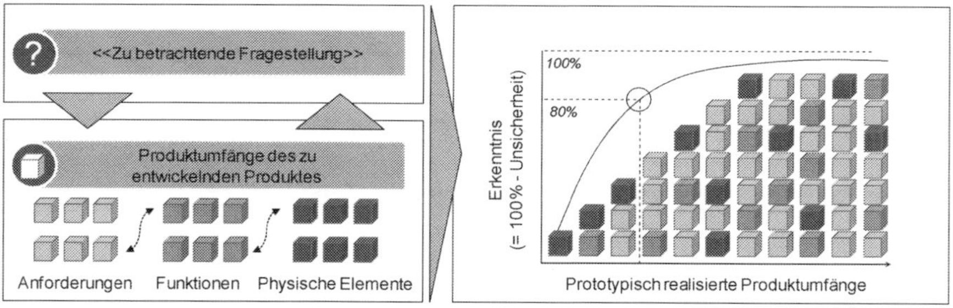

Abbildung 4-8: Konzept zur fragestellungsspezifischen Differenzierung von Produktumfängen[417]

[415] Fernandes et al. (2014), A Method for Managing Uncertainty Levels, 115.

[416] Vgl. IntroBooks (2019), The Pareto Principle.

[417] Unter der Annahme, dass die fragestellungsspezifische Erkenntnis maximal 100% beträgt, kann die fragestellungsspezifische Unsicherheit jeweils als der zu 100% komplementäre Wert verstanden werden.

Es sollen die Anforderungen, Funktionen und physischen Elemente des Produkts fokussiert werden, welche einen hohen Beitrag zum fragestellungsspezifischen Erkenntnisgewinn leisten, sodass bereits mit einigen wenigen Produktumfängen die wesentlichen Erkenntnisse zu der betrachteten Fragestellung gewonnen werden können.

4.3.3 Fragestellungsspezifische Priorisierung technischer Design-Parameter

Die Maßgaben zur Dokumentation von Design-Parametern in der plangetriebenen Produktentwicklung resultieren aus dem Anspruch, die Eigenschaften und das Verhalten eines Produkts zu Beginn eines Entwicklungsvorhabens in einem Pflichtenheft zu definieren. Dieses Dokument dient im weiteren Verlauf als Basis für jegliche Maßnahmen zur Produktentwicklung.[418] In auftragsbezogenen Entwicklungsprojekten dient das Pflichtenheft außerdem als vertragliche Grundlage zwischen dem Auftragnehmer und dem Auftraggeber.[419] In einem agilen Entwicklungsprojekt wird von dem Anspruch eines vollständigen Lasten- und Pflichtenhefts zu Beginn der Entwicklung Abstand genommen, da die unsicheren Rahmenbedingungen des Entwicklungsvorhabens eine valide ganzheitliche Spezifikation der Eigenschaften und des Verhaltens zu Beginn des Entwicklungsprozesses nicht erlauben. Der prinzipielle Umgang mit technischen Design-Parametern im Verlauf eines agilen Entwicklungsprojekts kann somit anhand von Abbildung 4-9 illustriert werden.

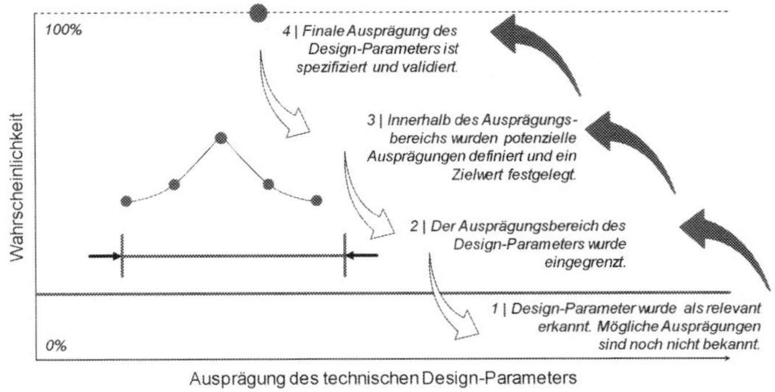

Abbildung 4-9: Prinzip der Spezifizierung technischer Design-Parameter

Zu Beginn des Entwicklungsprojekts werden relevante Design-Parameter (z.B. Übersetzungsverhältnis eines Getriebes) erkannt, mögliche Ausprägungen sind allerdings

[418] Vgl. Feldhusen et al. (2013), Die PEP-begleitenden Prozesse, S. 110.
[419] Vgl. Feldhusen et al. (2013), Vorgehen bei einzelnen Schritten des Produktentstehungsprozesses, S. 319.

noch nicht bekannt. Die potenziellen Ausprägungen des Design-Parameters ergeben sich folglich als horizontale Linie im dargestellten Schaubild. Im weiteren Verlauf wird der Bereich möglicher Ausprägungen des Design-Parameters eingeschränkt (z.B. 8:1; 16:1, 32:1 als potenzielle Ausprägungen des Übersetzungsverhältnisses), sodass die horizontale Linie seitlich begrenzt werden kann. Eine differenzierte Angabe der Wahrscheinlichkeit, mit der ein Design-Parameter im Endprodukt eine konkrete Ausprägung annimmt, ist in dieser Phase noch nicht möglich. Eine differenzierte Angabe der Wahrscheinlichkeiten einzelner Ausprägungen bildet sich erst in einem dritten Schritt aus, bevor die finale Ausprägung eines Design-Parameters spezifiziert wird. Während der sequenzielle Ablauf dieser Phasen der Spezifikation auch im Sinne einer gezielten Lösungsraumsteuerung einer planorientierten Produktentwicklung denkbar wäre, zeichnet sich der Umgang mit Design-Parametern in einem agilen Entwicklungsprojekt maßgeblich durch zwei weitere Aspekte aus. Zum einen werden technische Design-Parameter in einem agilen Entwicklungsprozess bewusst nicht in ihrer Gesamtheit spezifiziert, sondern der Prozess der Spezifizierung wird beschränkt auf die zum Zeitpunkt der Betrachtung relevanten Design-Parameter. Zum zweiten fordert ein agiler Entwicklungsprozess die bewusste iterative Korrektur bereits eingeschränkter oder sogar spezifizierter Design-Parameter, sofern die Erkenntnisse aus prototypischen Realisierungen dies erforderlich machen.

Technische Design-Parameter können als Beschreibung technischer Produkte keineswegs isoliert betrachtet werden. Im Rahmen der Theorien des Axiomatic Designs wurde erkannt, dass technische Design-Parameter die Realisierung funktionaler Produktanforderungen beschreiben und dabei die Überführung von Funktionsanforderungen in technische Design-Parameter den wesentlichen Schritt zur Spezifizierung der physischen Produktgestalt darstellt.[420] Das für die vorliegende Arbeit relevante Verständnis technischer Design-Parameter kann folglich in Anlehnung an die Theorien im Axiomatic Design anhand von Abbildung 4-10 weiter konkretisiert werden. Während im Zusammenhang der prototypenorientierten Beschreibung technischer Produkte (siehe Kapitel 4.3.1 bzw. Kapitel 5.1) herausgestellt wird, dass bei der Realisierung von Produktfunktionen generische Freiheitsgrade in Form von Merkmalen beschrieben werden können, dienen technische Design-Parameter der gezielten Einschränkung dieser Freiheitsgrade durch entsprechende Spezifizierung. Ein Design-Parameter ist folglich immer einer oder mehreren Kombinationen aus Funktion und Freiheitsgrad zuzuordnen.

[420] Vgl. Farid (2016), An engineering systems introduction to Axiomatic Design, S. 25.

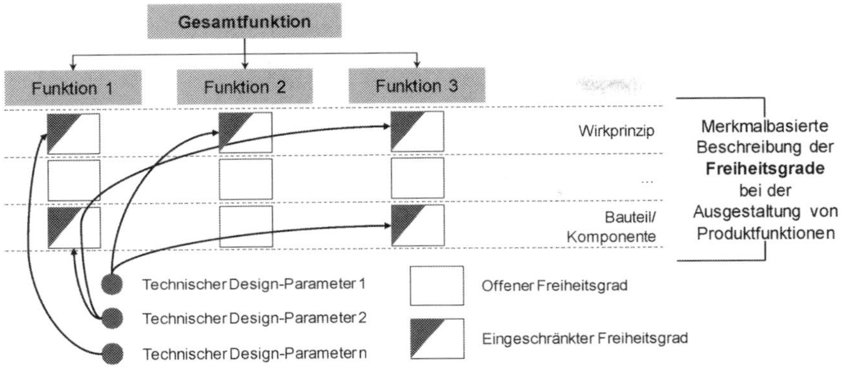

Abbildung 4-10: Prinzip der Verknüpfung technischer Design-Parameter

Die Spezifikation und Realisierung technischer Design-Parameter in einem prototypischen Produktinkrement hat das Ziel, bestehende Unsicherheiten zu reduzieren, indem Fragestellungen gezielt beantwortet werden. Es muss somit der Zusammenhang zwischen Fragestellungen und technischen Design-Parameter hergestellt werden, um deren Beitrag zur Generierung fragestellungsbezogener Erkenntnisse zu bemessen. Für die vorliegende Arbeit wird dieser Beitrag verstanden als fragestellungsspezifischer Konfidenzbeitrag, das heißt, als Beitrag zur Steigerung der Wahrscheinlichkeit, dass eine Fragestellung korrekt beantwortet wird und die entsprechenden Unsicherheiten reduziert werden. In der Methodik muss dementsprechend ein Ordnungsschema verankert werden, das die fragestellungsspezifische Priorisierung von Design-Parametern anhand ihrer Konfidenzbeiträge vornimmt (siehe Abbildung 4-11)

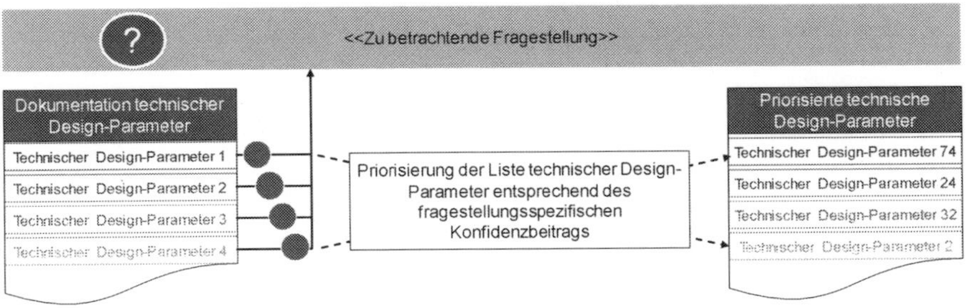

Abbildung 4-11: Prinzip der fragestellungsspezifischen Priorisierung technischer Design-Parameter

Aufgrund der großen Anzahl technischer Design-Parameter sowie der Dynamik aufkommender Fragestellungen in agilen Entwicklungsprojekten, bedarf es für das skizzierte Konzept zur fragestellungsspezifischen Priorisierung einer automatisierbaren Lösung. Weiterhin muss diese Lösung sicherstellen, dass der Einfluss subjektiver Perspektiven bei der Bewertung technischer Design-Parameter minimiert wird. Da vor dem Hintergrund dieser Anforderungen eine fragestellungsspezifische Individualbewertung aller Design-Parameter ausgeschlossen ist, soll die in Kapitel 4.3.2 konzipierte Vorgehensweise zur fragestellungsspezifischen Differenzierung von Produktumfängen genutzt werden. Folglich bedarf es in der Methodik einer logischen Verknüpfung der fragestellungspezifisch differenzierten Produktumfänge mit den technischen Design-Parametern, wie es bereits in Abbildung 4-10 angedeutet wurde.

4.3.4 Bewertung technischer Design-Parameter

Zu Beginn der Ausführungen zur Konzeption der Methodik wurden in Kapitel 4.1 die drei zentralen Paradigmen hergeleitet und vorgestellt, welche im Zuge der Auslegung prototypischer Produktinkremente umgesetzt werden sollen. Um deren Umsetzung sicherzustellen, müssen dem Anwender der Methodik entsprechende Metriken und Vorgehensweisen bereitgestellt werden, sodass eine Prüfung und Bewertung der Auslegung hinsichtlich der genannten Paradigmen möglich wird. Dementsprechend bedarf es einer Operationalisierung der drei Paradigmen **„Frühzeitige Maximierung der Konfidenz“**, **„Objektorientierte Systembestimmung“** und **„Zeitlich definierte Entwicklungszyklen“**, welche im Folgenden individuell konzipiert wird.

4.3.4.1 Frühzeitige Maximierung der Konfidenz

Das Paradigma **„Frühzeitige Maximierung der Konfidenz“** wurde in Kapitel 4.1 anhand der zentralen Begrifflichkeiten der Unsicherheit sowie des Entwicklungsrisikos hergeleitet. Dabei wurde herausgestellt, dass eine frühzeitige Maximierung der Konfidenz im Entwicklungsprojekt gleichbedeutend ist mit der frühzeitigen Betrachtung jener Fragestellungen, die einen besonders großen Einfluss auf die Reduktion von Unsicherheit und resultierendem Risiko im Entwicklungsprojekt besitzen. Um das Paradigma zu operationalisieren, bedarf es folglich einer entsprechenden risikoorientierten Bewertungs- und Priorisierungsmethode für technische Design-Parameter in Entwicklungsprojekten.

Im Kontext der Produktentwicklung ist das Konzept der Risikobewertung mittels Risikoprioritätszahl für die Bewertung produktseitiger Risiken im Zuge einer FMEA bereits einschlägig bekannt. Ziel der Bewertung ist es, mögliche Konstruktionsfehler hinsichtlich ihres Risikos zu bewerten und entsprechend zu priorisieren. Dabei wird unterschieden zwischen der Auftretenswahrscheinlichkeit eines Fehlers, der Bedeutung der Fehlerfolgen und der Entdeckungswahrscheinlichkeit eines Fehlers. Alle drei Faktoren werden auf einer Skala von 1-10 quantifiziert und die Werte zu einer gemeinsamen Risikoprioritätszahl multipliziert.[421]

In einem ähnlichen Format können auch Fragestellungen in einem agilen Entwicklungsprojekt priorisiert werden. Die Höhe der Unsicherheit bestimmt dabei, inwieweit die an der Entwicklung beteiligten Personen in der Lage sind, die korrekte Antwort auf die Fragestellung zum aktuellen Zeitpunkt der Entwicklung zu bestimmen. Eine Fragestellung, deren Beantwortung nur sehr unverlässlich möglich ist, impliziert demnach hohe Unsicherheiten. Darüber hinaus kann jede Fragestellung hinsichtlich ihrer Kritikalität bewertet werden, indem die Fehlerfolgen einer Fragestellung bemessen werden. Die Fehlerfolgen einer Fragestellung bestimmen dabei das Schadensausmaß für das Entwicklungsvorhaben, sollte eine Fragestellung zum aktuellen Zeitpunkt der Entwicklung nicht oder fehlerhaft beantwortet werden. Somit trägt jede Fragestellung ein Entwicklungsrisiko, welches aus der Multiplikation der Unsicherheitshöhe und der Kritikalität resultiert. Im Umkehrschluss kann das Entwicklungsrisiko, welches durch eine Fragestellung adressiert wird auch verstanden werden als Konfidenzbeitrag einer Fragestellung. Dieser Konfidenzbeitrag bemisst, welchen Beitrag die Beantwortung einer Fragestellung zur Steigerung der Vorhersagbarkeit des Erfolgs eines Entwicklungsvorhabens leistet.

Schließlich muss in dem Methodenschritt die Verknüpfung aus der fragestellungsspezifischen Priorisierung technischer Design-Parameter (siehe Kapitel 4.3.3) und der absoluten Priorisierung von Fragestellungen erfolgen, sodass der Beitrag einzelner Design-Parameter zur Maximierung der Konfidenz im Entwicklungsvorhaben quantifizierbar wird. Dabei besteht aufgrund der hohen Anzahl technischer Design-Parameter wiederum die zentrale Maßgabe in der Erarbeitung einer automatisierbaren Methodenlösung, welche in Form quantifizierter Metriken umgesetzt werden soll.

4.3.4.2 Objektorientierte Systembestimmung

Das Paradigma „**Objektorientierte Systembestimmung**" zielt maßgeblich auf eine Steigerung der Flexibilität im Entwicklungsprozess ab. Insbesondere aufgrund der schwierigen Separierbarkeit technischer Systeme stellt dies für zahlreiche Anwender agiler

[421] Vgl. Linß (2018), Qualitätsmanagement für Ingenieure, S. 602.

Entwicklungsprozesse eine besondere Herausforderung dar.[422] Daher bedarf es einer methodischen Unterstützung, die objektorientierte Systembestimmung bei der Auslegung prototypischer Produktinkremente gezielt berücksichtigen zu können.

Dazu gilt es maßgeblich zwei Aspekte der Objektorientierung zu beachten und durch entsprechende Metriken zu operationalisieren. Der erste Aspekt der objektorientierten Systembestimmung bezieht sich auf die Maßgabe, bei der Definition prototypischer Produktinkremente insbesondere informatorische Abhängigkeiten zu unsicheren externen Design-Parametern zu vermeiden (siehe Abbildung 4-2). Dies hat zur Folge, dass Validierungen und daraus abgeleitete Entscheidungen auf Basis unsicherer Informationen nach Möglichkeit vermieden werden. Der zweite Aspekt der objektorientierten Systembestimmung bezieht sich auf die Bildung technisch integrierter Teilsysteme bei der Auslegung prototypischer Produktinkremente. Diese Teilsysteme zeichnen sich dadurch aus, dass zwischen den Design-Parametern des Teilsystems starke informatorische Abhängigkeitsbeziehungen bestehen. Dies hat zur Folge, dass im Rahmen der Validierungen insbesondere auch Integrationstests absolviert werden können, um die Schnittstellen und die Baubarkeit des Produkts frühzeitig abzusichern.

Um beide Aspekte der objektorientierten Systembestimmung bei der Auslegung prototypischer Produktinkremente gezielt berücksichtigen zu können, müssen die Abhängigkeitsbeziehungen technischer Design-Parameter entsprechend modelliert und bewertet werden. Dazu bedarf es insbesondere auf Ebene der technischen Entwicklungsprojektleitung eines starkes Systemverständnisses.[423] Auf Basis der bestehenden Abhängigkeiten können dann sinnvolle Teilsysteme sowie deren Reihenfolge zur Spezifikation und Validierung in prototypischen Produktinkrementen bestimmt werden.

Dabei besteht aufgrund der hohen Anzahl technischer Design-Parameter wiederum die zentrale Maßgabe in der Erarbeitung einer automatisierbaren Methodenlösung, welche in Form quantifizierter Metriken umgesetzt werden soll. Die Bewertung technischer Design-Parameter hinsichtlich ihres Beitrags zur objektorientierten Systembestimmung erfolgt dabei auf Basis Abhängigkeitsbeziehungen, die in Form einer Design-Structure Matrix modelliert werden.

4.3.4.3 Entwicklung in zeitlich definierten Zyklen

In der Softwareentwicklung hat sich die Entwicklung und Validierung von Produktumfängen in Sprints im Sinne von zeitlich definierten Planungsperioden etabliert.

[422] Vgl. Ovesen (2012), The Challenges of Becoming Agile, S. 151.

[423] Vgl. Rebentisch (2017), Integrating Program Management and Systems Engineering, S. 13.

Während in der Softwareentwicklung die Aufgabentypen innerhalb eines Sprints mit der Entwicklung, dem Kompilieren und dem Testen noch gut planbar sind, ist das Spektrum an Aufgabentypen in der Entwicklung technischer Produkte schon alleine aufgrund der Körperlichkeit der Produkte sowie der zu beschaffenden und herzustellenden Prototypenkomponenten weitaus komplexer.[424] Dennoch wurde in Kapitel 4.1 herausgearbeitet, dass die „**Entwicklung in zeitlich definierten Entwicklungszyklen**" im Kontext agiler Entwicklungsprojekte auch für technische Produkte ein maßgebliches Paradigma darstellt. Um die Realisierbarkeit in zeitlich definierten Entwicklungszyklen zu gewährleisten, bedarf es somit im Rahmen der Auslegung prototypischer Produktinkremente einer Betrachtung auf Ebene von Entwicklungsaufgaben.

In getakteten Entwicklungsprozessen erfolgt die zeitliche und kapazitive Planung sämtlicher Aufgaben in Anlehnung an RAUHUT in Form von Entwicklungsaufträgen.[425] Dabei besteht ein Entwicklungsauftrag aus den vier wesentlichen Elementen „Festlegung des betrachteten Produktumfangs", „Festlegung des zu erarbeiteten Produkt- oder Prozessobjekts", „Angabe der Priorität des Entwicklungsauftrags" und „Benennung des entwicklungsverantwortlichen Teams".[426]

Um eine zeitliche Betrachtung bei der Auslegung prototypischer Produktinkremente im Rahmen der Planung von Entwicklungszyklen zu ermöglichen, muss folglich eine Übersetzung der bisherigen Betrachtungsweise in Form von Fragestellungen und technischen Design-Parametern in Aufgabenpakete im Sinne von Entwicklungsaufträgen erfolgen.

4.3.5 Bestimmung der optimalen Auslegung

Bei der Gestaltung innovativer Produkte ist es von zentraler Bedeutung, bereits zu Beginn des Entwicklungsvorhabens die Perspektiven und Methoden des Design Thinking und des Systems Engineering zu kombinieren. Dementsprechend muss auch bei der Priorisierung technischer Design-Parameter eine Kombination beider Perspektiven umgesetzt werden. Während die Design Thinking Perspektive maßgeblich durch die Operationalisierung des Paradigmas „**Frühzeitige Maximierung der Konfidenz**" zum Ausdruck kommt, verleiht die Operationalisierung des Paradigmas „**Objektorientierte Systembestimmung**" der Perspektive des Systems Engineering ihren Ausdruck.

---

[424] Vgl. Schmidt und Paetzold (2016), Agilität als Alternative zu traditionellen Standards in der Entwicklung physischer Produkte, S. 263.

[425] Vgl. Rauhut (2011), Synchronisation von Entwicklungsprozessen durch Taktung, S. 151.

[426] Vgl. Rauhut (2011), Synchronisation von Entwicklungsprozessen durch Taktung, S. 142.

Wie in Abbildung 4-12 skizziert, müssen die Einzelbewertungen, welche zuvor individuell für die genannten Paradigmen durchgeführt wurden, durch ein integrierendes Vorgehen kombiniert werden, sodass die Gesamtliste technischer Design-Parameter in eine priorisierte Gesamtliste überführt werden kann. Aus der priorisierten Gesamtliste können im Rahmen der Planung eines Entwicklungszyklus die priorisierten Design-Parameter ausgewählt werden. Dabei gilt es, mit der Durchlaufzeitrestriktion und der Kapazitätsrestriktion zwei Bedingungen zu berücksichtigen, sodass lediglich die Design-Parameter in die Auslegung des prototypischen Produktinkrements aufgenommen werden, die mit den in einem zeitlich definierten Entwicklungszyklus zur Verfügung stehenden Ressourcen umgesetzt werden können. Wie bereits in Kapitel 4.3.4.3 hergeleitet, bedarf es dazu einer Betrachtung auf der Ebene von Aufgabenpaketen, welche zur Realisierung und Validierung der technischen Design-Parameter in einem prototypischen Produktinkrement umgesetzt werden müssen. Um die Inhalte, den Aufwand sowie die Abhängigkeiten der Aufgabenpakete bestimmen zu können, müssen dem Anwender der Methodik auslegungsspezifische Informationen bereitgestellt werden. Erst auf Basis dieser Informationen wird der Anwender befähigt, die Realisierbarkeit eines prototypischen Produktinkrements vor dem Hintergrund der Durchlaufzeitrestriktion und der Kapazitätsrestriktion zu bewerten. Die Bestimmung der optimalen Auslegung muss folglich, wie in Abbildung 4-12 dargestellt, in einem iterativen Abgleich mit den auslegungsbezogenen Informationen erfolgen.

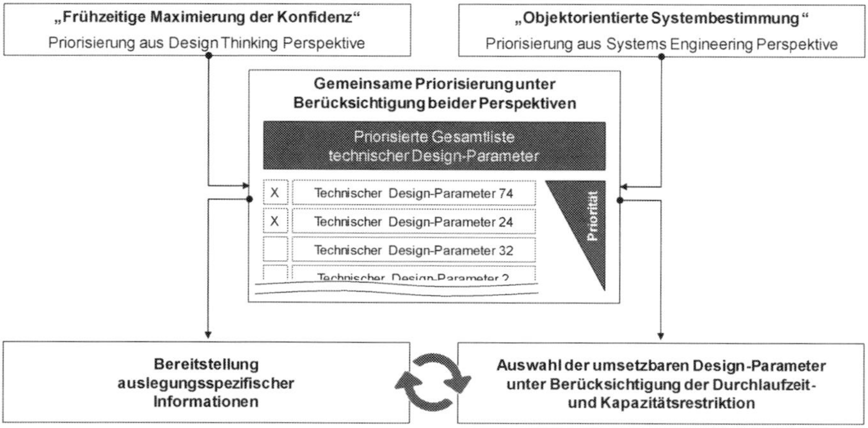

Abbildung 4-12: Grobkonzept zur Bestimmung der optimalen Auslegung

Es gilt daher, entsprechende Werkzeuge bereitzustellen, welche dem Anwender der Methodik eine effiziente Durchführung der beschriebenen Planungsaufgabe ermöglicht.

4.4 Ableitung von Teilmodellen

Nach der Grobkonzeption der Methodik werden in diesem Kapitel die Teilmodelle hergeleitet, welche zur Erreichung der benannten Ziele notwendig sind. Dabei folgt die vorliegende Dissertation der allgemeinen Modelltheorie nach STACHOWIAK[427].

Demnach können verschiedene Typen von Modellen in Abhängigkeit ihres Verwendungszwecks unterschieden werden. Zunächst bieten Beschreibungsmodelle die Möglichkeit, ein System und seine Elemente in neutraler Form ohne induktive und deduktive Schlüsse zu beschreiben. Hingegen stellt ein Erklärungsmodell die Gründe für Zusammenhänge in komplexen Systemen und Sachverhalten in vereinfachter Form dar und ermöglicht somit die Ableitung von Hypothesen. Schließlich bietet ein Entscheidungsmodell dem Anwender eine Unterstützung bei der Identifizierung und Auswahl von Handlungsalternativen.[428]

Für die Methodik zur Auslegung prototypischer Produktinkremente im Kontext agiler Entwicklungsprojekte werden fünf Teilmodelle (siehe Abbildung 4-13) entwickelt, welche dem Anwender entsprechend der Zielstellung in dem Methodenschritt eine Unterstützung in der Anwendung bieten. Das Modell zur prototypenorientierten Beschreibung technischer Produkte ist ein Beschreibungsmodell, welches dem Anwender die Modellierung des zu entwickelnden Produkts in einer Form ermöglicht, die eine Ableitung prototypischer Produktinkremente entsprechend der zu betrachtenden Fragestellung erlaubt. In einem Erklärungsmodell zur fragestellungspezifischen Differenzierung von Produktumfängen werden die Zusammenhänge zwischen einzelnen Fragestellungen und der jeweiligen Relevanz einzelner Umfänge des Produkts abgebildet. In ähnlicher Form stellt das Erklärungsmodell zur fragestellungsspezifischen Priorisierung technischer Design-Parameter ein Hilfsmittel dar, um eine priorisierte Reihenfolge technischer Design-Parameter hinsichtlich ihrer individuellen Relevanz zur Generierung fragestellungsbezogener Erkenntnisse zu erhalten. In einem dritten Erklärungsmodell erfolgt die Bewertung von Design-Parametern hinsichtlich der drei

[427] Vgl. Stachowiak (1973), Allgemeine Modelltheorie, S. 131ff.

[428] Vgl. Stachowiak (1973), Allgemeine Modelltheorie, S. 138f.; Bamberg et al. (2019), Betriebswirtschaftliche Entscheidungslehre, S. 14f.; Mattern (2018), Steigerung der Kollaborationsproduktivität in der Produktentwicklung, S. 113.

Paradigmen zur Auslegung prototypischer Produktinkremente. Aus diesem Modell kann der Anwender bereits Hypothesen zur sinnvollen Auslegung eines prototypischen Produktinkrements ableiten. Die finale Bestimmung der optimalen Auslegung wird allerdings in einem abschließenden Entscheidungsmodell unterstützt.

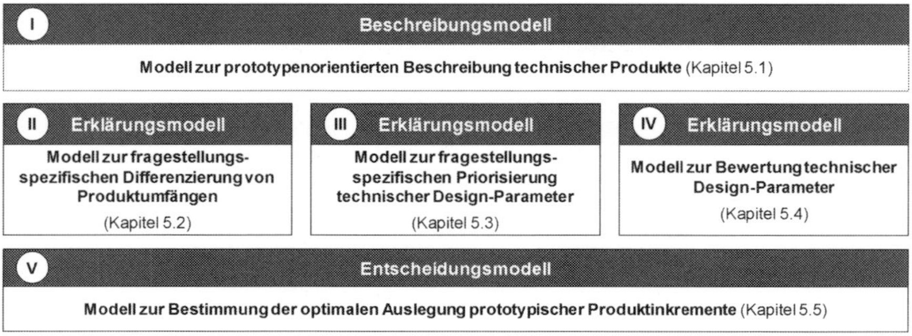

Abbildung 4-13: Teilmodelle zur Auslegung prototypischer Produktinkremente

Die genannten Teilmodelle orientieren sich unmittelbar an dem Ablauf zur Durchführung der Methodik entlang der einzelnen Methodenschritte. Diese Methodenschritte werden in Kapitel 5 erarbeitet und deren Anwendung anhand eines durchgängigen Fallbeispiels illustriert.

4.5 Zwischenfazit: Grobkonzept

Das Ziel des vierten Kapitels bestand darin, ein Grobkonzept für die Methodik zur Auslegung prototypischer Produktinkremente im Kontext agiler Entwicklungsprojekte herzuleiten. Zuerst wurden dazu in Kapitel 4.1 anhand der drei zentralen Nutzenversprechen agiler Entwicklungsprozesse die drei übergeordneten Paradigmen hergeleitet, die in der Methodik zu verankern sind, um insbesondere die in der Praxis identifizierten Defizite gezielt adressieren zu können. Anschließend wurden in Kapitel 4.2 die inhaltlichen und formalen Anforderungen hergeleitet, die es bei der Konzipierung und Ausarbeitung der Methodik zu berücksichtigen gilt. Auf der Basis wurde in Kapitel 4.3 das Grobkonzept in fünf Schritten dargelegt, welche schließlich in Kapitel 4.4 als Teilmodelle in den Zusammenhang der allgemeinen Modelltheorie eingeordnet wurden. Basierend auf diesem Grobkonzept erfolgt im anschließenden Kapitel 5 die Ausarbeitung der Methodik.

5 Detaillierung der Methodik zur Auslegung prototypischer Produktinkremente

Im Rahmen des fünften Kapitels erfolgt die Ausarbeitung der Methodik zur Auslegung prototypischer Produktinkremente. Dabei folgt die Beschreibung der Teilmodelle, wie in Abbildung 5-1 dargestellt, der Reihenfolge der Teilmodelle im Rahmen der Anwendung der Methodik.

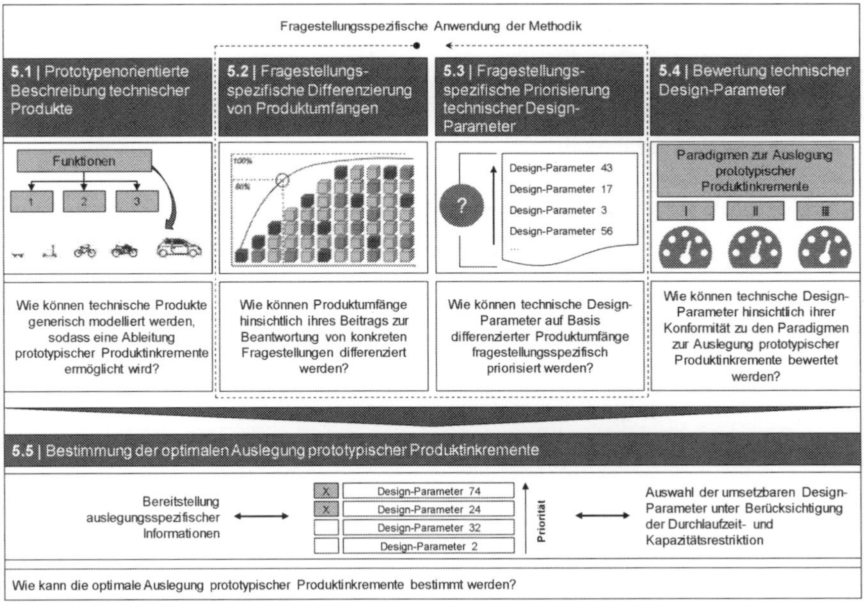

Abbildung 5-1: Vorgehensweise zur Auslegung prototypischer Produktinkremente

Zunächst wird sichergestellt, dass Produkte zur Ableitung prototypischer Produktinkremente in einem geeigneten Format beschrieben werden können (Kapitel 5.1). Im anschließenden Schritt (Kapitel 5.2) wird die Beschreibung des Gesamtprodukts fragestellungsspezifisch gefiltert, sodass eine Unterscheidung zwischen für ausgewählte Fragestellungen relevanten Produkteigenschaften und weniger relevanten Produkteigenschaften durchgeführt wird. Darauf aufbauend ermöglicht der dritte Schritt der Methodik (Kapitel 5.3) die fragestellungsspezifische Priorisierung technischer Design-Parameter. Wie Abbildung 5-1 zeigt, werden Teilmodelle 5.2 und 5.3 im Rahmen der Anwendung fragestellungsspezifisch, das heißt für jede Fragestellung individuell durchlaufen. Im vierten Schritt der Methodik (Kapitel 5.4) werden die technischen Design-Parameter bewertet, sodass im abschließenden Schritt (Kapitel 5.5) die Bestimmung der optimalen Auslegung des prototypischen Produktinkrements erfolgen kann.

Die Erläuterung der Methodik wird von einer exemplarischen Anwendung der einzelnen Schritte begleitet, um das Verständnis und die Praktikabilität der Teilmodelle im Anwendungskontext zu gewährleisten. Diese Vorgehensweise entspricht dem agilen Gedanken des Forschungsprozesses, der das Ziel verfolgt, eine anwendungsorientierte Methodik auf Basis wissenschaftlicher Erkenntnisse zu erarbeiten. Dabei ist es unerlässlich, den Erkenntnisgewinn unmittelbar an dem Anwendungskontext zu reflektieren. Zur Erläuterung wird das Fallbeispiel der Entwicklung einer Armbanduhr der Armbanduhren GmbH gewählt, da der Autor im Rahmen der Erarbeitung der vorliegenden Dissertationsschrift die Möglichkeit hatte, den agilen Entwicklungsprozess des entsprechenden Herstellers zu begleiten. Die Darlegung erfolgt aus Gründen der Geheimhaltung in anonymer Form.

5.1 Prototypenorientierte Beschreibung technischer Produkte

Das Ziel der vorliegenden Arbeit liegt in der Entwicklung einer Methodik zur Auslegung prototypischer Produktinkremente. Um eine allgemeingültige Anwendbarkeit zu gewährleisten, muss zunächst eine Modellierungssprache für technische Produkte definiert werden, welche die spätere Ableitung prototypischer Produktinkremente bei jeder Art technischer Produkte ermöglicht (siehe Abbildung 5-2). Dementsprechend soll in diesem Kapitel die folgende Forschungsfrage adressiert werden:

> *Wie können technische Produkte generisch modelliert werden, sodass eine Ableitung prototypischer Produktinkremente ermöglicht wird?*

Es wird folglich ein Beschreibungsmodell entwickelt, welches wiederum aus drei Arbeitsschritten besteht, die in der Anwendung nacheinander zu durchlaufen sind. Dazu wird in Kapitel 5.1.1 zunächst erläutert, wie in technischen Entwicklungsvorhaben die zentralen Fragestellungen hergleitet werden. In Kapitel 5.1.2 wird anschließend beschrieben, wie funktionale Produktumfänge modelliert werden müssen, um eine Ableitung prototypischer Produktinkremente zu ermöglichen. Schließlich werden in Kapitel 5.1.3 generische Merkmale zur Beschreibung der Eigenschaften und des Verhaltens technischer Produkte entwickelt.

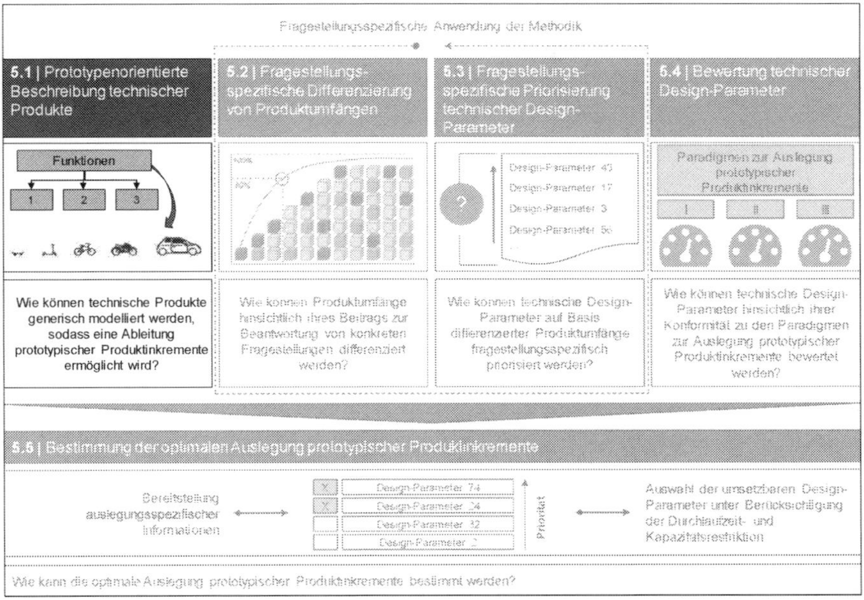

Abbildung 5-2: Prototypenorientierte Beschreibung technischer Produkte

5.1.1 Herleitung von Fragestellungen in technischen Entwicklungsprojekten

Ziel des ersten Arbeitsschritts in der Methodik ist es, die für ein Entwicklungsprojekt zentralen Fragestellungen systematisch zu identifizieren. Um diese Herleitung für den Anwender der Methodik zu erleichtern, wird in diesem Kapitel erläutert, wie sich derartige Fragestellungen identifizieren und beschreiben lassen.

Während eines Entwicklungsvorhabens gilt es, kontinuierlich kritisch zu hinterfragen, ob die derzeitig verfolgten Ideen und Konzepte zu einem marktfähigen Produkt führen, welches technisch und wirtschaftlich für das Unternehmen sinnvoll realisierbar ist. Konkretisiert und expliziert werden die daraus resultierenden Unsicherheiten in Form von Fragestellungen. Wie Abbildung 5-3 darstellt, lassen sich Fragestellungen aus der Gegenüberstellung jeweils zweier der drei bekannten Zieldimensionen herleiten und beschreiben.

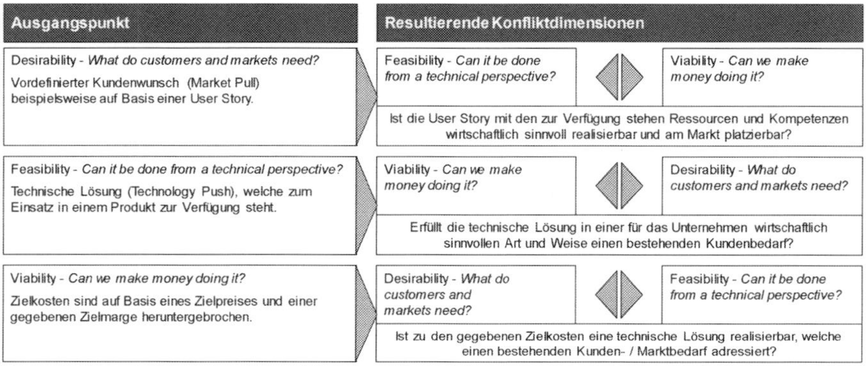

Abbildung 5-3: Herleitung und Beschreibung von Fragestellungen

Dabei gibt es in der Regel einen Ausgangspunkt, welcher Innovationen in einem Entwicklungsvorhaben auslöst. Dies kann beispielsweise der Fall sein, indem im Rahmen einer oder mehrerer User Stories ein konkretes Bedürfnis oder ein konkreter Anwendungsfall kundenseitig artikuliert wird.[429] Innovationen dieser Art werden als Market Pull beschrieben, da der Markt beziehungsweise die Kunden Lösungen für bestehende Probleme nachfragen. In diesem Falle kann davon ausgegangen werden, dass die Umsetzung dieser User Stories in dem Produkt einen konkreten Kundenbedarf adressiert. Allerdings muss sich in diesem Falle die Frage gestellt werden, ob eine passende Lösung für das Unternehmen technisch und wirtschaftlich realisierbar ist. Alternativ können im Rahmen einer Technology Push Innovation technische Lösungen von einem Unternehmen oder einem Zulieferer beherrscht sein und die Realisierung einer marktfähigen und wirtschaftlichen Anwendung in einem Produkt ist Aufgabe des Entwicklungsvorhabens. Schließlich werden in preislich umkämpften Märkten Innovationen nicht selten durch Kosteninnovationen erreicht, bei denen ein konkreter Zielpreis über eine unternehmensinterne Zielmarge in Zielkosten überführt wird und auf technische Teilsysteme heruntergebrochen wird.[430] Aufgabe des Entwicklungsprojekts ist es folglich, mit den zur Verfügung stehenden Ressourcen und Kompetenzen ein marktfähiges Produkt zu entwickeln.

---

[429] Vgl. Kantelberg (2018), Gestaltung agiler Entwicklungsprozesse technischer Systeme, S. 189.

[430] Vgl. Schuh und Riesener (2017), Produktkomplexität managen, S. 133ff.

Auf Basis der vorgestellten Systematik können in technischen Entwicklungsprojekten die zentralen Fragestellungen hergeleitet und beschrieben werden. Das übergeordnete Ziel der in Kapitel 5.1 beschriebenen Arbeitsschritte besteht darin, technische Produkte in einer Art und Weise zu beschreiben, sodass eine Ableitung prototypischer Produktinkremente mit Hinblick auf die identifizierten Fragestellungen ermöglicht wird. Eine entsprechende Beschreibungslogik wird im Folgenden erarbeitet.

5.1.2 Beschreibung funktionaler Produktumfänge

Insbesondere in der frühen Phase eines Entwicklungsprojekts kann ein Produkt lösungsneutral in Form einer Funktionsstruktur dokumentiert werden. Diese Art der Modellierung vermeidet einerseits die frühzeitige Fixierung von Lösungswegen und trägt weiterhin zur Stärkung des Systemverständnisses komplexer technischer Produkte bei, indem funktional unabhängige (Teil-)Systeme gegliedert werden und entsprechende Schnittstellen expliziert werden.[431] Dementsprechend wird in diesem Kapitel eine Systematik zur Modellierung von Produktfunktionen erläutert. Dazu ist zunächst festzuhalten, dass die Funktionsstrukturierung technischer Produkte in der bestehenden Literatur der Konstruktionstechnik[432] bereits eingehend beschrieben ist.[433]

Grundsätzlich können Funktionsstrukturen in Form von Funktionsbäumen hierarchisch aufgebaut werden oder in Form von Flussdarstellungen ablauforientiert dargestellt werden. In der Anwendung insbesondere bei fachbereichsübergreifenden Methoden der Produktentwicklung hat sich die hierarchische Darstellung als vorteilhaft erwiesen und soll auch in der zu entwickelnden Methodik Anwendung finden.[434]

Anhand einer hierarchischen Funktionsstruktur werden die Gesamtfunktion, die Hauptfunktionen und die Teilfunktionen eines Produkts beschrieben. Dabei abstrahiert die funktionale Beschreibung bewusst von technischen Lösungen zur Funktionserfüllung, um die Funktionalität eines zu Produkts konsequent zu hinterfragen. Funktionen sind in der Form „Substantiv + Verb" zu dokumentieren. Zwar dient die Funktionsstruktur insbesondere als kundenorientierte Produktbeschreibung, da sie die Nutzung der Produktfunktionalität in den Fokus rückt, dennoch sollten auch jene Funkti-

---

[431] Vgl. Ponn und Lindemann (2011), Konzeptentwicklung und Gestaltung technischer Produkte, S. 299.

[432] Vgl. VDI (1993), VDI 2222 - Methodisches Entwickeln von Lösungsprinzipien; VDI (1993), VDI 2803 - Funktionenanalyse.

[433] Vgl. Breunig (2017), Produktarchitekturgestaltung mechatronischer Baukastensysteme, S. 122f.

[434] Vgl. VDI (1993), VDI 2803 - Funktionenanalyse, S. 5; Breunig (2017), Produktarchitekturgestaltung mechatronischer Baukastensysteme, S. 123.

onen dokumentiert werden, die nicht explizit vom Kunden erfragt und genutzt werden, aber zur Erfüllung der Gesamtfunktion beitragen. Erfahrungsgemäß sind drei Hierarchieebenen zur Darstellung einer Funktionsstruktur ausreichend.[435] Abbildung 5-4 zeigt eine allgemeine Funktionsstruktur und einen Ausschnitt einer Funktionsstruktur des betrachteten Fallbeispiels im beschriebenen Format.

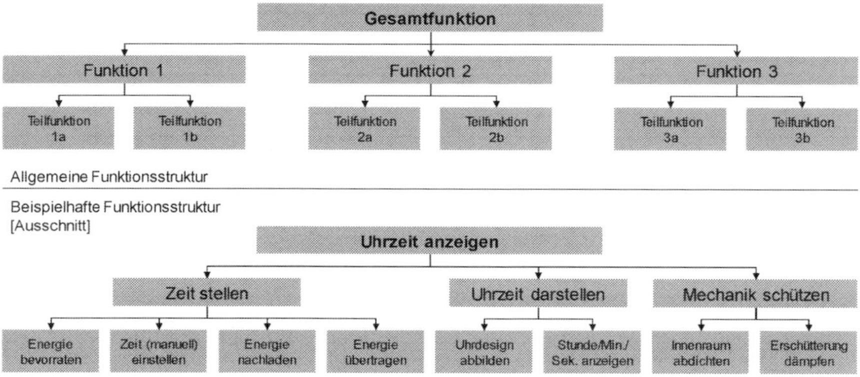

Abbildung 5-4: Allgemeine Funktionsstruktur und beispielhafter Ausschnitt

Über die Methode der Produktarchitektur in Anlehnung an GÖPFERT[436] (siehe Kapitel 2.1.3) ist der Zusammenhang zwischen der funktionalen Betrachtung technischer Produkte und der Betrachtung funktionsrealisierender physischer Baugruppen und Komponenten unmittelbar herstellbar.

Neben der funktionalen Betrachtung prototypischer Produktinkremente wird in der wissenschaftlichen Literatur[437] auch vielfach auf die grundsätzlichen Eigenschaften und Verhaltensaspekte technischer Produkte hingewiesen, welche in prototypischen Realisierung in unterschiedlichem Detaillierungsgrad ausgelegt werden können. Somit wird im folgendem Kapitel erläutert, in welcher Form die Beschreibung von Eigenschaften und Verhalten technischer Produkte die Auslegung prototypischer Produktinkremente unterstützen kann.

---

[435] Vgl. Feldhusen et al. (2013), Technische Systeme, S. 265.

[436] Göpfert (1998), Modulare Produktentwicklung, S. 75.

[437] Die für die vorliegende Arbeit relevanten wissenschaftlichen Arbeiten wurden im Kapitel 3.2.2.1 im Rahmen des aktuellen Stands der Wissenschaft beschrieben.

5.1.3 Merkmalbasierte Beschreibung prototypischer Produktinkremente

Das Ziel dieses Arbeitsschritts ist es, eine merkmalbasierte Beschreibung der allgemeinen Eigenschaften und Verhaltensaspekte des zu entwickelnden Produkts zu erstellen, welche in prototypischen Produktinkrementen im Laufe des Entwicklungsprozesses realisiert und validiert werden sollen. Dazu wird eine Übersicht generischer Prototypenmerkmale erarbeitet, welche abschließend in ein Beschreibungsmodell für technische Produkte überführt wird.

Grundsätzlich dienen prototypische Realisierungen während eines agilen Produktentwicklungsprojekts dazu, Eigenschaften und Verhaltensweisen des Produkts zu validieren und dabei zukünftige Produktnutzer oder weitere Anspruchsgruppen einzubinden. Der Verband der Deutschen Industrie Designer (VDID) sowie der Verein Deutscher Ingenieure (VDI) sehen zur Unterscheidung verschiedener Arten von Prototypen Klassifikationen vor. GEBHARDT[438] stellt die Klassifikationsmodelle gegenüber (siehe Tabelle 5-1) und arbeitet heraus, dass je nach konkretem Einsatzzweck unterschiedliche Aspekte eines Produkts im Fokus der Betrachtung eines Prototyps stehen.

Tabelle 5-1: Klassifikationen von Prototypen[439]

Prototyp nach VDID	Prototyp nach VDI	Beschreibung nach GEBHARDT
Proportionsmodell	Konzeptmodell	• Zeigt die äußere Form und wichtigste Proportionen • Keine Funktionalität • Hoher Abstraktionsgrad • Material, Funktion und Maße entsprechen nicht den Produktanforderungen
Designmodell	Geometrieprototyp	• Maß, Form und Lage sind von Bedeutung • Finish der Oberflächen in „Show Room"-Qualität • Die Materialeigenschaften sind sekundär
Ergonomiemodell	Designprototyp	• Bedien- und Benutzbarkeit
Funktionsmodell	Funktionsprototyp	• Prüfung der Montierbarkeit, Servicefreundlichkeit, Kinematik • Verzicht auf die Wiedergabe der äußeren Form und Gestalt
Prototyp/ Muster	Technischer Prototyp	• Keine wesentliche Unterscheidung in den geforderten Eigenschaften vom späteren Serienprodukt • Unterscheidet sich vom Serienprodukt nur durch das Produktionsverfahren • Prüfung der Montierbarkeit, Entformbarkeit, Einleitung spezieller Genehmigungsverfahren

Bereits diese Darstellung deutet an, dass die in prototypischen Realisierungen abbildbaren Eigenschaften und Verhaltensweisen technischer Produkte in einem hinreichenden Maße durch allgemeingültige Merkmale beschrieben werden können. Mit

[438] Gebhardt (2013), Generative Fertigungsverfahren, S. 320ff.
[439] In Anlehnung an Gebhardt (2013), Generative Fertigungsverfahren, S. 322f.

dem Ziel einer vollständigen Erarbeitung derartiger Prototypenmerkmale soll im Folgenden der von MAYERS vorgeschlagene Ansatz des heuristischen Screenings in den Schritten Sammlung, Strukturierung und Bewertung von Merkmalen umgesetzt werden.[440] In Anlehnung an DIELS soll dieser Ansatz erweitert werden um eine Clusterbildung der Merkmale, um Abhängigkeitsbeziehungen zwischen den Merkmalen im Sinne der besseren Anwendbarkeit zu einer Bündelung von Merkmalen zu nutzen.[441]

Zunächst gilt es im Rahmen der **Sammlung** eine ganzheitliche Menge möglicher Merkmale zu identifizieren.[442] Zu diesem Zweck wird in der vorliegenden Dissertation ein analytisch-deduktives Verfahren zur Prüfung der wissenschaftlichen Literatur eingesetzt. In Anlehnung an ZIMMERMANN soll bei diesem Verfahren der Grundsatz der regelbasierten Durchsuchung des Lösungsraums gelten.[443] Dementsprechend werden für die Suche nach Prototypenmerkmalen folgende Leitlinien aufgestellt, deren Erfüllung die notwendige Bedingung zur Aufnahme des Merkmals darstellt:

- Ziel eines Prototypenmerkmals ist es, Eigenschaften und Verhalten technischer Produkte zu beschreiben.
- Jedes Merkmal kann anhand seiner Wiedergabetreue auf einer Skala von gering bis hoch bewertet werden. Der Fall, bei dem jedes Merkmal die maximale Wiedergabetreue aufweist, entspricht dem Zustand des Serienprodukts.
- Durch Ausgestaltung eines Merkmals in einem Prototyp wird die Aufmerksamkeit der Zielgruppe bei der Interaktion mit dem Prototyp auf dieses Merkmal gelenkt. Daher muss das Merkmal für die entsprechenden Personen direkt oder durch entsprechende Testverfahren indirekt wahrnehmbar sein.
- Die Personen der Zielgruppen sollen in der Lage sein, die Eigenschaften und das Verhalten technischer Produkte, welche durch Ausgestaltung des Merkmals in einem Prototyp hervorgehoben werden, zu validieren.

In dem durch die Leitlinien eingeschränkten Suchfeld für die analytisch-deduktive Recherche konnten in der bestehenden wissenschaftlichen Literatur insgesamt 120 potenzielle beschreibende Merkmale für unterschiedliche Arten von Prototypen identi-

[440] Vgl. Mayers (1997), Prozeß- und Produktoptimierung mit Hilfe der statistischen Versuchsmethodik, S. 48.
[441] Vgl. Diels (2018), Indikatoren für die Ermittlung agil zu entwickelnder Produktumfänge, S. 142.
[442] Vgl. Mayers (1997), Prozeß- und Produktoptimierung mit Hilfe der statistischen Versuchsmethodik, S. 49; Diels (2018), Indikatoren für die Ermittlung agil zu entwickelnder Produktumfänge, S. 139.
[443] Vgl. Zimmermann (2008), Operations Research, S. 273f.

fiziert werden (siehe Anhang A.1). Fokussiert wurden im Rahmen der Recherche wissenschaftliche Ansätze[444], die bereits eine Sammlung von Merkmalen zur Beschreibung verschiedener Arten technischer Produkte vorgenommen haben.

Auf Basis der identifizierten 120 Prototypenmerkmale wurden gemäß des MECE-Prinzips[445] eine **Strukturierung** sowie die resultierende Konsolidierung durchgeführt. Im Sinne des MECE-Prinzips wurde dem Anspruch der Vollständigkeit durch eine Recherche internationaler wissenschaftlicher Veröffentlichungen der vergangenen drei Dekaden begegnet. Erstes Ziel der Konsolidierung war es daher, synonym verwendete Begriffe zwischen der deutschsprachigen und der englischsprachigen Literatur sowie Synonyme jeweils innerhalb der Sprachen aufzudecken, die sich im Laufe der Jahre im wissenschaftlichen Sprachgebrauch ergeben haben. Dem aus dem MECE-Prinzip resultierenden Anspruch auf Überschneidungsfreiheit der Einzelmerkmale wurde zudem durch die Erarbeitung eindeutiger Begriffsdefinitionen je Merkmal begegnet. Indem die Merkmale somit inhaltlich definiert wurden, konnten Überschneidungen aufgedeckt werden. Diese wurden durch entsprechende Ausrichtung der Definitionen letztendlich eliminiert. Mithin sind die in Tabelle 5-2 in alphabetischer Reihenfolge geführten 15 generischen Prototypenmerkmale[446] sowie die entsprechenden Definitionen sowohl für die vorliegende Arbeit als auch für die Anwendung der Methodik als inhaltlich bindend anzusehen.

---

[444] Schork und Kirchner (2018), Defining Requirements in Prototyping; Schmidt et al. (2017), Media richness theory in agile development; Menold et al. (2017), Prototype for X; Breunig (2017), Produktarchitekturgestaltung mechatronischer Baukastensysteme; Böhmer et al. (2017), Towards Agile Product Development - The Role of Prototyping; Jensen et al. (2016), Prototypes in engineering design; Exner et al. (2015), A transdisciplinary perspective on prototyping; Hilton et al. (2015), Understanding prototyping strategies; Gebhardt (2013), Generative Fertigungsverfahren; Kohler et al. (2013), Durch schnelles Scheitern zum Erfolg; Christie et al. (2012), Prototyping strategies: Literature review and identification of critical variables; Hannah et al. (2012), Engineering design representations; Lim et al. (2008), The anatomy of prototypes; McCurdy et al. (2006), Breaking the fidelity barrier; Wall et al. (1992), Evaluating prototyping technologies for product design.

[445] Das MECE-Prinzip (Mutually-Exclusive-And-Collectively-Exhaustive) wird verwendet, um komplexe Probleme und Sachverhalte durch eine endliche Anzahl an Teilelementen in Summe einerseits vollständig und andererseits überschneidungsfrei abzubilden. Der Begriff geht zurück auf Barbara Minto.

[446] Die Zuordnung der im Rahmen der Literaturrecherche identifizierten Merkmale zu den letztendlichen generischen Prototypenmerkmalen ist in Anhang A.1 dargestellt.

Tabelle 5-2: Definitionen für generische Prototypenmerkmale

ID	Merkmal	Definition
1	Farbe	Farbliche Gestaltung der physischen Elemente
2	Form	Plastische Gestalt und Proportionen der physischen Elemente
3	Funktionssicherheit	Langfristiger Erfüllungsgrad der Funktionen hinsichtlich ihrer eigentlichen Aufgabe bzw. ihres Ziels
4	Gewicht	Gewicht der physischen Elemente
5	Größe	Physische Ausdehnung in den drei Raumdimensionen
6	Handhabung	Art der Interaktion des Nutzers mit dem Produkt im Sinne der Informations-/ Befehlseingabe an der Mensch-Maschine-Schnittstelle
7	Kinematik	Mechanische Bewegung einzelner Elemente zur Funktionserfüllung
8	Leistungsfähigkeit	Temporärer Erfüllungsgrad der Funktionen hinsichtlich ihrer eigentlichen Aufgabe bzw. ihres Ziels
9	Material	Art und Eigenschaften der verwendeten Werkstoffe
10	Oberflächen-beschaffenheit	Durch Berührung oder weitere Tests wahrnehmbare Eigenschaften der Oberfläche
11	Package	Räumliche Anordnung einzelner physischer Elemente
12	Reaktion	Art der Interaktion des Nutzers mit dem Produkt im Sinne des Informations-/ Rückmeldeverhaltens an der Maschine-Mensch-Schnittstelle
13	Technologie	Technisches Lösungsprinzip zur Umsetzung der angedachten Funktion
14	Toleranz	Zulässige Differenz zwischen der angestrebten Norm und den tatsächlichen physischen Maßen
15	Verknüpfungsprinzip	Art der Verbindung einzelner Produktelemente (Stofffluss, Energiefluss und Informationsfluss)

Im Rahmen der **Bewertung** wurden die 15 generischen Prototypenmerkmale weiterhin auf wechselseitige Abhängigkeitsbeziehungen untersucht, welche in Abbildung 5-5 dargestellt sind. Eine Abhängigkeitsbeziehung liegt im vorliegenden Fall dann vor, wenn die Ausgestaltung der Wiedergabetreue eines Prototypenmerkmals die Ausgestaltung der Wiedergabetreue eines weiteren Merkmals in verstärkender oder abschwächender Form beeinflusst. Ergebnis dieser Analyse sind 55 Abhängigkeitsbeziehungen, welche in einem letzten Schritt, der das klassische heuristische Screening nach MAYERS[447] ergänzt, zur Bildung von Clustern genutzt werden.

[447] Mayers (1997), Prozeß- und Produktoptimierung mit Hilfe der statistischen Versuchsmethodik.

ID	Merkmal	1	2	3	4	5	6	7	8	9	10	11	12	13	14	15
1	Farbe	■								x	x					
2	Form		■		x	x				x	x					
3	Funktionssicherheit			■				x	x	x				x	x	
4	Gewicht		x	x	■	x				x	x					
5	Größe		x		x	■				x	x					
6	Handhabung						■						x			
7	Kinematik			x				■	x					x		
8	Leistungsfähigkeit			x				x	■				x	x		
9	Material	x	x		x				x	■	x				x	
10	Oberflächenbeschaffenheit	x	x		x		x			x	■					
11	Package		x			x						■			x	x
12	Reaktion						x		x				■			
13	Technologie			x	x	x		x	x			x		■		
14	Toleranz											x			■	x
15	Verknüpfungsprinzip											x			x	■

Legende

X Die Ausgestaltung der Wiedergabetreue des Prototypenmerkmals (Zeile) hat einen unmittelbar verstärkenden oder abschwächenden Einfluss auf die Ausgestaltung der Wiedergabetreue des Prototypenmerkmals (Spalte)

Abbildung 5-5: Unsortierte Abhängigkeitsbeziehungen der Merkmale prototypischer Produktinkremente

Die **Clusterbildung** soll insbesondere im Sinne einer vereinfachten Anwendbarkeit des Beschreibungsmodells durchgeführt werden. Da das Ziel des Beschreibungsmodells in der Modellierung technischer Produkte zur einfachen Ableitung prototypischer Produktinkremente besteht, ist eine vereinfachte Anwendbarkeit dann gegeben, wenn mit einer möglichst geringen Anzahl an Prototypenmerkmalen eine möglichst breit differenzierte Menge möglicher Prototypen abgeleitet werden kann. Dies ist der Fall, wenn eine Menge an Prototypenmerkmalen, deren prototypische Ausgestaltung aufgrund der bestehenden Abhängigkeitsbeziehungen ohnehin im Regelfall synchron erfolgt, zu einem übergeordneten Merkmal zusammengefasst werden können. Mit Hinblick auf diesen Umstand wurden die Prototypenmerkmale sowie deren Abhängigkeitsbeziehungen zunächst einer Cluster-Analyse unterzogen. Anschließend wurde das Ergebnis einer sachlogischen Prüfung unterzogen und die finale Bildung von Clustern durchgeführt, deren Resultat Abbildung 5-6 zu entnehmen ist.

ID	Merkmal	1	2	4	5	9	10	3	8	7	13	11	14	15	6	12
1	Farbe					x	x									
2	Form			x	x	x	x									
4	Gewicht		x		x	x	x	x								
5	Größe		x	x		x	x									
9	Material	x	x	x			x		x				x			
10	Oberflächenbeschaffenheit	x	x	x		x									x	
3	Funktionssicherheit					x			x	x	x		x			
8	Leistungsfähigkeit							x		x	x					x
7	Kinematik							x	x		x					
13	Technologie			x	x			x	x	x		x				
11	Package		x		x								x	x		
14	Toleranz											x		x		
15	Verknüpfungsprinzip											x	x			
6	Handhabung															x
12	Reaktion								x						x	

Legende

X Die Ausgestaltung der Wiedergabetreue des Prototypenmerkmals (Zeile) hat einen unmittelbar verstärkenden oder abschwächenden Einfluss auf die Ausgestaltung der Wiedergabetreue des Prototypenmerkmals (Spalte)

Cluster	Zugeordnete Merkmale
I) Elementgestalt	1 Farbe | 2 Form | 4 Gewicht | 5 Größe | 9 Material | 10 Oberflächenbeschaffenheit
II) Funktionalität	3 Funktionssicherheit | 8 Leistungsfähigkeit
III) Wirkprinzip	7 Kinematik | 13 Technologie
IV) Topologie	11 Package | 14 Toleranz
V) Verknüpfung	15 Verknüpfungsprinzip
VI) Nutzerinteraktion	6 Handhabung | 12 Reaktion

Abbildung 5-6: Clusterbildung der Merkmale prototypischer Produktinkremente

Ergänzend illustriert Abbildung 5-7 das inhaltliche Verständnis der gebildeten Cluster vor dem Hintergrund des vorliegenden Anwendungsfalls zur prototypenorientierten Beschreibung technischer Produkte. Dabei kann für die Merkmalscluster I bis V zunächst die inhaltliche Parallele zu einer von BREUNIG[448] durchgeführten Freiheitsgradbetrachtung bei der Gestaltung technischer Produkte hergestellt werden. BREUNIG stellt generische Freiheitsgradklassen für technische Produkte auf, welche den Gestaltungsspielraum einer technischen Produktentwicklung ganzheitlich beschreiben. Es ist in der Ausarbeitung der vorliegenden Dissertation erkennbar, dass die auf übergeordneter Ebene gebildeten Merkmalscluster zur Beschreibung der Eigenschaften und des Verhaltens technischer Produkte, welche in prototypischen Realisierungen validiert werden können, ebenso geeignet sind, den Gestaltungsspielraum eines Entwicklers zur Einflussnahme auf die Eigenschaften und das Verhalten technischer Produkte

[448] Breunig (2017), Produktarchitekturgestaltung mechatronischer Baukastensysteme, S. 133ff.

zu beschreiben. Mithin führen beide Ausarbeitungen zu identischen Klassen an Freiheitsgraden beziehungsweise Merkmalsclustern. Darüber hinaus stellt BREUNIG in Anlehnung an zahlreiche vorherige wissenschaftliche Erarbeitungen heraus, dass die Betrachtung der Gestaltungsspielräume in Form von Freiheitsgradklassen auf der Ebene von Funktionsmodulen beziehungsweise den funktionsrealisierenden Komponenten eines technischen Produkts erfolgen sollte. Mit Hinblick auf die Ausführungen in Kapitel 4.3.1 erscheint diese Betrachtungsweise auch für die vorliegende Arbeit sinnvoll, da somit eine differenzierte Betrachtung der prototypischen Realisierung unterschiedlicher Teilfunktionen ermöglicht wird.

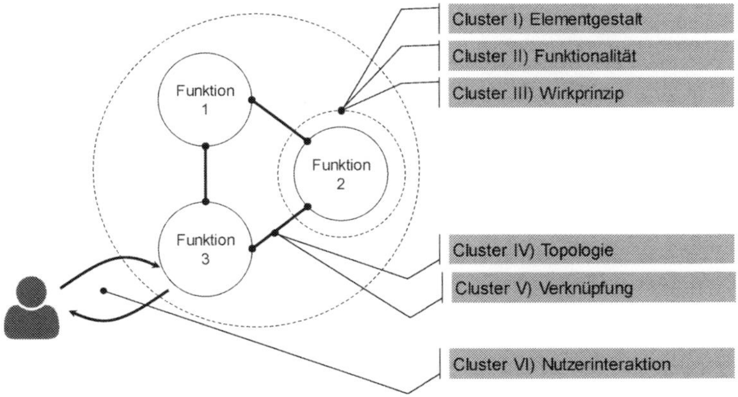

Abbildung 5-7: Systemdarstellung der Merkmalscluster

Den obigen Ausführungen sowie der visuellen Darstellung in Abbildung 5-7 folgend sind die Merkmalscluster „Elementgestalt", „Funktionalität", „Wirkprinzip" zur Beschreibung von Teilfunktionen eines technischen Systems beziehungsweise der Systemelemente, welche die Teilfunktionen realisieren, zu nutzen. Des Weiteren sind die Merkmalscluster „Topologie" und „Verknüpfung" geeignet, um die Zusammenhänge zwischen Teilfunktionen eines technischen Systems beziehungsweise der Systemelemente, welche die Teilfunktion realisieren, zu beschreiben. Dem Umstand, dass im Kontext der agilen Produktentwicklung ein besonderer Fokus auf der frühzeitigen Validierung der Produktanwendung unter Einbezug späterer Nutzer anhand von prototypischen Realisierungen liegt, wird mit dem Merkmalscluster „Nutzerinteraktion" Rechnung getragen. Dieses Cluster wird ebenso wie die weiteren Cluster im Folgenden, aufbauend auf den Begriffsdefinitionen der generischen Prototypenmerkmale sowie der skizzierten funktionsorientierten Betrachtung definiert.

- **Cluster I – Elementgestalt:** Umfasst Prototypenmerkmale, welche die physische Gestalt der Einzelteile, Komponenten und Baugruppen eines technischen Produkts beschreiben, die eine konkrete Teilfunktion umsetzen.[449]
- **Cluster II – Funktionalität:** Umfasst Prototypenmerkmale, welche den Grad der Leistungsfähigkeit und der Aufgabenerfüllung einer betrachteten Teilfunktion beschreiben. Dabei steht insbesondere der Beitrag der Teilfunktion zur Funktionserfüllung der Gesamtfunktion des technischen Produkts im Fokus.[450]
- **Cluster III – Wirkprinzip:** Umfasst Prototypenmerkmale, welche die Art und Weise der technischen Funktionsrealisierung einer betrachteten Teilfunktion beschreiben.[451]
- **Cluster IV– Topologie:** Umfasst Prototypenmerkmale, welche die physische Anordnung der Systemelemente, die eine konkrete Teilfunktion umsetzten, gegenüber anderen Systemelementen beschreiben.[452]
- **Cluster V – Verknüpfung:** Beschreibt den Stofffluss, Energiefluss und Informationsfluss zwischen der betrachteten Teilfunktion und weiteren Teilfunktionen.[453]
- **Cluster 6 – Nutzerinteraktion:** Umfasst Prototypenmerkmale, welche die Art und Weise der Interaktion eines Anwenders mit der betrachteten Teilfunktion beschreiben.

Mit diesen Merkmalsclustern sowie den darin enthaltenen Merkmalen zur Beschreibung prototypischer Produktinkremente besteht ein Beschreibungsmodell, anhand dessen in der Anwendung der Methodik eine Modellierung des zu entwickelnden Produkts ermöglicht wird. Die Modellierung erfolgt dabei in einer Art und Weise, die eine spätere gezielte Ableitung prototypischer Produktinkremente vereinfacht. Abbildung 5-8 zeigt das Prinzip des Beschreibungsmodells, welches die Produktmodellierung entsprechend des gewünschten Detaillierungsgrads sowie entsprechend notweniger Spezifizierungen ermöglicht.

---

[449] Vgl. Breunig (2017), Produktarchitekturgestaltung mechatronischer Baukastensysteme, S. 135f.
[450] Vgl. Breunig (2017), Produktarchitekturgestaltung mechatronischer Baukastensysteme, S. 135.
[451] Vgl. Breunig (2017), Produktarchitekturgestaltung mechatronischer Baukastensysteme, S. 134.
[452] Vgl. Breunig (2017), Produktarchitekturgestaltung mechatronischer Baukastensysteme, S. 136.
[453] Vgl. Feldhusen et al. (2013), Technische Systeme, S. 244.

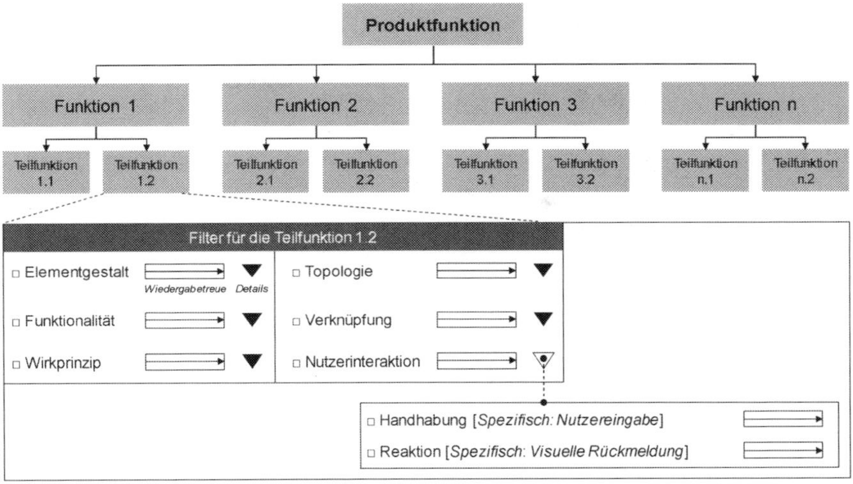

Abbildung 5-8: Modell zur prototypenorientierten Beschreibung technischer Produkte

Die Anwendung des Beschreibungsmodells zur Beschreibung des zu entwickelnden Produkts erfolgt in vier Detaillierungsschritten.

In einem ersten Schritt wird entsprechend der Modellierungsvorgaben aus Kapitel 5.1.2 eine funktionsorientierte Produktbeschreibung aufgebaut. Diese gilt es, in dem gewünschten und darstellbaren Detaillierungsgrad auf verschiedenen Ebenen darzustellen. In einem zweiten Schritt wird entschieden, welche Merkmalscluster im vorliegenden Anwendungsfall benötigt werden. Beispielsweise kann eine Funktion über keinerlei Kopplung zu weiteren Funktionen verfügen, sodass das entsprechende Merkmalscluster Verknüpfung nicht zur Produktbeschreibung heranzogen werden muss. Außerdem kann in diesem Schritt entschieden werden, ob eine Betrachtung auf Ebene der Merkmalscluster ausreichend ist oder die Betrachtung der generischen Merkmale prototypischer Produktinkremente für die spätere Ableitung prototypischer Produktinkremente herangezogen werden soll. Für die relevanten Merkmalscluster kann in einem dritten Schritt entschieden werden, welche der generischen Prototypenmerkmale für die entsprechende Funktion relevant sind und es wird die dementsprechende Auswahl vorgenommen. In einem vierten Schritt können die relevanten generischen Merkmale zur Beschreibung prototypischer Produktinkremente mit Hinblick auf die jeweilige Teilfunktion spezifiziert werden. Beispielsweise kann bei einem Smartphone die Nutzerinteraktion der Teilfunktion „Lautstärke regeln" mit einer konkreten Nutzereingabe (Handhabung) sowie einer visuellen Rückmeldung (Reaktion) auf dem Bildschirm spezifiziert werden.

In Anlehnung an die Ausarbeitung von KOHLER ET AL.[454] kann auf Basis des Beschreibungsmodells im Sinne eines „Filter-Fidelity-Modells" beschrieben werden, welche Eigenschaften eines technischen Produkts in einer prototypischen Realisierung fokussiert beziehungsweise gefiltert werden sollen. Dementsprechend kann die Wiedergabetreue (engl. Fidelity) einzelner Eigenschaften gezielt eingestellt werden, um konkrete Fragestellungen beantworten zu können.

Somit ist der mit Hinblick auf die Ausgestaltung prototypischer Produktinkremente postulierte Leitsatz „We need it to be narrative-complete, not feature-complete"[455] für die in der vorliegenden Dissertation fokussierten technischen Produkte operationalisiert worden. Während der funktionale Kontext („narrative-complete") der Funktionen, welche in einem Prototyp realisiert werden sollen, durch die funktionale Beschreibung abgebildet wird, ist die gezielte Reduktion der abgebildeten Eigenschaften („not feature-complete") durch die Merkmale prototypischer Produktinkremente sowie deren Wiedergabetreue möglich.

Abbildung 5-9 illustriert eine beispielhafte Anwendung des Beschreibungsmodells. Dazu wird für den Anwendungsfall der Entwicklung einer mechanischen Armbanduhr je Teilfunktion überprüft, welche Merkmalscluster für die Ableitung von Prototypen relevant sind. Da in diesem Falle die Teilfunktion „Energie bevorraten" keinerlei direkte Nutzerinteraktion aufweist, kann das entsprechende Merkmalscluster gestrichen werden. Bei der Betrachtung des Merkmalsclusters Funktionalität fällt auf, dass eine Differenzierung auf Ebene der generischen Merkmale sinnvoll erscheint, da die temporäre Funktionserfüllung und die langfristige Funktionssicherheit der Teilfunktion „Energie bevorraten" mit Hinblick auf die Realisierung von Prototypen und die Durchführung entsprechender Validierung signifikant zu unterscheiden sind. Des Weiteren können beide generischen Merkmale im vorliegenden Anwendungsfall spezifiziert werden. Während die Leistungsfähigkeit im Kontext der Teilfunktion „Energie bevorraten" durch die Gangreserve spezifiziert werden kann, wird die Funktionssicherheit/ Belastbarkeit im Kontext der Teilfunktion „Energie bevorraten" durch die

[454] Kohler et al. (2013), Durch schnelles Scheitern zum Erfolg.
[455] Kniberg (2013), How Spotify builds products, S. 6.

Langlebigkeit der Gangreserve im Lebenszyklus spezifiziert. Bei der Bildung prototypischer Produktinkremente im Verlaufe des Entwicklungsprojekts können folglich einzelne der Funktionen und Merkmale fokussiert werden.

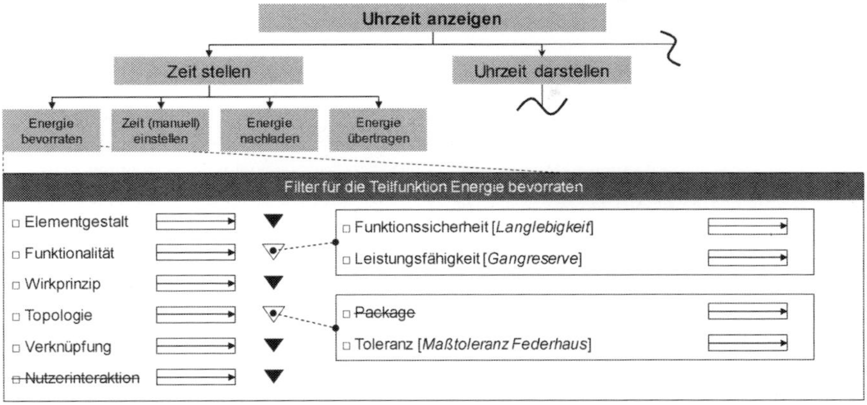

Abbildung 5-9: Beispielhafte Anwendung des Beschreibungsmodells

Zusammenfassend ist festzuhalten, dass dieses Kapitel eine Systematik bereitstellt, welche den Anwender befähigt, das zu entwickelnde Produkt in einer Form zu beschreiben, welche die spätere Ableitung von prototypischen Produktinkrementen in einer differenzierten Darstellung erlaubt, sodass die bewusste Reduktion auf die wesentlichen Merkmale ermöglicht wird. Dazu werden generische Merkmale prototypischer Produktinkremente angeboten, welche in Abhängigkeit des Produkts ausgewählt werden können. Bei der Ausgestaltung von prototypischen Realisierungen während des Entwicklungsprozesses können diese Merkmale entsprechend der Zielsetzung eines Prototyps unterschiedlich stark detailliert werden. Aus der Erarbeitung ergibt sich ein Modell, in dem die in einem prototypischen Produktinkrement zu fokussierenden Produktumfänge abgebildet werden können.

Abschließend zeigt Abbildung 5-10 die in Kapitel 5.1 dargelegten Arbeitsschritte zur Strukturierung und Beschreibung technischer Produkte in einer Form, welche die spätere Ableitung und Darstellung prototypischer Produktinkremente erlaubt. Auf Basis der gewonnenen Ergebnisse in Form einer prototypenorientierten Beschreibung des Produkts kann die Anwendung der Gesamtmethodik mit dem im anschließenden Kapitel 5.2 vorgestellten Modell fortfahren.

Kapitel 5.1
Modell zur prototypenorientierten Beschreibung technischer Produkte

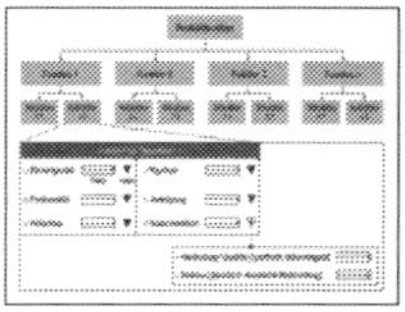

Zielsetzung
Strukturierung und systematische Beschreibung technischer Produkte in einer Form, welche die Ableitung prototypischer Produktinkremente ermöglicht

Input
Grundsätzliche Produktidee sowie relevante Produktfunktionen

Vorgehensweise
- Beschreibung der zentralen Wissenslücken eines technischen Produktentwicklungsprojekts in Form von Fragestellungen
- Modellierung des technischen Produkts in Form einer Funktionsstruktur
- Auswahl der relevanten Prototypenmerkmale zur Beschreibung der Eigenschaften und des Verhaltens des Produkts

Output
Fragestellungen, Produktbeschreibung zur Ableitung prototypischer Produktinkremente

Abbildung 5-10: Prototypenorientierte Beschreibung technischer Produkte

5.2 Fragestellungsspezifische Differenzierung von Produktumfängen

Die in der vorliegenden Dissertation zu entwickelnde Methodik dient dem Einsatz in der Zyklusplanung agiler Produktentwicklungsprojekte. Ein zentrales Charakteristikum agiler Entwicklungsprojekte besteht in der konsequenten Priorisierung und der Fokussierung der Entwicklungstätigkeiten auf das zum Zeitpunkt der Betrachtung jeweils Wesentliche. Dementsprechend gilt es auch in der Auslegung prototypischer Produktinkremente eine gezielte Filterung der in einem prototypischen Produktinkrement zu fokussierenden Produktumfänge zu unterstützen. Auf Basis der allgemeinen Produktmodellierung, welche durch das Beschreibungsmodell aus Kapitel 5.1 gegeben ist, soll in diesem Kapitel hergeleitet werden, wie eine fragestellungsspezifische Differenzierung der Produktumfänge durchgeführt wird, um die Wichtigkeit einzelner Funktionen und Eigenschaften des Produkts im Hinblick auf konkrete Fragestellungen unterscheiden zu können (siehe Abbildung 5-11).

Dementsprechend soll in diesem Kapitel die folgende Forschungsfrage adressiert werden:

Wie können Produktumfänge hinsichtlich ihres Beitrags zur Beantwortung von konkreten Fragestellungen differenziert werden?

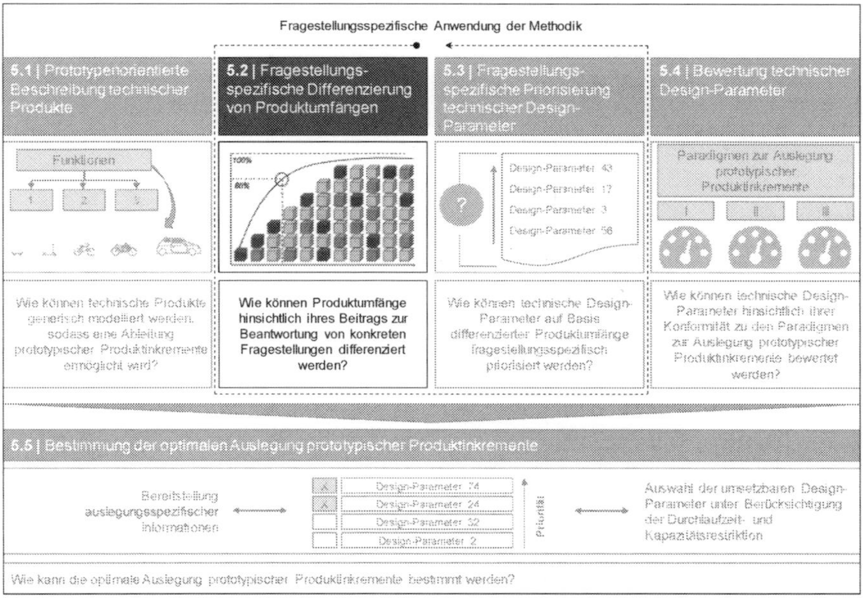

Abbildung 5-11: Fragestellungsspezifische Differenzierung von Produktumfängen

Es wird demzufolge ein Erklärungsmodell entwickelt, welches den Zusammenhang zwischen Fragestellungen sowie der fragestellungsspezifischen Wichtigkeit von Produktumfängen nachvollzierbar macht. Zunächst beschreibt Kapitel 5.2.1, wie Produktfunktionen hinsichtlich ihres Beitrags zum Erkenntnisgewinn bezüglich konkreter Fragestellungen geordnet werden. Anschließend wird in Kapitel 5.2.2 aufgezeigt, wie eine fragestellungsspezifische Bewertung der Merkmale prototypischer Produktinkremente vorgenommen wird.

5.2.1 Strukturierung funktionaler Produktumfänge

Das Ziel des ersten Arbeitsschritts ist es, unterschiedliche Funktionen auf ihre Relevanz zur Beantwortung konkreter Fragestellungen zu überprüfen. Dazu müssen die mit einer Fragestellung zusammenhängenden Funktionen abgebildet werden. Den Ausgangspunkt stellt somit die Funktionsstruktur als Teil der prototypenorientierten Beschreibung dar (siehe Kapitel 5.1). Es gilt, die Funktionen des Produkts methodisch hinsichtlich ihres Beitrags zum fragestellungsspezifischen Erkenntnisgewinn zu bewerten. Dazu wird ein Modell zur Klassifikation von Produktfunktionen hergeleitet.

Zunächst ist festzuhalten, dass die VDI Richtlinie 2803[456] hinsichtlich des Einsatzes beziehungsweise des Nutzers eines Produkts die Wichtigkeit von Funktionen unterscheidet in die Klassen Hauptfunktionen und Nebenfunktionen. Die Zuordnung der Funktionen eines Produkts zu diesen Klassen erfolgt in Abhängigkeit des Ziels der Produktbetrachtung. Es wird vorgesehen, dass es mindestens eine Hauptfunktion gibt, jedoch auch mehrere Haupt- und Nebenfunktionen existieren können. Dabei wird vorgegeben, dass Haupt- und Nebenfunktionen einander nicht bedingen, also unabhängig voneinander ausführbar sind. Weiterhin gilt, dass Teilfunktionen durch ihr Zusammenwirken eine Gesamtfunktion ergeben. Zwischen Teilfunktionen bestehen folglich logische, physikalische, technologische oder ablauforganisatorische Zusammenhänge, welche zur Realisierung der Gesamtfunktion notwendig sind. Dabei kann eine Gesamtfunktion eine Hauptfunktion oder auch eine Nebenfunktion sein. Zusammenfassend ist festzuhalten, dass Funktionen eines Produkts mit Hinblick auf den jeweiligen Untersuchungszweck der Produktbetrachtung klassifiziert werden können in Hauptfunktionen und Nebenfunktionen, welche ihrerseits jeweils eine Gesamtfunktion darstellen können. Einer Gesamtfunktion sind Teilfunktionen untergeordnet. Vor dem Hintergrund der in dieser Methodik fokussierten Betrachtung spezifischer Fragestellungen, welche den jeweiligen Untersuchungszweck der Produktbetrachtung ausmachen, erscheint die angebotene Bildung von Funktionsklassen geeignet.

In Anlehnung an die Klassifikation von Geschäftsprozessen nach GADATSCH[457] können Steuerungsprozesse, Kernprozesse und Unterstützungsprozesse unterschieden werden. Während Steuerungsprozesse als Koordinationswerkzeuge aller Geschäftsprozesse definiert werden, ist insbesondere die Unterscheidung in Kerngeschäftsprozesse und Unterstützungsprozesse vor dem Hintergrund des jeweiligen Wertschöpfungsbeitrags zu nennen. Kerngeschäftsprozesse werden in dem Zusammenhang definiert als Geschäftsprozesse mit einem hohen Beitrag zur Wertschöpfung. Unterstützungsprozesses werden gleichzeitig definiert als Geschäftsprozesse mit geringem oder keinem Wertschöpfungsanteil, welche aber die notwendigen Voraussetzungen für das Ablaufen der Kernprozesse schaffen. MCMANUS[458] spezifiziert das Verständnis von Geschäftsprozessen für die Anwendung in Produktentwicklungsprozessen und stellt fest, dass sich der Grad der Wertschöpfung von Geschäftsprozessen im Kontext der Produktentwicklung anhand der Unsicherheit bemessen lässt, die durch einen Prozess reduziert wird. Mit Hinblick auf die vorliegende Dissertation kann dieses Verständnis ebenso auf die Beantwortung von Fragestellungen sowie dem Wertbeitrag einzelner Produktfunktionen

[456] VDI (1993), VDI 2803 - Funktionenanalyse.
[457] Gadatsch (2015), Geschäftsprozesse analysieren und optimieren, S. 16f.
[458] McManus (2005), Product Development Value Stream Mapping, S. 30.

übertragen werden. Konkret gilt es zu untersuchen, welchen Beitrag zur Reduktion fragestellungsspezifischer Unsicherheiten einzelne Produktfunktionen leisten.

Auf Basis der Funktionsklassifikationen sowie der Klassifikation von Geschäftsprozessen wird eine Klassifikation von Produktfunktionen hinsichtlich ihres fragestellungsspezifischen Beitrags zur Unsicherheitsreduktion definiert (siehe Abbildung 5-12)

Grundtyp		Beschreibung
Hauptfunktion		Die Funktion leistet den maßgeblichen direkten Wertbeitrag zur Beantwortung einer Fragestellung. Die Hauptfunktion existiert unabhängig von anderen Haupt- oder Nebenfunktionen. Sie kann durch Teilfunktionen beeinflusst werden.
Nebenfunktion		Die Funktion leistet einen direkten Wertbeitrag zur Beantwortung einer Fragestellung. Die Nebenfunktion existiert unabhängig von anderen Haupt- oder Nebenfunktionen. Sie kann durch Teilfunktionen beeinflusst werden.
Unterstützungs-funktion		Die Funktion leistet keinen eigenen Wertbeitrag zur Beantwortung einer Fragestellung. Die Unterstützungsfunktion wird lediglich benötigt, um die Funktionalität einer oder mehrerer Haupt- oder Nebenfunktionen mit Hinblick auf die Fragestellung zu validieren.
Unerhebliche Funktion		Die Funktion leistet keinen direkten Wertbeitrag zur Beantwortung einer Fragestellung. Die unerhebliche Funktion wird im Kontext der Fragestellung auch nicht zur Ausführung von Haupt- oder Nebenfunktionen benötigt.

Abbildung 5-12: Klassifikationslogik zur fragestellungsspezifischen Differenzierung von Produktfunktionen

Anhand einer beispielhaften Anwendung der Klassifikationslogik bietet Abbildung 5-13 in Form eines Schalenmodells zugleich eine Visualisierungsform zur fragestellungsspezifischen Differenzierung von Produktfunktionen. Im vorliegenden Beispiel wird die dritte Ebene der Funktionsstruktur einer mechanischen Armbanduhr vor dem Hintergrund einer technisch-wirtschaftlichen Fragestellung betrachtet.

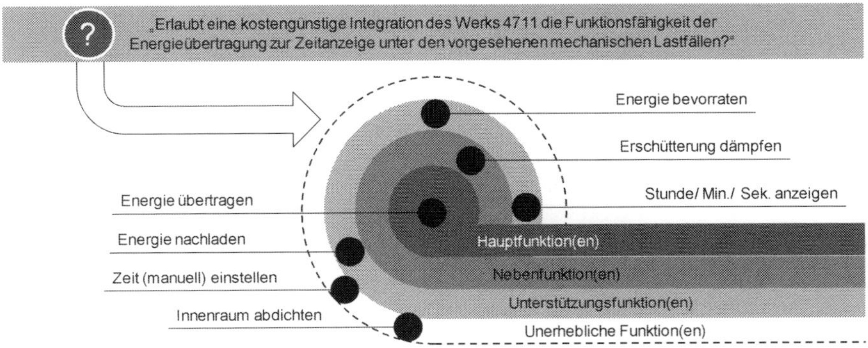

Abbildung 5-13: Fragestellungsspezifische Differenzierung von Produktfunktionen

Mit Hinblick auf die zugrundeliegende Fragestellung wird die Klassifikationslogik (siehe Abbildung 5-12) auf alle Teilfunktionen angewendet, sodass diese hinsichtlich ihrer fragestellungsspezifischen Wichtigkeit qualitativ bewertet und anhand der Klassifikationslogik eindeutig eingeordnet werden. Da die Robustheit der Energieübertragung im Räderwerk des Uhrwerks unter definierten mechanischen Lastfällen im Fokus der Fragestellung steht, wird die entsprechende Produktfunktion „Energie übertragen" als Hauptfunktion klassifiziert. Weiterhin ist die gehäuseseitige Dämpfung mechanischer Erschütterungen als Nebenfunktionen zu bezeichnen, da sie einen direkten Wertbeitrag zur Beantwortung der Fragestellung leistet, indem die Dämpfung von Erschütterungen zur Funktionsfähigkeit der Energieübertragung beiträgt. Schließlich unterstützen die Anzeige der Uhrzeit (Funktion „Stunde/ Min./ Sek. Anzeigen") sowie der manuelle Aufzug (Funktion „Energie nachladen") bei der Validierung der Funktionsfähigkeit. Weitere Funktionen wie die Abdichtung des Innenraums vor Feuchtigkeit, Staub etc. oder die Möglichkeit zur manuellen Zeiteinstellung sind im Hinblick auf die betrachtete Fragestellung unerheblich.

Somit besteht ein Modell zur differenzierten Beschreibung von Produktfunktionen mit Hinblick auf deren Beitrag zur Beantwortung konkreter Fragestellungen. Das Klassifikationsmodell in Form eines Schalenmodells dient der transparenten und eindeutigen Kommunikation der fragestellungsspezifischen Wichtigkeit von Produktfunktionen.

5.2.2 Fragestellungsspezifische Bewertung der Prototypenmerkmale

In Kapitel 5.1 wurde herausgearbeitet, dass eine prototypenorientierte Beschreibung technischer Produkte neben einer funktionalen Betrachtung einer merkmalsbasierten Beschreibung bedarf. Nachdem in Kapitel 5.2.1 dargestellt wurde, wie eine fragestellungsspezifische Strukturierung funktionaler Produktumfänge erfolgt, wird in diesem Arbeitsschritt eine fragestellungsspezifische Bewertung der Prototypenmerkmale vorgenommen. Wiederum besteht das Ziel darin, die Prototypenmerkmale je Funktion hinsichtlich ihres Beitrags zum fragestellungsspezifischen Erkenntnisgewinn zu bewerten. Diese Betrachtung gewährleistet, dass nur jene Aspekte der einer Funktion zugeordneten Baugruppen oder Komponenten in einer prototypischen Realisierung abgebildet werden, die der Beantwortung einer Fragestellung zuträglich sind.

Um Prototypenmerkmale bewerten zu können, ist zunächst festzustellen, dass jedes Merkmal hinsichtlich seiner Wiedergabetreue in einem prototypischen Produktinkrement differenziert werden kann. In Abhängigkeit der Wiedergabetreue von Prototypenmerkmalen sind Eigenschaften und Verhalten des Produkts in einem prototypischen Produktinkrement folglich unterschiedlich realitätsgetreu dargestellt. In Abhängigkeit der Realitätstreue der Eigenschaften und des Verhaltens können mit Hinblick auf bestehende Fragestellungen unterschiedlich valide Erkenntnisse generiert werden. Um eine fragestellungsspezifische Differenzierung der Prototypenmerkmale vornehmen zu können, muss somit der Zusammenhang zwischen Wiedergabetreue der Merkmale und fragestellungsspezifischen Erkenntnissen modelliert werden.

Vor dem Hintergrund dieser methodischen Problemstellung sei auf das von KANO[459] entwickelte Kano-Modell verwiesen. Dieses bewertet die Kundenzufriedenheit in Abhängigkeit des Erfüllungsgrades von Produktmerkmalen. So wird es möglich, Merkmale bezüglich ihrer Wichtigkeit für die Kundenzufriedenheit zu klassifizieren. Abbildung 5-14 zeigt dazu im linken Teil die definierten Typen von Merkmalen.

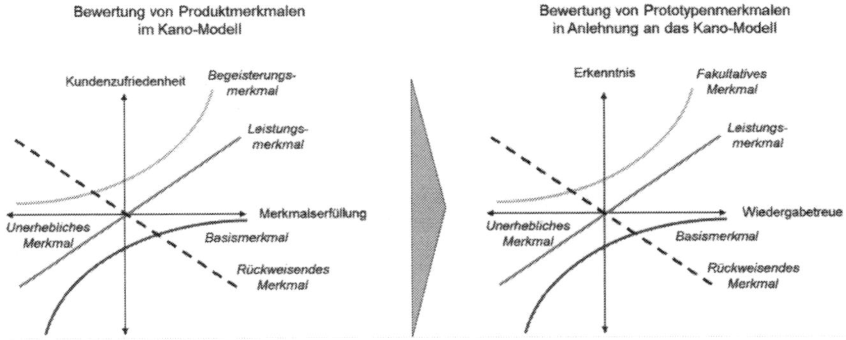

Abbildung 5-14: Bewertung von Produkt- und Prototypenmerkmalen im Kano-Modell[460]

Die vollständige Erfüllung von **Basismerkmalen** wird vom Kunden implizit vorausgesetzt. Die Nicht-Erfüllung dieser Merkmale führt zu starker Unzufriedenheit. Beispielsweise werden Sicherheitsmerkmale von Automobilen wie ESP (Elektronisches Stabilitätsprogramm) oder ABS (Antiblockiersystem) heutzutage als Basismerkmale moderner Automobile von Kunden vorausgesetzt. **Leistungsmerkmale** hingegen sind Merkmale, die aktiv zur Differenzierung gegenüber Wettbewerbsprodukten eingesetzt werden können. Da Leistungsmerkmale bei Nicht-Erfüllung zu starker Unzufriedenheit führen und bei Erfüllung zu starker Zufriedenheit, sind diese Merkmale in der

[459] Kano et al. (1984), Attractive quality and must-be quality.
[460] In Anlehnung an Sauerwein (2000), Das Kano-Modell der Kundenzufriedenheit, S. 2.

Kundenwahrnehmung besonders zu fokussieren. Beispielsweise werden heute Infotainment Funktionalitäten sowie Aspekte der Bedienbarkeit im Automobil als Leistungsmerkmale wahrgenommen. **Begeisterungsmerkmale** sind in der Regel emotional wahrgenommene Merkmale, welche bei Nicht-Erfüllung nicht wahrgenommen werden und somit auch nicht zu Unzufriedenheit führen, allerdings bei Erfüllung zu überproportional starker Kundenzufriedenheit führen. Beispielsweise werden heute neuartige Scheinwerfertechnologien, wie die von der Marke Audi angebotenen Matrix LED-Scheinwerfer[461] als Begeisterungsmerkmale wahrgenommen. Weiterhin besitzen **unerhebliche Merkmale** unabhängig von ihrem Erfüllungsgrad keinen Einfluss auf die Zufriedenheit oder die Unzufriedenheit von Kunden, da sie beispielsweise vom Kunden nicht wahrnehmbar sind. Abschließend sind **rückweisende Merkmale** zu benennen, die mit zunehmendem Erfüllungsgrad zu steigender Unzufriedenheit führen.[462]

Im rechten Teil der Abbildung 5-14 ist die für die Methodik passende Adaption des Kano-Modells in Form von Merkmalstypen aufgeführt. Dabei ist der Erfüllungsgrad, welcher über die Abszisse notiert wird, zu verstehen als die Wiedergabetreue eines Merkmals in einem prototypischen Produktinkrement. Die fragestellungsspezifischen Erkenntnisse, welche über die Ordinate notiert werden, sind als das Resultat der Merkmalserfüllung zu verstehen. Somit kann das Verständnis der Merkmalstypen zur Klassifizierung von Prototypenmerkmalen definiert werden (siehe Abbildung 5-15).

Grundtyp		Beschreibung
Basismerkmal		Das Merkmal bedarf einer umfangreichen Detaillierung, um valide Erkenntnisse zur Beantwortung der Fragestellung gewinnen zu können. Eine Nicht-Realisierung verhindert den validen Erkenntnisgewinn für wesentliche Bestandteile der prototypenbasierten Untersuchungen.
Leistungs-merkmal		Das Merkmal führt bei umfangreicher Detaillierung zu wesentlichen Erkenntnissen aber verhindert bei unzureichender Detaillierung eine valide Beantwortung der Fragestellung.
Fakultatives Merkmal		Das Merkmal führt bei umfangreicher Detaillierung zu wesentlichen Erkenntnissen, die über die reine Beantwortung der Fragestellung hinausgehen. Die Nicht-Realisierung beeinflusst die valide Beantwortung der Fragestellung nicht.
Unerhebliches Merkmal		Das Merkmal trägt unabhängig von der Detaillierung nicht zur Generierung fragestellungsbezogener Erkenntnisse bei.
Rückweisendes Merkmal		Das Merkmal trägt mit zunehmender Detaillierung zur Verzerrung der Erkenntnisse bei, da bspw. von dem Fokus der Fragestellung abgelenkt wird.

Abbildung 5-15: Typen von Prototypenmerkmalen[463]

[461] Vgl. Audi AG (2019), Matrix LED-Scheinwerfer.

[462] Kano et al. (1984), Attractive quality and must-be quality, S. 39ff.; Sauerwein (2000), Das Kano-Modell der Kundenzufriedenheit, S. 2; Schuh und Riesener (2017), Produktkomplexität managen, S. 71f.; Diels (2018), Indikatoren für die Ermittlung agil zu entwickelnder Produktumfänge, S. 163f.

[463] Unerhebliche Merkmale und Rückweisende Merkmale sind in identischer Farblogik notiert, da sie im Rahmen der fragestellungsspezifischen Differenzierung und Priorisierung nicht unterschieden werden sollen.

Um die Zuordnung von Merkmalen zu den definierten Grundtypen aus Gesichtspunkten der Objektivität eindeutig vornehmen zu können, soll in Anlehnung an KANO und WIEGERS das Instrument der zweiseitigen Bewertung verwendet werden. WIEGERS erkennt im Kontext der wertorientierten Priorisierung von Anforderungen in der Softwareentwicklung, dass der Wertbeitrag einer Anforderung aus zwei Perspektiven betrachtet werden kann. Zum einen gilt es, den erwarteten Nutzen einer umgesetzten Anforderung zu bewerten, zum anderen gilt es zu bewerten, welche Nachteile aus der Nicht-Umsetzung der Anforderung resultieren. Aus einer Verrechnung beider Bewertungen geht der Wertbeitrag einer Anforderung und somit ihre Priorität hervor.[464]

Ein vergleichbares Prinzip wird bei der Zuordnung von Merkmalen zu vordefinierten Merkmalstypen im Kano-Modell verwendet. Wie in Abbildung 5-16 anhand eines beispielhaften Produktmerkmals in Anlehnung an SAUERWEIN[465] dargestellt, wird ein Kunde bezüglich der Relevanz eines Produktmerkmals sowohl aus funktionaler als auch aus dysfunktionaler Perspektive befragt.

Funktionale Form der Befragung: „Wenn der Kantengriff Ihres Skis auf harter Piste gut ist, wie denken Sie darüber?"	□ Das würde mich sehr freuen. □ Das setze ich voraus. □ Das ist mir egal. □ Das könnte ich eventuell in Kauf nehmen. □ Das würde mich sehr stören.
Dysfunktionale Form der Befragung: „Wenn der Kantengriff Ihres Skis auf harter Piste schlecht ist, wie denken Sie darüber?"	□ Das würde mich sehr freuen. □ Das setze ich voraus. □ Das ist mir egal. □ Das könnte ich eventuell in Kauf nehmen. □ Das würde mich sehr stören.

Abbildung 5-16: Funktionale und dysfunktionale Befragung im Kano-Modell[466]

Auf Basis der gegebenen Antworten zu beiden Fragen, kann eine Zuordnung des Produktmerkmals „Kantengriff" zu einem der fünf vordefinierten Merkmalstypen auf Basis einer vorgegebenen Zuordnungslogik vorgenommen werden.[467]

Aufgrund der Objektivität dieses Bewertungsverfahrens soll auch das Prinzip der funktionalen und dysfunktionalen Befragung sowie eine entsprechende Zuordnungslogik für die zu entwickelnde Methodik adaptiert werden. Es gilt, in der funktionalen Befragung die Auswirkung einer detaillierten Ausgestaltung eines Prototypenmerkmals auf

---

[464] Vgl. Wiegers und Beatty (2013), Software requirements, S. 51ff.

[465] Sauerwein (2000), Das Kano-Modell der Kundenzufriedenheit, S. 37.

[466] In Anlehnung an Bailom et al. (1996), Das Kano-Modell der Kundenzufriedenheit, S. 120; Sauerwein (2000), Das Kano-Modell der Kundenzufriedenheit, S. 37.

[467] Bezüglich der detaillierten Ausführung der Zuordnungslogik im Kano-Modell sei an dieser Stelle auf die Primärquelle verwiesen: Sauerwein (2000), Das Kano-Modell der Kundenzufriedenheit, S. 37f.

die durch das entsprechende prototypische Produktinkrement generierten fragestellungsspezifischen Erkenntnisse vorherzusagen. Im Umkehrschluss gilt es, in der dysfunktionalen Befragung die Auswirkung einer fehlenden Ausgestaltung eines Prototypenmerkmals auf die fragestellungsspezifischen Erkenntnisse vorherzusagen. Wiederum soll aus der Kombinatorik der gewählten Antworten eine eindeutige Zuordnung eines Merkmals zu einem der vordefinierten Grundtypen erfolgen.

Abbildung 5-17 zeigt die adaptierte Form der funktionalen und dysfunktionalen Befragung für den skizzierten Anwendungsfall. Mit Hinblick auf die in Kapitel 5.1 entwickelte prototypenorientierte Beschreibungslogik für technische Produkte, soll auch die funktionale und dysfunktionale Befragung der funktionsspezifischen Betrachtung von Prototypenmerkmalen folgen. Das heißt, dass für jede Funktion individuell bewertet wird, welche Auswirkung eine detaillierte Ausgestaltung eines Prototypenmerkmals auf die generierbaren Erkenntnisse hat. Dabei ist die Ausgestaltung eines Prototypenmerkmals zu verstehen als der Grad, zu dem die Einzelteile, Komponenten und Baugruppen, welche zur Funktionsrealisierung notwendig sind, wiedergabegetreu in einem prototypischen Produktinkrement realisiert werden.

? <<Zu betrachtende Fragestellung>>

Funktionale Form der Befragung: „Welchen Effekt auf die Beantwortung der Fragestellung hat es, wenn das Merkmal X der Funktion Y in einem prototypischen Produktinkrement detailliert ausgestaltet wird?"	□ **A)** Dadurch werden umfangreiche Erkenntnisse generiert. □ **B)** Das ist die Voraussetzung zur Generierung valider Erkenntnisse. □ **C)** Das hat keine Auswirkung auf die generierten Erkenntnisse. □ **D)** Das erschwert die Generierung valider Erkenntnisse. □ **E)** Das führt zu einer starken Verzerrung der generierbaren Erkenntnisse.
Dysfunktionale Form der Befragung: „Welchen Effekt auf die Beantwortung der Fragestellung hat es, wenn das Merkmal X der Funktion Y in einem prototypischen Produktinkrement nicht ausgestaltet wird?"	□ **A)** Dadurch werden umfangreiche Erkenntnisse generiert. □ **B)** Das ist die Voraussetzung zur Generierung valider Erkenntnisse. □ **C)** Das hat keine Auswirkung auf die generierten Erkenntnisse. □ **D)** Das erschwert die Generierung valider Erkenntnisse. □ **E)** Das führt zu einer starken Verzerrung der generierbaren Erkenntnisse.

Abbildung 5-17: Adaptierte funktionale und dysfunktionale Befragung

Die detaillierte Ausgestaltung eines Merkmals in einem prototypischen Produktinkrement kann die Voraussetzung zur Generierung fragestellungsspezifischer Erkenntnisse sein. Dies ist insbesondere dann der Fall, wenn das Merkmal die für die Fragestellung relevanten Eigenschaften und das Verhalten des Produkts abbildet. Im Kontext des skizzierten Anwendungsbeispiels ist beispielsweise festzustellen, dass bezogen auf die Fragestellung „Erlaubt eine kostengünstige Integration des Werks 4711 die Funktionsfähigkeit der Energieübertragung zur Zeitanzeige unter den vorgesehenen mechanischen Lastfällen?" die detaillierte Ausgestaltung der „Leistungsfähigkeit" der Funktion „Energie übertragen" als Voraussetzung zum validen Erkenntnisgewinn verstanden wird, da eben diese Eigenschaft der Funktion im Mittelpunkt der Betrachtung der Fragestellung steht. Im gleichen Zuge hat bezogen auf die Funktion „Energie bevorraten" die Ausgestaltung der Merkmale in dem Cluster „Wirkprinzip" keine Auswirkung auf die generierten Erkenntnisse, da lediglich sichergestellt werden muss, dass Energie gespeichert und übertragen werden kann. Das Speicherprinzip zur Speicherung von Federenergie ist bezüglich der Fragestellung nicht relevant. Darüber hinaus wird, bezogen auf die Funktion „Erschütterung dämpfen", lediglich die „Leistungsfähigkeit" der Dämpfung zur Beantwortung der Fragestellung als Grundvoraussetzung gesehen. Wird zudem die „Elementgestalt" im Sinne der physischen Ausgestaltung der Dämpfung detailliert, sind Erkenntnisse generierbar, die über die reine Beantwortung der Fragestellung hinausgehen, wie beispielsweise eine Bauraumbewertung hinsichtlich der Kraftflüsse unter mechanischen Lasten.

Die Nicht-Ausgestaltung eines Merkmals in einem prototypischen Produktinkrement kann im Umkehrschluss die generierbaren Erkenntnisse erschweren. Dies ist insbesondere dann der Fall, wenn das Fehlen eines Merkmals dazu führt, dass die für die Fragestellung relevanten Eigenschaften sowie Verhaltensweisen des Produkts nicht unmittelbar erkennbar sind, sondern nur mit erhöhtem Aufwand analysiert werden können. Im geschilderten Anwendungsbeispiel wäre dies im Hinblick auf die betrachtete Fragestellung „Erlaubt eine kostengünstige Integration des Werks 4711 die Funktionsfähigkeit der Energieübertragung zur Zeitanzeige unter den vorgesehenen mechanischen Lastfällen?" dann gegeben, wenn die „Funktionssicherheit" der Funktion „Energie übertragen" nicht hinreichend genau ausgestaltet wird. In diesem Falle müssten beispielsweise die Erkenntnisse aus Belastungstests extrapoliert werden, um die langfristige Funktionssicherheit sicherzustellen. Wird hingegen die „Leistungsfähigkeit" der Funktion „Energie übertragen" nicht detailliert realisiert, so werden die maßgeblichen Erkenntnisse der gesamten Untersuchung im Hinblick auf die betrachtete Fragestellung verzerrt. Dies ist dadurch begründet, dass der für die Fragestellung relevante Anwendungsfall, hier die Funktionsfähigkeit der Energieübertragung, des Produkts nicht realitätsgetreu abgebildet ist.

Aus der Kombination der möglichen Antworten kann auf Basis einer vorgegebenen Auswertungstabelle die fragestellungsspezifische Klassifizierung jedes Merkmals je Produktfunktion vorgenommen werden. Dabei folgt die Zuordnungslogik im Wesentlichen den Vorgaben des originalen Kano-Modells. Allerdings wurden aufgrund sachlogischer Interpretationen der Antwortkombinationen mit Hinblick auf die Anwendung der Methodik vereinzelt abweichende Zuordnungen vorgenommen. Die für diese Methodik gültige Auswertungstabelle ist in Abbildung 5-18 dargestellt.

? <<Zu betrachtende Fragestellung>>

Funktion: <<...>> **Merkmalscluster/ Merkmal**: <<...>>		**Dysfunktionale Form der Befragung** A	B	C	D	E
Funktionale Form der Befragung	**A)** Dadurch werden umfangreiche Erkenntnisse generiert.	Widerspruch	Widerspruch	Fakultatives Merkmal	Leistungs-merkmal	Leistungs-merkmal
	B) Das ist die Voraussetzung zur Generierung valider Erkenntnisse.	Rück-weisendes Merkmal	Widerspruch	Unerhebliches Merkmal	Basis-merkmal	Basis-merkmal
	C) Das hat keine Auswirkung auf die generierten Erkenntnisse.	Rück-weisendes Merkmal	Unerhebliches Merkmal	Unerhebliches Merkmal	Unerhebliches Merkmal	Basis-merkmal
	D) Das erschwert die Generierung valider Erkenntnisse.	Rück-weisendes Merkmal	Rück-weisendes Merkmal	Unerhebliches Merkmal	Widerspruch	Basis-merkmal
	E) Das führt zu einer starken Verzerrung der generierbaren Erkenntnisse.	Rück-weisendes Merkmal	Rück-weisendes Merkmal	Rück-weisendes Merkmal	Widerspruch	Widerspruch

Abbildung 5-18: Auswertungsmatrix für Prototypenmerkmale[468]

Die Auswertungsmatrix wird jeweils fragestellungsspezifisch angewendet. Dazu sind zunächst alle Funktionen des Produkts auszuwählen, die mit Hinblick auf die Fragestellung relevant sind. Diese Funktionen können auf Basis der Analyse aus dem vorangegangenen Arbeitsschritt (siehe Kapitel 5.2.1) identifiziert werden. Auf Basis des in Kapitel 5.1 entwickelten Beschreibungsmodells wird zudem ersichtlich, welche Prototypenmerkmale beziehungsweise Merkmalscluster je Funktion zu betrachten sind. Wie bereits thematisiert, ist eine Anwendung der Methodik auf Ebene der Merkmalscluster ebenso denkbar wie eine Anwendung auf der Ebene der detaillierten Prototypenmerkmale. Die Auswertungstabelle wird dann angewendet für alle relevanten Kombinationen aus Funktionen und Merkmalen beziehungsweise Merkmalsclustern. Das heißt, für jede relevante Funktion des Produkts wird bewertet, welche Wichtigkeit die individuellen Merkmale[469] besitzen.

[468] Eigene Interpretation der Kano-Auswertungsmatrix in Anlehnung an Kano et al. (1984), Attractive quality and must-be quality, S. 39ff.; Berger et al. (1993), Kanos methods for understanding customer-defined quality, S. 6; Sauerwein (2000), Das Kano-Modell der Kundenzufriedenheit, S. 38.

[469] In Abhängigkeit der gewünschten Detaillierungstiefe kann die Bewertung ebenso auf Ebene der Merkmalscluster erfolgen. Siehe dazu das Beispiel in Abbildung 5-19.

Auf Basis der vorangegangenen Ausführungen zu der funktionalen und dysfunktionalen Befragung im Kontext des Anwendungsbeispiels einer mechanischen Armbanduhr zeigt Abbildung 5-19 vier beispielhafte Zuordnungen von Merkmalsclustern zu den definierten Grundtypen anhand der Auswertungsmatrix.

? „Erlaubt eine kostengünstige Integration des Werks 4711 die Funktionsfähigkeit der Energieübertragung zur Zeitanzeige unter den vorgesehenen mechanischen Lastfällen?"

Funktion: „Energie übertragen" **Merkmal**: „Leistungsfähigkeit"		**Dysfunktionale Form der Befragung**				
		A	**B**	**C**	**D**	**E**
Funktionale Form der Befragung	**A**	WS	WS	FM	LM	LM
	B	RW	WS	UM	BM	**BM**
	C	RW	UM	UM	UM	BM
	D	RW	RW	UM	WS	BM
	E	RW	RW	RW	WS	WS

Funktion: „Energie übertragen" **Merkmal**: „Funktionssicherheit"		**Dysfunktionale Form der Befragung**				
		A	**B**	**C**	**D**	**E**
Funktionale Form der Befragung	**A**	WS	WS	FM	**LM**	LM
	B	RW	WS	UM	BM	BM
	C	RW	UM	UM	UM	BM
	D	RW	RW	UM	WS	BM
	E	RW	RW	RW	WS	WS

Funktion: „Erschütterung dämpfen" **Merkmalscluster**: „Elementgestalt"		**Dysfunktionale Form der Befragung**				
		A	**B**	**C**	**D**	**E**
Funktionale Form der Befragung	**A**	WS	WS	**FM**	LM	LM
	B	RW	WS	UM	BM	BM
	C	RW	UM	UM	UM	BM
	D	RW	RW	UM	WS	BM
	E	RW	RW	RW	WS	WS

Funktion: „Energie bevorraten " **Merkmalscluster**: „Elementgestalt"		**Dysfunktionale Form der Befragung**				
		A	**B**	**C**	**D**	**E**
Funktionale Form der Befragung	**A**	WS	WS	FM	LM	LM
	B	RW	WS	UM	BM	BM
	C	RW	UM	**UM**	UM	BM
	D	RW	RW	UM	WS	BM
	E	RW	RW	RW	WS	WS

Legende

BM: Basismerkmal; FM: Fakultatives Merkmal; LM: Leistungsmerkmal; RM: Rückweisendes Merkmal; UM: Unerhebliches Merkmal; WS: Widerspruch

Abbildung 5-19: Anwendung der Auswertungstabelle für Prototypenmerkmale

Zunächst kann die „Leistungsfähigkeit" der Funktion „Energie übertragen" auf Basis der funktionalen und dysfunktionalen Befragung als **Basismerkmal** klassifiziert werden. Wie bereits erläutert, würde ein mangelnder Detailgrad der Leistungsfähigkeit den fragestellungsspezifischen Erkenntnisgewinn nahezu unmöglich machen, da das Verhalten der Leistungsfähigkeit der Energieübertragung unter mechanischen Lastfällen den zu betrachtenden Untersuchungsgegenstand der Fragestellung darstellt. Weiterhin wurde durch die dysfunktionale Befragung zur „Funktionssicherheit/ Belastbarkeit" der Funktion „Energie übertragen" erkannt, dass eine fehlende Ausgestaltung die Generierung valider fragestellungsspezifischer Erkenntnisse erschwert. Wird dieses

Merkmal jedoch detailliert ausgeführt, so sind umfangreiche Erkenntnisse aus verschiedenen Belastungstest über verschiedene Lastzyklen möglich. Mithin wird eine Klassifizierung als **Leistungsmerkmal** vorgenommen. Im Zuge der funktionalen Befragung zu dem Merkmalscluster „Elementgestalt“ der Funktion „Erschütterung dämpfen“ wurde bereits erkannt, dass eine detaillierte Ausgestaltung der exakten physischen Geometrien zu umfangreichen Erkenntnissen führt, da konkrete Kraftflüsse realitätsgetreu abbildbar wären. Gleichzeitig wird anhand der dysfunktionalen Befragung erkannt, dass eine fehlende Ausgestaltung der „Elementgestalt“ der Funktion „Erschütterung dämpfen“ keine negativen Auswirkungen auf die generierbaren Erkenntnisse zu der betrachteten Fragestellung hat. Mithin handelt es sich um ein **Fakultatives Merkmal**. Schließlich kann über die funktionale und dysfunktionale Befragung zu dem Merkmalscluster „Wirkprinzip“ der Funktion „Energie bevorraten“ hergeleitet werden, dass weder die detaillierte Ausgestaltung noch eine fehlende Ausgestaltung eine Auswirkung auf die fragestellungsspezifischen Erkenntnisse hat. Somit besteht ein **Unerhebliches Merkmal**.[470]

Somit besteht ein Erklärungsmodell zur fragestellungsspezifischen Differenzierung der Prototypenmerkmale. Das Modell objektiviert den Zusammenhang zwischen der Wiedergabetreue von Merkmalen in einem prototypischen Produktinkrement und dem fragestellungsspezifischen Erkenntnisgewinn durch die zweiseitige Bewertungsmethode der funktionalen und dysfunktionalen Befragung. Die Anwendung des Erklärungsmodells kann anhand von Abbildung 5-20 in den Zusammenhang des übergeordneten Erklärungsmodells zur fragestellungsspezifischen Differenzierung von Produktumfängen eingeordnet werden. Zusätzlich zeigt Abbildung 5-21 die in Kapitel 5.2 hergeleiteten Arbeitsschritte in anwendungsorientierter Form.

---

[470] Eine detaillierte Darstellung von Beispielen zur fragestellungsspezifischen Differenzierung von Produktumfängen sowie eine entsprechende Dokumentationsvorlage ist in Anhang A.2 dargestellt.

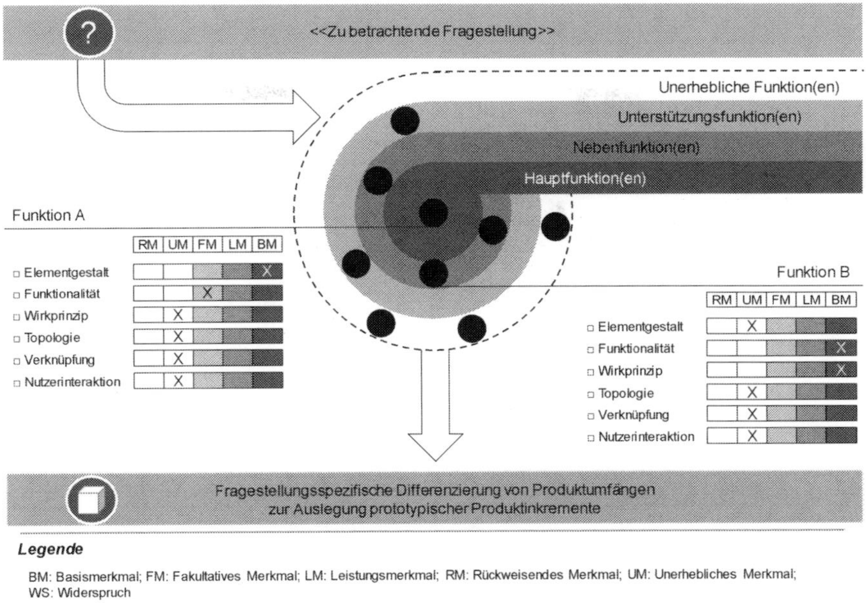

Abbildung 5-20: Modell zur fragestellungsspezifischen Differenzierung von Produktumfängen

Zusammenfassend ist festzuhalten, dass Kapitel 5.2 eine Systematik bereitstellt, welche den Anwender befähigt, auf Basis einer Fragestellung das zu entwickelnde Produkt differenziert zu betrachten. Dazu wird das Produkt unterteilt in Produktumfänge, welche eine Unterscheidung der individuellen fragestellungsspezifischen Wichtigkeit je Produktumfang ermöglicht. Dabei bietet die prototypenorientierte Produktmodellierung die notwendige Grundstruktur. Zunächst wird anhand der Funktionsstruktur eine Klassifizierung der Produktfunktionen vorgenommen. Diese Klassifizierung wird durch Einordnung der Funktionen in einem Schalenmodell visualisiert. In einem zweiten Schritt wird je Funktion die Wichtigkeit einzelner Prototypenmerkmale durch eine objektive Logik bewertet. Prototypenmerkmale werden auf der Basis klassifiziert, wobei wiederum die Wichtigkeit transparent durch eine Balkendarstellung visualisiert werden kann (siehe Abbildung 5-20). Auf Basis der durch die Anwendung des Modells gewonnen Ergebnisse ist der Zusammenhang zwischen einer Fragestellung und der fragestellungsspezifischen Wichtigkeit von Funktionen und Prototypenmerkmalen transparent modelliert und visualisiert. Dieses Ergebnis stellt die Grundvoraussetzung für eine abteilungsübergreifende zielgerichtete Zusammenarbeit bei der Realisierung prototypischer Produktinkremente dar. Aufgrund der Eindeutigkeit der gewählten Visualisierungsformen ist für alle an der Entwicklung beteiligten Personen die Einschätzung der fragestellungsspezifischen Wichtigkeit einzelner Produktumfänge unmittelbar möglich. Weiterhin wird das Ergebnis dieses Teilmodells zur fragestellungsspezifischen Strukturierung der Entwicklungstätigkeiten sowie der zu gestaltenden technischen Design-Parameter eingesetzt. An dieser Stelle setzt das in Kapitel 5.3 präsentierte Teilmodell sowie die entsprechenden Arbeitsschritte der Methodik an.

Kapitel 5.2
Modell zur fragestellungsspezifischen Differenzierung von Produktumfängen

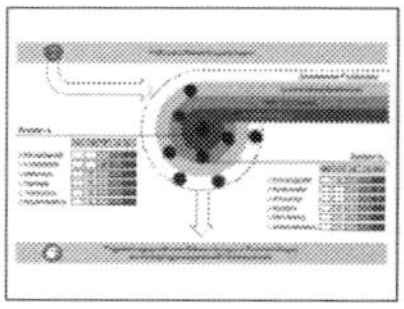

Zielsetzung
Fragestellungsspezifische Bewertung der Wichtigkeit von Funktionen und Merkmalen

Input
Fragestellungen, Prototypenorientierte Produktbeschreibung

Vorgehensweise
- Fragestellungsspezifische Klassifizierung aller Funktionen in Hauptfunktion, Nebenfunktion, Unterstützungsfunktion und Unerhebliche Funktion
- Fragestellungsspezifisches Ausfüllen der funktionalen und dysfunktionalen Befragung für relevante Funktionen und Prototypenmerkmale
- Visualisierung der fragestellungsspezifisch differenzierten Produktbeschreibung

Output
Visuelle Modellierung des Zusammenhangs zwischen einer Fragestellung und der fragestellungsspezifischen Wichtigkeit einzelner Funktionen und Prototypenmerkmale

Abbildung 5-21: Fragestellungsspezifische Differenzierung von Produktumfängen

5.3 Fragestellungsspezifische Priorisierung technischer Design-Parameter

Im Rahmen der grundlegenden Definitionen (siehe Kapitel 2.3.4) wurde herausgearbeitet, dass technische Design-Parameter den idealen Analysegegenstand zur Auslegung prototypischer Produktinkremente darstellen. Das Ziel des dritten Methodenschritts ist es daher, technische Design-Parameter hinsichtlich ihrer Wichtigkeit zur Beantwortung von Fragestellungen zu priorisieren. Dabei soll die fragestellungsspezifische Differenzierung von Produktumfängen, die auf Basis des entsprechenden Erklärungsmodells (siehe Kapitel 5.2) bereitgestellt wird, genutzt werden, um die Zusammenhänge zwischen Fragestellungen und der spezifischen Priorität von Design-Parametern zu modellieren. Dieses Teilmodell gliedert sich somit in den Ablauf der Gesamtmethodik als dritter Methodenschritt ein. Gleichzeitig ist es der letzte Methodenschritt, dessen Ergebnis fragestellungsspezifisch zu verstehen ist, bevor ab Kapitel 5.4

die Einzelergebnisse der fragestellungsspezifischen Methodenschritte in konsolidierter Form verarbeitet werden (siehe Abbildung 5-22).

Dementsprechend wird im Folgenden ein Erklärungsmodell entwickelt, welches die folgende Forschungsfrage adressiert:

Wie können technische Design-Parameter auf Basis differenzierter Produktumfänge fragestellungsspezifisch priorisiert werden?

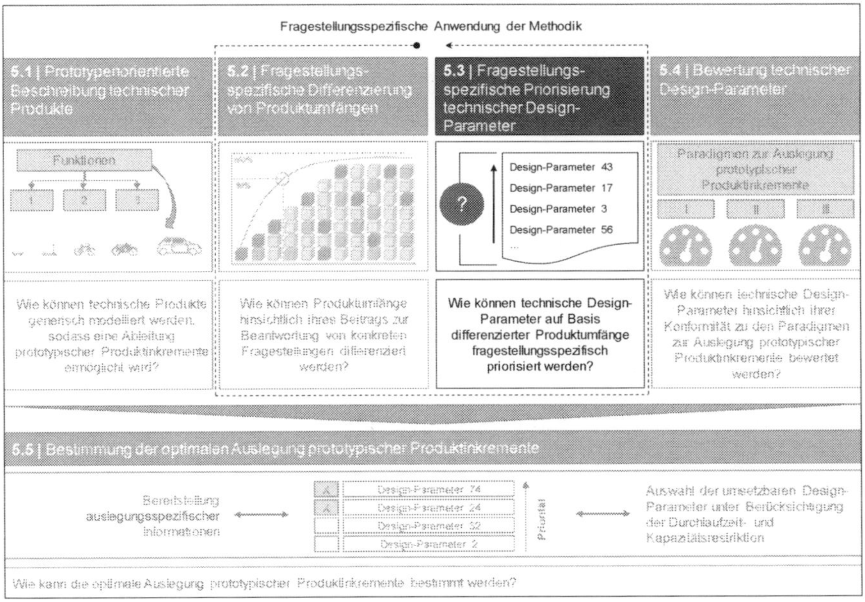

Abbildung 5-22: Fragestellungsspezifische Priorisierung technischer Design-Parameter

Es wird demzufolge ein Erklärungsmodell entwickelt, welches den Zusammenhang zwischen Fragestellungen und der Wichtigkeit von technischen Design-Parametern erklärt. Insbesondere aufgrund der Anforderung, die fragestellungspezifische Priorisierung technischer Design-Parameter informationstechnisch zu unterstützen beziehungsweise zu automatisieren, wird in Kapitel 5.3.1 zunächst beschrieben, wie technische Design-Parameter in systematischer Form dokumentiert werden. Anschließend wird in Kapitel 5.3.2 herausgearbeitet, wie die Priorisierung technischer Design-Parameter durch Verknüpfung mit den Produktumfängen aus Kapitel 5.2 erfolgt.

5.3.1 Dokumentation technischer Design-Parameter

Das Ziel des ersten Arbeitsschritts besteht darin, alle technischen Design-Parameter des zu Produkts in einheitlicher Form zu dokumentieren, sodass diese informationstechnisch verarbeitet werden können. Dazu gilt es als erstes zu beleuchten, wie technische Design-Parameter zu Beginn eines Entwicklungsvorhabens identifiziert werden. Grundsätzlich ist die Identifizierung der relevanten technischen Design-Parameter Gegenstand einer initialen Produktkonzipierung. Im Falle eines auftragsorientierten Geschäftsmodells erfolgt dies im Rahmen der Klärungsphase mit dem Kunden, bei dem die für den Kunden relevanten Funktionen, Eigenschaften und Verhaltensweisen des Produkts benannt werden.[471] Im Falle eines kundenanonymen Serienprodukts erfolgt die Identifizierung technischer Design-Parameter in der Regel unternehmensintern. Allerdings existieren in zahlreichen Branchen standardisierte Spezifikationsrichtlinien, die vorgeben, welche Parameter des Produkts zu spezifizieren sind, gleichzeitig aber die Definition der Ausprägungen dem Anwender überlassen. Somit können branchenindividuelle Richtlinien, wie beispielsweise die für die Automobilindustrie entworfene „Specification Standard Structure" des Verbands der Automobilindustrie (VDA)[472] herangezogen werden, um eine initiale Liste relevanter technischer Design-Parameter zu erhalten. Zusätzlich können generische Beschreibungsmodelle für technische Produkte genutzt werden, um technische Design-Parameter aus einer vordefinierten Grundstruktur abzuleiten. Beispielsweise kann die Hauptmerkmalliste nach Lashin et al.[473] oder die Checkliste mit Gestaltmerkmalen nach Ponn[474] genutzt werden, um dem Anwender eine systematische Orientierungshilfe während der Konzipierung und Spezifizierung zu geben. Alternativ kann das bereits im Rahmen der Grundlagen thematisierte Freiheitsgradmodell nach Breunig[475] ebenso als Anknüpfungspunkt dienen, um Design-Parameter aus den übergeordneten Freiheitsgraden abzuleiten. Bezüglich der Vorgehensweise zur Ableitung konkreter Design-Parameter für das jeweilige Entwicklungsvorhaben, sei auf die genannten Beschreibungsmodelle verwiesen, sodass der Fokus im Folgenden auf die systematische Dokumentation und Handhabung während des Entwicklungsprozesses gelegt werden kann.

[471] Vgl. Feldhusen et al. (2013), Vorgehen bei einzelnen Schritten des Produktentstehungsprozesses, S. 319.
[472] Verband der Automobilindustrie (VDA) (2019), Specification Standard Structure.
[473] Lashin et al. (2013), Hilfsmittel für die Entwicklung und Konstruktion, S. 330f.
[474] Ponn (2016), Systematisierung des Lösungsraums, S. 724.
[475] Breunig (2017), Produktarchitekturgestaltung mechatronischer Baukastensysteme, S. 137.

Technische Design-Parameter können in einer standardisieren Form zunächst hinsichtlich grundlegender Informationen beschrieben werden. Für die vorliegende Dissertation werden dazu die von ULRICH UND EPPINGER[476], PONN UND LINDEMANN[477] sowie BREUNIG[478] vorgeschlagenen Dokumentationsrichtlinien für technische Design-Parameter als Referenzen aus dem Bereich der technischen Produktentwicklung herangezogen. Durch die Konsolidierung der Ansätze kann somit eine Dokumentationsvorgabe in Form eines Formulars zur Beschreibung der Grunddaten technischer Design-Parameter in Abbildung 5-23 dargestellt werden.

Grunddaten technischer Design-Parameter			
Identifikations-nummer (ID)	**Bezeichnung**	**Ausprägungsart/ Wertemenge**	**Maßeinheit**
1	*Messrate Drehmomentsensor*	*Quantitativ-Diskret*	*kHz*
...	...	...	...

Abbildung 5-23: Dokumentation der Grunddaten technischer Design-Parameter

Eine „Identifikationsnummer (ID)" ist je Design-Parameter zu vergeben, sodass dieser eindeutig identifizierbar ist und somit datentechnisch eindeutig erkannt werden kann. Neben der Identifikationsnummer wird eine „Bezeichnung" gewählt, die ein eindeutiges Verständnis des Design-Parameters gewährleistet. Aus der Bezeichnung sollte insbesondere unverwechselbar erkennbar sein, welche Eigenschaft eines Produkts durch den technischen Design-Parameter beschrieben werden soll. Aus der Bezeichnung eines technischen Design-Parameters sollte ebenso bereits erkennbar ein, durch welche Wertemenge dieser Parameter spezifiziert wird. Gleichzeitig wird die „Ausprägungsart" beziehungsweise die „Wertemenge" auch als eigene Information in den Grunddaten eines technischen Design-Parameters gepflegt. Die Wertemenge eines technischen Design-Parameters kann zunächst dahingehend unterschieden werden, ob qualitative oder quantitative Ausprägungen zur Spezifizierung des Parameters genutzt werden. Die Ausprägungen bei qualitativen Wertemengen können binären Charakter haben und beschreiben, ob ein konkretes Produktmerkmal vorhanden ist oder nicht. Außerdem können qualitative Wertemengen diskrete Ausprägungen wie beispielsweise die Beschreibung einer Form (rund, quadratisch etc.) annehmen. Liegt ein Design-Parameter mit quantitativer Wertemenge vor, können die Ausprägungen in diskreter Form,

[476] Ulrich und Eppinger (2015), Product design and development, S. 104.
[477] Ponn und Lindemann (2011), Konzeptentwicklung und Gestaltung technischer Produkte, S. 136ff.
[478] Breunig (2017), Produktarchitekturgestaltung mechatronischer Baukastensysteme, S. 140.

in Klassenform oder in kontinuierlicher Form vorliegen. Diskrete Ausprägungen liegen beispielsweise bei der Spezifizierung von elektronischen Speicherkapazitäten (zum Beispiel: 16, 32, 64, 128 Gigabyte etc.) vor, da die Speichergröße aufgrund des Binärsystems nicht kontinuierlich skalierbar ist. Die Wertemenge technischer Design-Parameter kann außerdem in Klassenform vorliegen. Das heißt, es existieren Ausprägungsbereiche, in denen jeweils eine Vielzahl möglicher Ausprägungen innerhalb eines Ausprägungskontinuums liegen. Die Ausprägungsbereiche (zum Beispiel: 0-10; >10-20; >20-30) sind dabei disjunkt. Schließlich können technische Design-Parameter kontinuierliche Wertemengen annehmen. In diesem Falle können die Ausprägungen in einem beidseitig offenen, in einem einseitig offenen oder in einem geschlossenen Intervall beliebig gewählt werden. Entsprechend der Wertemenge ist für die Design-Parameter mit quantitativer Ausprägung die Maßeinheit als Information zu pflegen.

Neben den Grunddaten technischer Design-Parameter gilt es, die Spezifikation dieser Design-Parameter in Form von Ausprägungen zu dokumentieren. Die Menge möglicher Ausprägungen eines technischen Design-Parameters ist als Gesamtheit aller theoretisch denkbaren technischen Lösungen zur Erfüllung einer Anforderung zu verstehen und kann als Lösungsraum beschrieben werden.[479] Da in einem agilen Entwicklungsprozess mit entwicklungsbegleitenden Änderungen von Anforderungen gerechnet wird, kommt der Steuerung des Lösungsraums eine besondere Bedeutung zu. Somit ist es in der Regel nicht möglich, in einer Spezifikationsphase das Produkt vollumfänglich zu spezifizieren. Dementsprechend muss die Dokumentationsvorgabe für technische Design-Parameter diesen Aspekt der Flexibilität berücksichtigen. Wiederum kann basierend auf den Arbeiten von ULRICH UND EPPINGER[480], PONN UND LINDEMANN[481] sowie BREUNIG[482] eine Vorgabe zur Dokumentation der Spezifikation technischer Design-Parameter hergeleitet werden (siehe Abbildung 5-24).

Spezifikation technischer Design-Parameter				
Identifikations-nummer (ID)	**Bezeichnung**	**Zielwert**	**Wertebereich**	**Grad der Bestimmtheit**
1	*Messrate Drehmomentsensor*	*30 kHz*	*16 kHz; 30 kHz; 50 kHz*	*50%*
...	...	...	...	...

Abbildung 5-24: Dokumentation der Spezifikation technischer Design-Parameter

[479] Vgl. Ponn (2016), Systematisierung des Lösungsraums, S. 717.
[480] Ulrich und Eppinger (2015), Product design and development, S. 104.
[481] Ponn und Lindemann (2011), Konzeptentwicklung und Gestaltung technischer Produkte, S. 136ff.
[482] Breunig (2017), Produktarchitekturgestaltung mechatronischer Baukastensysteme, S. 140.

Als „Zielwert“ wird, sofern vorliegend, ein Wert eingetragen, der nach dem jeweils aktuellen Entwicklungsstand die Idealausprägung darstellt. Neben dem Zielwert kann ein technischer Design-Parameter üblicherweise weitere Ausprägungen annehmen, welche als „Wertebereich“ eingetragen werden. Aus der Kombination von Zielwert und Wertebereich kann bereits der „Grad der Bestimmtheit “wie folgt abgeleitet werden. Je enger der Bereich potenzieller Ausprägungen ist, desto verlässlicher ist der voraussichtliche Wert des technischen Design-Parameters im Endprodukt bestimmt. Liegt zudem ein konkreter Zielwert vor, kann von einem hohen Grad der Bestimmtheit ausgegangen werden. Der Grad der Bestimmtheit wird somit als prozentuales Maß der Vorhersagbarkeit der erwarteten Ausprägung eines technischen Design-Parameters im Endprodukt verstanden. Gemäß Abbildung 5-25 kann die Bemessung des Grads der Bestimmtheit in Form eines Portfolios vorgenommen werden. Dabei wird durch eine Multiplikation der Breite des Wertebereichs mit der Fokussierung des Wertebereichs der Grad der Bestimmtheit prozentual zwischen 1% und 100% bemessen. Entsprechend der Bewertungen ergeben sich die dargestellten charakteristischen Wahrscheinlichkeitsverteilungen bezüglich der Ausprägung technischer Design-Parameter. Ist beispielsweise in einem Entwicklungsvorhaben die Messrate eines Drehmomentsensors in Form von mehreren diskreten potenziellen Ausprägungsoptionen definiert, wird von einer mittleren Breite des Wertebereichs (0,5) gesprochen. Liegt zwischen den Ausprägungsoptionen zusätzlich eine eindeutige Favorisierung für einen der Werte vor, ist die Fokussierung des Zielwerts hoch (1,0). Somit ergibt sich der Grad der Bestimmtheit durch Multiplikation entsprechend Abbildung 5-25 zu 50%.

Alternativ kann der Grad der Bestimmtheit durch entsprechende Expertenmeinungen im Entwicklungsprozess geschätzt werden. Eine Angabe des Grads der Bestimmtheit ist insbesondere in agilen Entwicklungsprozessen von zentraler Bedeutung, da aufgrund der fehlenden Gesamtspezifikation häufig auf Basis von Annahmen entwickelt wird. Um die Verlässlichkeit der Annahmen bezüglich der schlussendlichen Werte eines technischen Design-Parameters zumindest grob einschätzen zu können, bedarf es einer Bestimmung des Grads der Bestimmtheit. Dieser Wert sollte mit jeder weiteren Erkenntnis sowie durch prototypenbasierte Validierungen entlang des agilen Entwicklungsprozesses kontinuierlich angepasst, idealerweise erhöht werden.

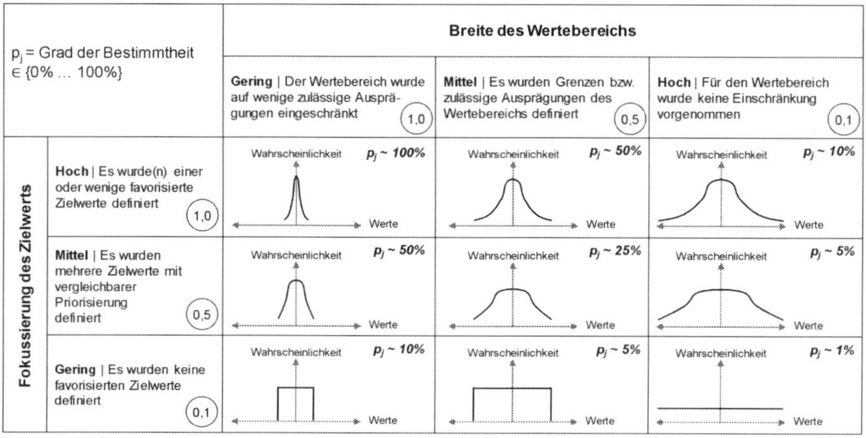

Abbildung 5-25: Berechnung des Grads der Bestimmtheit

Schließlich müssen für jeden technischen Design-Parameter Informationen zur Verknüpfung mit Funktionen und Prototypenmerkmalen sowie Informationen zur Verknüpfung zwischen technischen Design-Parametern dokumentiert werden (siehe Abbildung 5-26).

Relationen technischer Design-Parameter				
Identifikations-nummer (ID)	**Bezeichnung**	**Funktion(en) / Prototypenmerkmal(e)**	**Vorgänger**	**Nachfolger**
1	*Messrate Drehmomentsensor*	*Drehmoment messen / Funktionalität*	*4, 9, 124*	*7, 64, 843*
...	...	...	...	...

Abbildung 5-26: Dokumentation der Relationen technischer Design-Parameter

Als „Funktion" werden jene Produktfunktionen angegeben, deren Funktionserfüllung ein technischer Design-Parameter unmittelbar adressiert. Dies können für einen Design-Parameter auch mehrere Funktionen zugleich sein. Wie im Modell zur prototypenorientierten Produktbeschreibung (siehe Kapitel 5.1) herausgearbeitet, kann die Umsetzung von Funktionen eines technischen Produkts durch allgemeingültige Merkmalscluster sowie durch generische Merkmale innerhalb dieser Cluster beschrieben werden. Dementsprechend wird über das Feld „Prototypenmerkmal(e)" angegeben, welche der generischen Merkmale durch einen technischen Design-Parameter spezifiziert werden. Aus der Kombination der Felder Funktion(en) und Prototypenmerkmal(e) geht folglich hervor, welchen Aspekt einer Produktfunktion ein technischer

Design-Parameter konkret spezifiziert. Aus der Perspektive der Freiheitsgrade eines technischen Produkts kann gleichzeitig festgestellt werden, dass die Verknüpfung eines technischen Design-Parameters mit Funktionen und Prototypenmerkmalen anzeigt, welche Freiheitsgrade durch dessen Spezifikation eingeschränkt werden (siehe Abbildung 4-10).[483] Durch das Feld „Vorgänger" wird in Anlehnung an Theorien nach STEWARD[484] dokumentiert, welche Vorgängerinformationen zur Spezifizierung eines Design-Parameters notwendig sind. Analog gibt das Feld „Nachfolger" an, welche weiteren Design-Parameter auf Basis der Spezifizierung eines Design-Parameters beeinflusst werden. Zur Dokumentation dieser Abhängigkeitsbeziehungen, zeigt Abbildung 5-27 den schematischen Aufbau einer Design-Structure Matrix (DSM).[485] Es wird davon ausgegangen, dass die Abhängigkeitsbeziehungen zwischen technischen Design-Parametern richtungsgebunden sind, sodass die Matrix nicht symmetrisch ist.

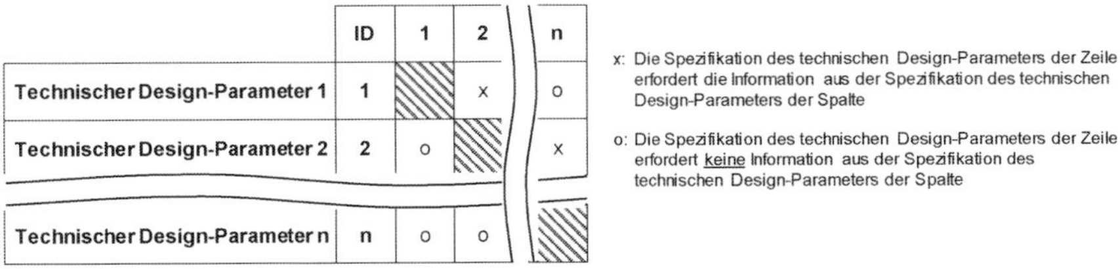

Abbildung 5-27: Schematischer Aufbau einer Design-Structure Matrix

Abschließend zeigt Anhang A.3 (sieh Abbildung A-4) die erarbeitete Dokumentationsvorgabe, welche auszugsweise für den Anwendungsfall einer mechanischen Armbanduhr ausgefüllt ist. Von zentraler Bedeutung in einem agilen Entwicklungsprozess ist das Verständnis, die Dokumentation der technischen Design-Parameter entwicklungsbegleitend zu konkretisieren. Dabei sind die auf Basis prototypischer Produktinkremente gewonnenen Erkenntnisse zur Spezifizierung und Validierung technischer Design-Parameter von zentraler Bedeutung. Diese Erkenntnisse gilt es zur kontinuierlichen Fixierung der Ausprägungen zu nutzen und die Spezifikation des zu entwickelnden Produkts in der Dokumentationsvorgabe entwicklungsbegleitend zu konkretisieren. Insbesondere in komplexen Entwicklungsprojekten übersteigt die Anzahl

[483] Eine beispielhafte Darstellung der Verknüpfung von technischen Design-Parametern mit Funktionen und Prototypenmerkmalen sowie eine entsprechende Dokumentationsvorlage ist in Anhang A.3 dargestellt. Zum Zwecke der besseren Übersichtlichkeit ist die beispielhafte Darstellung der Verknüpfungen reduziert auf die Ebene der Merkmalscluster. Diese kann bei Bedarf in identischer Logik auf die Ebene der Einzelmerkmale erweitert werden.

[484] Steward (1981), The design structure system.

[485] Eine beispielhafte Darstellung der Wechselwirkungen zwischen technischen Design-Parametern sowie eine entsprechende Dokumentationsvorlage ist in Anhang A.4 dargestellt.

zu definierender technischer Design-Parameter die Anzahl funktionaler Anforderungen um ein Vielfaches.[486] Da eine Anzahl von mehr als 1000 technischen Design-Parameter in diesen Fällen keine Seltenheit darstellt, ist die informationstechnische Verarbeitung eine Grundvoraussetzung zum effizienten Management von Design-Parametern. Insbesondere in agilen Entwicklungsprojekten, welche von einer schrittweisen Spezifikation sowie einer hochfrequenten fragestellungsspezifischen Priorisierung der Design-Parameter ausgehen, bekommt das effiziente Management eine besondere Bedeutung. Dementsprechend wird der Aspekt der effizienten Priorisierung technischer Design-Parameter im folgenden Kapitel beleuchtet.

5.3.2 Priorisierung technischer Design-Parameter

Das Ziel des zweiten Arbeitsschritts besteht darin, alle bekannten technischen Design-Parameter eines Produkts fragestellungsspezifisch zu priorisieren. Aufgrund der hohen Anzahl an Design-Parametern bekommt die Anforderung einer automatisierbaren Lösung ein besonderes Gewicht. In diesem Kapitel wird daher ein Erklärungsmodell entwickelt, das den Zusammenhang zwischen einzelnen Fragestellungen und der Wichtigkeit der Design-Parameter modelliert. Dazu wird der Begriff des relativen Konfidenzbeitrags als Maß der fragestellungsspezifischen Wichtigkeit operationalisiert.

Mit Hinblick auf die bereits vorgenommene fragestellungsspezifische Differenzierung von Funktionen und Prototypenmerkmalen (siehe Kapitel 5.2) sowie die Verknüpfung mit technischen Design-Parametern (siehe Kapitel 5.3.1) baut das Modell zur fragestellungsspezifischen Priorisierung technischer Design-Parametern auf diesen bestehenden Ergebnissen auf. Daher können für jeden technischen Design-Parameter in Abhängigkeit einer konkreten Fragestellung folgende Prüfungen durchgeführt werden:

- Welche Produktfunktionen adressiert die Spezifikation eines technischen Design-Parameters und welchem Typ (Hauptfunktion, Nebenfunktion, Unterstützungsfunktion oder Unerhebliche Funktion) sind diese Produktfunktionen zuzuordnen?
- Welche Prototypenmerkmale je Produktfunktion werden durch die Spezifikation eines technischen Design-Parameters adressiert und welchem Typ (Basismerkmal, Leistungsmerkmal, Fakultatives Merkmal, Unerhebliches Merkmal oder Rückweisendes Merkmal) sind die entsprechenden Prototypenmerkmale zuzuordnen?

[486] Vgl. Benavides und Rodriguez (2016), Strategic product design and systematic innovation, S. 81.

Diesen Aspekten folgend zeigt Abbildung 5-28 eine Matrix, mit Hilfe derer jeder technische Design-Parameter fragestellungsspezifisch bewertet werden kann. Dabei wird für jeden Design-Parameter zunächst geprüft, welche Produktfunktion dieser adressiert. Entsprechend der definierten Klassifikationslogik für Produktfunktionen aus Kapitel 5.2.1 wird eine quantitative Bewertung in der Skala „0/ 1/ 3/ 9“ vorgenommen. Eine Bewertung mit „0“ bedeutet dabei, dass eine „Unerhebliche Funktion“ vorliegt. Im Gegenzug kennzeichnet eine Bewertung mit „9“ eine „Hauptfunktion“. In einem zweiten Schritt wird geprüft, welches Prototypenmerkmal der Produktfunktion durch den Design-Parameter adressiert wird. Wiederum erfolgt eine quantitative Bewertung entlang der Skala „0/ 1/ 3/ 9“ entsprechend der definierten Klassifikationslogik aus Kapitel 5.2.2. Wiederum kennzeichnet eine Bewertung mit „0“ ein „Unerhebliches Merkmal“ oder ein „Rückweisendes Merkmal“, das heißt, Merkmale, welche zur Beantwortung einer Fragestellung von untergeordneter Bedeutung sind. Im Gegenzug kennzeichnet eine Bewertung mit „9“ ein „Basismerkmal“.

Die gestufte Bewertung entlang der Skala „0/ 1/ 3/ 9“ hat sich in der Praxis, beispielsweise in der Anwendung des Quality Function Deployment (QFD) als Bewertungsverfahren bewährt, um die Stärke von Einflüssen auf konkrete Werte zu bemessen.[487] Insbesondere in Anwendungsfällen, bei denen starke Einflüsse einen überproportional großen Wertbeitrag leisten, eignet sich das Bewertungsverfahren, um diesem inhaltlich begründeten Wertbeitrag durch eine entsprechende Quantifizierung Ausdruck zu verleihen. Sowohl im Falle der Bewertung entlang des Kontinuums der Funktionstypen von „Unerheblichen Funktionen“ bis hin zu „Hauptfunktionen“ als auch im Falle der Bewertung entlang des Kontinuums der Merkmalstypen von „Unerheblichen Merkmalen“ bis hin zu „Basismerkmalen“ ist diese Verhältnismäßigkeit gegeben. Somit kann die quantifizierte Bewertung von Funktionen und Merkmalen als Beitrag zur Beantwortung konkreter Fragestellungen verstanden werden.

Auf Basis der Einordnung eins technischen Design-Parameters bezüglich der adressierten Funktionen und Merkmale ergibt sich per Multiplikation ein Beitrag, den ein Design-Parameter zur Beantwortung einer Fragestellung leistet (siehe Lesebeispiel in Abbildung 5-28). Da ein einzelner technischer Design-Parameter diverse Kombinationen aus Produktfunktionen und Merkmalen adressieren kann, kann dieser auch diverse Beiträge zur Beantwortung einer Fragestellung leisten. Somit ergibt sich ein fragestellungsspezifischer Konfidenzbeitrag aus der Summation dieser Beiträge. Die Berechnungslogik zeigt Abbildung 5-28 in schematischer Form.

[487] Vgl. Saatweber (2016), Produkte entwickeln mit QFD, S. 634.

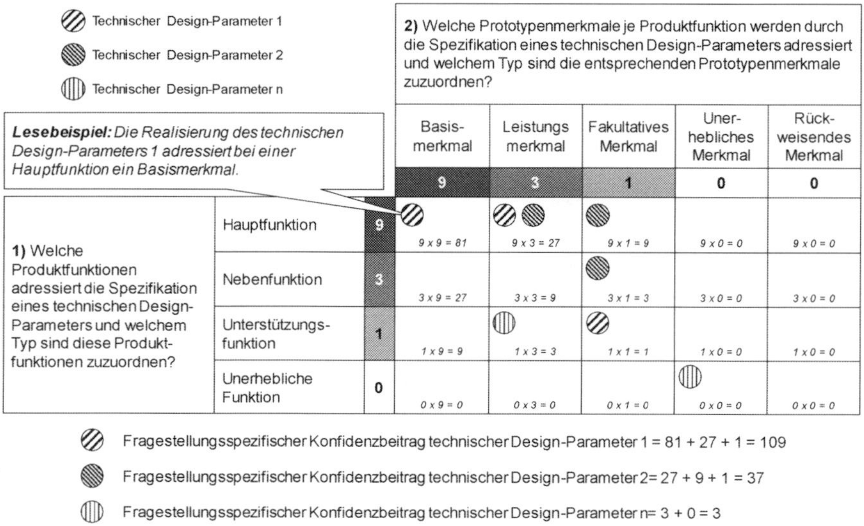

Abbildung 5-28: Berechnungslogik für fragestellungsspezifische Konfidenzbeiträge

Um die Automatisierbarkeit der Berechnung fragestellungsspezifischer Konfidenzbeiträge je technischem Design-Parameter sicherzustellen, bildet Formel 5.1 die quantitative Berechnungslogik ab.

Formel 5.1: Fragestellungsspezifischer Konfidenzbeitrag

$$FSKB_{i,q} = \sum_{j=1}^{m} \sum_{h=1}^{o} (a_{i,j} * b_{j,q}) * (c_{i,j,h} * d_{j,h,q})$$

$FSKB_{i,q}$: Fragestellungsspezifischer Konfidenzbeitrag von Design-Parameter i für Fragestellung q

i : Technische Design-Parameter $\in \{1, 2, \dots n\}$
q : Fragestellungen $\in \{1, 2, \dots t\}$
j : Produktfunktionen $\in \{1, 2, \dots m\}$
h : Prototypenmerkmale $\in \{1, 2, \dots o\}$

$$a_{i,j} = \begin{cases} 1; \text{Technischer Design} - \text{Parameter i adressiert Produktfunktion j} \\ 0; \text{Technischer Design} - \text{Parameter i adressiert Produktfunktion j nicht} \end{cases}$$

$$b_{j,q} = \begin{cases} 9; \text{ Produktfunktion j ist bzgl. Fragestellung q eine Hauptfunktion} \\ 3; \text{ Produktfunktion j ist bzgl. Fragestellung q eine Nebenfunktion} \\ 1; \text{ Produktfunktion j ist bzgl. Fragestellung q eine Unterstützungsfunktion} \\ 0; \text{ Produktfunktion j ist bzgl. Fragestellung q eine Unerhebliche Funktion} \end{cases}$$

$$c_{i,j,h} = \begin{cases} 1; \text{Technischer Design} - \text{Parameter i adressiert das Prototypenmerkmal h der Produktfunktion j} \\ 0; \text{Technischer Design} - \text{Parameter i adressiert das Prototypenmerkmal h der Produktfunktion j nicht} \end{cases}$$

$$d_{j,h,q} = \begin{cases} 9; \text{Prototypenmerkmal h der Produktfunktion j ist bzgl. Fragestellung q ein Basismerkmal} \\ 3; \text{Prototypenmerkmal h der Produktfunktion j ist bzgl. Fragestellung q ein Leistungsmerkmal} \\ 1; \text{Prototypenmerkmal h der Produktfunktion j ist bzgl. Fragestellung q ein Fakultatives Merkmal} \\ 0; \text{Prototypenmerkmal h der Produktfunktion j ist bzgl. Fragestellung q ein Unerhebliches Merkmal} \\ 0; \text{Prototypenmerkmal h der Produktfunktion j ist bzgl. Fragestellung q ein Rückweisendes Merkmal} \end{cases}$$

Anhand des fragestellungsspezifischen Konfidenzbeitrags können technische Design-Parameter in eine Rangfolge bezüglich der Wichtigkeit zur Beantwortung einer konkreten Fragestellung gebracht werden. Abbildung 5-29 zeigt anhand der bereits zuvor aufgezeigten Liste technischer Design-Parameter zwei beispielhafte fragestellungsspezifische Rangfolgen dieser Design-Parameter.

Diese Rangfolge kann um eine Betrachtung des relativen fragestellungsspezifischen Konfidenzbeitrags je Design-Parameter ergänzt werden. Der relative fragestellungsspezifische Konfidenzbeitrag ist als relatives Maß des Beitrags zur Generierung von Erkenntnissen zur der betrachteten Fragestellung zu verstehen und wird anhand von Formel 5.2 bestimmt.

? „Erlaubt eine kostengünstige Integration des Werks 4711 die Funktionsfähigkeit der Energieübertragung zur Zeitanzeige unter den vorgesehenen mechanischen Lastfällen?"

ID	Bezeichnung	FSKB	Rel. FSKB	Kum. FSKB
6	Zähnezahl Minutenrad	108	20,22%	20,22%
7	Zähnezahl Kleinbodenrad	108	20,22%	40,45%
8	Zähnezahl Sekundenrad	108	20,22%	60,67%
2	Befestigungspunkte Werkfixierung	81	15,17%	75,84%
13	Gesamtübersetzungsverhältnis Räderwerk	81	15,17%	91,01%
1	Konstruktionsprinzip Gehäuse	21	3,93%	94,94%
14	Material Gehäuse	15	2,81%	97,75%
3	Krone verschraubt	3	0,56%	98,31%
10	Abstand Zifferblatt → Glas	3	0,56%	98,88%
11	Abstand Zifferblatt → Zeiger	3	0,56%	99,44%
12	Gangreserve	3	0,56%	100%
4	Auszugskraft Krone	0	0,0%	100%
5	Eindrückkraft Krone	0	0,0%	100%
9	Material Zifferblatt	0	0,0%	100%

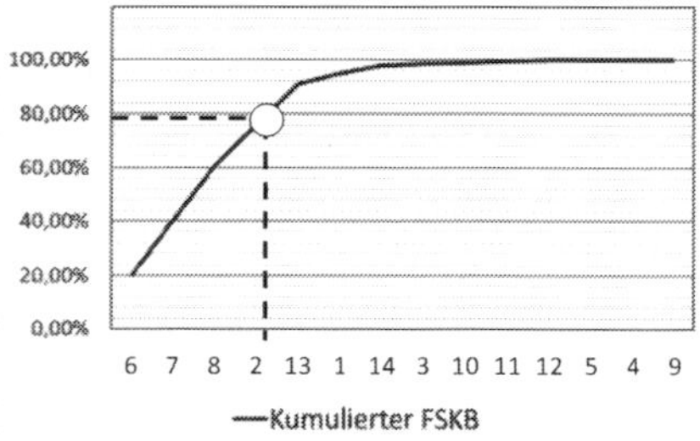

„Erzeugt das aktuelle Konzept eine attraktive Bedienbarkeit und Ablesbarkeit der Taucheruhr sowohl über Wasser als auch unter Wasser?" ?

ID	Bezeichnung	FSKB	Rel. FSKB	Kum. FSKB
10	Abstand Zifferblatt → Glas	216	25,53%	25,53%
11	Abstand Zifferblatt → Zeiger	216	25,53%	51,06%
4	Auszugskraft Krone	108	12,77%	63,83%
5	Eindrückkraft Krone	108	12,77%	76,60%
9	Material Zifferblatt	108	12,77%	89,36%
1	Konstruktionsprinzip Gehäuse	27	3,19%	92,55%
3	Krone verschraubt	27	3,19%	95,74%
2	Befestigungspunkte Werkfixierung	9	1,06%	96,81%
6	Zähnezahl Minutenrad	9	1,06%	97,87%
7	Zähnezahl Kleinbodenrad	9	1,06%	98,94%
8	Zähnezahl Sekundenrad	9	1,06%	100%
12	Gangreserve	0	0,0%	100%
13	Gesamtübersetzungsverhältnis Räderwerk	0	0,0%	100%
14	Material Gehäuse	0	0,0%	100%

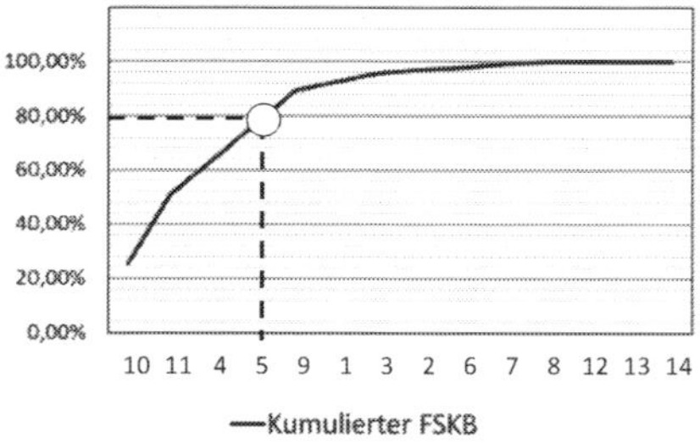

Abbildung 5-29: Beispiele zur fragestellungsspezifischen Priorisierung technischer Design-Parameter

Bereits in dieser auszugsweise dargestellten Menge an technischen Design-Parametern sind zwei maßgebliche Punkte erkennbar. Zum einen unterscheiden sich die fragestellungsspezifisch erzeugten Rangfolgen der Design-Parametern substanziell, was zu unterschiedlichen prototypischen Produktinkrementen und entsprechenden Entwicklungsaktivitäten führt. Zum zweiten ist der in Kapitel 4.3.2 eingeführte Pareto-Effekt bei der Priorisierung technischer Design-Parameter unverkennbar. Dieser führt zu den charakteristischen Kurvenverläufen, welche den kumulierten Konfidenzbeitrag gegenüber der Menge betrachteter Design-Parameter aufzeigen. In beiden Fällen wird deutlich, dass jeweils 80% des Konfidenzbeitrags, das heißt der maßgebliche Beitrag zur Beantwortung einer Fragestellung, von circa einem Drittel der technischen Design-Parameter generiert wird.

Formel 5.2: Relativer fragestellungsspezifischer Konfidenzbeitrag

$$REL\ FSKB_{i,q} = \frac{FSKB_{i,q}}{\sum_{i=1}^{n} FSKB_{i,q}}$$

$REL\ FSKB_{i,q}$: Relativer fragestellungsspezifischer Konfidenzbeitrag von Design-Parameter i für Fragestellung q

$FSKB_{i,q}$: Fragestellungsspezifischer Konfidenzbeitrag von Design-Parameter i für Fragestellung q

Abbildung 5-30 ordnet das Modell zur fragestellungsspezifischen Priorisierung technischer Design-Parameter in den Kontext der Anwendung der Gesamtmethodik ein. Insbesondere zu Beginn des Entwicklungsprozesses, aber auch entwicklungsbegleitend werden Wissenslücken in Form von Fragestellungen ausgedrückt. Anhand des in Kapitel 5.2 entwickelten Modells können einzelne Umfänge des Produkts hinsichtlich ihrer Bedeutung zur Beantwortung von Fragestellungen differenziert werden. Diese Produktumfänge werden in Form von Produktfunktionen sowie einzelnen Merkmalen beschrieben. Unabhängig von einzelnen Fragestellungen werden anhand des in Kapitel 5.3.1 entwickelten Formulars alle technischen Design-Parameter des Entwicklungsprojekts dokumentiert und entwicklungsbegleitend konkretisiert. Dabei sieht die Dokumentation explizit vor, die Design-Parameter allgemeingültig mit Produktfunktionen und Merkmalen zu verknüpfen. Somit kann die Priorisierung technischer Design-Parameter auf Basis der quantifizierten Logik zur Berechnung des fragestellungsspezifischen Konfidenzbeitrags für jede Fragestellung erfolgen. Zudem erfolgt die Priorisierung der Design-Parameter unabhängig von subjektiven Einschätzungen, da von dem Anwender lediglich die Bewertung von Funktionen und Merkmalen (siehe Kapitel 5.2) vorgenommen wird. Aus dieser Vorgehensweise resultiert weiterhin der maßgebliche Vorteil, dass die Gesamtliste technischer Design-Parameter nicht für jede aufkommende Fragestellung in Gänze bewertet werden muss, was zu einer substanziellen Aufwandsreduzierung führt. Somit kann das Modell zur Priorisierung technischer Design-Parameter sehr flexibel und effizient zur fragestellungsspezifischen Bewertung entwicklungsbegleitend eingesetzt werden.

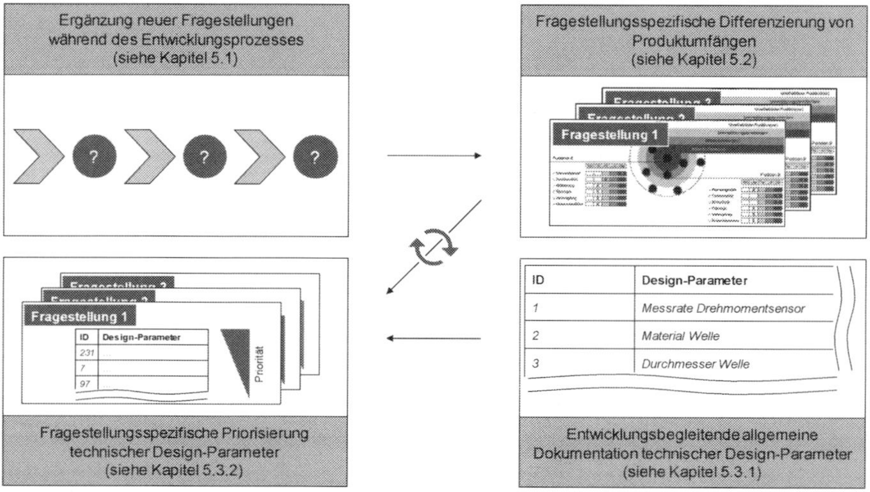

Abbildung 5-30: Modell zur fragestellungsspezifischen Priorisierung technischer Design-Parameter im Anwendungskontext

Abschließend fasst Abbildung 5-31 die Anwendung des Modells zur fragestellungsspezifischen Priorisierung technischer Design-Parameter zusammen. Während in diesem Schritt Ergebnisse für einzelne Fragestellungen in Form von priorisierten Gesamtlisten technischer Design-Parameter generiert wurden, werden diese Einzelergebnisse ab dem nächsten Methodenschritt gesamthaft betrachtet. An dieser Stelle setzt das in Kapitel 5.4 präsentierte Teilmodell sowie die Arbeitsschritte der Methodik an.

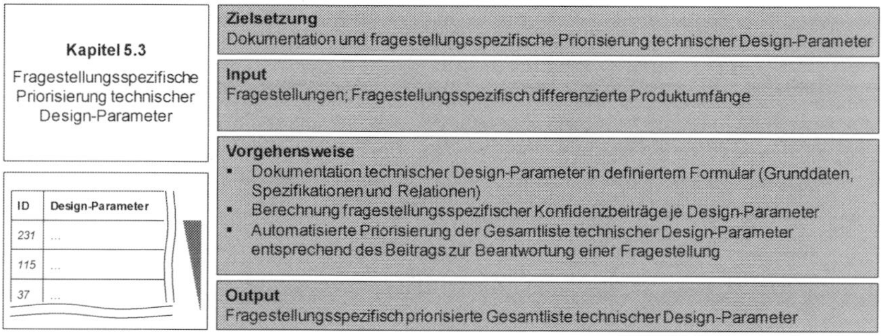

Abbildung 5-31: Fragestellungsspezifische Priorisierung technischer Design-Parameter

5.4 Bewertung technischer Design-Parameter

Zu Beginn der Grobkonzeption der Methodik zur Auslegung prototypischer Produktinkremente wurde herausgestellt, dass die Auslegung drei Paradigmen gerecht werden muss. Die Konformität einer Auslegung zu den Paradigmen soll sicherstellen, dass die Nutzenpotenziale agiler Entwicklungsprozesse systematisch gehoben werden können. Ziel des vierten Methodenschritts ist es daher, die Design-Parameter hinsichtlich ihrer Konformität zu den Paradigmen zu bewerten. Im Gegensatz zur fragestellungsspezifischen Betrachtung in den vorangegangenen Methodenschritten erfolgt die Bewertung fragestellungsübergreifend für das Entwicklungsvorhaben. Wie Abbildung 5-32 zeigt, ist diese Bewertung der vorletzte Methodenschritt und bereitet somit die Auslegung eines prototypischen Produktinkrements unmittelbar vor.

Dementsprechend soll im Folgenden ein Erklärungsmodell entwickelt werden, welches die folgende Forschungsfrage adressiert:

Wie können technische Design-Parameter hinsichtlich ihrer Konformität zu den Paradigmen zur Auslegung prototypischer Produktinkremente bewertet werden?

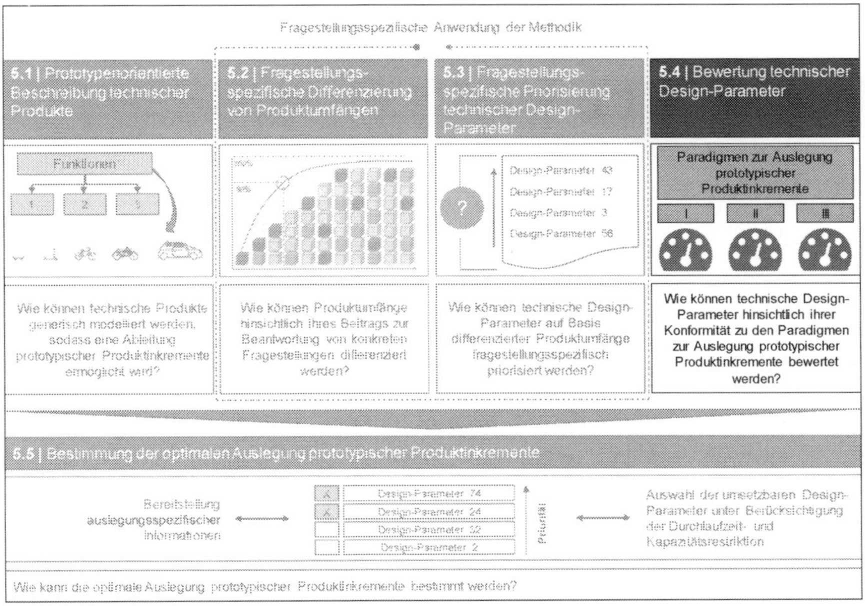

Abbildung 5-32: Bewertung technischer Design-Parameter

Im Folgenden wird ein Erklärungsmodell entwickelt, das jedes der drei Paradigmen operationalisiert. Es werden Metriken und Vorgehensweisen bereitgestellt, welche auf die Gesamtheit aller technischen Design-Parameter angewendet werden, um die Konformität einzelner sowie gebündelter Design-Parameter zu den Paradigmen bemessen zu können. Zunächst wird in Kapitel 5.4.1 das Paradgima „Frühzeitige Maximierung der Konfidenz“ operationalisiert, um den Beitrag einzelner Design-Parameter auf die Steigerung der Konfidenz im Entwicklungsvorhaben zu bemessen. Anschließend wird in Kapitel 5.4.2 eine Bewertungsmethode eingeführt, welche sicherstellt, dass die Auswahl technischer Design-Parameter dem Paradigma „Objektorientierte Systembestimmung“ gerecht wird. Schließlich liefert Kapitel 5.4.3 die Operationalisierung des Paradigmas „Zeitlich definierte Entwicklungszyklen“.

5.4.1 Berechnung des Konfidenzbeitrags

Das Ziel des Arbeitsschritts besteht darin, die Beiträge der technischen Design-Parameter zur Steigerung der Konfidenz im aktuellen Entwicklungsvorhaben in den Dimensionen Desirability, Feasibility und Viability zu ermitteln. Bevor eine Bewertung auf Ebene technischer Design-Parameter erfolgen kann, müssen zunächst die bestehenden Fragestellungen hinsichtlich ihrer individuellen Beiträge zur Steigerung der Konfidenz in den Dimensionen bewertet werden. Dazu wird in Anlehnung an das Konzept der Risikoprioritätszahl der Konfidenzbeitrag einer Fragestellung zu jeder Dimension anhand der Unsicherheit und der Kritikalität einer Fragestellung ermittelt.

Abbildung 5-33 zeigt das Bewertungsverfahren in der Dimension Desirability. Adressiert eine Fragestellung die Dimension Desirability, so drückt die Fragestellung eine Unsicherheit bezüglich der erwarteten marktseitigen Akzeptanz des Produkts aus. Um die Höhe der Unsicherheit bemessen zu können, wird eine entsprechende Leitfrage genutzt, welche die Vorhersagbarkeit der Präferenzen von Kunden und Anwendern bezüglich der in der Fragestellung adressierten Produktumfänge abfragt.

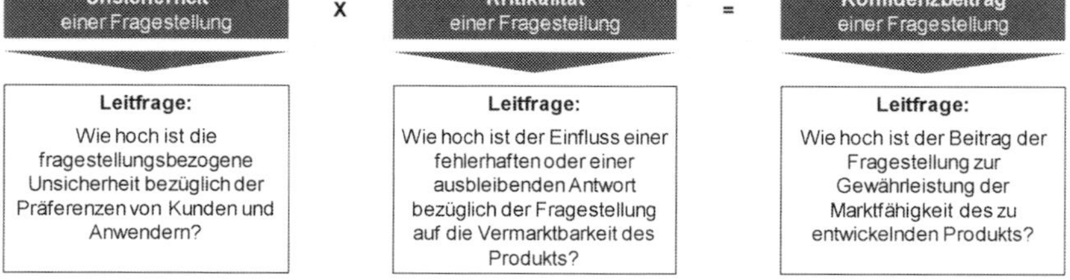

Abbildung 5-33: Berechnung des Konfidenzbeitrags in der Dimension Desirability

Anhand des im linken Teil von Abbildung 5-34 abgebildeten Bewertungsschemas[488] kann eine Einordnung entsprechend der Unsicherheitshöhe erfolgen. Das Bewertungsschema bemisst, in welcher Form Kunden und Anwender die in der Fragestellung adressierten Produktumfänge bereits erleben beziehungsweise nutzen konnten. Dabei ist davon auszugehen, dass Fragestellungen, zu denen bisher nur Visualisierungen und Erklärungen in Form von Broschüren oder Präsentationen abgegeben wurden, deutlich unsicherer sind als Fragestellungen, zu denen bereits Erprobungen unter Testbedingungen oder sogar im realen Anwendungskontext durchgeführt wurden.

Analog zu der Unsicherheitshöhe kann auch die Kritikalität einer Fragestellung anhand einer Leitfrage (siehe Abbildung 5-33) und einem zugehörigen Bewertungsschema (siehe rechter Teil Abbildung 5-34) eingeordnet werden. Anhand der Leitfrage und dem Bewertungsschema erfolgt eine Einordnung hinsichtlich der Relevanz einer Fragestellung für den Markterfolg des Gesamtprodukts. Das Bewertungsschema geht davon aus, dass durch einzelne Fragestellungen beispielsweise die zentralen Funktionalitäten, welche den Markterfolg eines Produkts ausmachen, adressiert werden. Andere Fragestellungen hingegen können Funktionen oder Komponenten adressieren, welche für die Akzeptanz und den Erfolg eines Produkts am Markt unerheblich sind.

Auf Basis der Multiplikation der Bewertungen von Unsicherheitshöhe und Kritikalität wird der Konfidenzbeitrag einer Fragestellung in der Dimension Desirability ermittelt.

Stufen der Unsicherheit

Stufe	Beschreibung
Sehr hoch | 9	Erprobung durch Visualisierung und Erklärung
Hoch | 3	Erprobung durch Beobachtung
Gering | 1	Erprobung unter Testbedingungen
Sehr gering | 0	Erprobung im realen Anwendungskontext

Stufen der Kritikalität

Stufe	Beschreibung
Sehr hoch | 9	Zentrales Kriterium für den Markterfolg des Produkts
Hoch | 3	Für den Markterfolg des Produkts von hoher Bedeutung
Gering | 1	Für den Markterfolg des Produkts eher unbedeutend
Sehr gering | 0	Für den Markterfolg des Produkts ohne Bedeutung

Abbildung 5-34: Bewertungsschemata in der Dimension Desirability

Analog zu den obigen Ausführungen erfolgt die Bewertung des Konfidenzbeitrags einer Fragestellung in der Dimension Feasibility entsprechend des in Abbildung 5-35 skizzierten Verfahrens. Eine Fragestellung, welche diese Dimension adressiert, drückt Unsicherheiten bezüglich der technischen Realisierbarkeit einzelner Produktumfänge

488 Das Bewertungsschema ist abgeleitet aus den Stufen der Akzeptanz nach RENNER UND ENIGK, welche unter anderem im Customer Research Center der Daimler AG genutzt werden, um in frühen Entwicklungsphasen Kundenaussagen zur Akzeptanz neuer Produkte und Funktionen systematisch einordnen zu können. Vgl. Renner und Enigk (2009), Akzeptanz- und Begeisterungsfaktoren von technischen Innovationen, S. 6

aus. Um die Höhe der Unsicherheit bemessen zu können, wird eine entsprechende Leitfrage genutzt, welche abfragt, inwieweit die an der Entwicklung beteiligten Personen die technische Realisierbarkeit des Produkts beziehungsweise einzelner Produktumfänge unter Berücksichtigung der dem Unternehmen zur Verfügung stehen Ressourcen einschätzen können.

Abbildung 5-35: Berechnung des Konfidenzbeitrags in der Dimension Feasibility

Anhand des im linken Teil von Abbildung 5-36 abgebildeten Bewertungsschemas erfolgt eine Einordnung entsprechend der Unsicherheitshöhe. Die Einordnung erfolgt wiederum in vier Stufen, welche aus dem Modell der technologischen Reifegrade (TRL) der NASA[489] hergeleitet werden. Das Reifegradmodell beschreibt neun Ebenen der technologischen Reife, welche beginnend mit der Beobachtung grundlegender Funktionsprinzipien (TRL 1) bis hin zum erfolgreichen Nachweis der Funktionsfähigkeit im Originalsystem unter Realbedingungen (TRL 9) verschiedene Stufen der technologischen Reife beschreiben. Mit Hinblick auf die vorliegende Anwendung liegt die größte Unsicherheitshöhe vor, wenn das angestrebte Funktionsprinzip initial beschrieben und beobachtet werden kann. Die zweithöchste Ausprägung liegt vor, sobald die Anwendbarkeit einer Technologie oder eines Funktionsprinzips im Anwendungsfall nachgewiesen ist. Sofern bereits ein Prototyp oder sogar ein Realsystem im Einsatz geprüft wurden, werden die Stufen geringer oder sehr geringer Unsicherheit gewählt.

Analog zu der Unsicherheitshöhe kann auch die Kritikalität einer Fragestellung in der Dimension Feasibility bewertet werden. Wiederum zeigt Abbildung 5-35 eine entsprechende Leitfrage und Abbildung 5-36 enthält das zugehörige Bewertungsschema. Es gilt einzuschätzen, welche Bedeutung der in der Fragestellung betrachtete Produktumfang für die technische Realisierbarkeit des Gesamtprodukts besitzt. Eine sehr hohe Kritikalität liegt vor, wenn der betrachtete Produktumfang den maßgeblichen Einfluss auf die Erfüllung der Gesamtfunktion besitzt. Dies ist beispielsweise dann der Fall,

[489] Vgl. Mai (2012), Technology Readiness Level, S. 1.

wenn im Rahmen einer Automobilentwicklung ein neuartiger Antriebsstrang entwickelt wird. Mit abnehmenden Stufen der Kritikalität nimmt demensprechend die Bedeutung eines Produktumfangs zur Funktionalität des Gesamtprodukts ab.

Auf Basis der Multiplikation der Bewertungen von Unsicherheitshöhe und Kritikalität wird der Konfidenzbeitrag einer Fragestellung in der Dimension Feasibility ermittelt.

Stufen der Unsicherheit		Stufen der Kritikalität	
Stufe	**Beschreibung**	**Stufe**	**Beschreibung**
Sehr hoch | 9	Beobachtung und Beschreibung des Funktionsprinzips	Sehr hoch | 9	Zentrale Bedeutung für die Funktionalität des Gesamtprodukts
Hoch | 3	Nachweis der Funktionstüchtigkeit einer Technologie im relevanten Anwendungsbereich	Hoch | 3	Für die Funktionalität des Gesamtprodukts von hoher Bedeutung
Gering | 1	Prototyp in Einsatzumgebung	Gering | 1	Für die Funktionalität des Gesamtprodukts eher unbedeutend
Sehr gering | 0	Realsystem mit Nachweis des erfolgreichen Einsatzes	Sehr gering | 0	Für die Funktionalität des Gesamtprodukts ohne Bedeutung

Abbildung 5-36: Bewertungsschemata in der Dimension Feasibility

Schließlich erfolgt die Bewertung des Konfidenzbeitrags einer Fragestellung in der Dimension Viability entsprechend des in Abbildung 5-36 skizzierten Verfahrens. Eine Fragestellung, die diese Dimension adressiert, drückt Unsicherheiten bezüglich der Wirtschaftlichkeit aus. Im Rahmen der Produktentwicklung muss sichergestellt werden, dass das Produkt rentabel entwickelt, hergestellt und am Markt veräußert werden kann. Dazu bedarf es einer Betrachtung der Selbstkosten eines Produkts und einer Betrachtung des am Markt durchsetzbaren Verkaufspreises. Während die Bestimmung des Verkaufspreises in der Verantwortlichkeit des Vertriebs sowie des Produktmanagements liegt, ist die entwicklungsbegleitende Vorhersage der Selbstkosten maßgeblich in der Verantwortung der Produktentwicklung. Dementsprechend wird in der vorliegenden Methodik die Kostenseite betrachtet und im Sinne der Viability in Form der Leitfrage abgefragt, inwieweit die an der Entwicklung beteiligten Personen eine Vorhersage der Selbstkosten treffen können (siehe Abbildung 5-37).

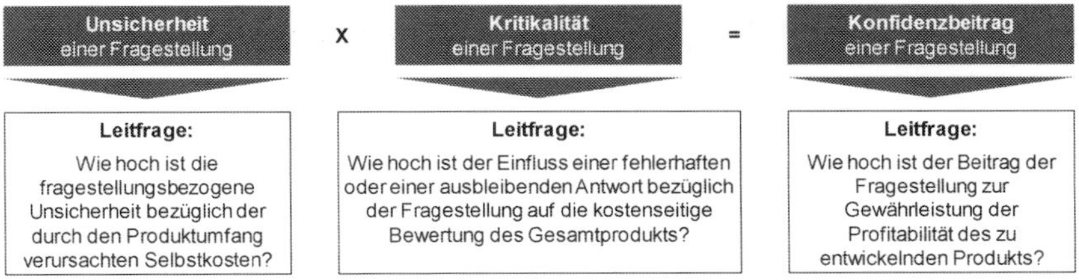

Abbildung 5-37: Berechnung des Konfidenzbeitrags in der Dimension Viability

Anhand des im linken Teil von Abbildung 5-38 abgebildeten Bewertungsschemas erfolgt eine Einordnung entsprechend der Unsicherheitshöhe. In Anlehnung EHRLENSPIEL ET AL.[490] kann die Unsicherheit der Kostenaussage in der Produktentwicklung an der Art der Zusammensetzung der Kostenschätzung aus den Positionen „Anteil entstandener Ist-Kosten", „Anteil vorkalkulierter Kosten" und „Anteil geschätzter Kosten" gemessen werden. Für die Anwendung in der Methodik soll der Anteil geschätzter Kosten zur Bewertung der Unsicherheitshöhe herangezogen werden. Dabei gilt es zu prüfen, welcher Kostenanteil des betrachteten Produktumfangs geschätzt ist und zu welchem Anteil bereits Kostenindikationen oder sogar verbindliche Angebote potenzieller Lieferanten vorliegen. Mit abnehmenden Anteil der geschätzten Kosten nimmt folglich auch die Höhe der Unsicherheit der Kostenaussage ab.

Analog zu der Unsicherheitshöhe wird die Kritikalität einer Fragestellung in der Dimension Viability bewertet. Wiederum zeigt Abbildung 5-37 eine entsprechende Leitfrage und Abbildung 5-38 enthält das zugehörige Bewertungsschema. Es muss eine Einschätzung erfolgen, welche Bedeutung der betrachtete Produktumfang mit Hinblick auf die Gesamtkosten des zu Produkts besitzt. Diese Bedeutung lässt sich anhand des Kostenanteils ermitteln und entsprechend der dargestellten Stufen einordnen.

Stufen der Unsicherheit

Stufe	Beschreibung
Sehr hoch | 9	Anteil der geschätzten Kosten ≥70%
Hoch | 3	Anteil der geschätzten Kosten ≥30%; <70%
Gering | 1	Anteil der geschätzten Kosten <30%
Sehr gering | 0	Anteil der geschätzten Kosten <10%

Stufen der Kritikalität

Stufe	Beschreibung
Sehr hoch | 9	Der Anteil der Kosten des Produktumfangs an den Gesamtkosten ist sehr hoch (≥ 50%)
Hoch | 3	Der Anteil der Kosten des Produktumfangs an den Gesamtkosten ist hoch (≥ 20%)
Gering | 1	Der Anteil der Kosten des Produktumfangs an den Gesamtkosten ist gering (<20%)
Sehr gering | 0	Der Anteil der Kosten des Produktumfangs ist für die Gesamtkosten unerheblich (<1%)

Abbildung 5-38: Bewertungsschemata in der Dimension Viability

Zusammenfassend wird mit Formel 5.3 eine Metrik bereitgestellt, welche den absoluten Konfidenzbeitrag einer Fragestellung berechnet. Dabei ist ersichtlich, dass eine einzelne Fragestellung mindestens eine Dimension der Konfidenz adressiert aber unter Umständen auch alle drei Dimensionen der Konfidenz adressiert. In diesem Falle muss eine Gewichtung der Wichtigkeit einzelner Dimensionen erfolgen. Die Gewichtung der Dimensionen sollte unabhängig von einzelnen Fragestellungen definiert werden. Die Gewichtung sollte dabei die Art der beabsichtigten Innovation berücksichtigen.

---

[490] Ehrlenspiel et al. (2014), Kostengünstig Entwickeln und Konstruieren, S. 107.

Handelt es sich um eine technologische Innovation, so ist der Feasibility eine besondere Gewichtung beizumessen. Zielt das Entwicklungsprojekt maßgeblich auf eine Kosteninnovation im Sinne einer Kostenreduzierung ab, ist die Viability zu fokussieren. Steht eine neuartige Anwendung für unbekannte Märkte und Kunden im Mittelpunkt des Entwicklungsvorhabens, so ist entsprechend die Dimension der Desirability zu fokussieren.

Formel 5.3: Absoluter Konfidenzbeitrag einer Fragestellung

$$AKB_q = a * (UH^{des}{}_q * \mathrm{K}^{\mathrm{des}}{}_q) + b * (UH^{feas}{}_q * \mathrm{K}^{\mathrm{feas}}{}_q) + c * (UH^{viab}{}_q * \mathrm{K}^{\mathrm{viab}}{}_q)$$

sodass: a + b + c = 100%

AKB_q:	Absoluter Konfidenzbeitrag von Fragestellung q	
q :	Fragestellungen	∈ {1, 2, ... t}
a:	Relative Wichtigkeit der Dimension Desirability	∈ {0% ... 100%}
b:	Relative Wichtigkeit der Dimension Feasibility	∈ {0% ... 100%}
c:	Relative Wichtigkeit der Dimension Viability	∈ {0% ... 100%}
UH:	Unsicherheitshöhe der jeweiligen Dimension	∈ {0, 1, 3, 9}
K:	Kritikalität der jeweiligen Dimension	∈ {0, 1, 3, 9}

Mit Hinblick auf die Zielstellung zur Berechnung der Beiträge individueller technischer Design-Parameter zur Steigerung der Konfidenz im aktuellen Entwicklungsvorhaben, müssen letztlich die über Formel 5.2 bestimmten relativen fragestellungsspezifischen Konfidenzbeiträge einzelner Design-Parameter mit den über Formel 5.3 bestimmten absoluten Konfidenzbeiträgen einzelner Fragestellungen kombiniert werden. Abbildung 5-39 zeigt dazu die Berechnungslogik anhand eines Fallbeispiels. Die zur Berechnung notwendigen Größen sowie die entsprechenden Bestandteile sind gleichzeitig in Formel 5.4 definiert.

Formel 5.4: Konfidenzbeitrag eines Design-Parameters

$$GKB_i = \sum_{q=1}^{t} AKB_q * \mathrm{REL}\, FSKB_{i,q}$$

i :	Technische Design-Parameter	∈ {1, 2, ... n}
q :	Fragestellungen	∈ {1, 2, ... t}
GKB_i:	Gesamter Konfidenzbeitrag von Design-Parameter i	
AKB_q:	Absoluter Konfidenzbeitrag von Fragestellung q	
REL $FSKB_{i,q}$:	Relativer fragestellungsspezifischer Konfidenzbeitrag von Design-Parameter i für Fragestellung q	

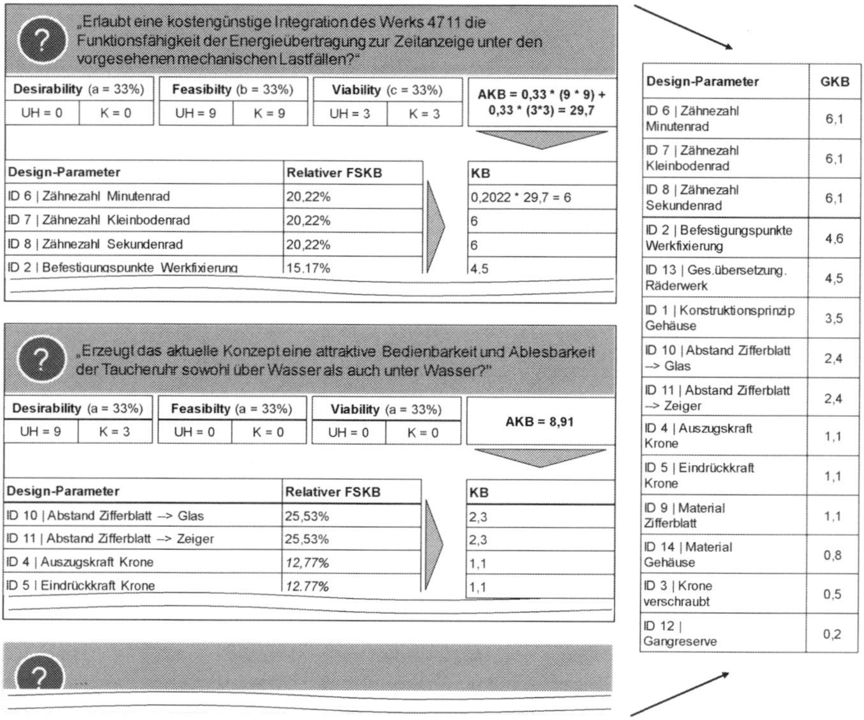

Abbildung 5-39: Berechnungslogik der Konfidenzbeiträge je technischem Design-Parameter

Somit besteht ein Erklärungsmodell zur Berechnung der Konfidenzbeiträge je technischem Design-Parameter. Alle Design-Parameter können somit zu jedem Zeitpunkt des Entwicklungsprojekts in eine Rangfolge hinsichtlich ihrer aktuellen Wichtigkeit gebracht werden.

5.4.2 Analyse des Beitrags zur objektorientierten Systembestimmung

Im vorangegangen Schritt wurden sämtliche Design-Parameter in eine priorisierte Reihenfolge hinsichtlich ihres Beitrags zur Steigerung der Konfidenz im Entwicklungsvorhaben gebracht. Wie bereits herausgestellt wurde, bedarf die Bestimmung der optimalen Auslegung eines prototypischen Produktinkrements aber ebenso einer systemtechnischen Betrachtung. Daher besteht das Ziel dieses Arbeitsschritts in der Bestimmung einer idealen Reihenfolge zur Ausgestaltung technischer Design-Parameter unter Berücksichtigung der Maßgabe der objektorientierten Systembestimmung.

Dazu wurden im Rahmen der Dokumentation technischer Design-Parameter (siehe Kapitel 5.3.1) Abhängigkeitsbeziehungen zwischen technischen Design-Parametern dokumentiert. Es eignet sich im Sinne der transparenten Darstellung eine systemtheoretische Darstellung (Abbildung 5-40). Den gleichen Informationsgehalt liefert eine Darstellung in Matrixform als Design Structure Matrix.[491]

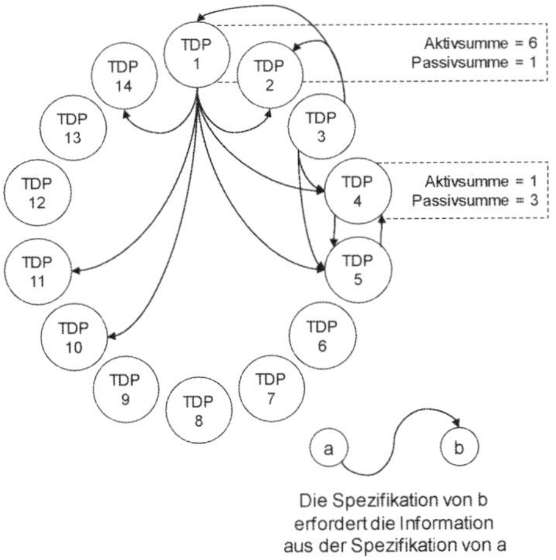

ID	Technischer Design-Parameter (TDP)	p*
1	Konstruktionsprinzip Gehäuse	100%
2	Befestigungspunkte Werkfixierung	1%
3	Krone verschraubt	50%
4	Auszugskraft Krone	25%
5	Eindrückkraft Krone	25%
6	Zähnezahl Minutenrad	25%
7	Zähnezahl Kleinbodenrad	25%
8	Zähnezahl Sekundenrad	25%
9	Material Zifferblatt	5%
10	Abstand Zifferblatt → Glas	10%
11	Abstand Zifferblatt → Zeiger	10%
12	Gangreserve	100%
13	Gesamtübersetzungsverhältnis Räderwerk	50%
14	Material Gehäuse	5%

*p: Grad der Bestimmtheit

Abbildung 5-40: Modellierung technischer Wechselwirkungen[492]

In Anlehnung an SCHUH ET AL.[493] kann auf Basis der vorliegenden Informationen eine Aktivsumme und eine Passivsumme je technischem Design-Parameter gebildet werden. Während die Aktivsumme bemisst, auf wie viele weitere Design-Parameter die Bestimmung eines Design-Parameter Einfluss hat, bemisst die Passivsumme, von wie vielen weiteren Design-Parametern die Bestimmung eines Design-Parameters abhängt

[491] Die Dokumentation von Abhängigkeitsbeziehungen wurde bereits im Zuge der Dokumentation technischer Design-Parameter in Kapitel 5.3.1 thematisiert und kann somit an dieser Stelle als gegeben vorausgesetzt werden.

[492] Aus Gründen der übersichtlichen Lesbarkeit sind die Wechselwirkungen lediglich auszugsweise dargestellt. Eine vollständige Darstellung der Wechselwirkungen ist in Anhang A.4 dokumentiert.

[493] Schuh et al. (2012), Produktarchitekturgestaltung, S. 145f.

(siehe Abbildung 5-40). Durch die Bildung des Quotienten aus Aktivsumme und Passivsumme wird die Charakteristik des Einflusses eines Design-Parameters auf das Gesamtsystem deutlich. Ein Design-Parameter mit einem hohen Quotienten kann als aktiver, systembestimmender Design-Parameter charakterisiert werden. Ein Design-Parameter mit einem niedrigen Quotienten ist im Umkehrschluss als passiv zu bewerten. Insbesondere aktive Design-Parameter sind aus systemtechnischer Sicht zu Beginn eines Entwicklungsprojekts zu bestimmen. Allerdings ist in agilen Entwicklungsprojekten zu berücksichtigen, dass technische Design-Parameter nicht mehr gesamthaft zu Beginn des Entwicklungsprozesses spezifiziert sind, sondern im Laufe der Entwicklung konkretisiert werden. Mithin bekommt der Grad der Bestimmtheit[494] bei der Wahl eines geeigneten Startpunkts eine besondere Bedeutung. Formel 5.5 zeigt eine Grundlage zur Bestimmung eines Startwerts eines technischen Design-Parameters. Der Startwert bemisst die systemtechnische Priorität eines Design-Parameters. Je höher der Startwert, desto eher sollte ein Design-Parameter zu Beginn des Entwicklungsprozesses in Form eines prototypischen Produktinkrements spezifiziert und validiert werden. Es ist ersichtlich, dass der Quotient aus Aktivsumme und Passivsumme prägend ist. Im Zähler wird die Aktivsumme eines Design-Parameters dargestellt. Im Nenner wird die Passivsumme dargestellt, allerdings wird der Grad der Bestimmtheit gesondert berücksichtigt. Insbesondere Design-Parameter, deren Ausprägung noch nicht absehbar ist, nehmen somit einen starken Einfluss auf die Passivsumme. Somit wird sichergestellt, dass Spezifikationen auf Basis unsicherer Informationen minimiert werden.

Formel 5.5: Startwert eines Design-Parameters

$$SW_i = \frac{\sum_{j=1}^{n} y_{i,j}}{1 + \sum_{j=1}^{n} x_{i,j} * p_j^{-1}}$$

i, j : Technische Design-Parameter (TDP) $\in \{1, 2, \dots n\}$

$y_{i,j}$: 1; Die Spezifikation von TDP j erfordert die Information aus der Spezifikation von TDP i
0; Die Spezifikation von TDP j erfordert keine Information aus der Spezifikation von TDP i

$x_{i,j}$: 1; Die Spezifikation von TDP i erfordert die Information aus der Spezifikation von TDP j
0; Die Spezifikation von TDP i erfordert keine Information aus der Spezifikation von TDP j

p_j: Grad der Bestimmtheit von TDP j $\in \{0\% \dots 100\%\}$

SW_i: Startwert von TDP i

[494] Zur Definition des Grads der Bestimmtheit siehe Kapitel 5.3.1.

Nachdem ein Startpunkt[495] für die Auslegung eines prototypischen Produktinkrements ausgewählt wurde, kann eine systemtechnisch optimale Soll-Reihenfolge zur Ergänzung weiterer Design-Parameter hergeleitet werden. Abbildung 5-41 zeigt den identifizierten Startpunkt. Da Design-Parameter 1, 9 und 13 einen identischen Startwert aufweisen, muss die Auswahl zwischen diesen Design-Parameter sachlogisch erfolgen. Sofern zwischen den gleichbewerteten Design-Parametern direkte Abhängigkeitsbeziehungen bestehen, können auch mehrere Design-Parameter als Startpunkt ausgewählt werden. Im vorliegenden Beispiel ist dies nicht der Fall, sodass Design-Parameter 1 als Startpunkt ausgewählt wird. Dieser wird fortan als aktuelle Auslegung des prototypischen Produktinkrements verstanden. Es gilt nun, durch eine geeignete Berechnungsvorschrift den Design-Parameter zu identifizieren, welcher unter Berücksichtigung des Paradigmas der objektorientierten Systembestimmung zu der Auslegung des prototypischen Produktinkrements hinzugefügt werden soll.

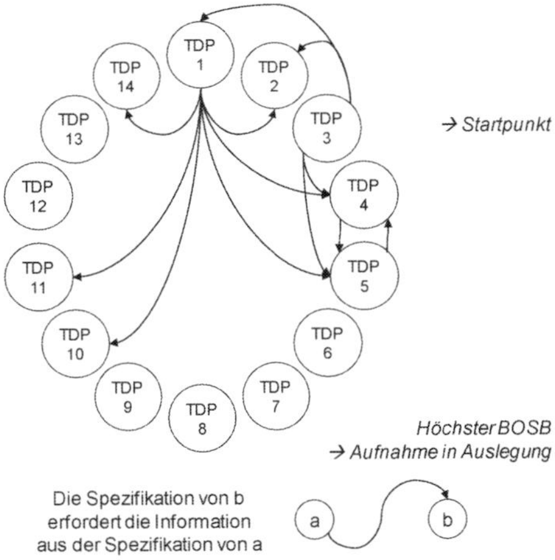

Identifizierung eines Startpunkts durch Berechnung des Startwerts (SW)

ID	Technischer Design-Parameter (TDP)	SW
1	Konstruktionsprinzip Gehäuse	2
9	Material Zifferblatt	2
13	Gesamtübersetzungsverhältnis Räderwerk	2

Bestimmung weiterer Design-Parameter durch Berechnung des Beitrags zur objektorientierten Systembestimmung (BOSB) auf Basis der jeweils aktuellen Auslegung

Aktuelle Auslegung: Design-Parameter 1

ID	Technischer Design-Parameter (TDP)	BOSB
3	Krone verschraubt	2
14	Material Gehäuse	1
2	Befestigungspunkte Werkfixierung	0,029

Abbildung 5-41: Reihenfolgebildung durch Bestimmung des BOSB[496]

[495] Ein geeigneter Startpunkt kann zu Beginn eines Entwicklungsprozesses, wie dargestellt, durch die Startwerte einzelner Design-Parameter berechnet werden. In einem laufenden Entwicklungsprojekt kann der Startpunkt häufig durch ein bereits existierendes prototypisches Produktinkrement als gegeben vorausgesetzt werden. Basierend auf einem existierenden prototypischen Produktinkrement gilt es, eine geeignete Weiterentwicklung zu definieren.

[496] Aus Gründen der übersichtlichen Lesbarkeit sind die Wechselwirkungen lediglich auszugsweise dargestellt. Eine vollständige Darstellung der Wechselwirkungen ist in Anhang A.4 dokumentiert.

Anhand von Formel 5.6 wird daher der Beitrag zur objektorientierten Systembestimmung (BOSB) jedes Design-Parameters bestimmt.

Formel 5.6: Beitrag zur objektorientierten Systembestimmung

$$BOSB_i = \frac{\sum_{j=1}^{n} g_j * (x_{i,j} + y_{i,j})}{1 + \sum_{j=1}^{n} (1 - g_j) * x_{i,j} * p_j^{-1}}$$

i, j : Technische Design-Parameter (TDP) $\in \{1, 2, \dots n\}$

g_j:
- 1; TDP j ist bereits Teil der aktuellen Auslegung des prototypischen Produktinkrements
- 0; TDP j ist nicht Teil der aktuellen Auslegung des prototypischen Produktinkrements

$y_{i,j}$:
- 1; Die Spezifikation von TDP j erfordert die Information aus der Spezifikation von TDP i
- 0; Die Spezifikation von TDP j erfordert keine Information aus der Spezifikation von TDP i

$x_{i,j}$:
- 1; Die Spezifikation von TDP i erfordert die Information aus der Spezifikation von TDP j
- 0; Die Spezifikation von TDP i erfordert keine Information aus der Spezifikation von TDP j

p_j: Grad der Bestimmtheit von TDP j $\in \{0\% \dots 100\%\}$

$BOSB_i$: Beitrag zur objektorientierten Systembestimmung von TDP i

Im Zähler bemisst die Formel die Anzahl interner Wechselwirkungen des Design Parameters mit bereits ausgewählten Design-Parametern. Dabei werden informatorische Abhängigkeiten unabhängig ihrer Wirkrichtung gezählt. Auf diese Weise wird sichergestellt, dass durch ein prototypisches Produktinkrement technisch sinnvolle Objektbereiche im Sinne von Subsystemen des Gesamtprodukts integriert und validiert werden können. Im Nenner bemisst die Formel zunächst die Anzahl externer Einflüsse, welche durch die Aufnahme eines technischen Design-Parameters in die Auslegung des prototypischen Produktinkrements eingebracht werden. Dabei sind externe Einflüsse zu verstehen als Design-Parameter, welche nicht Teil der Auslegung sind, aber dennoch spezifiziert werden müssen, da sie Informationen beinhalten, die zur Spezifikation der Design-Parameter innerhalb der Auslegung notwendig sind. Wie bereits oben ausgeführt, ist es essenziell, dabei auch den Grad der Bestimmtheit zu berücksichtigen. Ein externer Einfluss eines technischen Design-Parameters, der bereits belastbar fixiert ist (Grad der Bestimmtheit = 100%) wiegt beispielsweise weitaus weniger schwer als ein externer Einfluss eines unbestimmten Design-Parameters, dessen Wertebereich zum Betrachtungszeitpunkt nicht definiert ist. Abbildung 5-41 illustriert diesen Umstand beispielhaft, indem der Beitrag zur objektorientierten Systembestimmung verschiedener Design-Parameter gegenübergestellt wird. Beispielsweise wird für

Design-Parameter 2 (Befestigungspunkte Werkfixierung) ein geringer Wert berechnet, da zwar einerseits eine Abhängigkeitsbeziehung zu der aktuellen Auslegung (Design Parameter 1; Konstruktionsprinzip Gehäuse) besteht, aber andererseits zahlreiche Abhängigkeiten zu unbestimmten Design-Parametern (z.B. Abstand Zifferblatt → Glas; Material Gehäuse etc.) bestehen. Design-Parameter 14 (Material Gehäuse) steht in einer Abhängigkeitsbeziehung mit Design-Parameter 1 (Konstruktionsprinzip Gehäuse) und bringt keine externe Abhängigkeit ein, sodass die Bewertung des BOSB entsprechend ausfällt. Lediglich Design-Parameter 3 (Krone verschraubt) weist aufgrund der starken wechselseitigen Abhängigkeitsbeziehung mit der aktuellen Auslegung einen höheren BOSB auf und wird dementsprechend in die Auslegung aufgenommen. Es wird somit der technische Design-Parameter mit dem maximalen Beitrag zur objektorientierten Systembestimmung ausgewählt und der Auslegung hinzugefügt.

Auf Basis der somit gebildeten neuen Auslegung des prototypischen Produktinkrements, bestehend aus zwei Design-Parametern, werden alle weiteren Design-Parameter erneut hinsichtlich ihrer Beiträge zur objektorientierten Systembestimmung untersucht und es wird wiederum der mit dem höchsten Wert ausgewählt. Dabei ist zu beachten, dass sich die Werte im Vergleich zur oben beschriebenen ersten Berechnung verschieben. Dies ist dadurch begründet, dass die Berechnungsgrundlage für externe beziehungsweise interne Wechselwirkungen sich mit der Aufnahme eines Design-Parameters in die aktuelle Auslegung verändert. Durch iterative Anwendung der Berechnungslogik ergibt sich somit eine Soll-Reihenfolge zur Spezifikation technischer Design-Parameter mit Hinblick auf die objektorientierte Systembestimmung.

5.4.3 Identifikation der Aufgabenpakete zur Realisierung und Validierung prototypischer Produktinkremente

Ziel dieses Arbeitsschritts ist es, die zur Realisierung prototypischer Produktinkremente notwendigen Aufgabenpakete zu identifizieren. Dies ist ein essenzieller Schritt, um eine zeitliche und kapazitive Planung im Rahmen der Auslegung prototypischer Produktinkremente zu ermöglichen. Abbildung 5-42 zeigt dazu eine methodische Vorgehensweise, welche im Sinne des Gebots der vollständigen Identifikation der relevanten Aufgabenpakete aus einer Top-Down sowie einer Bottom-Up Perspektive besteht. Die Top-Down Perspektive wird in enger Anlehnung an den SPALTEN Prozess nach ALBERS ET AL. als die Identifizierung der relevanten Wissenslücken und der entsprechenden Ableitung aller notwendigen Maßnahmen zur Validierung verstanden.[497] Im Kontext der vorliegenden Arbeit ist die Top-Down Perspektive somit zu verstehen als

[497] Vgl. Albers et al. (2016), Verifikation und Validierung im Produktentstehungsprozess, S. 550.

die Ableitung notwendiger Simulationen und Tests sowie die daraus ableitbaren Entwicklungsaufgaben[498], um die bestehenden Fragestellungen zu beantworten. Dem gegenüber steht die Bottom-Up Perspektive, welche basierend auf den technischen Design-Parametern vorgibt, welche Entwicklungstätigkeiten zur Definition, Dokumentation und Realisierung technischer Design-Parameter notwendig sind.[499] Den Synchronisationspunkt beider Perspektiven stellt ein generischer Ablaufplan eines agilen Entwicklungszyklus in Anlehnung an KANTELBERG[500] dar. Der generische Ablaufplan umfasst die sechs Phasen „Iteration planen", „Inkremente entwickeln", „Inkremente erzeugen und integrieren", „Inkremente validieren", „Vorgehen validieren" sowie „Anforderungen aktualisieren". Jede Phase wird von KANTELBERG in generischen Ablaufdiagrammen[501] detailliert, welche für die vorliegende Dissertation als generischer Ordnungsrahmen zur Identifikation jeglicher Aufgabenpakete im Zusammenhang der Realisierung und Validierung prototypischer Produktinkremente dienen.

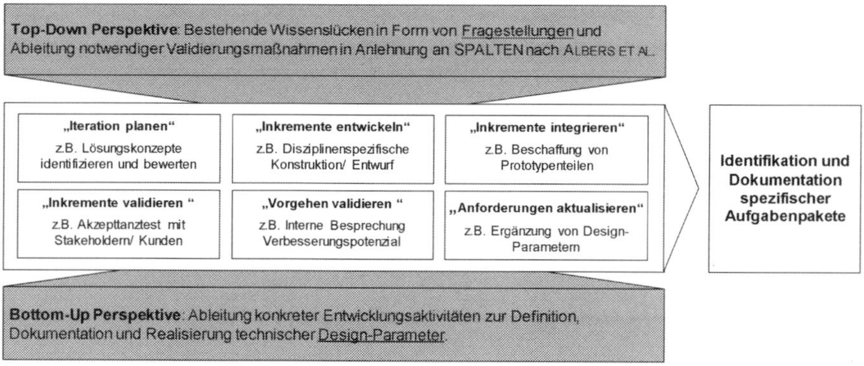

Abbildung 5-42: Vorgehensweise zur Identifikation der Aufgabenpakete[502]

Mit dieser Vorgehensweise ist es somit möglich, Aufgabenpakete abzuleiten und zu dokumentieren, sodass sich eine Gesamtheit der Aufgabenpakete zur Realisierung und Validierung prototypischer Produktinkremente ergibt, welche sich jeweils einzelnen Funktionsbereichen im Unternehmen zuordnen lassen. Abbildung 5-43 zeigt dazu ein

[498] Auch bekannt als Test-driven Development.

[499] Vgl. Steward (1981), The design structure system, S. 71.

[500] Kantelberg (2018), Gestaltung agiler Entwicklungsprozesse technischer Systeme, S. 199f.

[501] Zur detaillierten Erläuterung der entsprechenden Ablauf Diagramme wird auf die Primärquelle verwiesen: Vgl. Kantelberg (2018), Gestaltung agiler Entwicklungsprozesse technischer Systeme, S. 200ff.

[502] In Anlehnung an Kantelberg (2018), Gestaltung agiler Entwicklungsprozesse technischer Systeme, S. 200.; Albers et al. (2016), Verifikation und Validierung im Produktentstehungsprozess, S. 550.; Rauhut (2011), Synchronisation von Entwicklungsprozessen durch Taktung, S. 142ff.

beispielhaft befülltes Template zur systematischen Dokumentation von Aufgabenpaketen in der Produktentwicklung anhand einer Verantwortungsmatrix. Dabei können die Verantwortlichkeiten für die Gesamtaufgabe sowie die Durchführungsverantwortung, die Mitwirkungs- und Informationspflichten für Teilaufgaben den einzelnen Fachbereichen zugeordnet werden.

Aufgabenbeschreibung		Rolle der Fachbereiche (V= Verantwortlich; D= Durchführend; M=Mitwirkend; I=Informierend)						
Aufgaben-paket	Ergebnis	Projekt-leitung	Entwicklung Gehäuse	Entwicklung Werke	Einkauf	Prototypen-bau	Qualitäts-management	...
Bewertung und Auswahl potenzieller Uhrwerke	Ausgewähltes Uhrwerk	V	M	D			I	
Dichtigkeits-prüfung	Nach-gewiesene und dokumentierte Dichtigkeit		M			M	V/D	
Beschaffung Gehäuse-prototypen	Verfügbare Gehäuse-prototypen		I		V/D	M		
Baubarkeits-/ Integrationstest Werk und Gehäuse	Validiertes Integrations-konzept		V/D	M			M	
Konstruktion Gehäuse	CAD Zeichnung Gehäuse		V/D					
Durchführung Belastungstests	Nachgewiesene und dokumentierte Belastbarkeit		I	I		M	V/D	

Abbildung 5-43: Systematik zur Dokumentation von Aufgabenpaketen

In der Systematik können die Aufgabenpakete für das gesamte Entwicklungsvorhaben auf Basis der bestehenden Fragestellungen (Top-Down) sowie der zu spezifizierenden und zu validierenden Design-Parameter (Bottom-Up) kontinuierlich ergänzt werden. Im Rahmen der Bestimmung der optimalen Auslegung eines prototypischen Produktinkrements werden dann einzelne Aufgabenpakete ausgewählt und in einen Ablaufplan für den jeweils nächsten Entwicklungszyklus überführt (siehe Kapitel 5.5).

Abschließend zeigt Abbildung 5-44 die in Kapitel 5.4 dargelegten Arbeitsschritte, welche das Ziel verfolgen, die Konformität der technischen Design-Parameter hinsichtlich der postulierten Paradigmen zur Auslegung prototypischer Produktinkremente individuell bewertbar zu machen. Dabei ist zu betonen, dass die Bewertung in diesem Schritt zunächst isoliert für jedes einzelne Paradigma erfolgt ist. Es wurden entsprechende Metriken eingeführt, welche es dem Anwender der Methodik erlauben, die Beiträge einzelner Design-Parameter zur Konfidenz im Entwicklungsvorhaben zu berechnen. Darüber hinaus wurden Metriken bereitgestellt, welche eine Berechnung des

Beitrags von Design-Parametern zur objektorientierten Systembestimmung ermöglichen. Auf Basis dieser beiden Metriken konnte jeweils eine individuelle Soll-Reihenfolge zur Spezifizierung und Validierung technischer Design-Parameter gebildet werden. Letztlich wurde eine Vorgehensweise zur systematischen Identifikation der relevanten Aufgabenpakete für die Realisierung und Validierung prototypischer Produktinkremente eingeführt.

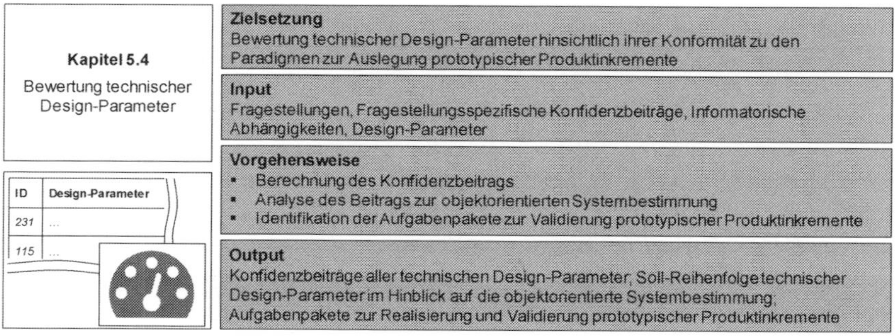

Abbildung 5-44: Bewertung technischer Design-Parameter

5.5 Bestimmung der optimalen Auslegung

Ziel des abschließenden fünften Methodenschritts ist es, die für den jeweils nächsten Entwicklungszyklus optimale Auslegung eines prototypischen Produktinkrements in Form der zu spezifizierenden und zu validierenden technischen Design-Parameter zu bestimmen. Dazu wurden im vorangegangenen Methodenschritt alle Design-Parameter hinsichtlich der drei Paradigmen zur Auslegung prototypischer Produktinkremente bewertet. Es wurden dabei allerdings lediglich lokale Optima für die Auslegung identifiziert und die entsprechenden Bewertungsmaßstäbe zur Erfüllung einzelner Paradigmen wurden genutzt. Im abschließenden Methodenschritt gilt es nun, die drei Perspektiven und die entsprechenden Bewertungsmaßstäbe zu kombinieren, um eine gesamtoptimale Auslegung des prototypischen Produktinkrements zu generieren. Wie Abbildung 5-45 zeigt, konsolidiert dieser abschließende Methodenschritt sämtliche Informationen, welche in den vorherigen vier Methodenschritten erarbeitet wurden.

Dementsprechend soll im Folgenden ein Entscheidungsmodell entwickelt werden, welches die folgende Forschungsfrage adressiert:

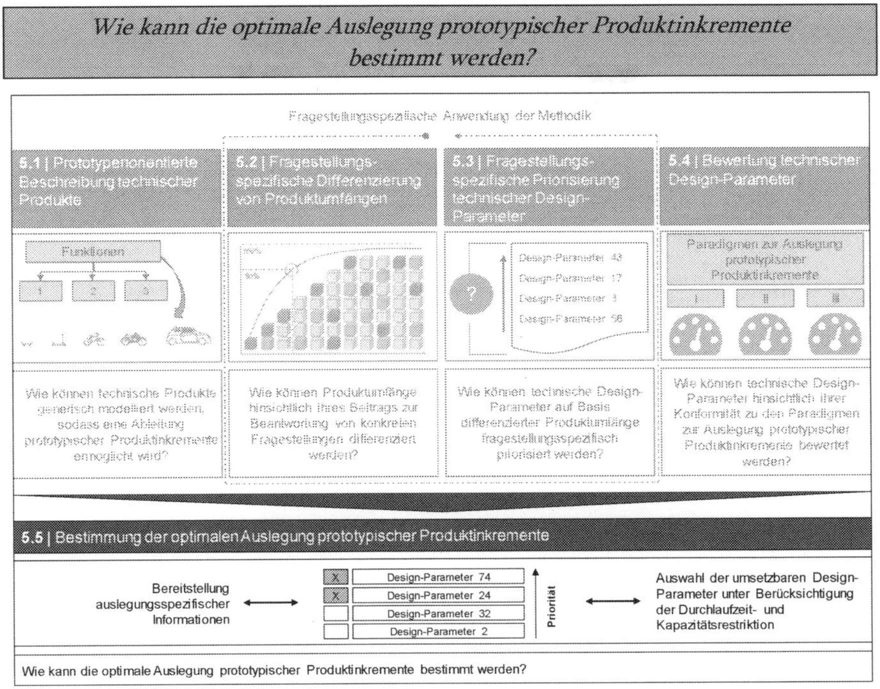

Abbildung 5-45: Bestimmung der optimalen Auslegung prototypischer Produktinkremente

Es wird demzufolge ein Entscheidungsmodell entwickelt, welches in drei Schritten die Bestimmung der optimalen Auslegung in Form der zu spezifizierenden und zu validierenden technischen Design-Parameter realisiert. Zunächst wird dazu in Kapitel 5.5.1 ein Vorgehen zur Erstellung einer priorisierten Gesamtliste aller technischen Design-Parameter vorgestellt, welches die Perspektiven der frühzeitigen Maximierung der Konfidenz und der objektorientierten Systembestimmung vereint. Auf Basis einer priorisierten Gesamtliste gilt es, die in einem Entwicklungszyklus realisierbaren Design-Parameter auszuwählen. Dazu wird in Kapitel 5.5.2 aufgezeigt, wie die notwendigen auslegungsspezifischen Informationen bereitgestellt werden müssen, um anschließend eine Bestimmung der umsetzbaren Design-Parameter vor dem Hintergrund der Durchlaufzeitrestriktion und der Kapazitätsrestriktion eines Entwicklungszyklus zu ermöglichen (siehe Kapitel 5.5.3).

5.5.1 Priorisierung technischer Design-Parameter

Ziel dieses Arbeitsschritts ist es, die Gesamtliste technischer Design-Parameter während der Planung eines Entwicklungszyklus in eine priorisierte Reihenfolge zu überführen, um auf dieser Basis die Auslegung eines prototypischen Produktinkrements bestimmen zu können. Dazu werden die Perspektiven der Paradigmen „**Frühzeitige Maximierung der Konfidenz**" sowie „**Objektorientierte Systembestimmung**" kombiniert, um eine konsolidierte Priorisierung zu erhalten. Abbildung 5-46 zeigt dazu die Logik des methodischen Ansatzes, welcher auf den in Kapitel 5.4.1 und 5.4.2 eingeführten Metriken zur Operationalisierung der einzelnen Paradigmen basiert. Der Ansatz ist aufgebaut in Form eines Algorithmus, der schrittweise die Gesamtliste technischer Design-Parameter in eine priorisierte Gesamtliste überführt. Dazu werden zur Initiierung des Algorithmus alle technischen Design-Parameter in einem zweidimensionalen Portfolio hinsichtlich ihres Gesamtkonfidenzbeitrags (siehe Formel 5.4) und ihres Startwerts (siehe Formel 5.5) abgebildet. Entsprechend der eingeführten Definitionen, ist die Auswahl von Design-Parametern mit maximalem Gesamtkonfidenzbeitrag und maximalem Startwert anzustreben. Im dargestellten Fallbeispiel wird deutlich, dass gemäß der Portfoliotheorie nach MARKOWITZ[503] im Rahmen der Initiierung gleichzeitig vier Design-Parameter effiziente Lösungen darstellen. Die Auswahl einzelner Design-Parameter erfolgt auf Basis des Portfolios unter Berücksichtigung sachlogischer Gesichtspunkte. Im dargestellten Beispiel ist ersichtlich, dass eine Aufnahme aller vier Design-Parameter, welche auf der Effizienzlinie im Portfolio liegen, in die Liste priorisierter Design-Parameter sinnvoll ist, da alle Design-Parameter die Spezifikation des Uhrwerks betreffen. In einem nächsten Schritt des Algorithmus werden somit die vier Design-Parameter als aktuelle Auslegung vorausgesetzt und die Kalkulation der Beiträge zur objektorientierten Systembestimmung aller weiteren Design-Parameter erfolgt auf dieser Basis. Es ergibt sich eine Portfoliodarstellung aller Design-Parameter, die nun hinsichtlich ihres Gesamtkonfidenzbeitrags (vgl. Formel 5.4) und ihres Beitrags zur objektorientierten Systembestimmung (vgl. Formel 5.6) eingeordnet werden. Innerhalb des Portfolios ergeben sich wiederum zwei effiziente Lösungen. Beide Design-Parameter können somit der Liste priorisierter Design-Parameter hinzugefügt werden. Im nächsten Schritt erfolgt die Berechnung der Beiträge zur objektorientierten Systembestimmung der verbliebenen Design-Parameter entsprechend auf der Basis der nun sechs priorisierten Design-Parameter. Es werden erneut zwei effiziente Lösungen identifiziert und entsprechend beide Design-Parameter aufgenommen.

[503] Markowitz (1952), Portfolio Selection, S. 82.

Auf diese Weise wird der Algorithmus fortgesetzt, bis die Gesamtliste technischer Design-Parameter vollständig in eine priorisierte Gesamtliste überführt ist.

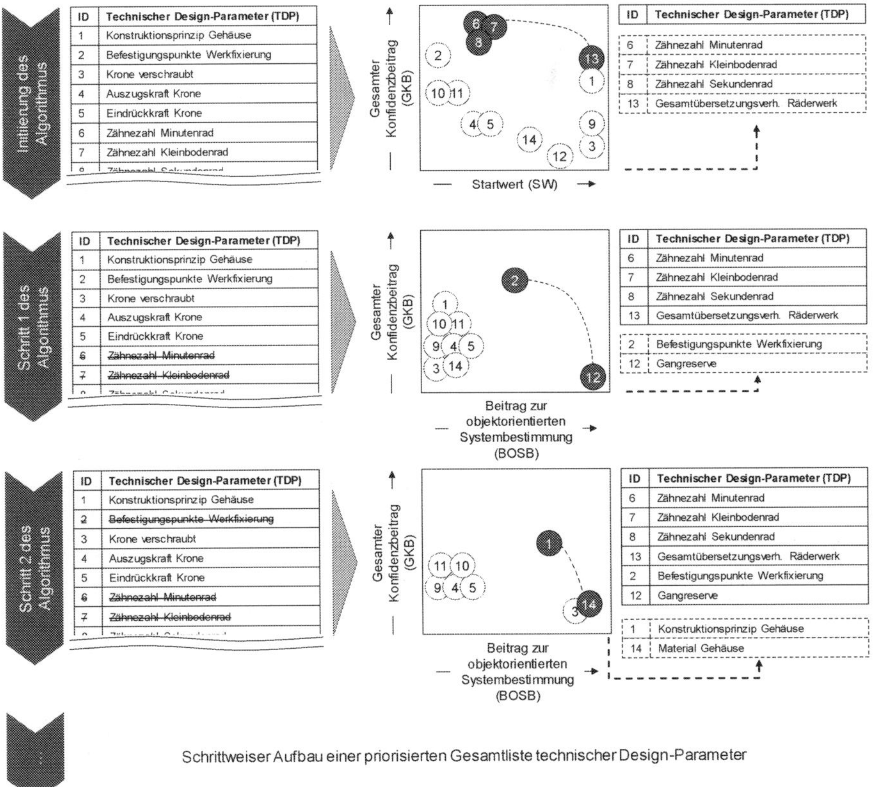

Abbildung 5-46: Logik zur Priorisierung technischer Design-Parameter

Auf Basis der priorisierten Gesamtliste technischer Design-Parameter kann die Auslegung eines prototypischen Produktinkrements erfolgen. Dabei gilt es, die Restriktionen hinsichtlich Durchlaufzeit und Kapazitäten in einem Entwicklungszyklus zu berücksichtigen, um aus der priorisierten Gesamtliste technischer Design-Parameter lediglich jene auszuwählen, die mit den zur Verfügung stehenden Ressourcen innerhalb des zeitlich begrenzten Entwicklungszyklus in einem prototypischen Produktinkrement realisiert und validiert werden können. Um diese Auswahl vor dem Hintergrund der genannten Restriktionen vornehmen zu können, müssen dem Anwender der Methodik auslegungsspezifische Informationen zur Verfügung gestellt werden. In Kapitel 5.5.2 wird daher die Bereitstellung dieser auslegungsspezifischen Informationen thematisiert, bevor Kapitel 5.5.3 beschreibt, wie die Auswahl technischer Design-Parameter auf dieser Basis vorgenommen wird. Es ist zu berücksichtigen, dass die in Kapitel 5.5.2 und 5.5.3 beschriebenen Arbeitsschritte nicht sequenziell durchgeführt werden, sondern in einem iterativen Abgleich auslegungsspezifische Informationen bereitgestellt werden und die Auslegung entsprechend bestimmt wird.

5.5.2 Auslegungsspezifische Informationsbereitstellung

Ziel dieses Arbeitsschritts ist es, die relevanten Informationen bereitzustellen, welche zur Bestimmung des Zeit- und Kapazitätsbedarfs für die Realisierung und Validierung eines prototypischen Produktinkrements notwendig sind. Diese Informationen sind notwendig, um auf Basis der priorisierten Gesamtliste technischer Design-Parameter lediglich die Design-Parameter in die Auslegung des nächsten prototypischen Produktinkrements aufzunehmen, die mit der zur Verfügung stehenden Zeit und den Ressourcen im nächsten Entwicklungszyklus realisierbar sind. Es muss dem Anwender folglich ein Werkzeug in Form einer Cockpit-Lösung angeboten werden, in welcher in Abhängigkeit der ausgewählten Design-Parameter die relevanten Informationen für die Zeit- und Ressourcenplanung in aussagekräftigen Darstellungen bereitgestellt werden.

Wie bereits in Kapitel 5.4.3 herausgearbeitet, müssen für die Zeit- und Ressourcenplanung zunächst die konkreten Aufgabenpakete, welche zur Realisierung und Validierung eines prototypischen Produktinkrements notwendig sind, identifiziert werden. Diese ergeben sich gemäß Abbildung 5-42 einerseits aus einer Top-Down Betrachtung der Fragestellungen, welche mit einem prototypischen Produktinkrement beantwortet werden und andererseits durch eine Bottom-Up Betrachtung der zu spezifizierenden und zu validierenden technischen Design-Parameter. Folglich müssen dem Anwender der Methodik in der Cockpit-Lösung bei der Auswahl der Design-Parameter auch einerseits die durch die ausgewählten Design-Parameter adressierten Fragestellungen angezeigt werden. Andererseits muss für den Anwender erkennbar sein, welche Abhängigkeiten zu externen Design-Parametern auf Basis der ausgewählten Design-Parameter bestehen, sodass entsprechende Annahmen getroffen werden und Simulationen durchgeführt werden können. Abbildung 5-47 zeigt eine Cockpit-Lösung, welche die beschriebenen Informationen bereitstellt. Die Informationen sind dabei auslegungsspezifisch, entsprechend der ausgewählten Design-Parameter, dargestellt. Dies impliziert den Bedarf einer interaktiven Cockpit-Lösung, welche es dem Anwender ermöglicht, Design-Parameter flexibel auszuwählen und abzuwählen, um die resultierenden Informationen somit flexibel abrufen zu können.

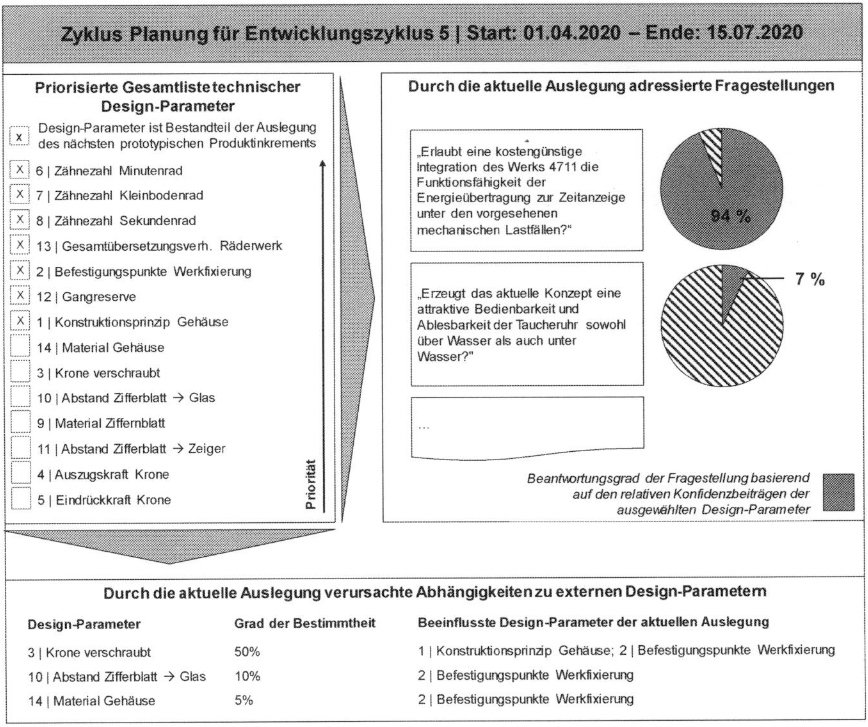

Abbildung 5-47: Cockpit zur Bereitstellung auslegungsspezifischer Informationen

Im dargestellten Beispiel ist erkennbar, dass sieben Design-Parameter ausgewählt worden sind, die maßgeblich eine Fragestellung adressieren. Diese Fragestellung wurde in Kapitel 5.4.1 als besonders kritisch mit Hinblick auf den Erfolg des laufenden Entwicklungsprojekts herausgestellt. Basierend auf den relativen fragestellungsspezifischen Konfidenzbeiträgen (siehe Abbildung 5-29) aller technischen Design-Parameter ist erkennbar, dass die sieben ausgewählten Design-Parameter einen Beantwortungsgrad von 94% realisieren. Dabei summiert der Beantwortungsgrad die relativen fragestellungsspezifischen Konfidenzbeiträge aller ausgewählten Design-Parameter. Es ist erkennbar, dass die zweite dargestellte Fragestellung lediglich einen Beantwortungsgrad von 7% aufweist. Der Fokus der Entwicklung und Validierung des nächsten prototypischen Produktinkrements würde in diesem Falle auf der Betrachtung der ersten Fragestellung liegen. Gleichzeitig wird dargestellt, dass die ausgewählten Design-Parameter Abhängigkeiten zu insgesamt drei externen Design-Parametern aufweisen. Während der Realisierung und Validierung des entsprechenden prototypischen Produktinkrements müssten folglich Annahmen zur Spezifikation dieser drei Design-Parameter getroffen werden.

Indem Fragestellungen und technische Design-Parameter sowie die technischen Design-Parameter untereinander verknüpft sind (siehe Kapitel 5.3), können die notwendigen Informationen automatisiert in Abhängigkeit der ausgewählten Design-Parameter in der skizzierten Cockpit-Lösung angezeigt werden. Entsprechend der ausgewählten Design-Parameter können somit die für die aktuelle Auslegung relevanten Aufgabenpakete aus der Gesamtliste an Aufgabenpaketen (siehe Abbildung 5-43) abgeleitet werden. In einem weiteren Arbeitsschritt (siehe Kapitel 5.5.3) müssen die Zeit- und Ressourcenbedarfe für diese Aufgabenpakete benannt werden, um somit die realisierbare Auslegung für das prototypische Produktinkrement des nächsten Entwicklungszyklus bestimmen zu können.

5.5.3 Auswahl technischer Design-Parameter zur Bestimmung der Auslegung

Ziel dieses Arbeitsschritts ist es, die technischen Design-Parameter aus der priorisierten Gesamtliste auszuwählen, welche unter Berücksichtigung der zur Verfügung stehenden Ressourcen in dem zeitlich definierten Entwicklungszyklus in einem prototypischen Produktinkrement umgesetzt werden können.

Dazu wird zunächst durch ein fachbereichsübergreifendes Expertengremium aus der priorisierten Gesamtliste eine Menge an technischen Design-Parametern ausgewählt, welche auf Basis der Expertenschätzung in einem Entwicklungszyklus umgesetzt werden kann. Entsprechend dieser Vorauswahl werden die auslegungsspezifischen Informationen bereitgestellt (siehe Kapitel 5.5.2) und es können die entsprechend resultierenden Aufgabenpakete zur Realisierung und Validierung des prototypischen Produktinkrements in einen Ablaufplan überführt werden. Abbildung 5-48 skizziert dazu die notwendigen Werkzeuge des Projektmanagements, welche für die Aufwands- und Zeitplanung innerhalb eines Entwicklungszyklus genutzt werden sollen.

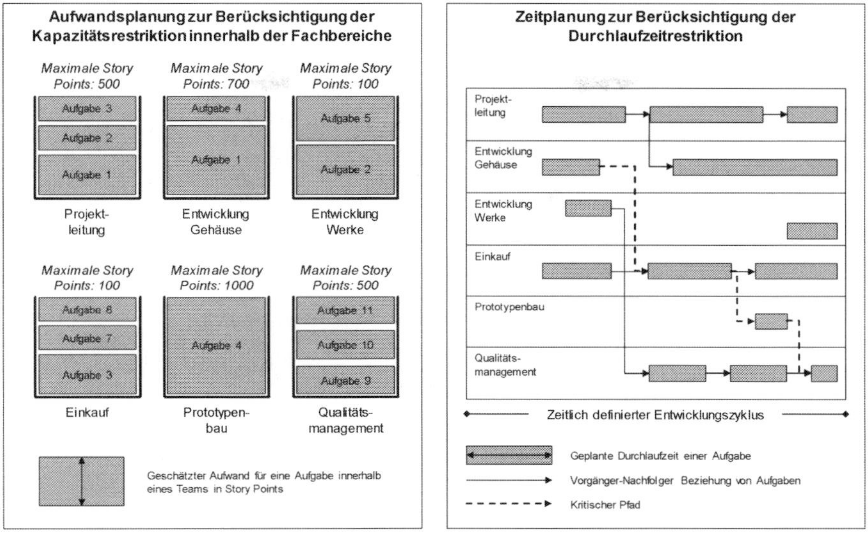

Abbildung 5-48: Werkzeuge zur Planung von Entwicklungszyklen

Vor dem Hintergrund der begrenzten Kapazitäten einzelner Fachbereiche, die an der Produktentwicklung beteiligt sind, müssen die Aufwände zur Realisierung und Validierung eines prototypischen Produktinkrements vor dem Beginn eines Entwicklungszyklus grob eingeplant werden. Insbesondere im Kontext des agilen Projektmanagements hat sich als nützliches Werkzeug zur Aufwands- und Kapazitätsplanung ein Punktesystem durch Schätzgrößen in Form von „Story Points" etabliert.[504] Jedes Team, welches an der Produktentwicklung beteiligt ist, definiert demnach für einen zeitlich definierten Entwicklungszyklus seine Kapazität in Form einer Punkteanzahl (Story Points). Diese Punktanzahl steht somit sinnbildlich für die in dem definierten Zeitraum für das Entwicklungsprojekt einsetzbaren Ressourcen des Teams. Jedes Aufgabenpaket, an dessen Durchführung das Team beteiligt ist, wird im Rahmen der Zyklusplanung durch eine entsprechende Punktezahl (Story Points) bewertet. Dabei beschreibt die Höhe der Punktzahl den Arbeitsumfang, der für das entsprechende Team bei dem Aufgabenpaket anfällt. Unterschiedliche Teams können dabei die Skalierung und Staffelung ihrer Punktesysteme individuell gestalten, da es einzig um die Planung der Kapazitäten und der entsprechend umsetzbaren Aufgaben innerhalb der Teams geht. Wie in Abbildung 5-48 dargestellt, werden die für die ausgewählte Auslegung

[504] Vgl. Pichler (2008), Scrum, S. 58f.

relevanten Aufgabenpakte aus der Verantwortungsmatrix (siehe Abbildung 5-43) abgeleitet und jeder Fachbereich beziehungsweise jedes Team nimmt eine Schätzung der eigenen Aufwände zur Erfüllung der Gesamtaufgabe in Form von Story Points vor. Aufgaben können demnach solange hinzugefügt werden, bis die Kapazitätsgrenze eines Teams in Form der maximalen Anzahl an Story Points erreicht ist.

Vor dem Hintergrund des zeitlich begrenzten Entwicklungszyklus, müssen zusätzlich die Durchlaufzeiten sowie die Abhängigkeiten einzelner Aufgabenpakete vor Beginn eines Entwicklungszyklus eingeplant werden. Dazu eignet sich das im Projektmanagement etablierte Werkzeug der Netzplantechnik nach DIN 69900[505], welches eine Modellierung von Entwicklungsaufgaben entsprechend der in Abbildung 5-48 skizzierten Systematik vorsieht. Demnach werden die Fachbereiche beziehungsweise Teams in Form von Schwimmbahnen (engl. Swimlanes) dargestellt und die jeweiligen Aufgaben entsprechend ihrer geplanten Durchlaufzeit in Balkenform eingetragen. Abhängigkeitsbeziehungen zwischen einzelnen Aufgaben werden durch Pfeile gekennzeichnet. Auf Basis dieser Abhängigkeitsbeziehungen und der geplanten Durchlaufzeiten je Aufgabe kann eine Zeitplanung entsprechend der Notation in der Netzplantechnik[506] erfolgen, sodass sich ein kritischer Pfad mit Hinblick auf die Durchlaufzeit ermitteln lässt. Dieser kritische Pfad umfasst alle Aktivitäten, die bereits bei einer minimalen Verzögerung gegenüber ihrer geplanten Durchlaufzeit zu einer Verlängerung der Gesamtdurchlaufzeit führen. Alle sonstigen Aktivitäten weisen einen zeitlichen Puffer auf, der die tolerierbare Verzögerung ohne Auswirkung auf die Gesamtdurchlaufzeit anzeigt. Vor dem Hintergrund der zeitlich fixierten Entwicklungszyklen in einem agilen Entwicklungsprojekt gilt es, nur maximal so viele Aufgaben in einen Entwicklungszyklus aufzunehmen, bis die Durchlaufzeit der Aufgaben auf dem kritischen Pfad der Dauer des Entwicklungszyklus entspricht.

Mit Hilfe der gezeigten Werkzeuge wird die initial durch ein Expertengremium ausgewählte Auslegung des prototypischen Produktinkrements hinsichtlich der Kapazitäts- und Durchlaufzeitrestriktion in einem Entwicklungszyklus bewertet. Erlauben beide Restriktionen die Aufnahme weiterer technischer Design-Parameter in die Auslegung des prototypischen Produktinkrements, so können entsprechend der in Abbildung 5-47 gezeigten Systematik weitere Design-Parameter ausgewählt werden. Die daraus resultierenden Implikationen hinsichtlich der adressierten Fragestellungen und der Abhängigkeiten zu externen Design-Parameter werden in dem gezeigten Cockpit

[505] Deutsches Institut für Normung (2009), DIN 69900.

[506] Vgl. Deutsches Institut für Normung (2009), DIN 69900, S. 26f.

unmittelbar ersichtlich und die weiteren Aufgabenpakete werden in die Ablaufplanung des Entwicklungszyklus aufgenommen.

Im vorliegenden Fallbeispiel wurde die in Abbildung 5-47 gezeigte initiale Auslegung definiert und hinsichtlich der Kapazitäts- und Durchlaufzeitrestriktion als realisierbar bewertet. Demzufolge steht die Auswahl eines weiteren technischen Design-Parameters der priorisierten Gesamtliste zur Diskussion. Entsprechend der gebildeten Priorität wird Design-Parameter 14 „Material Gehäuse" als zu spezifizierender und zu validierender technischer Design-Parameter in die Auslegung des prototypischen Produktinkrements aufgenommen. Im Vergleich zu der initialen Auslegung wird der Aufwand zur Simulation verschiedener Materialen im Fachbereich für die Gehäusekonstruktion deutlich höher, sodass die Kapazitätsgrenze überschritten wird. Gleichzeitig schätzt der Einkauf für die Beschaffung von Gehäuseprototypen im Originalmaterial eine deutlich längere Durchlaufzeit ein, als dies beispielsweise für 3D-gedruckte Gehäuseprototypen der Fall wäre. Da die Beschaffung von Prototypenmaterialien auf dem kritischen Pfad liegt, würde eine Verlängerung dieser Aufgabe innerhalb des zeitlich begrenzten Entwicklungszyklus nicht umsetzbar sein. Mithin sind sowohl die Kapazitäts- als auch die Durchlaufzeitrestriktion nicht erfüllt, sodass die Spezifikation und Validierung des Design-Parameters 14 „Material Gehäuse" abgelehnt wird. In einem nächsten Schritt wird daher der nächste Design-Parameter der priorisierten Gesamtliste (Design-Parameter 3 „Krone verschraubt") auf die Möglichkeit zur Aufnahme in die Auslegung des prototypischen Produktinkrements überprüft. Da der Design-Parameter lediglich zwei mögliche Ausprägungen (Verschraubte Krone; Unverschraubte Krone) erlaubt, sind die Zusatzaufwände für die Gehäusekonstruktion umsetzbar. Darüber hinaus haben die zusätzlichen Aufgaben zur Spezifikation und Validierung des Design-Parameters keine Auswirkungen auf den kritischen Pfad. Somit wird der Design-Parameter 3 in die Auslegung aufgenommen. Die Prüfung aller weiteren Design-Parameter musste aufgrund der Überschreitung mindestens einer der Restriktionen abgelehnt werden, sodass sich im vorliegenden Fallbeispiel die in Abbildung 5-49 illustrierte und beschriebene Auslegung eines prototypischen Produktinkrements ergibt.

Da die Spezifikation verschiedener Design-Parameter des Uhrwerks gefordert wurde, wurde das entsprechende Uhrwerk aus dem Bestand nutzbarer Werke ausgewählt und für eine prototypische Integration im Serienzustand bereitgestellt. Seitens der Gehäusekonstruktion wurde zunächst eine 3-teilige Konstruktion mit verschraubter Krone ausgewählt und schließlich ein geeignetes Befestigungskonzept für das ausgewählte

Uhrwerk entwickelt. Das Gehäuse wurde durch Verfahren des 3D-Drucks in verschiedenen Materialien prototypisch hergestellt, welche jeweils konkrete Rückschlüsse auf die potenziellen Originalmaterialien erlauben. Die integrierten prototypischen Produktinkremente konnte dann verschiedenen Belastungssimulationen unterzogen werden.

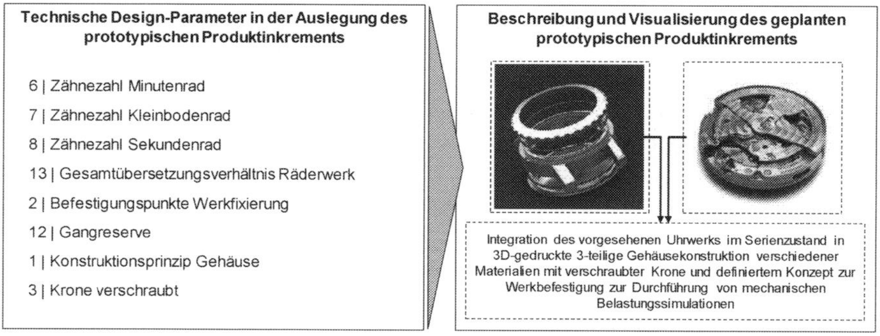

Abbildung 5-49: Auslegung des prototypischen Produktinkrements[507]

Abschließend zeigt Abbildung 5-50 die in Kapitel 5.5 dargelegten Arbeitsschritte, welche das Ziel verfolgen, die optimale Auslegung des im jeweils nächsten Entwicklungszyklus zu realisierenden prototypischen Produktinkrements zu bestimmen. Dazu wurde ein entsprechendes Entscheidungsmodell eingeführt, welches den Anwender der Methodik durch die drei Arbeitsschritte führt. Zunächst wird die Gesamtliste technischer Design-Parameter unter gemeinsamer Berücksichtigung der Paradigmen „Frühzeitige Maximierung der Konfidenz“ sowie „Objektorientierte Systembestimmung“ in eine priorisierte Rangfolge überführt. Anschließend erfolgt in einem iterativen Vorgehen die Auswahl der priorisierten Design-Parameter, welche mit Hinblick auf die Kapazitäts- und Durchlaufzeitrestriktion in einem Entwicklungszyklus umgesetzt werden können. Dazu werden dem Anwender der Methodik entsprechend der gewählten Auslegung die notwendigen Informationen bereitgestellt, welche eine Aufwands- und Zeitplanung ermöglichen. Indem die Aufwände und Zeiten entsprechend der ausgewählten Design-Parameter iterativ mit den Restriktionen der Kapazität und Durchlaufzeit abgeglichen werden, wird die optimale Auslegung eines prototypischen Produktinkrements systematisch identifiziert.

507 Beispielhafte Abbildungen prototypischer Komponenten in Anlehnung an GrabCAD Community (2019), Library watch case; International Watch Company (IWC) (2019), Kaliberfamilie 69000

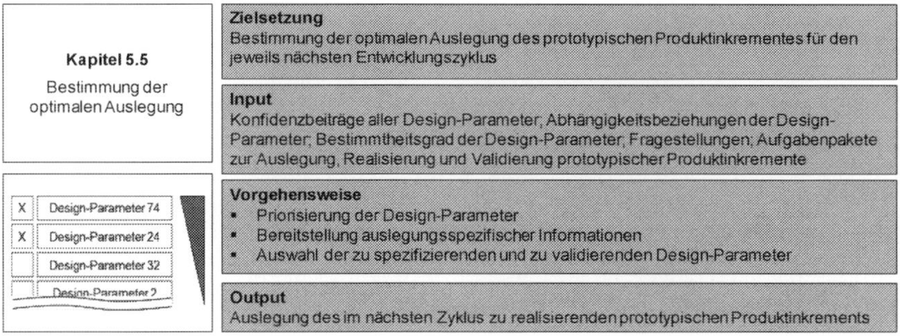

Abbildung 5-50: Bestimmung der optimalen Auslegung

5.6 Zwischenfazit: Methodik zur Auslegung prototypischer Produktinkremente

Das vorliegende Kapitel diente der Detaillierung der Methodik zur Auslegung prototypischer Produktinkremente im Kontext agiler Entwicklungsprojekte. Gleichzeitig bestand das Ziel darin, durch die Reflexion einzelner Methodenschritte anhand eines durchgängigen Fallbeispiels bereits während der Erarbeitung die Anwendungsgerechtheit der Methodik zu validieren. Mit dieser Vorgehensweise wurde dem zugrundeliegenden Forschungsprozess, der einen forschungsbegleitenden Abgleich der wissenschaftlichen Erkenntnisse mit der unternehmerischen Praxis vorsah, Ausdruck verliehen.

In Kapitel 5.1 wurde ein Beschreibungsmodell entwickelt, das die prototypenorientierte Beschreibung jeglicher Art technischer Produkte ermöglicht. Diese Beschreibung soll die zweckbezogene Ableitung prototypischer Produktinkremente ermöglichen. Da die Zweckbezogenheit prototypischer Produktinkremente maßgeblich in der Beantwortung von Fragestellungen innerhalb eines Entwicklungsprojekts begründet liegt, wurde zunächst ein Verfahren vorgestellt, anhand dessen die zentralen Fragestellungen eines Entwicklungsprojekts identifiziert werden können. Anschließend wurde zur prototypenorientierten Beschreibung technischer Produkte zunächst eine funktionsbasierte Betrachtungsweise gewählt, welche ergänzt wurde um eine merkmalbasierte Betrachtungsweise. Dazu wurden generische Merkmale und Merkmalcluster zur Beschreibung von Prototypen hergeleitet. In der Kombination besteht somit eine Produktbeschreibung, welche eine fragestellungsspezifische Differenzierung einzelner Funktionen und Merkmale erlaubt.

Die fragestellungsspezifische Differenzierung von Produktumfängen wurde dann in Kapitel 5.2 durch entsprechende Methoden erarbeitet. Dazu wurde zunächst eine Klassifikationslogik für Produktfunktionen hergeleitet, anhand derer die individuelle Wichtigkeit von Produktfunktionen in Bezug auf einzelne Fragestellungen bemessen werden kann. In ähnlicher Form wurde eine Klassifikationslogik für Prototypenmerkmale erarbeitet, anhand deren die individuelle Wichtigkeit von einzelnen Eigenschaften und Verhaltensaspekten eines Produkts in Bezug auf einzelne Fragestellungen bemessen werden kann.

Auf Basis der fragestellungsspezifischen Differenzierung von Produktumfängen erfolgte in Kapitel 5.3 die fragestellungspezifische Priorisierung technischer Design-Parameter. Dazu wurde zunächst eine allgemeine Dokumentationsvorgabe für technische Design-Parameter in agilen Entwicklungsprojekten erarbeitet. Anschließend wurde ein quantitatives Verfahren eingeführt, welches eine automatisierbare Bewertung der fragestellungsspezifischen Wichtigkeit einzelner Design-Parameter erlaubt.

In Kapitel 5.4 wurden die drei zentralen Paradigmen zur Auslegung prototypischer Produktinkremente operationalisiert. Das heißt, es wurden für die Paradigmen „Frühzeitige Maximierung der Konfidenz", „Objektorientierte Systembestimmung" und „Zeitlich definierte Entwicklungszyklen" Metriken und Vorgehensweisen erarbeitet, welche eine Konformitätsprüfung von Design-Parametern hinsichtlich der Paradigmen erlauben. Die Betrachtung der Konformität erfolgte in diesem Kapitel isoliert für einzelne Paradigmen, bevor im anschließenden Kapitel die konsolidierende Betrachtung erfolgte.

Abschließend wurden in Kapitel 5.5 Methoden bereitgestellt, welche die Bestimmung der optimalen Auslegung eines prototypischen Produktinkrements unterstützen. Dabei wurden die in Kapitel 5.4 isoliert betrachteten Metriken und Vorgehensweisen zur Bewertung technischer Design-Parameter integriert, um eine gesamtoptimale Auslegung zu gewährleisten. Die aufgezeigten Methodenschritte gilt es in der rollierenden Planung von zeitlich definierten Entwicklungszyklen anzuwenden, um die jeweils optimale Auslegung des nächsten prototypischen Produktinkrements bestimmen zu können.

6 Validierung und kritische Reflexion

Nachdem eine allgemeingültige und unternehmensunabhängige Methodik zur Auslegung prototypischer Produktinkremente im Kontext agiler Entwicklungsprojekte erarbeitet und anhand eines durchgängigen Fallbeispiels angewendet wurde, zielt das vorliegende Kapitel auf die kritische Reflexion der Anwendungserfahrung ab. Dazu wird in Kapitel 6.1 zunächst die Ausgangssituation der Optoelektronik GmbH erläutert, da in diesem Unternehmen eine weitere durchgängige Anwendung der Methodik im Zuge des Forschungsprozesses stattfand. Nachdem in Kapitel 6.1 die Hintergründe des ausgewählten Fallbeispiels sowie die Motivation zur Anwendung der Methodik dargelegt wurden, geht Kapitel 6.2 in anonymisierter Form detailliert auf die Erprobung und Validierung der Methodik ein. Dazu werden die einzelnen Arbeitsschritte durchlaufen und die Ergebnisse aus der Anwendung werden dargelegt. Abschließend erfolgt in Kapitel 6.3 die kritische Reflexion der Anwendungserfahrung. In Kapitel 6.3 werden neben den Erkenntnissen aus der Anwendung bei der Optoelektronik GmbH ebenso die Erkenntnisse aus der Anwendung im Zusammenhang der Entwicklung einer mechanischen Armbanduhr bei der Armbanduhren GmbH, welche in Kapitel 5 dargelegt wurden, reflektiert.

6.1 Ausgangssituation der Optoelektronik GmbH

Die Optoelektronik GmbH entwickelt als Start-Up ein optisches Messgerät zur schnellen Detektion von Fehlfunktionen des autonomen Nervensystems des Menschen. Das Messprinzip nutzt die Änderung des Pupillendurchmessers durch Einwirkung von Lichtstimulation. Das Entwicklungsvorhaben lässt sich demnach medizintechnisch dem Fachgebiet der Pupillometrie zuordnen. Unter dem Begriff der Pupillometrie versteht man die Messung der Veränderung der Pupillengröße bei Lichteinfall. Das menschliche Auge passt sich durch Kontraktion der Pupille den Lichtverhältnissen der Umgebung an. Bei Helligkeit zieht sich die Pupille zusammen, bei Dunkelheit weitet sie sich. Diese Reaktion auf Licht kann nicht durch den Menschen selber beeinflusst werden und wird deshalb als Pupillenlichtreflex (PLR) bezeichnet. Der PLR bildet die aktuelle Funktionalität des autonomen Nervensystems ab.

Die Optoelektronik GmbH verfolgt das Ziel, diese bekannten medizinischen Zusammenhänge in einem technischen Produkt für verschiedene mobile Anwendungen außerhalb des medizinischen und klinischen Umfelds nutzbar zu machen. Sowohl die Messtechnologie als auch die potenziellen Märkte und Anwendungsfelder sind für die Optoelektronik GmbH als absolut neuartig zu bewerten, sodass ein agiles Entwicklungsvorgehen insbesondere für die frühe Phase der Produktentwicklung gewählt wurde.

Gleichzeitig beschäftigt das Start-Up aufgrund der starken Interdisziplinarität des Entwicklungsvorhabens ein vergleichsweise großes Entwicklungsteam von 30 Vollzeitbeschäftigten. Um diese Ressourcen gezielt zu synchronisieren und die Entwicklungsergebnisse in regelmäßigen Abständen zu validieren, werden in zeitlich definierten Entwicklungszyklen von zehn Wochen prototypische Produktinkremente entwickelt, hergestellt und mit potenziellen Anwendungspartnern validiert.

6.2 Anwendung der Methodik zur Auslegung prototypischer Produktinkremente

Im Folgenden soll entlang der Methodik zur Auslegung prototypischer Produktinkremente die Anwendung bei der Optoelektronik GmbH nachvollzogen werden.

6.2.1 Prototypenorientierte Beschreibung technischer Produkte

In einem ersten Schritt der Methodik wurden die zentralen Wissenslücken eines Entwicklungsvorhabens in Form von Fragestellungen hergeleitet und expliziert. Da die Fragestellungen im Entwicklungsvorhaben bereits in gemeinsamen Workshops mit dem Autor der vorliegenden Dissertation zu Beginn des Entwicklungsprojekts herausgearbeitet wurden, sollen die folgenden Fragestellungen den Ausgangspunkt der Betrachtung der Validierung bilden:

- Welches optische Konzept ist am besten geeignet, die Pupille des menschlichen Auges unter minimalen Bewegungen zu fokussieren?
- Welches Verhältnis aus Auflösung und Kontrast ermöglicht valide Messergebnisse?
- Wie kann eine bedienoptimale Fokussierung der Pupille während der Messung erfolgen?
- Wie kann eine kostengerechte Umsetzung der Messanwendung in einem mobilen Gerät erfolgen?

Mit dem Ziel, diese Fragestellung gezielt beantworten zu können, sollen prototypische Produktinkremente realisiert und validiert werden. Um eine gezielte fragestellungsspezifische Ableitung prototypischer Produktinkremente zu ermöglichen, wird das optische Messgerät zunächst anhand des Modells zur prototypenorientierten Beschreibung technischer Produkte abgebildet. Abbildung 6-1 zeigt dazu im oberen Teil die Funktionsstruktur.

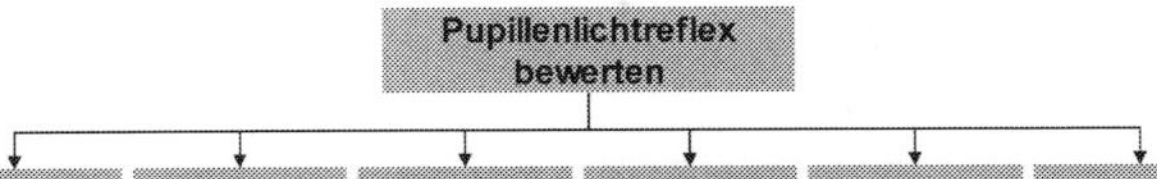

Merkmalscluster	Lichtimpuls auslösen	Bildschärfe messen	Kamera verfahren	Kontraktion filmen	Messung auswerten	Gerät fixieren
Elementgestalt	Physische Gestalt der Lichtquelle	Physische Gestalt des optischen Systems	Physische Gestalt des Verfahrmechanismus	Physische Gestalt der Kamera	Physische Gestalt des Messeinrichtung	Physische Gestalt des Gehäuses
Funktionalität	Helligkeit und Frequenz	Genauigkeit der Schärfemessung	Geschwindigkeit und Genauigkeit	Auflösung und Kontrast	Validität des Messergebnis	Befestigung und Schutz
Wirkprinzip	Typ der Lichtquelle	Optische Technologie	Art des Verfahrmechanismus	Kameratyp	Art des Auswertungsalgorithmus	Gehäusekonzept
Topologie	Räumliche Anordnung der Lichtquelle	Räumliche Anordnung der Fokussiereinheit	Räumliche Anordnung der Kamera	Räumliche Anordnung der Kamera	Räumliche Anordnung der Messeinrichtung	Räumliche Anordnung im Gehäuse
Verknüpfung	Signalfluss	Signalfluss	Signalfluss	Signalfluss	Signalfluss	Physische Anbindung
Nutzerinteraktion	Auslösemechanismus betätigen	Aktuelle Bildschärfe bewerten	Manuelle Bewegung der Kamera	Kamera betätigen	Ausgabe der Messergebnisse	Gehäusebedienung

Abbildung 6-1: Prototypenorientierte Beschreibung des Messgeräts

Während der Anwendung wird zunächst ein Lichtimpuls ausgelöst und die Bildschärfe der Aufnahme der menschlichen Pupille wird gemessen. Die aufnehmende Kamera wird dementsprechend verfahren, um eine optimale Bildschärfe zu realisieren. Bei optimaler Fokussierung wird die Pupillenkontraktion gefilmt und einem Auswertungsalgorithmus zugeführt. Das Messgerät muss schließlich durch ein entsprechendes Gehäuse an dem Probanden fixiert werden.

Neben der funktionalen Betrachtung kann das Messgerät zusätzlich durch generische Merkmale beschrieben werden, welche die in einem prototypischen Produktinkrement abbildbaren Eigenschaften und Verhaltensweisen des Produkts, repräsentieren. Im vorliegenden Fallbeispiel genügt die Betrachtung auf Ebene der Merkmalscluster (siehe Abbildung 5-7), da zum aktuellen Entwicklungszeitpunkt eine detailliertere Betrachtung nicht zielführend wäre. Dementsprechend zeigt Abbildung 6-1 die Anwendung des Beschreibungsmodells, indem die generischen Merkmalscluster je Produktfunktion angewendet und spezifiziert werden.

6.2.2 Fragestellungsspezifische Differenzierung von Produktumfängen

Auf Basis der prototypenorientierten Produktbeschreibung besteht das Ziel im nächsten Schritt darin, einzelne Produktumfänge hinsichtlich ihrer Relevanz zur Beantwortung einzelner Fragestellungen zu bewerten. Somit wird eine differenzierte Betrachtung des Gesamtprodukts mit Hinblick auf einzelne Fragestellungen ermöglicht. Beispielhaft wird in diesem Kapitel die fragestellungsspezifische Differenzierung von Produktumfängen für zwei Fragestellungen dargestellt und die resultierenden Unterschiede in der Bewertung werden herausgestellt.

Abbildung 6-2 zeigt im linken Teil eine Strukturierung der Produktfunktionen entsprechend der Fragestellung „Welches optische Konzept ist am besten geeignet, die Pupille des menschlichen Auges unter minimalen Bewegungen zu fokussieren?“, während im rechten Teil der Abbildung eine Strukturierung der Produktfunktionen entsprechend der Fragestellung „Wie kann eine kostengerechte Umsetzung der Messanwendung in einem mobilen Gerät erfolgen?“ abgebildet ist.

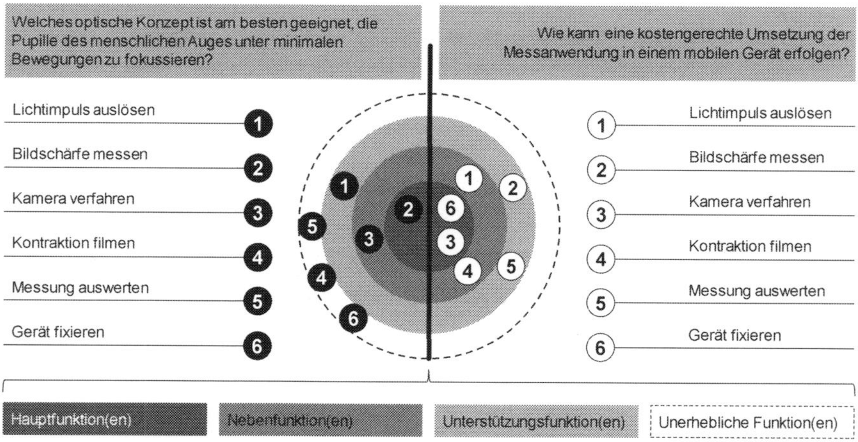

Abbildung 6-2: Fragestellungsspezifische Strukturierung von Produktfunktionen

Erkennbar ist, dass im linken Teil die optischen Funktionen zur Fokussierung als Haupt- und Nebenfunktionen im Mittelpunkt der Betrachtung stehen. Um die Bewertung der optischen Konzepte zu unterstützen, wird die Funktion der Lichtquelle als Unterstützungsfunktion gewertet. Für die Betrachtung der Fragestellung nach dem optimalen optischen Konzept ist allerdings die Aufnahme der Kontraktion ebenso unerheblich wie die messtechnische Auswertung und die Fixierung des Messgerätes an einem Probanden. Im Gegenzug zeigt die Darstellung im rechten Teil, dass zur Bewertung einer mobilen Anwendung des Messgeräts zunächst die gehäuseseitigen Möglichkeiten zur Fixierung des Geräts evaluiert werden müssen. Darüber hinaus wird mit dem Verfahrmechanismus der Kamera ein physisch sehr umfangreicher Produktumfang als Hauptfunktion bewertet, da dieser im Kontext einer kostengünstigen mobilen Anwendung eine besondere Herausforderung darstellt. Mit der Lichtquelle und der Kamera werden weitere physisch umfangreiche funktionale Produktumfänge als Nebenfunktion betrachtet. Um eine objektive Bewertung der mobilen Umsetzung zu ermöglichen, wird die Messfunktionen für Bildschärfe und Auswertung der Kontraktion als Unterstützungsfunktionen bewertet.

Neben der differenzierten Betrachtung von Produktfunktionen werden je Funktion die oben genannten Merkmalscluster hinsichtlich ihrer fragestellungsspezifischen Wichtigkeit unterschieden. Dazu sieht die Methodik eine an das Kano-Modell angelehnte Bewertungsmethode vor, deren Anwendung in Abbildung 6-3 beispielhaft dargestellt ist.

Erkennbar ist, dass das Wirkprinzip der Funktion „Bildschärfe messen“, das heißt die optische Technologie zur Messung der Bildschärfe, auf Basis der funktionalen Befragung und der dysfunktionalen Befragung entsprechend der in Abbildung 5-18 vorgestellten Auswertungsmatrix als Basismerkmal eingeordnet wird. Im Mittelpunkt der Fragestellung steht die Auswahl eines geeigneten Konzepts zur Fokussierung der Pupille, sodass die gezeigte Einordnung sachlogisch nachvollziehbar ist. Ebenso sachlogisch korrekt erscheint die Bewertung der Funktionalität der Funktion „Lichtimpuls auslösen“ als fakultatives Merkmal. Wird der Lichtimpuls nicht in seiner endgültigen Helligkeit und Frequenz generiert, kann die Fokussierung dennoch ohne Einschränkung erfolgen und entsprechende Konzepte können verglichen werden. Wird der Lichtimpuls jedoch wiedergabegetreu realisiert, können weitergehende dynamische Effekte hinsichtlich der Bewegung des menschlichen Auges unter impulsförmigem Lichteinfall berücksichtigt werden, um die Auslegung des optischen Fokussiermechanismus zu optimieren.

? Welches optische Konzept ist am besten geeignet, die Pupille des menschlichen Auges unter minimalen Bewegungen zu fokussieren?

Funktionale Form der Befragung: „Welchen Effekt auf die Beantwortung der Fragestellung hat es, wenn das Wirkprinzip der Funktion ‚Bildschärfe messen' in einem prototypischen Produktinkrement detailliert ausgestaltet wird?"	□ A) Dadurch werden umfangreiche Erkenntnisse generiert. ❖ B) Das ist die Voraussetzung zur Generierung valider Erkenntnisse. □ C) Das hat keine Auswirkung auf die generierten Erkenntnisse. □ D) Das erschwert die Generierung valider Erkenntnisse. □ E) Das führt zu einer starken Verzerrung der generierbaren Erkenntnisse.
Dysfunktionale Form der Befragung: „Welchen Effekt auf die Beantwortung der Fragestellung hat es, wenn das Wirkprinzip der Funktion ‚Bildschärfe messen' in einem prototypischen Produktinkrement nicht ausgestaltet wird?"	□ A) Dadurch werden umfangreiche Erkenntnisse generiert. □ B) Das ist die Voraussetzung zur Generierung valider Erkenntnisse. □ C) Das hat keine Auswirkung auf die generierten Erkenntnisse. □ D) Das erschwert die Generierung valider Erkenntnisse. ❖ E) Das führt zu einer starken Verzerrung der generierbaren Erkenntnisse.

Funktionale Form der Befragung: „Welchen Effekt auf die Beantwortung der Fragestellung hat es, wenn die Funktionalität der Funktion ‚Lichtimpuls auslösen' in einem prototypischen Produktinkrement detailliert ausgestaltet wird?"	❖ A) Dadurch werden umfangreiche Erkenntnisse generiert. □ B) Das ist die Voraussetzung zur Generierung valider Erkenntnisse. □ C) Das hat keine Auswirkung auf die generierten Erkenntnisse. □ D) Das erschwert die Generierung valider Erkenntnisse. □ E) Das führt zu einer starken Verzerrung der generierbaren Erkenntnisse.
Dysfunktionale Form der Befragung: „Welchen Effekt auf die Beantwortung der Fragestellung hat es, wenn die Funktionalität der Funktion ‚Lichtimpuls auslösen' in einem prototypischen Produktinkrement nicht ausgestaltet wird?"	□ A) Dadurch werden umfangreiche Erkenntnisse generiert. □ B) Das ist die Voraussetzung zur Generierung valider Erkenntnisse. ❖ C) Das hat keine Auswirkung auf die generierten Erkenntnisse. □ D) Das erschwert die Generierung valider Erkenntnisse. □ E) Das führt zu einer starken Verzerrung der generierbaren Erkenntnisse.

Abbildung 6-3: Fragestellungsspezifische Bewertung der Merkmalscluster

Auf die Weise wurden alle Kombinationen aus Funktionen und Merkmalsclustern mit Hinblick auf die einzelnen Fragestellungen bewertet. Daraus ergibt sich die in Anhang A2 (siehe Abbildung A-2 und Abbildung A-3) dargestellte Übersicht der fragestellungsspezifisch differenzierten Produktumfänge.

6.2.3 Fragestellungsspezifische Priorisierung technischer Design-Parameter

Auf Basis der fragestellungsspezifisch differenzierten Produktumfänge gilt es, die technischen Design-Parameter in jeweilige Reihenfolgen fragestellungspezifischer Wichtigkeit zu bringen. Dazu müssen die zum aktuellen Entwicklungszeitpunkt bekannten technischen Design-Parameter zunächst systematisch dokumentiert werden. Dazu wird die in der vorliegenden Dissertation entwickelte Dokumentationsvorgabe für technische Design-Parameter verwendet. Abbildung A-5 in Anhang A.3 zeigt einen

Ausschnitt der Gesamtliste technischer Design-Parameter. Anhand dieser dargestellten Design-Parameter wird im weiteren Verlauf der Validierung die Funktionsweise der Methodik illustriert.

Entsprechend der Bewertungsmethode wird jeder Design-Parameter hinsichtlich seines fragestellungsspezifischen Konfidenzbeitrags (FSKB) bewertet. Auf Basis der fragestellungsspezifisch differenzierten Produktumfänge sowie der dokumentierten Relationen zu Funktionen und Merkmalsclustern (siehe Abbildung A-7 in Anhang A.4) kann die Berechnung der fragestellungsspezifischen Konfidenzbeiträge und die Reihenfolgebildung erfolgen. Abbildung 6-4 zeigt die Ergebnisse dieser Reihenfolgebildung beispielhaft für die zwei bereits definierten Fragestellungen. Erkennbar ist, dass sich gänzlich unterschiedliche Reihenfolgen der technischen Design-Parameter in Abhängigkeit der Fragestellungen ergeben. Weiterhin ist bei allen Fragestellungen der Pareto-Effekt erkennbar, der ausdrückt, dass bereits mit wenigen Design-Parameter die wesentlichen Aspekte einer Fragestellung beantwortet werden können.

? „Welches optische Konzept ist am besten geeignet, die Pupille des menschlichen Auges unter minimalen Bewegungen zu fokussieren?"

ID	Bezeichnung	FSKB	Rel. FSKB	Kum. FSKB
1	Autofokussier-Prinzip	243	27,80%	27,80%
4	Arbeitsabstand	171	19,57%	47,37%
5	Brennweite	171	19,57%	66,93
2	Kameraauflösung	81	9,27%	76,20%
8	Linienfrequenz	81	9,27%	85,47%
6	Verfahrweg der Kamera	63	7,21%	92,68%
7	Verfahrmech. der Kamera	63	7,21%	99,89%
3	Wellenlänge Lichtimpuls	1	0,11%	100%
9	Gewicht Verschiebebahn	0	0,00%	100%
10	Schnittstelle für Bilddaten	0	0,00%	100%

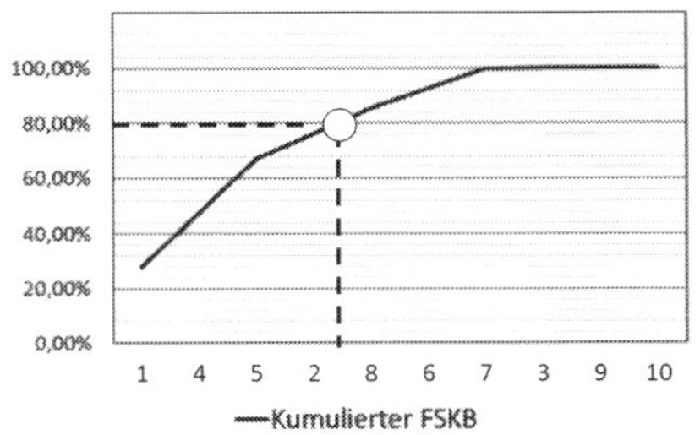

? „Wie kann eine kostengerechte Umsetzung der Messanwendung in einem mobilen Gerät erfolgen?"

ID	Bezeichnung	FSKB	Rel. FSKB	Kum. FSKB
7	Verfahrmech. der Kamera	324	24,31%	24,31%
6	Verfahrweg der Kamera	270	20,26%	44,56%
4	Arbeitsabstand	219	16,43%	60,99%
5	Brennweite	219	16,43%	77,42%
1	Autofokussier-Prinzip	162	12,15%	89,57%
9	Gewicht Verschiebebahn	108	8,10%	97,67%
3	Wellenlänge Lichtimpuls	18	1,35%	99,02%
2	Kameraauflösung	9	0,68%	99,70%
10	Schnittstelle für Bilddaten	4	0,30%	100%
8	Linienfrequenz	0	0,00%	100%

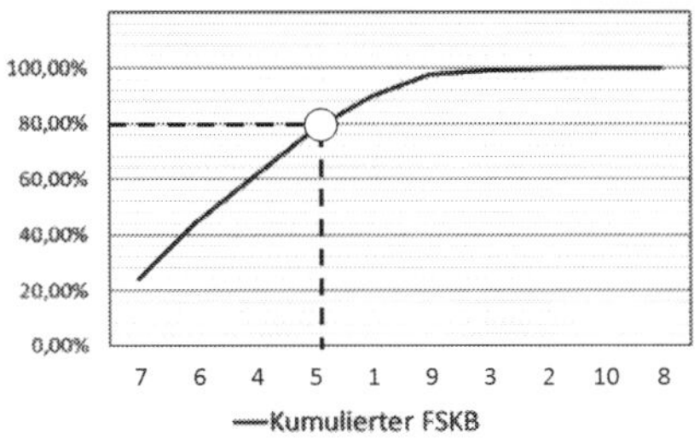

Abbildung 6-4: Fragestellungsspezifische Priorisierung technischer Design-Parameter

6.2.4 Bewertung technischer Design-Parameter

Nachdem die fragestellungsspezifische Betrachtung der technischen Design-Parameter erfolgt ist, muss eine integrierte Bewertung durchgeführt werden, um eine spätere Auslegung des prototypischen Produktinkrements entsprechend der drei geltenden Paradigmen zu ermöglichen. Dazu wird zunächst der Gesamtkonfidenzbeitrag je Design-Parameter (GKB) kalkuliert, um eine ideale Reihenfolge zur Spezifizierung und Validierung der einzelnen Design-Parameter aus der Perspektive von Paradigma 1 zu erstellen. Anschließend werden die Design-Parameter hinsichtlich ihrer technischen Wechselwirkungen bewertet, um eine ideale Reihenfolge zur Spezifizierung und Validierung der einzelnen Design-Parameter aus der Perspektive von Paradigma 2 zu erstellen. Schließlich gilt es, die zum aktuellen Zeitpunkt der Entwicklung relevanten Aufgabenpakete zu definieren, um eine Auslegung entsprechend Paradigma 3 zu ermöglichen.

Die **Berechnung des Gesamtkonfidenzbeitrags je Design-Parameter** erfordert zunächst eine Bewertung der Wichtigkeit einzelner Fragestellungen. Dabei gilt es zu bewerten, durch welche der Fragestellungen die derzeit größten Risiken des Entwicklungsvorhabens adressiert werden können. Entsprechend des Konzepts zur Berechnung von absoluten Konfidenzbeiträgen anhand der Dimensionen Desirability, Feasibility und Viability werden die vier in Kapitel 6.2.1 vorgestellten Fragestellungen bewertet (siehe Abbildung 6-5).

Wie Abbildung 6-5 zeigt, wird zunächst entschieden, die Dimensionen unterschiedlich zu gewichten, um den übergeordneten Rahmenbedingungen des Entwicklungsvorhabens gerecht zu werden. Für die Optoelektronik GmbH ist die Messtechnologie mittels Pupillometrie vollständig neuartig, sodass die Feasibility mit 50% das größte Gewicht erhält. Da auch die Anwendungsgebiete und somit die Präferenzen möglicher Kunden und Anwender des Messgeräts für das Unternehmen unbekannt sind, wird die Desirability mit 30% bewertet. Wirtschaftliche Aspekte stehen zum aktuellen Zeitpunkt des Entwicklungsvorhabens nicht im Fokus, da die grundsätzliche Machbarkeit und Funktionalität für ausgewählte Anwendungsbereiche im Vordergrund stand, sodass die Viability mit 20% entsprechend gering bewertet wird.

Weiterhin wird festgestellt, dass das optische System zur Fokussierung der bewegten menschlichen Pupille die zentrale technische Unsicherheit für die Optoelektronik GmbH darstellt. Gleichzeitig besteht eine sehr hohe Kritikalität, da die Fokussierung der Pupille für die Funktionalität des gesamten Messgeräts ausschlaggebend ist. Somit werden für die erste Fragestellung die entsprechenden Bewertungen in der Dimension Feasibility vorgenommen.

Fragestellung 1: „Welches optische Konzept ist am besten geeignet, die Pupille des menschlichen Auges unter minimalen Bewegungen zu fokussieren?"

Desirability (a = 30%)		**Feasibilty** (b = 50%)		**Viability** (c = 20%)	
Unsicherheitshöhe [0]	Kritikalität [0]	Unsicherheitshöhe [9]	Kritikalität [9]	Unsicherheitshöhe [0]	Kritikalität [0]

Absoluter Konfidenzbeitrag der Fragestellung = 40,5

Fragestellung 2: „Welches Verhältnis aus Auflösung und Kontrast ermöglicht valide Messergebnisse?"

Desirability (a = 30%)		**Feasibilty** (b = 50%)		**Viability** (c = 20%)	
Unsicherheitshöhe [9]	Kritikalität [1]	Unsicherheitshöhe [1]	Kritikalität [1]	Unsicherheitshöhe [0]	Kritikalität [0]

Absoluter Konfidenzbeitrag der Fragestellung = 3,2

Fragestellung 3: „Wie kann eine bedienoptimale Fokussierung der Pupille während der Messung erfolgen?"

Desirability (a = 30%)		**Feasibilty** (b = 50%)		**Viability** (c = 20%)	
Unsicherheitshöhe [9]	Kritikalität [9]	Unsicherheitshöhe [1]	Kritikalität [9]	Unsicherheitshöhe [0]	Kritikalität [0]

Absoluter Konfidenzbeitrag der Fragestellung = 28,8

Fragestellung 4: „Wie kann eine kostengerechte Umsetzung der Messanwendung in einem mobilen Gerät erfolgen?"

Desirability (a = 30%)		**Feasibilty** (b = 50%)		**Viability** (c = 20%)	
Unsicherheitshöhe [0]	Kritikalität [0]	Unsicherheitshöhe [1]	Kritikalität [1]	Unsicherheitshöhe [3]	Kritikalität [9]

Absoluter Konfidenzbeitrag der Fragestellung = 5,9

Abbildung 6-5: Berechnung absoluter Konfidenzbeiträge je Fragestellung

Die zweite Fragestellung adressiert die geforderte Auflösung und das Kontrastverhältnis der Aufnahmen. Da diese Werte maßgeblich von den Anwendungsfällen abhängen, welche noch nicht final definiert ist, besteht eine zentrale Unsicherheit hinsichtlich der kunden- und anwenderseitigen Akzeptanz (Desirability). Gleichzeitig kann die Fragestellung aber hinsichtlich der Kritikalität der kunden- und anwenderseitigen

Akzeptanz als gering eingeschätzt werden, weil weder Auflösung noch Kontrastverhältnis einen direkten Kundenwert stiften. Da beide Werte durch eine entsprechend angepasste Kamera angepasst werden können, wird über diese Werte auch keine marktrelevante Differenzierung erlangt. Da sowohl Auflösung als auch Kontrast über handelsübliche Kameras eingestellt werden können, wird auch die technische Unsicherheit und Kritikalität der Fragestellung als gering eingestuft.

Die dritte Fragestellung greift wiederum die Funktionalität der Fokussierung der Pupille auf, konzentriert sich aber maßgeblich auf die anwenderorientierte Bedienung der Messeinrichtung zur optimalen Einstellung des optischen Systems bestehend aus Objektiv und Bildsensor während der Vermessung der Pupille. Da diese Fragestellung wiederum den Anwender beziehungsweise die Anwendungsfälle adressiert, besteht eine sehr hohe Unsicherheit hinsichtlich der Desirability. Auch die Kritikalität in dieser Dimension wird als sehr hoch bewertet, da eine schnelle und bedienergerechte Bedienung der Fokussierung im Sinne einer optimalen Handhabung einen der zentralen marktdifferenzierenden Faktoren darstellt. Verschiedene technische Systeme zur Bedienung des Fokussiermechanismus sind den Entwicklungsbeteiligten bekannt und wurden bereits vorher erprobt, sodass von einer geringen Unsicherheit in der Dimension Feasibility ausgegangen wird. Gleichzeitig besteht in dieser Dimension aufgrund der oben genannten Wichtigkeit der Funktionalität eine sehr hohe Kritikalität.

Die vierte Fragestellung adressiert die wirtschaftliche Herstellbarkeit der optischen Messeinrichtung vor dem Hintergrund der Anforderungen eines mobilen Endgeräts. Die technische Unsicherheit und Kritikalität können als gering eingestuft werden, da sämtliche Komponenten hinsichtlich Größe, Gewicht, Robustheit und räumlicher Anordnung den Anforderungen einer mobilen Anwendung grundsätzlich gerecht werden. Lediglich besteht bei mobilen Anwendungen optischer Messsysteme eine hohe Sensitivität hinsichtlich der Kosten, sodass die Unsicherheit in der Dimension Viability als hoch eingestuft wird. Da die Preissensitivität einen Großteil der funktionalen Komponenten betrifft, besteht in dieser Dimension eine sehr hohe Kritikalität.

Abbildung 6-5 fasst die beschriebenen Bewertungen sowie die resultierenden Kalkulationen der absoluten Konfidenzbeiträge je Fragestellung zusammen.

Somit ist es schließlich möglich, sämtliche Design-Parameter in eine Reihenfolge hinsichtlich ihrer aktuellen Wichtigkeit für das Entwicklungsvorhaben zu bringen. Wie in Abbildung 6-6 dargestellt, werden dazu die Gesamtkonfidenzbeiträge aller Design-Parameter (GKB) berechnet.

Technische Design-Parameter		Fragestellung 1		Fragestellung 2		Fragestellung 3		Fragestellung 4		Summe
ID	Bezeichnung	Rel FSKB	AKB	Rel FSKB	AKB	Rel FSKB	AKB	Rel FSKB	AKB	GKB
1	Autofokussier-Prinzip	0,28	40,50	0,26	3,20	0,17	28,80	0,12	5,90	17,58
2	Kameraauflösung	0,09	40,50	0,27	3,20	0,02	28,80	0,01	5,90	5,36
3	Wellenlänge Lichtimpuls	0,00	40,50	0,02	3,20	0,00	28,80	0,01	5,90	0,18
4	Arbeitsabstand	0,20	40,50	0,10	3,20	0,17	28,80	0,16	5,90	14,10
5	Brennweite	0,20	40,50	0,10	3,20	0,17	28,80	0,16	5,90	14,10
6	Verfahrweg der Kamera	0,07	40,50	0,01	3,20	0,22	28,80	0,20	5,90	10,36
7	Verfahrmech. der Kamera	0,07	40,50	0,01	3,20	0,20	28,80	0,24	5,90	10,17
8	Linienfrequenz	0,09	40,50	0,11	3,20	0,02	28,80	0,00	5,90	4,73
9	Gewicht Verschiebebahn	0,00	40,50	0,02	3,20	0,03	28,80	0,08	5,90	1,37
10	Schnittstelle für Bilddaten	0,00	40,50	0,11	3,20	0,00	28,80	0,00	5,90	0,44

Abbildung 6-6: Gesamtkonfidenzbeiträge aller Design-Parameter

Dazu wird für jeden Design-Parameter das mathematische Produkt aus dem relativen fragestellungsspezifischen Konfidenzbeitrag (Rel FSKB) und dem jeweiligen absoluten Konfidenzbeitrag (AKB) der Fragestellung gebildet und die Summe dieser Produkte über alle Fragestellungen berechnet. Auf Basis dieser Priorisierung ergibt sich eine ideale Reihenfolge zur Spezifizierung und Validierung aus der Perspektive der frühzeitigen Maximierung der Konfidenz im Entwicklungsvorhaben.

Parallel gilt es, die **Beiträge zur objektorientierten Systembestimmung einzelner Design-Parameter zu analysieren**, um auf dieser Basis eine aus systemtechnischer Perspektive ideale Reihenfolge zur Spezifizierung und Validierung zu definieren. Dazu werden alle informatischen Abhängigkeiten modelliert und der zum aktuellen Zeitpunkt der Entwicklung relevante Grad der Bestimmtheit je Design-Parameter wird dokumentiert (siehe Abbildung A-9 in Anhang A.5). Die auf diesen Informationen aufbauende Systematik zur Bildung der Reihenfolge vor dem Hintergrund einer objektorientierten Systembestimmung wird in Abbildung 6-7 skizziert.

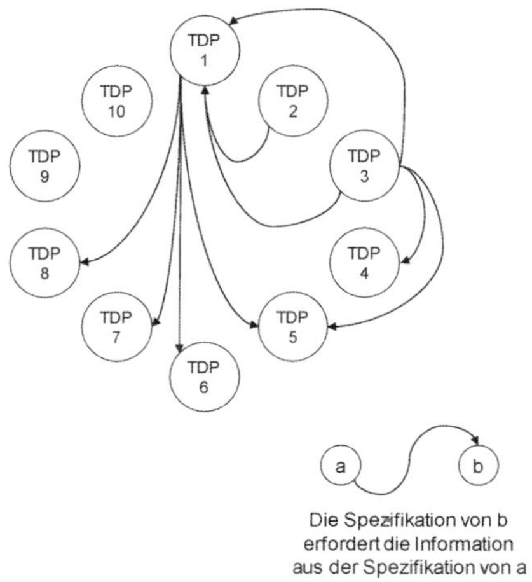

Bestimmung der systemtechnisch idealen Reihenfolge der Design-Parameter durch Berechnung des Beitrags zur objektorientierten Systembestimmung (BOSB) auf Basis der jeweils aktuellen Auslegung

Aktuelle Auslegung: Design-Parameter 2 und 3

ID	Technischer Design-Parameter (TDP)	BOSB
1	Autofokussier-Prinzip	2

Aktuelle Auslegung: Design-Parameter 1, 2 und 3

ID	Technischer Design-Parameter (TDP)	BOSB
4	Arbeitsabstand	1
8	Linienfrequenz	1

Aktuelle Auslegung: Design-Parameter 1, 2, 3, 4 und 8

Abbildung 6-7: Reihenfolgebildung durch Bestimmung des BOSB[508]

Dabei ist zu berücksichtigen, dass im vorliegenden Fallbeispiel von einem bestehenden prototypischen Produktinkrement ausgegangen wird, welches im nächsten Entwicklungszyklus gezielt weiterentwickelt werden soll. Das bestehende prototypische Produktinkrement wurde im vorangegangenen Entwicklungszyklus dazu genutzt, eine entsprechende Kamera zu spezifizieren, deren Auflösung zu validieren und schließlich eine geeignete Version auszuwählen. Ebenso wurde eine Lichtquelle spezifiziert, validiert und ausgewählt. Somit können Kameraauflösung (Design-Parameter 2) ebenso wie die Wellenlänge des Lichtimpulses (Design-Parameter 3) als vollständig spezifiziert angesehen werden. Da sowohl Kamera als auch Lichtquelle physisch vorhanden sind, gilt es aus systemtechnischer Perspektive, das nächste prototypische Produktinkrement um diese Komponenten herum weiterzuentwickeln. Wie in Abbildung 6-7 dargestellt, kann eine entsprechende systemtechnisch ideale Reihenfolge zur Spezifizierung der nächsten Design-Parameter gebildet werden, indem auf Basis der jeweils aktuellen Auslegung der Beitrag zur objektorientierten Systembestimmung (BOSB) der jeweils weiteren Design-Parameter berechnet wird. Der Design-Parameter mit dem jeweils höchsten BOSB wird dabei der Auslegung hinzugefügt. Somit ergibt sich eine systemtechnisch ideale Reihenfolge (siehe Abbildung 6-8).

[508] Aus Gründen der übersichtlichen Lesbarkeit sind die Wechselwirkungen lediglich auszugsweise dargestellt. Eine vollständige Darstellung der Wechselwirkungen ist in Anhang A.4 dokumentiert.

Abhängigkeitsbeziehungen der technischen Design-Parameter

Technische Design-Parameter	ID	1	2	3	4	5	6	7	8	9	10
Autofokussier-Prinzip	1		1	1	0	0	0	0	0	0	0
Kameraauflösung	2	0		0	0	0	0	0	0	0	0
Wellenlänge Lichtimpuls	3	0	0		0	0	0	0	0	0	0
Arbeitsabstand	4	0	0	1		0	0	0	0	0	0
Brennweite	5	1	0	1	0		0	0	1	0	0
Verfahrweg der Kamera	6	1	0	0	0	1		0	1	0	0
Verfahrmechanismus der Kamera	7	1	0	0	0	0	1		0	0	0
Linienfrequenz	8	1	0	0	0	0	0	0		0	0
Gewicht Verschiebebahn	9	0	0	0	0	0	1	1	0		0
Schnittstelle für Bilddaten	10	0	1	0	0	0	0	0	1	0	

1: Die Spezifikation des technischen Design-Parameters der Zeile erfordert die Information aus der Spezifikation des technischen Design-Parameters der Spalte

0: Die Spezifikation des technischen Design-Parameters der Zeile erfordert keine Information aus der Spezifikation des technischen Design-Parameters der Spalte

Systemtechnisch ideale Reihenfolge technischer Design-Parameter

ID	Technischer Design-Parameter
2	Kameraauflösung*
3	Wellenlänge Lichtimpuls*
1	Autofokussier-Prinzip
4	Arbeitsabstand
8	Linienfrequenz
5	Brennweite
6	Verfahrweg der Kamera
7	Verfahrmech. der Kamera
10	Schnittstelle für Bilddaten
9	Gewicht Verschiebebahn

* Bestandteil der Auslegung zu Beginn

Abbildung 6-8: Systemtechnische Reihenfolgebildung

Es wird erkannt, dass die systemtechnisch ideale Reihenfolge vereinzelte Abweichungen gegenüber der idealen Reihenfolge aufweist, welche aus der Perspektive der frühzeitigen Maximierung der Konfidenz gebildet wurde (siehe Abbildung 6-6). Beispielsweise erhielt der Design-Parameter Linienfrequenz (Design-Parameter 8) einen vergleichsweise niedrigen Gesamtkonfidenzbeitrag (GKB), während er aus systemtechnischer Perspektive aufgrund seiner Wechselwirkung zu Design-Parameter 1 eine hohe Priorität besitzt. Folglich ist es die Aufgabe des letzten Schrittes der Gesamtmethodik, eine gesamtoptimale Auslegung zu bestimmen, welche sowohl der Perspektive der Konfidenzmaximierung als auch der systemtechnischen Perspektive gerecht wird. Gleichzeitig dürfen dabei nur so viele Design-Parameter ausgewählt werden, wie auch innerhalb eines zeitlich definierten Entwicklungszyklus mit den zur Verfügung stehenden Ressourcen realisiert und validiert werden können. Diese Bestimmung wird im folgenden Kapitel beschrieben.

6.2.5 Bestimmung der optimalen Auslegung

In einem letzten Schritt gilt es, die Gesamtliste technischer Design-Parameter in eine priorisierte Reihenfolge zu überführen, um auf dieser Basis die Auslegung eines prototypischen Produktinkrements zu bestimmen. Dazu werden die Perspektiven der Paradigmen „Frühzeitige Maximierung der Konfidenz“ sowie „Objektorientierte Systembestimmung“ kombiniert, um eine konsolidierte Priorisierung zu erhalten. Abbildung 6-9 zeigt die angewendete Logik zur Bildung einer priorisierten Gesamtliste technischer Design-Parameter. Wie bereits im vorangegangenen Kapitel erläutert, wird bei der vorliegenden Planung des Entwicklungszyklus von einem bestehenden prototypischen Produktinkrement ausgegangen, in dem die Kameraauflösung (Design-Parameter 2) ebenso wie die Wellenlänge des Lichtimpulses (Design-Parameter 3) bereits spezifiziert wurden. Somit werden in Schritt 1 des Algorithmus die Beiträge zur objektorientierten Systembestimmung (BOSB) aller Design-Parameter auf Basis dieser aktuellen Auslegung bestimmt und die Design-Parameter dementsprechend horizontal im Portfolio platziert (siehe Abbildung 6-8). Parallel werden alle Design-Parameter entsprechend der Berechnung der Gesamtkonfidenzbeiträge vertikal im Portfolio platziert (siehe Abbildung 6-8). In Schritt 1 des Algorithmus nimmt das Autofokussier-Prinzip (Design-Parameter 1) eine dominante Positionierung im Portfolio ein, da sowohl der Gesamtkonfidenzbeitrag als auch der Beitrag zur objektorientierten Systembestimmung jeweils den im Vergleich zu allen Design-Parametern höchsten Wert besitzen. Dementsprechend wird Design-Parameter 1 der priorisierten Gesamtliste hinzugefügt und in Schritt 2 des Algorithmus werden Design-Parameter 1, 2 und 3 als die aktuelle Auslegung zur Berechnung der Beiträge zur objektorientierten Systembestimmung aller verbliebenen Design-Parametern genutzt. Dabei ist erkennbar, dass Design-Parameter 4 und 5 gemeinsam die höchsten Gesamtkonfidenzbeiträge haben, während Design-Parameter 4 und 8 gemeinsam die höchsten Beiträge zur objektorientierten Systembestimmung haben. Aus der Kombination beider Perspektiven wird dementsprechend Design-Parameter 4 (Arbeitsabstand) der priorisierten Gesamtliste hinzugefügt. Der gleichen Logik folgend werden in Schritt 3 des Algorithmus die Beiträge zur objektorientierten Systembestimmung aller verbliebenen Design-Parameter bestimmt, indem die Design-Parameter 1, 2, 3, 4 als aktuelle Auslegung berücksichtigt werden. Dabei wird erkannt, dass in Schritt 3 kein einzelner Design-Parameter eine dominante Lösung darstellt, sodass Design-Parameter 5 und 8 gemeinsam der priorisierten Gesamtliste hinzugefügt werden, da beide auf der Effizienzlinie dominanter Lösungen im Portfolio liegen. In Schritt 4 des Algorithmus wird mit dem Verfahrweg der Kamera (Design-Parameter 6) wieder eine dominante Lösung identifiziert und der priorisierten Gesamtliste hinzugefügt.

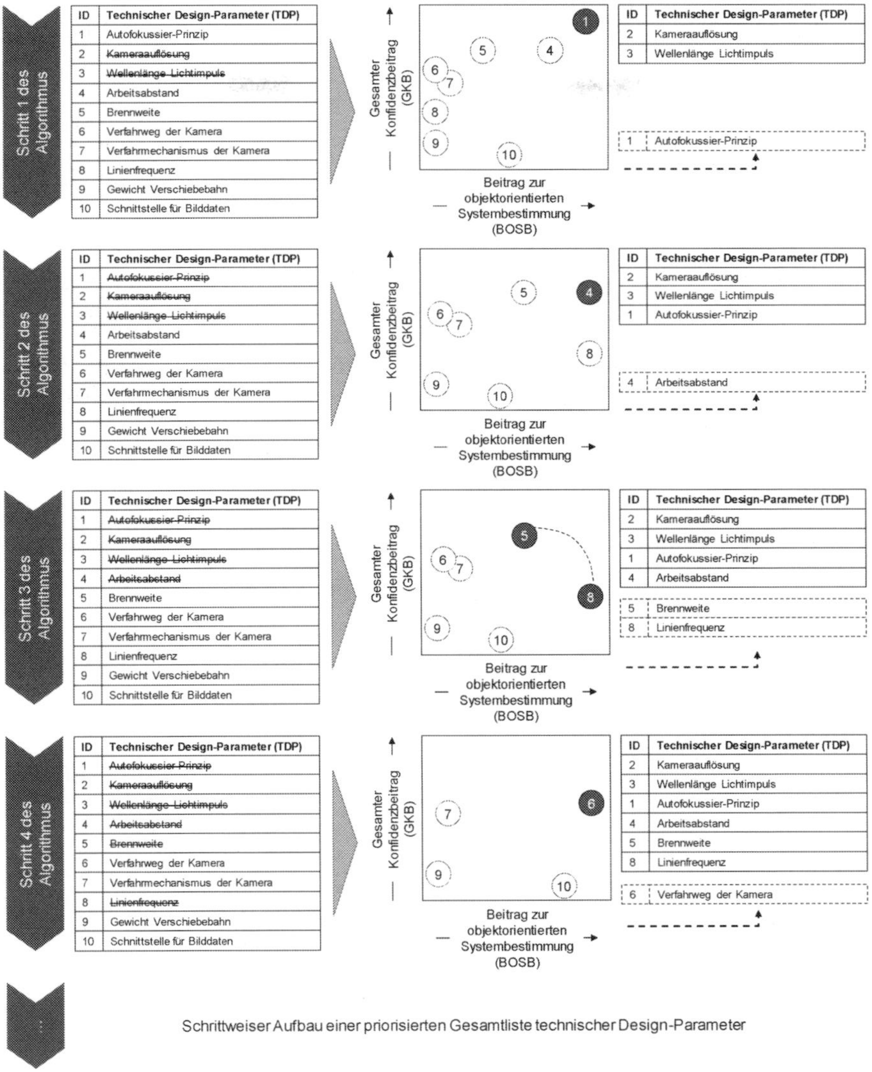

Abbildung 6-9: Logik zur Priorisierung technischer Design-Parameter

Auf diese Weise wird eine priorisierte Gesamtliste technischer Design-Parameter gebildet, welche im linken Teil von Abbildung 6-10 dargestellt ist. Auf Basis der Gesamtliste ist im Rahmen der Planung des nächsten Entwicklungszyklus in einem interdisziplinären Expertengremium die in Abbildung 6-10 dargestellte initiale Auslegung des zu entwickelnden prototypischen Produktinkrements definiert worden.

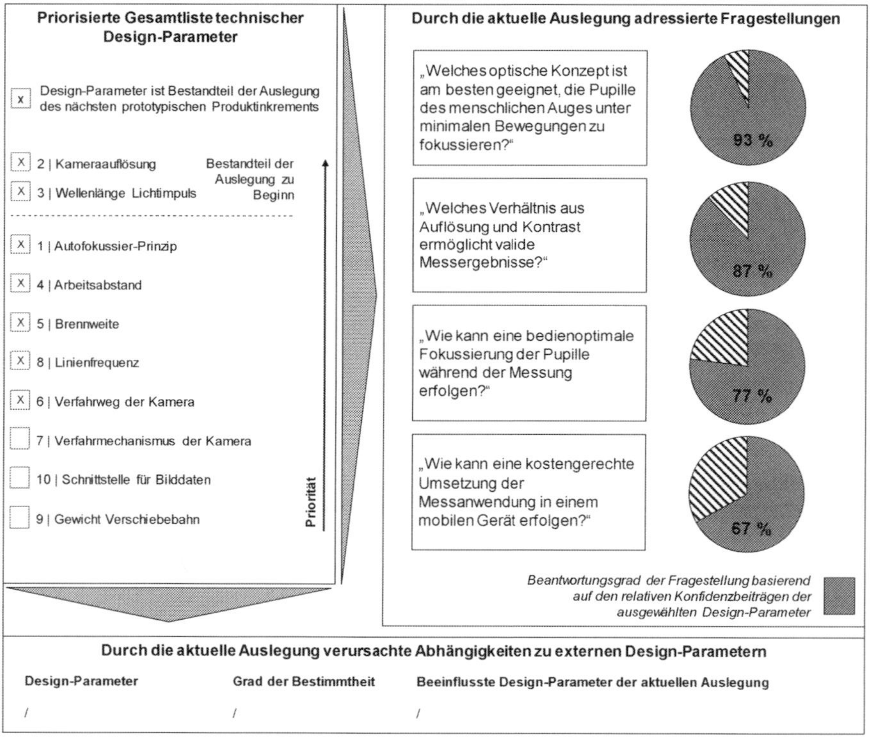

Abbildung 6-10: Cockpit zur Bereitstellung auslegungsspezifischer Informationen

Auf Basis des Cockpits zur Bereitstellung auslegungsspezifischer Informationen (siehe Abbildung 6-10) kann abgelesen werden, dass durch eine derartige Auslegung die Fragestellung nach dem idealen optischen Lösungskonzept zur Fokussierung der menschlichen Pupille unter minimalen Bewegungen fokussiert würde. Mit 93% Beantwortungsgrad könnte mit den ausgewählten sechs technischen Design-Parametern bereits ein signifikanter Teil der Unsicherheit der vorliegenden Fragestellung adressiert werden. Darüber hinaus würde die Fragestellung nach dem Verhältnis aus Auflösung und

Kontrast mit 87% Beantwortungsgrad adressiert. Zwar hat diese Fragestellung den geringsten absoluten Konfidenzbeitrag (siehe Abbildung 6-5), allerdings war die Kamera bereits Bestandteil des prototypischen Produktinkrements, sodass auch diese Fragestellung im nächsten Entwicklungszyklus betrachtet werden könnte. Die weiteren Fragestellungen zeigen bei der gewählten initialen Auslegung mit 77% und 67% geringere Beantwortungsgrade, da wesentliche Design-Parameter nicht Bestandteil dieser initialen Auslegung wären. Weiterhin kann im Cockpit zur Bereitstellung auslegungsspezifischer Informationen abgelesen werden, dass bei der initial gewählten Auslegung keine Abhängigkeiten zu externen Design-Parameter bestehen würden.

Dementsprechend muss für die initial gewählte Auslegung geprüft werden, ob die Durchlaufzeitrestriktion des zeitlich begrenzten Entwicklungszyklus von zehn Wochen sowie die Kapazitäts- und Ressourcenrestriktion innerhalb des Entwicklungszyklus erfüllt wäre. Dazu werden die Aufgabenpakete sowie die Abhängigkeiten zur Entwicklung, zur Beschaffung sowie zum Aufbau und zur Validierung des prototypischen Produktinkrements mit Hilfe der Netzplantechnik modelliert und die entsprechenden Aufwände je Fachbereich abgeschätzt (siehe Abbildung 6-11Abbildung 5-48).

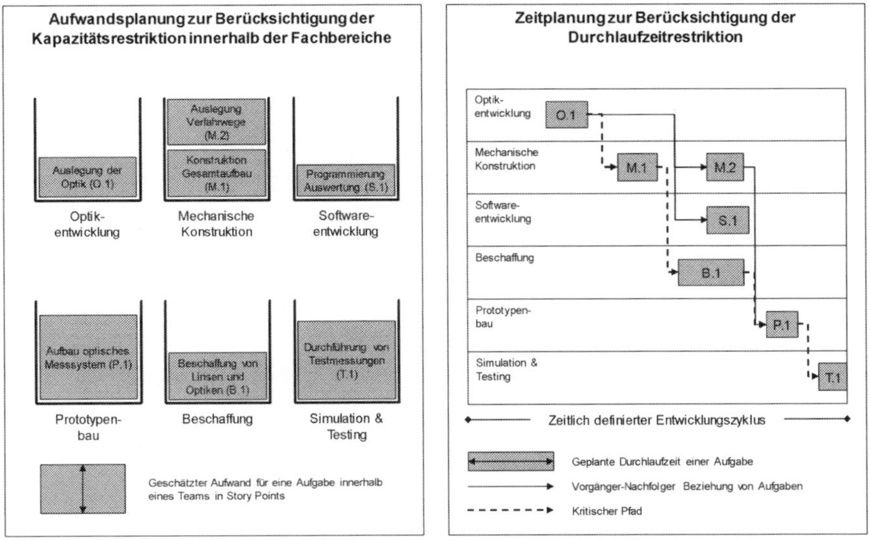

Abbildung 6-11: Kapazitäts- und Durchlaufzeitplanung

Auf dieser Basis wird erkannt, dass sowohl die Durchlaufzeitrestriktion als auch die Kapazitätsrestriktion für die vorliegende Auslegung erfüllt wäre. Somit kann das fachbereichsübergreifende Expertengremium anhand des Cockpits zur Bereitstellung auslegungsspezifischer Informationen die Aufnahme weiterer Design-Parameter prüfen. Entsprechend der priorisierten Gesamtliste technischer Design-Parameter wird der Verfahrmechanismus der Kamera (Design-Parameter 7) zu der Auslegung hinzugefügt. Mit der Aufnahme dieses Design-Parameters würde insbesondere die Fragestellung 4 („Wie kann eine kostengerechte Umsetzung der Messanwendung in einem mobilen Gerät erfolgen?") in den Fokus der Betrachtung des nächsten Entwicklungszyklus rücken, da in diesem Falle ein Beantwortungsgrad von >90% vorläge. Gleichzeitig würde die Aufnahme dieses Design-Parameter jedoch die Spezifikation, die Auswahl sowie die Beschaffung und Fertigung einer der komplexesten mechanischen Baugruppen des Gesamtprojekts erfordern. Mit Hinblick auf die Kapazitätsrestriktion in der mechanischen Konstruktion sowie mit Hinblick auf die Durchlaufzeitrestriktion (siehe Abbildung 6-11) wird die Aufnahme des Design-Parameters folglich abgelehnt. Mit dem in der Rangfolge nächsten Design-Parameter soll die Schnittstelle der aufgenommenen Bilddaten zur Auswertung spezifiziert werden. Wiederum wird in dem Cockpit zur Bereitstellung auslegungsspezifischer Informationen die Aufnahme des Design-Parameters geprüft. Die Aufnahme des Design-Parameters hätte zur Folge, dass Fragestellung 2 („Welches Verhältnis aus Auflösung und Kontrast ermöglicht valide Messergebnisse?") eine weitere Detaillierung bekäme und nahezu vollständig beantwortet werden könnte. Mit Hinblick auf die Kapazitätsrestriktion wird festgestellt, dass die notwendigen Tätigkeiten zur Spezifizierung, Auswahl und Validierung einer geeigneten Datenschnittstelle von entsprechenden Softwareentwicklern durchgeführt werden, für die bisher nur geringfügige Arbeitsumfänge im folgenden Entwicklungszyklus geplant sind. Außerdem können diese Tätigkeiten weitgehend parallelisiert werden, sodass sowohl die Durchlaufzeitrestriktion als auch die Kapazitätsrestriktion eine Aufnahme des Design-Parameters erlauben. Schließlich gilt es zu prüfen, ob das Gewicht der Verschiebebahn (Design-Parameter 9) der Auslegung hinzugefügt werden kann. Hier zeigte das Cockpit zur Bereitstellung auslegungsspezifischer Informationen jedoch eindeutig, dass eine Spezifizierung des Gewichts der Verschiebebahn eine externe Abhängigkeit zu Design-Parameter 7 (Verfahrmechanismus der Kamera) erzeugt, dessen Spezifizierung bereits oben aufgrund der Durchlaufzeitrestriktion ausgeschlossen werden konnte. Folglich ergibt sich die in Abbildung 6-12 skizzierte Auslegung des nächsten prototypischen Produktinkrements.

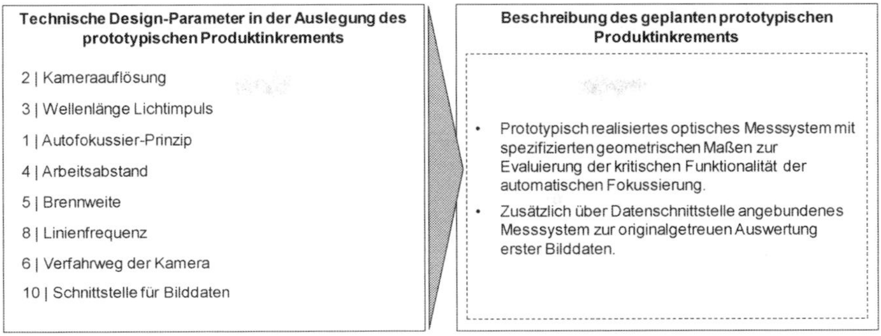

Abbildung 6-12: Auslegung des prototypischen Produktinkrements

6.3 Kritische Reflexion und Anwendungserfahrung

Im Rahmen der Anwendung der Methodik in der Industrie wurde festgestellt, dass diese ein geeignetes Werkzeug zur Unterstützung der Auslegung prototypischer Produktinkremente in agilen Produktentwicklungsprojekten bietet. Im Folgenden werden daher die in Kapitel 4.2 definierten Anforderungen reflektiert. Anschließend werden die einzelnen Modelle aus Anwendungssicht kritisch beleuchtet.

In Kapitel 4.2.1 wurden inhaltliche Anforderungen formuliert, die sowohl durch die Methodik in Gänze als auch die einzelnen Modelle vollständig erfüllt werden. Das erste Beschreibungsmodell ermöglicht eine prototypenorientierte Beschreibung technischer Produkte und schafft somit bei dem Anwender ein Verständnis für die neuartige Rolle von prototypischen Produktinkrementen in agilen Entwicklungsprozessen. Technische Produkte können anhand dieses Beschreibungsmodells sowie des folgenden Erklärungsmodells in differenzierter Art und Weise modelliert werden, sodass eine Fokussierung auf die zum aktuellen Zeitpunkt relevanten Produktumfänge möglich wird. Die Betrachtung technischer Produkte auf Ebene technischer Design-Parameter wurde anschließend durch eine entsprechende Dokumentationsvorgabe systematisiert und somit die Grundlage zur Auslegung prototypischer Produktinkremente geschaffen. Bei der Bewertung der Design-Parameter anhand eines Erklärungsmodells wurden anschließend Metriken angewendet, die eine Steigerung der Zielsicherheit sowie der Adaptionsfähigkeit von Entwicklungsprojekten ebenso wie die Reduzierung der Time-to-market durch Taktung von Entwicklungszyklen gewährleisten. Für den technischen Planungsprozess der Auslegung prototypischer Produktinkremente wurde ein praxistaugliches Entscheidungsmodell bereitgestellt, welches den handelnden Personen Transparenz der entscheidungsrelevanten Informationen gibt und somit die Bestimmung einer optimalen Auslegung prototypischer Produktinkremente unterstützt.

Die formalen Anforderungen an eine Methodik werden durch die Ergebnisse der vorliegenden Arbeit ebenso als erfüllt bewertet. Im Rahmen der Anwendung wurde erkannt, dass die Modelle eine gute Übereinstimmung mit der beobachtbaren Realität aufweisen, sodass die Anforderung empirischer Richtigkeit erfüllt ist. Außerdem konnten die generierten Aussagen und Ergebnisse personenunabhängig reproduziert werden, wodurch die Anforderung formaler Richtigkeit erfüllt ist. Die Anforderung der Nutzerfreundlichkeit adressiert die Methodik, indem für die einzelnen Arbeitsschritte Modelle angeboten werden, deren Ergebnisse intuitiv interpretierbar sind und unmittelbar durch ein folgendes Modell im Sinne der durchgängigen Anwendung weiterverarbeitet werden. Es bietet sich an, die entwickelten Modelle in einem nächsten Schritt aufgrund der bereits gegebenen Durchgängigkeit in ein informationstechnisch gestütztes Tool zu überführen. Dieses Tool würde den Aufwand des Anwenders bei der Übertragung von Ergebnissen zwischen den Arbeitsschritten reduzieren. Die Zweckbezogenheit ist sowohl für die einzelnen Modelle als auch für die Gesamtmethodik vorhanden. Während die Gesamtmethodik eine reproduzierbare und widerspruchsfreie Bestimmung der Auslegung des jeweils nächsten prototypischen Produktinkrements liefert, geben die einzelnen Modelle Einblicke in Teilergebnisse, welche die zweckbezogene Nachvollziehbarkeit entlang der Anwendung der Gesamtmethodik sicherstellen. Letztlich wurde im Zuge der Anwendung erkannt, dass die wirtschaftliche Handhabbarkeit der Modelle mit Hinblick auf den Aufwand zur Modellerstellung und den Nutzen aus der Anwendung gegeben ist.

Weiterhin haben sich aus der Anwendung der Methodik in der industriellen Praxis Anknüpfungspunkte ergeben, welche zur Weiterentwicklung und Optimierung der Methodik beitragen. Im Zuge der prototypenorientierten Modellierung technischer Produkte sowie der fragestellungsspezifischen Differenzierung von Produktumfängen wurde erkannt, dass die hohe Anzahl an generischen Prototypenmerkmalen in Kombination mit einer hohen Anzahl an Produktfunktionen zu einer aufwändigen Produktbeschreibung führt. Es hat sich daher als sinnvoll erwiesen, sowohl mit der hierarchischen Funktionsstruktur als auch mit der Clusterbildung von Prototypenmerkmalen Möglichkeiten zur effizienten Informationsverdichtung anzubieten. Gleichermaßen bietet dieser hierarchische Ansatz die Möglichkeit, die Produktbeschreibung bei Bedarf weiter zu detaillieren. So ist beispielsweise denkbar, auf Ebene der Prototypenmerkmale eine Unterscheidung hinsichtlich mechanischer, elektrotechnischer und informationstechnischer Merkmale einzuführen. Die fragestellungsspezifische Bewertung von Prototypenmerkmalen anhand der zweiseitigen Befragung in Analogie zu dem Kano-Modell führte zu reproduzierbaren Aussagen hinsichtlich der Wichtigkeit einzelner Merkmale, sollte jedoch durch eine automatisierte Abfrage in einem IT-Tool noch besser handhabbar gemacht werden. Bei der Dokumentation technischer Design-Parameter entsprechend der vorgegebenen Dokumentationsvorgabe ist es für das anwendende Unternehmen von zentraler Wichtigkeit, keine redundanten oder sogar widersprüchliche Informationen zu pflegen. Im Sinne einer „Single Source of Truth" muss sichergestellt sein, dass der zum aktuellen Entwicklungszeitpunkt geltende Stand der Spezifikation allen beteiligten Personen eindeutig und transparent zugänglich gemacht wird. Aus dieser zentralen Informationsquelle muss die Dokumentation technischer Design-Parameter entwicklungsbegleitend gespeist und aktualisiert werden. Das oben thematisierte Tool zur Durchführung der Bewertung von Merkmalen sollte zudem mit einer Instanz der jeweils aktuellen Dokumentation technischer Design-Parameter informationstechnisch verknüpft sein, um eine automatisiere Priorisierung der Gesamtliste technischer Design-Parameter in Abhängigkeit der unterschiedlichen Fragestellungen sicherzustellen. Die in der Methodik beschriebene durchgängige Logik bietet dazu die notwendigen Voraussetzungen. Im Zuge der Anwendung der Methodik hat sich die Modellierung technischer Wechselwirkungen auf der Ebene von Design-Parametern als herausfordernd erwiesen. Andererseits wurde die intuitive Darstellung der Wechselwirkungen in einer Matrix als wertvolles Werkzeug zur Steigerung des Systemverständnisses bewertet. Daher soll an der Darstellung der Abhängigkeiten in Matrixform festgehalten werden. Allerdings sollten die technischen Möglichkeiten eines modellbasierten Entwicklungsansatzes (engl. Model Based Systems Engineering) genutzt werden, um die Abhängigkeitsbeziehungen automatisiert dokumentierten zu können. Die Überführung der Auswahllogik von Design-Parametern in ein formelbasiertes Regelwerk stellt die Voraussetzung zur Quantifizierung und Automatisierung des Entscheidungsprozesses bei der Auslegung prototypischer Produktinkrement dar. Die vorgeschlagenen Darstellungsformen in Form von Portfolios beziehungsweise des Cockpits zur Bereitstellung auslegungsspezifischer Informationen haben sich als sehr nützlich erwiesen für Entscheidungssituationen, welche einer sachlogischen Bewertung bedurften. Daher sollten diese Darstellungsformen bei der Automatisierung des Entscheidungsprozesses in einem IT-Tool beibehalten werden und bei Bedarf zur sachlogischen Entscheidungsfindung sowie zur Gewährleistung der Nachvollziehbarkeit von Entscheidungen herangezogen werden.

7 Zusammenfassung und Ausblick

Die zentrale Herausforderung der Produktentwicklung in der industriellen Praxis besteht in dem Bedarf, Ideen auf Basis technologischer Möglichkeiten zielsicherer in wirtschaftliche und marktfähige Innovationen zu überführen und dabei entlang des Entwicklungsprozesses einerseits flexibler zu sein und andererseits diesen Entwicklungsprozess signifikant zu verkürzen. Vor diesem Hintergrund führen viele Unternehmen agile Methoden ein und verändern dabei maßgeblich die Rolle von Prototypen entlang des Produktentwicklungsprozesses. Das Vorgehen bei der früheren und kurzzyklischeren Einbindung von Prototypen in einen agilen Produktentwicklungsprozess erfolgt dabei jedoch häufig unsystematisch. Gleichzeitig reklamieren die Unternehmen mit Hinblick auf die Steigerung der Zielsicherheit und Adaptionsfähigkeit sowie die Reduzierung der Entwicklungszeit erste Erfolge durch agile Entwicklungsprozesse, sehen allerdings insbesondere bei diesen drei Zieldimensionen das erwartete Nutzenpotenzial noch nicht ausgeschöpft.

Vor dem Hintergrund dieser Ausgangssituation bestand das übergeordnete Ziel der vorliegenden Dissertation darin, eine durchgängige Methodik zur Auslegung prototypischer Produktinkremente im Kontext agiler Entwicklungsprojekte zu erarbeiten. Der Fokus der Methodik wurde dabei auf die Operationalisierung der oben genannten Zieldimensionen gelegt, sodass die bestehenden Defizite bezüglich der Steigerung der Zielsicherheit und der Adaptionsfähigkeit sowie der Beschleunigung der Produktentwicklung durch die entsprechende Methodik adressiert werden. Die Methodik sollte so gestaltet werden, dass sie in der regelmäßigen Planung von Entwicklungszyklen durch den entsprechenden Projektleiter sowie weitere fachbereichsübergreifende Entwicklungsbeteiligte angewendet werden kann, um das im jeweils nächsten Entwicklungszyklus zu realisierende und zu validierende prototypische Produktinkremente zu bestimmen. Dabei war eine zentrale Maßgabe, diesen technisch anspruchsvollen und interdisziplinären Planungs- und Priorisierungsprozess durch praxistaugliche Modelle effizient durchführen zu können.

Zunächst wurde in Kapitel 1 dieser Arbeit die Motivation für das Forschungsvorhaben vorgetragen und daraus die entsprechende Zielstellung abgeleitet. Darauf aufbauend wurde der zugrundliegende forschungsmethodische Ansatz nach ULRICH ET AL. erläutert und der resultierende Aufbau der Dissertationsschrift hergeleitet.

Die für diese Dissertation relevanten Grundlagen und Begrifflichkeiten wurden in Kapitel 2 eingeführt. Zunächst wurde mit dem Begriff des technischen Produkts der übergeordnete Betrachtungsgegenstand der Forschungsarbeit aus unternehmerischer und systemtheoretischer Sicht beleuchtet. Dabei wurde die systemtheoretische Sicht insbesondere eingeführt, um auf die besonderen Charakteristika technischer Produkte im Vergleich zu Softwareprodukten hinzuweisen, die maßgeblich in dem hohen Maß an verschiedenartigen technischen Wirkbeziehungen innerhalb des Produkts zu sehen sind. Die dadurch entstehenden systemischen Interdependenzen wurden mit Hinblick auf die Realisierung und Validierung prototypischer Produktinkremente in agilen Entwicklungszyklen als eine zentrale Herausforderung dargestellt. Um dieser Herausforderung zu begegnen, wurde dargelegt, wie technische Produkte und die Abhängigkeitsbeziehungen innerhalb des Produkts auf der Ebene technischer Design-Parameter modelliert werden können, wodurch der produktseitige Objektbereich des Forschungsvorhabens definiert wurde. Der prozessseitige Objektbereich der Arbeit wurde anschließend durch die allgemeinen Grundlagen der Produktentwicklung weiter spezifiziert. Mit einem Produktentwicklungsprojekt wurde aus ablauforganisatorischer Sicht wiederum das Betrachtungsobjekt der Forschungsarbeit definiert. Anschließend wurden die prozessualen Grundlagen zur Durchführung von Produktentwicklungsprojekten beschrieben, wobei der Fokus auf die agilen Entwicklungsprozesse gelegt wurde. Anschließend wurde mit den Grundlagen zu prototypischen Produktinkrementen der Objektbereich der Dissertation vollständig spezifiziert, bevor mit der Auslegung prototypischer Produktinkremente die für die übergeordnete Zielstellung der Dissertation relevanten Begrifflichkeiten eingeführt wurden.

Gegenstand von Kapitel 3 war die Aufarbeitung des praktischen und theoretischen Defizits, um den bestehenden Forschungsbedarf systematisch herleiten zu können. Zu Beginn wurden anhand von aktuellen Studienergebnissen sowie auf Basis der Erfahrungen des Autors in der produzierenden Industrie die Herausforderungen der industriellen Praxis herausgestellt. Neben dem methodischen Defizit bei der Auslegung prototypischer Produktinkremente wurde insbesondere ein ergebnisseitiges Defizit in der Erschließung der Nutzenpotenziale agiler Entwicklungsprozesse in den Zieldimensionen „Steigerung der Zielsicherheit", „Steigerung der Adaptionsfähigkeit" sowie „Beschleunigung der Produktentwicklung" identifiziert. Aufbauend auf dem Praxisdefizit wurden Kriterien hergeleitet, welche zur Bewertung bestehender wissenschaftlicher Ansätze herangezogen werden sollten. Anschließend galt es, anhand der Kriterien zu prüfen, ob bestehende Ansätze aus der Theorie für den Objektbereich und die Zielstellung der vorliegenden Dissertation bereits adäquate Lösungsansätze beinhalten. Es wurden diverse Ansätze aus den Bereichen „Planung und Auslegung von Prototypen",

„Allgemeine Entwicklungsprojektsteuerung“ sowie „Objektorientierte Entwicklungsprojektsteuerung“ hinsichtlich ihres Erfüllungsgrads der Kriterien untersucht. Es wurde erkannt, dass keiner der Ansätze die Zielstellung sowie den Objektbereich der Dissertation vollständig adressiert. Dennoch konnte aufgezeigt werden, dass Teilelemente der Methodik bereits in der wissenschaftlichen Literatur thematisiert wurden, wodurch der Forschungsprozess wiederum gestützt werden konnte. Einige Autoren thematisieren beispielsweise merkmalbasierte Modellierungsansätze für Prototypen technischer Produkte, die auch in der vorliegenden Dissertation verarbeitet werden konnten. Andere Autoren fokussieren die Steigerung der Adaptionsfähigkeit von Entwicklungsprozessen durch adäquate Steuerungsmechanismen und andere Autoren zeigen auf, wie in Entwicklungsprozessen mit Hinblick auf eine Steigerung des Kundenwerts Produktumfänge priorisiert werden sollten. Keiner der Autoren bietet jedoch eine durchgängige Planungsmethodik zur Auslegung prototypischer Produktinkremente an, welche explizit die oben genannten Zieldimensionen adressiert.

Anschließend bestand in Kapitel 4 das Ziel darin, bestehend auf dem formulierten Forschungsbedarf eine Methodik zur Auslegung prototypischer Produktinkremente zu konzipieren. Dazu wurden zunächst die drei übergeordneten Paradigmen „Frühzeitige Maximierung der Konfidenz“, „Objektorientierte Systembestimmung“ und „Zeitlich definierte Entwicklungszyklen“ hergeleitet, welche als zentrale Leitlinien in der Methodik verankert werden sollten, um die Ausrichtung der Methodik entsprechend der Zieldimensionen „Steigerung der Zielsicherheit“, „Steigerung der Adaptionsfähigkeit“ sowie „Beschleunigung der Produktentwicklung“ zu gewährleisten. Auf dieser Basis wurden inhaltliche und formale Anforderungen formuliert und schließlich ein Grobkonzept, bestehend aus fünf Teilmodellen entworfen.

In Kapitel 5 wurde die Detaillierung des Grobkonzepts in eine durchgängige Methodik in Form von fünf Modellen vorgenommen. Die Erarbeitung und Beschreibung der einzelnen Modelle wurde im unmittelbaren Kontext eines durchgängigen anonymisierten Fallbeispiels durchgeführt. Zunächst wurde in einem Beschreibungsmodell eine Beschreibungssprache zur prototypenorientierten Modellierung technischer Produkte ermöglicht. Anhand des Modells können technische Produkte in einer Form beschrieben werden, welche die spätere Ableitung von Prototypen ermöglicht. Dabei bestand die zentrale Maßgabe in der Wahl einer Beschreibungssprache, welche eine differenzierte Betrachtung von Produktumfängen mit Hinblick auf den Verwendungszweck eines Prototyps ermöglicht. Dazu wurde zunächst eine funktionsorientierte Darstellung gewählt, welche durch eine merkmalbasierte Beschreibung ergänzt wurde. Darauf aufbauend wurde ein erstes Erklärungsmodell erarbeitet, in welchem die fragestellungsspezifische Wichtigkeit einzelner Produktfunktionen und Merkmale erklärt werden kann. Hier bestand die zentrale Maßgabe in der Entwicklung einer objektiven und wiederholsicheren Bewertungslogik. Dies wurde durch eindeutige Klassifizierungslogik für Produktfunktionen sowie durch eine an dem Kano-Model angelehnte Bewertungsmethode für Merkmale sichergestellt. In einem zweiten Erklärungsmodell galt es, den Zusammenhang zwischen einer Fragestellung und der Priorität einzelner technischer Design-Parameter zu erklären. Nachdem eine Dokumentationsvorlage zur systematischen Beschreibung jeglicher technischer Design-Parameter entwickelt wurde, wurde ein Erklärungsmodell erarbeitet, welches den Zusammenhang zwischen technischen Design-Parametern und Produktfunktionen sowie Merkmalen herstellt. Durch diese Verknüpfung wurde auch die fragestellungsspezifische Priorisierung technischer Design-Parameter möglich. In einem dritten Erklärungsmodell wurde wieder eine fragestellungsübergreifende Perspektive eingenommen, um die drei geltenden Paradigmen so zu operationalisieren, dass eine Bewertung auf Ebene technischer Design-Parameter möglich wird. Entsprechende Metriken wurden formelbasiert hergeleitet, um den Bewertungs- und späteren Entscheidungsprozess automatisieren zu können. Das abschließende Modell wurde in Form eines Entscheidungsmodells entwickelt, um die finale Bestimmung der optimalen Auslegung des nächsten prototypischen Produktinkrements zu unterstützen. Hierzu wurde eine Logik entwickelt, welche die Gesamtliste technischer Design-Parameter in eine priorisierte Rangfolge unter gleichzeitiger Berücksichtigung systemtechnischer Abhängigkeiten und entwicklungsbezogener Risiken bringt. Zusätzlich wurden Werkzeuge der Durchlaufzeitplanung sowie der Kapazitätsplanung eingeführt, um aus der priorisierten Gesamtliste lediglich jene Design-Parameter auszuwählen, die innerhalb eines zeitlich definierten Entwicklungszyklus mit den zur Verfügung stehenden Ressourcen realisierbar und validierbar sind. Auf diese Weise wird die optimale Auslegung eines prototypischen Produktinkrements durch Auswahl technischer Design-Parameter bestimmt.

In Kapitel 6 wurde die entwickelte Methodik anhand eines weiteren Fallbeispiels in der industriellen Praxis angewendet. Dabei bestand das Ziel in der Validierung der Gesamtmethodik sowie der Teilmodelle im Anwendungszusammenhang und der Identifizierung von Möglichkeiten zur Erweiterung oder Verbesserung der Methodik. Diese Potenziale wurden zum Abschluss des Kapitels in Form einer kritischen Reflexion der Anwendungserfahrung bei der Armbanduhren GmbH und der Optoelektronik GmbH zusammenfassend dargelegt.

Die in der vorliegenden Dissertation entwickelte Methodik liefert somit einen wesentlichen Beitrag zur systematischen Umsetzung agiler Entwicklungsprozesse sowie zur Realisierung der entsprechenden Nutzenvorteile in produzierenden Unternehmen. Die Methodik unterstützt maßgeblich den Projektleiter bei der technischen Planungs- und Priorisierungsaufgabe zur Auslegung prototypischer Produktinkremente im Rahmen der Planung eines mehrwöchigen Entwicklungszyklus. Indem die übergeordneten Paradigmen „Frühzeitige Maximierung der Konfidenz“, „Objektorientierte Systembestimmung“ und „Zeitlich definierte Entwicklungszyklen“ zentral in der Methodik verankert sind, ist auch die systematische Erschließung der Nutzenpotenziale „Steigerung der Zielsicherheit“, „Steigerung der Adaptionsfähigkeit“ sowie „Beschleunigung der Produktentwicklung“ gewährleistet.

Letztlich ist es die Aufgabe guter Forschungsarbeit, Anknüpfungspunkte für weitere wissenschaftliche Untersuchungen in dem entsprechenden Forschungsgebiet zu benennen. Im vorliegenden Fall wird ein Ansatzpunkt für weitere Forschungsarbeiten in der vertiefenden Betrachtung moderner Verfahren zur Realisierung physischer oder virtueller Prototypen gesehen. Beispielsweise existieren diverse generative Fertigungsverfahren im Gebiet des „Rapid Prototyping“, die jeweils unterschiedliche Produkteigenschaften originalgetreu abbilden können. Eine horizontale Erweiterung der vorliegenden Methodik könnte somit aufzeigen, welches Verfahren in Abhängigkeit der fokussierten Produkteigenschaften Anwendung finden sollte. Neben physischen Prototypen werden zum Zwecke der Effizienzsteigerung zunehmend auch virtuelle Prototypen unter Ausnutzung von Methoden der „Virtual Reality“ oder „Augmented Reality“ genutzt. Auch hier könnte eine Erweiterung der Methodik entsprechende Empfehlungen hinsichtlich der Nutzbarkeit einzelner Verfahren in Abhängigkeit der zugrundeliegenden Fragestellung sowie der relevanten Produkteigenschaften bieten. Neben dieser horizontalen Erweiterung des Betrachtungsumfangs bei der Auslegung und Realisierung prototypischer Produktinkremente könnte auch eine vertikale Detaillierung an einzelnen Stellen der bestehenden Methodik Gegenstand zukünftiger Forschungsarbeit sein. Beispielsweise bietet das Forschungsgebiet der modellbasierten Systementwicklung (engl. Model Based Systems Engineering) Anknüpfungspunkte, bestehende Systemmodelle sowie die darin enthaltene Spezifikation zur Beschreibung technischer Abhängigkeiten zu nutzen, anstatt eine gesonderte Dokumentation technischer Design-Parameter zu fordern. Schließlich wurde bereits im Rahmen der Anwendungserfahrung reflektiert, dass eine Umsetzung der Methodik in einem durchgängigen IT-Tool sowie dessen Anbindung an die datenführenden Informationssysteme eines produzierenden Unternehmens die Durchgängigkeit und Effizienz der Anwendung maßgeblich steigern könnte.

Literaturverzeichnis

Abbosh, O.; Nunes, P.; Downes, L., Pivot to the future - Discovering value and creating growth in a disrupted world, Nicholas Brealey Publishing, London, 2019.

Ahmed-Kristensen, S.; Daalhuizen, J., Pioneering the combined use of agile and stage-gate models in new product developmentProceedings of IPDMC 15,, 2015, S. 1-13.

Aichele, C.; Schönberger, M., IT-Projektmanagement - Effiziente Einführung in das Management von Projekten, Springer Vieweg, Berlin, 2014.

Albers, A.; Behrendt, M.; Klingler, S.; Matros, K., Verifikation und Validierung im Produktentstehungsprozess, In: Lindemann, U. (Hrsg.): Handbuch Produktentwicklung, Hanser, München, 2016, S. 541-569.

Albers, A.; Behrendt, M.; Klingler, S.; Reiß, N.; Bursac, N., Agile product engineering through continuous validation in PGE – Product Generation Engineering, In: Design Science, 3. Jg., 2017, S. 1-19.

Albers, A.; Heimicke, J.; Hirschter, T.; Richter, T.; Reiß, N.; Maier, A.; Bursac, N., Managing Systems of Objectives in the agile Development of Mechatronic Systems by ASD, In: Ölvander, J.; Wever, R.; Persson, J. (Hrsg.): DS 91: Proceedings of NordDesign 2018,, 2018.

Albert, H., Marktsoziologie und Entscheidungslogik - Ökonomische Probleme in soziologischer Perspektive, Neuwied, Luchterhand, 1967.

Atzberger, A.; Paetzold, K., Current Challenges of Agile Hardware Development: What are Still the Pain Points Nowadays?, In: Proceedings of the Design Society: International Conference on Engineering Design, Nr. 1, 1. Jg., 2019, S. 2209-2218.

Audi AG (2019) Matrix LED-Scheinwerfer, Matrix LED-Scheinwerfer. URL: https://www.audi-technology-portal.de/de/elektrik-elektronik/lichttechnologie/matrix-led-scheinwerfer 29.10.2019.

Bailom, F.; Hinterhuber, H.; Matzler, K.; Sauerwein, E., Das Kano-Modell der Kundenzufriedenheit, In: Marketing ZFP, Nr. 2, 18. Jg., 1996, S. 117-126.

Bamberg, G.; Coenenberg, A. G.; Krapp, M., Betriebswirtschaftliche Entscheidungslehre, 16. Auflage; Vahlen Franz, München, 2019.

Beck, K.; Beedle, M.; van Bennekum, A.; Cockburn, A.; Cunningham, W.; Fowler, M.; Grenning, J.; Highsmith, J.; Hunt, A.; Jeffries, R.; others (2001) Manifest für Agile Softwareentwicklung, Manifest für Agile Softwareentwicklung. URL: http://agilemanifesto.org/iso/de/manifesto.html 21.11.2018.

Benavides, E.; Rodriguez, J., New developments to guide strategic product design and systematic innovation, In: Farid, A. M.; Suh, N. P. (Hrsg.): Axiomatic design in large systems - Complex products, buildings and manufacturing systems, Springer, Cham, Switzerland, 2016, S. 81-104.

Berger, C.; Blauth, R.; Boger, D.; Bolster, C.; Burchill, G.; DuMouchel, W.; Pouliot, F.; Richter, R.; Rubinoff, A.; Shen, D.; Timko, M.; Walden, D., Kanos methods for understanding customer-defined quality, In: Center for Quality Management Journal, Nr. 4, 2. Jg., 1993, S. 3-36.

Bergweiler, G.; Hansen, J.; Dörfer, M., Agile Entwicklung mit physischen Prototypen zur besseren Projektplanung, In: ATZ - Automobiltechnische Zeitschrift, Nr. 7-8, 2019, S. 44-47.

Bertalanffy, L. v., General system theory, 1. Auflage; George Braziller Inc, New York, 1968.

Binder, V. A.; Kantowsky, J., Technologiepotentiale - Neuausrichtung der Gestaltungsfelder des Strategischen Technologiemanagements, Deutscher Universitätsverlag, Wiesbaden, s.l., 1996.

Boehm, B., A spiral model of software development and enhancement, In: Computer, Nr. 5, 21. Jg., 1988, S. 61-72.

Boehm, B.; Turner, R., Using risk to balance agile and plan- driven methods, In: Computer, Nr. 6, 36. Jg., 2003, S. 57-66.

Böhmer, A.; Beckmann, A.; Lindemann, U., Open Innovation Ecosystem - Makerspaces within an Agile Innovation Process, In: Huizingh, E.; Conn, S.; Bitran, I. (Hrsg.): The Proceedings of the ISPIM Innovation Summit: Changing the Innovation Landscape,, 2015, S. 1-11.

Böhmer, A.; Hostettler, R.; Richter, C.; Lindemann, U.; Conradt, J.; Knoll, A., Towards Agile Product Development - The Role of Prototyping, In: ICED (Hrsg.): Proceedings of the 21st International Conference on Engineering Design,, 2017, S. 1-10.

Böhmer, A.; Hugger, P.; Lindemann, U., Scrum within hardware development - insights of the application of scrum for the development of a passive exoskeleton, In: Jardim-Gonçalves, R. (Hrsg.): Proceedings of the 2017 International Conference on Engineering, Technology and Innovation, IEEE, 2017, S. 790-798.

Böhmer, A.; Richter, C.; Hostettler, R.; Schneider, P.; Plum, I, Böhler, D.*; Lindemann, U.; Conradt, J.; Knoll, A.*, Think.Make.Start - An Agile Framework, In: Marjanovic Dorian, Storga Mario, Pavkovic Neven, Bojcetic Nenad, Skec Stanko (Hrsg.): Proceedings of the DESIGN 2016 14th International Design Conference,, 2016, S. 917-926.

Böhmer, A. I., When digital meets physical - Agile Innovation of Mechatronic Systems, Fakultät für Maschinenwesen der Technischen Universität München, München, 2018.

Böttger, U., Ansätze für eine ökonomische Analyse des Subsidiaritätsprinzips des EG Art. 5 Abs. 2,, 2004.

Braude, E. J.; Bernstein, M. E., Software engineering - Modern approaches, 2. ed.; Wiley, Hoboken, NJ, 2011.

Breunig, S., Produktarchitekturgestaltung mechatronischer Baukastensysteme, Dissertation, WZL der RWTH Aachen, 2017.

Browning, T., Applying the design structure matrix to system decomposition and integration problems - A review and new directions, In: IEEE Transactions on Engineering Management, Nr. 3, 48. Jg., 2001, S. 292-306.

Buede, D. M.; Miller, W. D., The Engineering Design of Systems - Models and Methods, 3. Aufl.; Wiley, s.l., 2016.

Bussche, S.; Lindblad, L.; Witzmann, M., The Hardware Development Tool Stack for Future Space Exploration68th International Astronautical Congress (IAC), Adelaide, 2017.

Camburn, B.; Arlitt, R.; Perez, K.; Anderson, D.; Choo, P.; Lim, T.; Gilmour, A.; Wood, K., Design prototyping of systems, In: ICED (Hrsg.): Proceedings of the 21st International Conference on Engineering Design,, 2017, S. 211-220.

Camburn, B.; Viswanathan, V.; Linsey, J.; Anderson, D.; Jensen, D.; Crawford, R.; Otto, K.; Wood, K., Design prototyping methods - State of the art in strategies, techniques, and guidelines, In: Design Science, 3. Jg., 2017, S. 1-33.

Carlson, R.; Turner, R., Review of Agile Case Studies for Applicability to Aircraft Systems Integration, In: Procedia Computer Science, 16. Jg., 2013, S. 469-474.

Christie, E. J.; Jensen, D. D.; Buckley, R. T.; Crawford, R. H., Prototyping strategies: Literature review and identification of critical variables, In: Proceedings of the 2012 American Society for Engineering Education Conference, 2012, S. 1-22.

Cilliers, P., Boundaries, Hierarchies and Networks in Complex Systems, In: International Journal of Innovation Management, Nr. 02, 05. Jg., 2001, S. 135-147.

Clausen, U.; Weber, J., Prototypenplanung im Nutzfahrzeugbau, In: ATZ - Automobiltechnische Zeitschrift, Nr. 9, 108. Jg., 2006, S. 740-744.

Conforto, E.; Amaral, D.; da Silva, S.; Di Felippo, A.; Kamikawachi, D., The agility construct on project management theory, In: International Journal of Project Management, Nr. 4, 34. Jg., 2016, S. 660-674.

Cooper, R., What's Next?: After Stage-Gate, In: Research-Technology Management, Nr. 1, 57. Jg., 2014, S. 20-31.

Cooper, R., Idea-to-Launch Gating Systems - Better, Faster, and More Agile, In: Research-Technology Management, Nr. 1, 60. Jg., 2017, S. 48-52.

Cooper, R.; Sommer, A., The Agile-Stage-Gate Hybrid Model - A Promising New Approach and a New Research Opportunity, In: Journal of Product Innovation Management, Nr. 5, 33. Jg., 2016, S. 513-526.

Cooper, R.; Sommer, A., Agile–Stage-Gate for Manufacturers, In: Research-Technology Management, Nr. 2, 61. Jg., 2018, S. 17-26.

Cooper, R. G., Winning at new products - Creating value through innovation, 4. ed., completely rev. and updated.; Basic Books, New York, 2011.

Cornet, A., Plattformkonzepte in der Automobilentwicklung, 1. Aufl.; Dt. Univ.-Verl., Wiesbaden, 2002.

Cutherell, D., Product Architecture, In: Rosenau, M. D. C. A. A. N. (Hrsg.): The PDMA Handbook of New Product Development, Wiley, New York, 1996, S. 217-235.

Czichos, H., Mechatronik - Grundlagen und Anwendungen technischer Systeme, 3., überarbeitete und erweiterte Auflage; Springer Vieweg, Wiesbaden, 2015.

Debruyne, M.; Tackx, K., Customer innovation - Delivering a customer-led strategy for enduring growth, Second edition; KoganPage, London, 2019.

Deutsches Institut für Normung, DIN EN ISO 9000 - Qualitätsmanagementsysteme - Grundlagen und Begriffe, Dreisprachige Fassung, Beuth Verlag, Berlin, 2005.

Deutsches Institut für Normung, DIN ISO 16016 - Technische Produktdokumentation, Beuth Verlag, Berlin, 2007.

Deutsches Institut für Normung, DIN 69900 - Projektmanagement - Netzplantechnik; Beschreibungen und Begriffe, Beuth Verlag, Berlin, 2009.

Di Resta, R.; Forrest, B.; Vinyard, R., The hardware startup, 1. ed.; O'Reilly, Sebastopol Calif, 2015.

Diefenbach, S.; Chien, W.-C.; Lenz, E.; Hassenzahl, M., Prototypen auf dem Prüfstand. Bedeutsamkeit der Repräsentationsform im Rahmen der Konzeptevaluation, In: i-com, Nr. 1, 12. Jg., 2013, S. 53-63.

Diefenbach, S.; Hassenzahl, M., Psychologie in der nutzerzentrierten Produktgestaltung - Mensch-Technik-Interaktion-Erlebnis, Springer, Berlin, 2017.

Diels, F., Indikatoren für die Ermittlung agil zu entwickelnder Produktumfänge, 1. Auflage; Apprimus Verlag, Aachen, 2018.

Dodgson, M.; Gann, D.; Salter, A., Think, play, do - Technology, innovation, and organization, Reprinted.; Oxford Univ. Press, Oxford, 2005.

Doll, B., Prototyping zur Unterstützung sozialer Interaktionsprozesse, Gabler Verlag / GWV Fachverlage GmbH Wiesbaden, Wiesbaden, 2009.

Dölle, C., Projektsteuerung in der Produktentwicklung mittels Predictive Analytics, Dissertation, 2017.

Donati, C.; Vignoli, M., How tangible is your prototype? - Designing the user and expert interaction, In: International Journal on Interactive Design and Manufacturing (IJIDeM), Nr. 2, 9. Jg., 2015, S. 107-114.

Duden Redaktion, Duden - Deutsches Universalwörterbuch, 9., vollständig überarbeitete und erweiterte Auflage, 2019.

Eckert, C.; Clarkson, P.; Zanker, W., Change and customisation in complex engineering domains, In: Research in Engineering Design, Nr. 1, 15. Jg., 2004, S. 1-21.

Ehrlenspiel, K.; Kiewert, A.; Lindemann, U.; Mörtl, M., Kostengünstig Entwickeln und Konstruieren - Kostenmanagement bei der integrierten Produktentwicklung, 7. Aufl.; Springer Vieweg, Berlin, 2014.

Ehrlenspiel, K.; Meerkamm, H., Integrierte Produktentwicklung - Denkabläufe, Methodeneinsatz, Zusammenarbeit, 6., überarb. und erw. Aufl.; Hanser, München, 2017.

Ehrlich, O.; Kressmann, F.; Liedtke, N., Agile Insights – früher wissen, was Kunden wollen, In: McKinsey&Company Akzente, Nr. 1, 2017, S. 40-45.

Eigner, M.; Roubanov, D.; Zafirov, R., Modellbasierte virtuelle Produktentwicklung, Springer Vieweg, Berlin, Heidelberg, 2014.

Eigner, M.; Stelzer, R., Product Lifecycle Management - Ein Leitfaden für Product Development und Life Cycle Management, 2., neu bearb. Aufl.; Springer, Berlin, 2009.

Erixon, F.; Weigel, B., The Innovation Illusion - How So Little Is Created by So Many Working So Hard, Yale University Press, New Haven, 2016.

Exner, K.; Lindow, K.; Stark, R.; Angesleva, J.; Bahr, B.; Nagy, E., A transdisciplinary perspective on prototyping2015 IEEE International Conference on Engineering, Technology and Innovation/ International Technology Management Conference,, 2015, S. 1-8.

Farid, A., An engineering systems introduction to Axiomatic Design, In: Farid, A. M.; Suh, N. P. (Hrsg.): Axiomatic design in large systems - Complex products, buildings and manufacturing systems, Springer, Cham, Switzerland, 2016, S. 3-48.

Feldhusen, J.; Grote, K.-H., Der Produktentstehungsprozess (PEP), In: Feldhusen, J.; Grote, K.-H. (Hrsg.): Pahl/Beitz Konstruktionslehre, Springer, Berlin, Heidelberg, 2013, S. 5-24.

Feldhusen, J.; Grote, K.-H.; Göpfert, J.; Tretow, G., Technische Systeme, In: Feldhusen, J.; Grote, K.-H. (Hrsg.): Pahl/Beitz Konstruktionslehre, Springer, Berlin, Heidelberg, 2013, S. 237-279.

Feldhusen, J.; Grote, K.-H.; Kochan, D.; Beyer, C.; Vajna, S.; Lashin, G.; Kauf, F.; Gaub, H.; Schacht, M.; Erk, P., Die PEP-begleitenden Prozesse, In: Feldhusen, J.; Grote, K.-H. (Hrsg.): Pahl/Beitz Konstruktionslehre, Springer, Berlin, Heidelberg, 2013, S. 25-236.

Feldhusen, J.; Grote, K.-H.; Nagarajah, A.; Pahl, G.; Beitz, W.; Wartzack, S., Vorgehen bei einzelnen Schritten des Produktentstehungsprozesses, In: Feldhusen, J.; Grote, K.-H. (Hrsg.): Pahl/Beitz Konstruktionslehre, Springer, Berlin, Heidelberg, 2013, S. 291-409.

Feldhusen, J.; Grote, K.-H.; Thon, J., Grundsätzliche Überlegungen zur Rationalisierung, In: Feldhusen, J.; Grote, K.-H. (Hrsg.): Pahl/Beitz Konstruktionslehre, Springer, Berlin, Heidelberg, 2013, S. 773-815.

Feldhusen, J.; Löwer, M.; Bungert, F., Agile methods for design to customer, In: Norell Bergendahl, M. (Hrsg.): Design has never been this cool : ICED 09, the 17th International Conference on Engineering Design,, 2009, S. 451-460.

Fernandes, J.; Henriques, E.; Silva, A., A Method for Managing Uncertainty Levels in Design Variables during Complex Product Development, In: Aiguier, M.; Boulanger, F.; Krob, D.; Marchal, C. (Hrsg.): Complex Systems Design & Management, Springer International Publishing, 2014, 113-124.

Fiedler, R., Controlling von Projekten - Mit konkreten Beispielen aus der Unternehmenspraxis - Alle Aspekte der Projektplanung, Projektsteuerung und Projektkontrolle, 7. Auflage; Springer Vieweg, Wiesbaden, 2016.

Fuchs, C.; Golenhofen, F. J., Mastering Disruption and Innovation in Product Management - Connecting the Dots, Springer International Publishing, Cham, 2019.

Gabrysiak, G.; Edelman, J.; Giese, H.; Seibel, A., How Tangible can Virtual Prototypes be, In: Dorst, K.; Stewart, S.; Staudinger, I.; Paton, B.; Dong, A. (Hrsg.): Proceedings of the 8th Design Thinking Research Symposium,, 2010, S. 163-174.

Gadatsch, A., Geschäftsprozesse analysieren und optimieren - Praxistools zur Analyse, Optimierung und Controlling von Arbeitsabläufen, Springer Vieweg, Wiesbaden, 2015.

Gartzen, T.; Brambring, F.; Basse, F., Target-oriented Prototyping in Highly Iterative Product Development, In: Procedia CIRP, 51. Jg., 2016, S. 19-23.

Garzaniti, N.; Briatore, S.; Fortin, C.; Golkar, A., Effectiveness of the Scrum Methodology for Agile Development of Space Hardware2019 IEEE Aerospace Conference, IEEE, Piscataway, New Jersey, 2019, S. 1-8.

Gassmann, O.; Kobe, C., Management von Innovation und Risiko - Quantensprünge in der entwicklung erfolgreich managen, Springer, Berlin, 2006.

Gebhardt, A., Generative Fertigungsverfahren - Additive Manufacturing und 3D Drucken für Prototyping; Tooling; Produktion, 1. Auflage; Carl Hanser Fachbuchverlag, München, 2013.

Gebhardt, A., Additive Fertigungsverfahren - Additive Manufacturing und 3D-Drucken für Prototyping - Tooling - Produktion, 5., neu bearbeitete und erweiterte Auflage, 2016.

Göpfert, J., Modulare Produktentwicklung - Zur gemeinsamen Gestaltung von Technik und Organisation, Dt. Univ.-Verl., Wiesbaden, 1998.

GrabCAD Community (2019) Library watch case, Library watch case. URL: https://grabcad.com/library/watch-case--1 30.12.2019.

Grafmüller, Leontin K.Möslein, Kathrin M., Customer Co-Creation, In: Kraft, P.; Jung, H. H. (Hrsg.): Digital vernetzt. Transformation der Wertschöpfung - Szenarien, Optionen und Erfolgsmodelle für smarte Geschäftsmodelle, Produkte und Services, Hanser, München, 2017, S. 57-70.

Haberfellner, R.; de Weck, O., Agile SYSTEMS ENGINEERING versus AGILE SYSTEMS engineering, In: INCOSE International Symposium, Nr. 1, 15. Jg., 2005, S. 1449-1465.

Hannah, R.; Joshi, S.; Summers, J., A user study of interpretability of engineering design representations, In: Journal of Engineering Design, Nr. 6, 23. Jg., 2012, S. 443-468.

Hanser, E., Agile Prozesse - Von XP über Scrum bis MAP, 1. Aufl.; Springer-Verlag, Berlin Heidelberg, 2010.

Harhoff, D.; Kagermann, H.; Stratmann, M., Impulse für Sprunginnovationen in Deutschland (acatech Diskussion),, 2018.

Herrmann, A.; Huber, F., Produktmanagement - Grundlagen - Methoden - Beispiele, 3. vollständig überarbeitete und erweiterte Auflage; Springer Gabler, Wiesbaden, 2013.

Hilt, M.; Wagner, D.; Osterlehner, V.; Kampker, A., Agile Predevelopment of Production Technologies for Electric Energy Storage Systems - A Case Study in the Automotive Industry, In: Procedia CIRP, 50. Jg., 2016, S. 88-93.

Hilton, E.; Linsey, J.; Goodman, J., Understanding the prototyping strategies of experienced designersProceedings of the 2015 IEEE Frontiers in Education Conference, IEEE, Piscataway, NJ, 2015, S. 1-8.

Hopf, J., Integration of Mobile Device Features in Product Data Management Systems, In: Harik, R.; Rivest, L.; Bernard, A.; Eynard, B.; Bouras, A. (Hrsg.): Product lifecycle management for digital transformation of industries - 13th IFIP WG 5.1 International Conference, PLM 2016, Columbia, SC, USA, July 11-13, 2016, revised selected papers, Springer, Cham, 2016, S. 331-340.

Hostettler, R.; Bohmer, A.; Lindemann, U.; Knoll, A., TAF agile framework reducing uncertainty within minimum time and resources, In: Jardim-Gonçalves, R. (Hrsg.): Proceedings of the 2017 International Conference on Engineering, Technology and Innovation, IEEE, 2017, S. 767-775.

Hubka, V., Theorie Technischer Systeme - Grundlagen einer wissenschaftlichen Konstruktionslehre, 2., völlig neu bearb. und erw. Aufl.; Springer, Berlin, Heidelberg, 1984.

International Watch Company (IWC) (2019) Kaliberfamilie 69000, Kaliberfamilie 69000. URL: https://www.iwc.com/de/de/calibre-family/69000.html 06.01.2020.

IntroBooks, The Pareto Principle, Can Akdeniz, 2019.

Jakoby, W., Projektmanagement für Ingenieure - Ein praxisnahes Lehrbuch für den systematischen Projekterfolg, 3. Aufl.; Springer, Wiesbaden, 2010.

Jensen, L. S.; Özkil, A. G.; Mortensen, N. H., Prototypes in engineering design - Definitions and strategies, In: Marjanovic Dorian, Storga Mario, Pavkovic Neven,

Bojcetic Nenad, Skec Stanko (Hrsg.): Proceedings of the DESIGN 2016 14th International Design Conference,, 2016, S. 821-830.

Johnson, N., Applying Agile To Hardware Development - We're Not That Different After All,, 2011.

Kampker, A.; Förstmann, R.; Ordung, M.; Haunreiter, A., Prototypen im agilen Entwicklungsmanagement, In: ATZ - Automobiltechnische Zeitschrift, Nr. 7-8, 2016, S. 72-77.

Kampker, A.; Gerdes, J.; Schuh, G., Think Big, Start Small - Streetscooter, die e-mobile Erfolgsstory, 1. Auflage; Springer, Berlin, Heidelberg, 2017.

Kano, N.; Seraku, N.; Takahashi, F.; Tsuji, S., Attractive quality and must-be quality, In: Quality Journal, Nr. 2, 14. Jg., 1984, S. 39-48.

Kantelberg, J., Gestaltung agiler Entwicklungsprozesse technischer Systeme, 1. Auflage; Apprimus Verlag, Aachen, 2018.

Kerka, F.; Balic, M.; Kley, T.; Knickmeier, A.; Ottensmeier, B.; Altner, N.; Lauterbach, S.; Monstadt, H., FuE-Management: Mehr aus knappen Innovationsressourcen machen, 1. Auflage; Institut f. angew. Innovationsforsch, Bochum, 2017.

Kern, W.; Schröder, H.-H.; Kern-Schröder, Forschung und Entwicklung in der Unternehmung, Rowohlt-Taschenbuch-Verl, Reinbek bei Hamburg, 1977.

Klein, T., Agiles Engineering im Maschinen- und Anlagenbau, Dissertation, Technische Universität München, 2016.

Klein, T.; Reinhart, G., Scrum im Maschinen- und Anlagenbau, In: Konstruktion, Nr. 10, 2016, S. 71-75.

Klingler, S., Eine Methode zur effizienten und effektiven Unterstützung der kontinuierlichen Validierung im Kontext der PGE - Produktgenerationsentwicklung, Karlsruhe, 2016.

Kneuper, R., Klassische und agile Vorgehensmodelle - Ein historischer Überblick, In: Engstler, M.; Fazal-Baqaie, M.; Hanser, E.; Mikusz, M.; Volland, A. (Hrsg.): Projektmanagement und Vorgehensmodelle 2015 - Hybride Projektstrukturen erfolgreich umsetzen : gemeinsame Tagung der Fachgruppen Projektmanagement (WI-PM) und Vorgehensmodelle (WI-VM) im Fachgebiet Wirtschaftsinformatik der Gesellschaft für Informatik e.V., 22. und 23. Oktober 2015 in Elmshorn, Gesellschaft für Informatik e.V. (GI), Bonn, 2015, S. 29-37.

Kniberg, H. (2013) How Spotify builds products, How Spotify builds products. URL: https://blog.crisp.se/wp-content/uploads/2013/01/HowSpotifyBuildsProducts.pdf 16.12.2018.

Kohler, K.; Hochreuter, T.; Diefenbach, S.; Hassenzahl, M., Durch schnelles Scheitern zum Erfolg: Eine Frage des passenden Prototypen?, 2013, S. 78-84.

Komus, A.; Kuberg, M., Status Quo Agile - Studie zu Verbreitung und Nutzen agiler Methoden Eine empirische Untersuchung,, 2017.

Komus, A.; Kuberg, M.; Erretkamps, H.; Koch, C.-P., Studie Status Quo PEP - Lean und Agil im Produktentstehungsprozess, BPM-Labor für Business Process Management and Organizational Excellence, Hochschule Koblenz University of Applied Sciences, 2018.

Korthals, K., Wertstromanalyse in der Produktentwicklung, 1. Auflage; Apprimus Verlag, Aachen, 2014.

KPMG (2017) Driving business performance, Driving business performance - Project Management Survey 2017. URL: https://assets.kpmg.com/content/dam/kpmg/nz/pdf/July/projectmanagementsurvey-kpmg-nz.pdf-16.12.2018.

Kubicek, H., Heuristische Bezugsrahmen und heuristisch angelegte Forschungsdesign als Elemente einer Konstruktionsstrategie empirischer Forschung, In: Köhler, R. (Hrsg.): Empirische und handlungstheoretische Forschungskonzeptionen in der Betriebswirtschaftslehre, Poeschel, Stuttgart, 1977, S. 1-37.

Kuhn, T. S., Die Struktur wissenschaftlicher Revolutionen, Suhrkamp, Frankfurt am Main, 2001.

Lakatos, I., Falsifikation und die Methodologie wissenschaftlicher Forschungsprogramme, In: Lakatos, I.; Musgrave, A. (Hrsg.): Kritik und Erkenntnisfortschritt, Vieweg, Braunschweig, 1974, S. 89-189.

Lashin, G.; Feldhusen, J.; Grote, K.-H., Hilfsmittel für die Entwicklung und Konstruktion, In: Feldhusen, J.; Grote, K.-H. (Hrsg.): Pahl/Beitz Konstruktionslehre, Springer, Berlin, Heidelberg, 2013, S. 411-457.

Lenders, M., Beschleunigung der Produktentwicklung durch Lösungsraum-Management, Apprimus Verlag, Aachen, 2009.

Li, J.; Moe, N.; Dybå, T., Transition from a plan-driven process to Scrum, In: Succi, G. (Hrsg.): Proceedings of the 2010 ACM-IEEE International Symposium on Empirical Software Engineering and Measurement, ACM, New York, NY, 2010, S. 1.

Liedtka, J., Warum Design Thinking funktioniert, In: Harvard Business Manager, Nr. 01/2019, 2019, S. 46-55.

Lim, Y.-K.; Stolterman, E.; Tenenberg, J., The anatomy of prototypes, In: ACM Transactions on Computer-Human Interaction, Nr. 2, 15. Jg., 2008, S. 1-27.

Lindberg, S.; Campbell, M., How the Design of a 3D Printer Bridged Engineering Design Processes and The Agile Software Manifesto, In: ASME (Hrsg.): Proceedings of the ASME 2019 International Design Engineering Technical Conferences & Computers and Information in Engineering Conference IDETC/CIE 2019,, 2019, S. 1-9.

Link, P., Agile Methoden im Produkt-Lifecycle-Prozess - Mit agilen Methoden die Komplexität im Innovationsprozess handhaben, In: Schoeneberg, K.-P. (Hrsg.): Komplexitätsmanagement in Unternehmen, Springer Fachmedien Wiesbaden, Wiesbaden, 2014, S. 65-92.

Linß, G., Qualitätsmanagement für Ingenieure, 4., aktualisierte und erweiterte Auflage; Hanser Carl, München, 2018.

Lorenz, M.; Jentzsch, A.; Andersen, M.; Noack, B.; Waffenschmidt, L.; Schuh, G.; Rudolf, S., The Lean Advantage in Engineering - Developing Better Products Faster and More Efficiently,, 2015.

Lüdtke, B., Lösungsraum-Steuerung in der Produktentwicklung, Apprimus Verlag, Aachen, 2016.

Lundahl, D., Holistic Product Development for New Product Success - Advancing Beyond Stage-Gate,, 2006.

Mai, T. (2012) Technology Readiness Level, Technology Readiness Level. URL: https://www.nasa.gov/directorates/heo/scan/engineering/technology/txt_accordion1.html 07.12.2019.

Markowitz, H., Portfolio Selection, In: The Journal of Finance, Nr. No. 1, Vol. 7, 1952, S. 77-91.

Mattern, C., Steigerung der Kollaborationsproduktivität in der interdisziplinären Produktentwicklung, 1. Auflage; Apprimus Verlag, Aachen, 2018.

Matthiesen, S.; Gwosch, T.; Mangold, S.; Grauberger, P.; Steck, M.; Cersowsky, S., Frontloading in der Produktentwicklung von Power-Tools durch frühe Validierung mit Hilfe von leistungsskalierten Prototypen, In: Stuttgarter Symposium für Produktentwicklung, 2017, S. 1-10.

Mayers, B., Prozeß- und Produktoptimierung mit Hilfe der statistischen Versuchsmethodik, Als Ms. gedr; Shaker, Aachen, 1997.

McCurdy, M.; Connors, C.; Pyrzak, G.; Kanefsky, B.; Vera, A., Breaking the fidelity barrier, In: Grinter, R.; Rodden, T.; Aoki, P.; Cutrell, E.; Jeffried, R.; Olson, G. (Hrsg.): Proceedings of the SIGCHI Conference on Human Factors in Computing Systems, ACM, New York, NY, 2006, S. 1233-1242.

McManus, H., Product Development Value Stream Mapping (PDVSM) Manual 1.0, Massachusetts Institute of Technology, 2005.

Meffert, H.; Burmann, C.; Kirchgeorg, M., Marketing - Grundlagen marktorientierter Unternehmensführung ; Konzepte - Instrumente - Praxisbeispiele, 12. überarbeitete und aktualisierte Auflage; Springer Gabler, Wiesbaden, 2015.

Menold, J.; Jablokow, K.; Simpson, T., Prototype for X (PFX): A holistic framework for structuring prototyping methods to support engineering design, In: Design Studies, Nr. 50, 2017. Jg., 2017, S. 70-112.

Merkow, M., Secure, Resilient and Agile Software Development, CRC Press, [S.l.], 2020.

Mosher, T.; Kolozs, J.; Wilder, E., Agile Hardware Development Approaches Applied to Space HardwareAIAA Space and Astronautics Forum and Exposition 2018, Curran Associates Inc, Red Hook, NY, 2018.

National Aeronautics and Space Administration, NASA Systems Engineering Handbook, 12th Media Services, Suwanee, GA, 2007.

Neck, H. M.; Neck, C. P.; Murray, E. L., Entrepreneurship - The practice and mindset, SAGE, Los Angeles, 2018.

OECD, Frascati Manual 2015 - Guidelines for Collecting and Reporting Data on Research and Experimental Development, OECD Publishing, Paris, 2015.

Oetter, C., Agile und designorientierte Methoden wie Scrum und Design Thinking, In: Verband Deutscher Maschinen- und Anlagenbau (VDMA) (Hrsg.): Wie arbeiten wir in der Zukunft? - Die betriebliche Praxis zwischen Vision und Gegenwart,, 2017, S. 39-40.

Ovesen, N., The Challenges of Becoming Agile: Implementing and Conducting Scrum in Integrated Product Development, Dissertation, Aalborg University, 2012.

Patzak, G., Systemtechnik - Planung komplexer innovativer Systeme - Grundlagen, Methoden, Techniken, Springer Berlin Heidelberg, Berlin, Heidelberg, 1982.

Patzak, G.; Rattay, G., Projektmanagement - Projekte, Projektportfolios, Programme und projektorientierte Unternehmen, 6. wesentlich erweiterte und aktualisierte Auflage; Linde Verlag Ges.m.b.H, Wien, 2014.

Paulukuhn, L., Typologisierung von Entwicklungsprojekten im Maschinenbau, Disseration, RWTH Aachen, 2004.

Petersen, K.; Wohlin, C., The effect of moving from a plan-driven to an incremental software development approach with agile practices, In: Empirical Software Engineering, Nr. 6, 15. Jg., 2010, S. 654-693.

Pichler, R., Scrum - Agiles Projektmanagement erfolgreich einsetzen, Dpunkt.verlag, Heidelberg, 2008.

Picot, A.; Baumann, O., Modularität in der verteilten Entwicklung komplexer Systeme - Chancen, Grenzen, Implikationen, In: Journal für Betriebswirtschaft, Nr. 3-4, 57. Jg., 2007, S. 221-246.

Pimmler, T.; Eppinger, S., Integration Analysis of Product DecompositionsASME Design Theory and Methodology Conference,, 1994, S. 1-9.

Pimmler, T.; Eppinger, S., Integration Analysis of Product Decompositions [Nicht zitieren]ASME Design Theory and Methodology Conference,, 1994, S. 1-9.

Ponn, J., Systematisierung des Lösungsraums, In: Lindemann, U. (Hrsg.): Handbuch Produktentwicklung, Hanser, München, 2016, S. 715-742.

Ponn, J.; Lindemann, U., Konzeptentwicklung und Gestaltung technischer Produkte, Springer Berlin Heidelberg, Berlin, Heidelberg, 2011.

Punkka, T., Agile Hardware and Co-DesignEmbedded Systems Conference,, 2012.

Rauhut, M., Synchronisation von Entwicklungsprozessen durch Taktung, Apprimus Verlag, Aachen, 2011.

Rebentisch, E., Integrating Program Management and Systems Engineering - Processes, Tools and Organizational Systems for Improving Performance, John Wiley & Sons Incorporated, Somerset, 2017.

Rebentisch, E.; Conforto, E.; Schuh, G.; Riesener, M.; Kantelberg, J.; Amaral, D.; Januszek, S., Agility factors and their impact on product development performance-Proceedings of the DESIGN 2018 15th International Design Conference,, 2018, S. 893-904.

Renner, G.; Enigk, H., Akzeptanz- und Begeisterungsfaktoren von technischen Innovationen,, 2009.

Renner, R.; Kißling, W.; Zaunseder, B., Rapid Prototyping - Unterstützung der kundenorientierten Produktentwicklung, VDE Verl., Berlin, 2000.

Rico, D. F.; Sayani, H. H.; Sone, S., The business value of Agile software methods, J. Ross Pub., Fort Lauderdale, FL, 2009.

Ries, E., Lean Startup - How Today's Entrepreneurs Use Continuous Innovation to Create Radically Successful Businesses, Currency, 2011.

Ries, E.; Humble, J.; Molesky, J.; O'Reilly, B., Lean Enterprise - Mit agilen Methoden zum innovativen Unternehmen, 1. Auflage; O'Reilly, Heidelberg, 2017.

Riesener, M., Ähnlichkeitsbasierte Produktkonfiguration im Maschinenbau, Apprimus Verlag, Aachen, 2015.

Riesener, M.; Dölle, C.; Ays, J.; Ays, J., Hybridization of Development Projects Through Process-Related Combination of Agile and Plan-Driven ApproachesInternational Conference on Industrial Engineering and Engineering Management (IEEM),, 2018.

Riesener, M.; Dölle, C.; Schloesser, S.; Schuh, G., Prototype Design in Agile Product Development Processes for Technical Systems, In: ASME (Hrsg.): Proceedings of the ASME 2019 International Design Engineering Technical Conferences & Computers and Information in Engineering Conference IDETC/CIE 2019,, 2019, S. 1-14.

Riesener, M.; Rebentisch, E.; Dölle, C.; Schloesser, S.; Kuhn, M.; Radermacher, J.; Schuh, G., A model for dependency-oriented prototyping in the agile development of complex technical systems, In: Procedia CIRP, 84. Jg., 2019, S. 1023-1028.

Rigby, D.; Sutherland, J.; Noble, A., Das agile Unternehmen, In: Harvard Business Manager, Nr. 01/2019, 2019, S. 32-42.

Robert France, D.; Rumpe, B., Limitations of Agile Software ProcessesThird International Conference on Extreme Programming and Flexible Processes in Software Engineering,, 2002, S. 43-46.

Ropohl, G., Allgemeine Technologie - Eine Systemtheorie der Technik, 3., überarb. Auflage; KIT Scientific Publishing, Karlsruhe, 2009.

Ryan, M.; Devitt, F., An investigation into design thinking behaviours in early stage radical innovation, In: Bohemia, E.; Rieple, A.; Liedtka, J.; Cooper, R. (Hrsg.): Proceedings of the 19th DMI Academic Design Management Conference,, 2014, S. 2755-2779.

Saatweber, J., Produkte entwickeln mit QFD – Quality Function Deployment, In: Lindemann, U. (Hrsg.): Handbuch Produktentwicklung, Hanser, München, 2016, S. 629-671.

Sabisch, H., Produkte und Produktgestaltung, In: Kern, W.; Schröder, H.-H.; Weber, J. (Hrsg.): Handwörterbuch der Produktionswirtschaft, 2., vollst. neu gestalt. Aufl.; Schäffer-Poeschel Verlag, Stuttgart, 1996, S. 1439-1450.

Sabisch, H., Produkte und Produktgestaltung, In: Kern, W.; Schröder, H.-H.; Weber, J. (Hrsg.): Handwörterbuch der Produktionswirtschaft, 2., vollst. neu gestalt. Aufl.; Schäffer-Poeschel Verlag, Stuttgart, 1996, S. 1439-1450.

Sandhaus, G.; Knott, P.; Berg, B., Hybride Softwareentwicklung - Das Beste aus klassischen und agilen Methoden in einem Modell vereint, Springer Vieweg, Berlin, 2014.

Sandmeier, P., Extreme Innovation - Lektionen für die industrielle Kundenintegration aus der Software-Industrie, In: Herstatt, C.; Verworn, B. (Hrsg.): Management der frühen Innovationsphasen - Grundlagen - Methoden - Neue Ansätze, 2., überarbeitete und erweiterte Auflage; Betriebswirtschaftlicher Verlag Dr. Th. Gabler | GWV Fachverlage GmbH Wiesbaden, Wiesbaden, 2007, S. 183-198.

Sauerwein, E., Das Kano-Modell der Kundenzufriedenheit - Reliabilität und Validität einer Methode zur Klassifizierung von Produkteigenschaften, Dt. Univ.-Verl., Wiesbaden, 2000.

Scaled Agile (2020) Scaled Agile Framework (SAFe), Scaled Agile Framework (SAFe). URL: https://www.scaledagileframework.com/ 02.01.2020.

Schindel, B.; Dove, R., Introduction to the Agile Systems Engineering Life Cycle MBSE Pattern, In: INCOSE International Symposium, Nr. 1, 26. Jg., 2016, S. 725-742.

Schloesser, S.; Riesener, M.; Schuh, G., Prototyping in highly-iterative product development for technical systems, In: Schmitt, R.; Schuh, G. (Hrsg.): 7. WGP-Jahreskongress, Apprimus Verlag, Aachen, 2017, S. 149-157.

Schmelzer, H. J., Organisation und Controlling von Produktentwicklungen: Praxis des wettbewerbsorientierten Entwicklungsmanagement - Management von Forschung, Entwicklung und Innovation ; 11, Schäffer-Poeschel, Stuttgart, 1992.

Schmelzer, H. J.; Sesselmann, W., Geschäftsprozessmanagement in der Praxis - Kunden zufriedenstellen, Produktivität steigern, Wert erhöhen : [das Standardwerk], 8., überarbeitete und erweiterte Auflage; Hanser, München, 2013.

Schmidt, T.; Sebastian*; Weiss, S.; Paetzold, K.*, Expected vs. Real Effects of Agile Development of Physical Products - Apportioning the HypeProceedings of the DESIGN 2018 15th International Design Conference,, 2018, S. 2121-2132.

Schmidt, T.; Wallisch, A.; Bohmer, A.; Paetzold, K.; Lindemann, U., Media richness theory in agile development, In: Jardim-Gonçalves, R. (Hrsg.): Proceedings of the 2017 International Conference on Engineering, Technology and Innovation, IEEE, 2017, S. 521-530.

Schmidt, T. S.; Paetzold, K., Agilität als Alternative zu traditionellen Standards in der Entwicklung physischer Produkte, In: Krause, D.; Paetzold, K.; Wartzack, S. (Hrsg.): Design for X - Beiträge zum 27. DfX-Symposium Oktober 2016, TuTech Verlag, Hamburg, 2016, S. 255-267.

Schmitt, R. H. et al. (2017, Agiles Qualitätsmanagement. In: Brecher, Christian; Klocke, Fritz; Schmitt, RobertInternet of Production für agile Unternehmen - AWK

Aachener Werkzeugmaschinen-Kolloquium 2017. Herausgegeben von Günther SchuhAachenApprimus Verlag, , S. 75-108.

Schork, S.; Kirchner, E., Defining Requirements in Prototyping - The Holistic Prototype and Process Development, In: Ölvander, J.; Wever, R.; Persson, J. (Hrsg.): DS 91: Proceedings of NordDesign 2018,, 2018.

Schuh, G., Lean Innovation, Imprint: Springer Vieweg, Berlin, Heidelberg, 2013.

Schuh, G.; Dölle, C.; Schloesser, S., Agile Prototyping for technical systems, In: Ölvander, J.; Wever, R.; Persson, J. (Hrsg.): DS 91: Proceedings of NordDesign 2018,, 2018, S. 1-10.

Schuh, G.; Haller, C.; Kantelberg, J.; Lau, F.; Linder, N.; Sprangler, T.; van Dijk, M., Radikale Innovationen und neue Geschäftsmodelle, In: Brecher, C.; Klocke, F.; Schmitt, R.; Schuh, G. (Hrsg.): Internet of Production für agile Unternehmen,, 2017, 53-73.

Schuh, G.; Lenders, M.; Nußbaum, C.; Rudolf, S., Produktarchitekturgestaltung, In: Schuh, G. (Hrsg.): Innovationsmanagement - Handbuch Produktion und Management 3, 2. vollständig neu bearbeitete und erweiterte Auflage; Springer, Berlin, Heidelberg, 2012, S. 115-160.

Schuh, G.; Müller, J.; Rauhut, M., Gestaltung von Produktentwicklungsprozessen, In: Schuh, G. (Hrsg.): Innovationsmanagement - Handbuch Produktion und Management 3, 2. vollständig neu bearbeitete und erweiterte Auflage; Springer, Berlin, Heidelberg, 2012, S. 161-247.

Schuh, G.; Riesener, M., Produktkomplexität managen - Strategien - Methoden - Tools, 3., vollständig überarbeitete Auflage; Hanser, München, 2017.

Schuh, G.; Riesener, M.; Diels, F., Determining the Application Suitability of Agile Methods for Highly Interdependent Products, In: Kocaoglu, D. F.; Anderson, T. R. (Hrsg.): 2017 Portland International Conference on Management of Engineering and Technology Proceedings,, 2017, S. 1-10.

Schuh, G.; Riesener, M.; Ortlieb, C.; Diels, F.; Schröder, S., Agile Produktentwicklung, In: Brecher, C.; Klocke, F.; Schmitt, R.; Schuh, G. (Hrsg.): Internet of Production für agile Unternehmen,, 2017, S. 29-51.

Schuh, G.; Riesener, M.; Prote, J.-P.; Dölle, C.; Molitor, M.; Schloesser, S.; Tittel, J., Industrie 4.0: Agile Entwicklung und Produktion im Internet of Production, In: Frenz, W. (Hrsg.): Recht und Technik: Handbuch Industrie 4.0, 1. Auflage 2019; Springer Berlin; Springer, Berlin, 2019.

Schwaber, K., Scrum Development Process, In: Sutherland, J.; Casanave, C.; Miller, J.; Patel, P.; Hollowell, G. (Hrsg.): Business Object Design and Implementation, Springer London, London, 1997, S. 1-23.

Schwaber, K., Agile Project Management with Scrum, 1. Aufl.; Microsoft Press, Redmont, WS, 2004.

Schwaber, K., Agiles Projektmanagement mit Scrum, Microsoft Press, Unterschleissheim, 2007.

Schwaber, K.; Sutherland, J., The Scrum Guide - The Definitive Guide to Scrum: The Rules of the Game,, 2017.

Schwaninger, M., Systemtheorie - Eine Einführung für Führungskräfte, Wirtschafts- und Sozialwissenschafter, St. Gallen, 2004.

Schwerak, J., Sicherheit durch Agile, In: Der F&E Manager, Nr. 04, 2017, S. 24-31.

Serrat, O., Knowledge Solutions - Tools, Methods, and Approaches to Drive Organizational Performance, Springer Singapore, Singapore, s.l., 2017.

Smith, P. G., Flexible product development - Building agility for changing markets, 1. Aufl.; Jossey-Bass, San Francisco, 2007.

Soltes, M.; Kappler, D.; Koberstaedt, S.; Lienkamp, M., A case study of a framework for user-centered hardware development based on the a Car electric vehicle project2018 Thirteenth International Conference on Ecological Vehicles and Renewable Energies (EVER),, 2018, S. 1-8.

Spear, S.; Bowen, K., Decoding the DNA of the Toyota Production System, In: Harvard Business Review, Nr. 5, 77. Jg., 1999, S. 96-106.

Specht, G.; Beckmann, C.; Amelingmeyer, J., F&E-Management : Kompetenz im Innovationsmanagement, 2., überarb. und erw.; Schäffer-Poeschel, Stuttgart, 2002.

Springer Fachmedien Wiesbaden, Gabler Wirtschaftslexikon, 19. Auflage; Springer, Wiesbaden, Germany, 2019.

Spundak, M., Mixed Agile/Traditional Project Management Methodology – Reality or Illusion?, In: Procedia - Social and Behavioral Sciences, 119. Jg., 2014, S. 939-948.

Stachowiak, H., Allgemeine Modelltheorie, Springer, Wien [u.a.], 1973.

Steward, D., The design structure system - A method for managing the design of complex systems, In: IEEE Transactions on Engineering Management, Nr. 3, EM-28, 1981, S. 71-74.

StreetScooter GmbH (2019) https://www.streetscooter.eu/de/, https://www.streetscooter.eu/de/. URL: https://www.streetscooter.eu/de/ 18.02.2019.

Swarek, V., Digitalisierte Innovation, In: Jung, H. H.; Kraft, P. (Hrsg.): Digital vernetzt - Transformation der Wertschöpfung: Szenarien, Optionen und Erfolgsmodelle für smarte Geschäftsmodelle, Produkte und Services, Carl Hanser Verlag, München, 2016, S. 291-306.

Takeuchi, H.; Nonaka, I., The new new product development game - Stop running the relay race and take up rugby, In: Harvard Business Review, 1986, S. 137-146.

Terho, H.; Suonsyrjä, S.; Systä, K., The Developers Dilemma: Perfect Product Development or Fast Business Validation?, In: Abrahamsson, P.; Jedlitschka, A.; Nguyen Duc, A.; Felderer, M.; Amasaki, S.; Mikkonen, T. (Hrsg.): Product-Focused Software Process Improvement, Springer International Publishing, 2016, S. 571-579.

Thomke, S., Learning by experimentation: Prototyping and testing, In: Loch, C.; Kavadias, S. (Hrsg.): Handbook of new product development management, Butterworth-Heinemann, Amsterdam, New York, 2007, S. 401-420.

Toepfer, F.; Naumann, T., Parameter Management, a Novel Approach in Systems Engineering, In: Chakrabarti, A.; Chakrabarti, D. (Hrsg.): Research into design for communities: Proceedings of ICoRD 2017, Springer, Singapore, 2017, S. 383-395.

Tronvoll, S.; Elverum, C.; Welo, T., Prototype Experiments - Strategies and Tradeoffs, In: Procedia CIRP, 60. Jg., 2017, S. 554-559.

Uebernickel, F.; Brenner, W., Design Thinking, In: Hoffmann, C.; Lennerts, S.; Schmitz, C. (Hrsg.): Business Innovation - Das St. Galler Modell, Gabler, 2016, S. 243-265.

Ullman, D. G., Scrum for hardware design - Supporting material for The mechanical design process, David Ullman LLC, Independence, OR, 2019.

Ulrich, H.; Dyllick, T.; Probst, G. J. B., Management - Hrsg. von Thomas Dyllick u. Gilbert J. B. Probst, Haupt, Bern & Stuttgart, 1984.

Ulrich, K., The Role of Product Architecture in the Manufacturing Firm, In: Research Policy, Nr. 3, 24. Jg., 1995, S. 419-440.

Ulrich, K. T.; Eppinger, S. D., Product design and development, 4. Aufl.; McGraw-Hill/Irwin, New York, 2012.

Ulrich, K. T.; Eppinger, S. D., Product design and development, 6. ed.; McGraw-Hill, New York, NY, 2015.

Ulrich, P.; Hill, W., Wissenschaftstheoretische Grundlagen der Betriebswirtschaftslehre (Teil l), In: WiSt - Wirtschaftswissenschaftliches Studium, Nr. 7, 5. Jg., 1976, S. 304-309.

VDI, VDI 2221 - Methodik zum Entwickeln und Konstruieren technischer Systeme und Produkte - 2221, Beuth Verlag, Berlin, 1993.

VDI, VDI 2222 - Methodisches Entwickeln von Lösungsprinzipien - 2222,, 1993.

VDI, VDI 2803 - Funktionenanalyse - 2803,, 1993.

VDI, VDI 3780 - Technikbewertung Begriffe und Grundlagen, VDI Verlag, 2000.

VDI, VDI 2206 - Entwicklungsmethodik für mechatronische Systeme - 2206, VDI Verlag, 2004.

VDI, VDI 4520 - Produktmanagement - 4520, VDI Verlag, 2017.

VDI, Agile Entwicklung physischer Produkte,, 2018.

VDI, VDI legt sein Standardwerk für Konstrukteure und Produktentwickler neu auf, In: Konstruktion, Nr. 04, 2018, S. 8-9.

VDI, VDI 2221 Blatt 2 - Entwicklung technischer Produkte und Systeme - Gestaltung individueller Produktentwicklungsprozesse, Beuth Verlag, Berlin, 2019.

Verband der Automobilindustrie (VDA) (2019) Specification Standard Structure, Specification Standard Structure. URL: https://webshop.vda.de/qmc/en/specification-standard-structure 02.11.2019.

Verworn, B.; Herstatt, C., Strukturierung und Gestaltung der frühen Phasen des Innovationsprozesses, In: Herstatt, C.; Verworn, B. (Hrsg.): Management der frühen Innovationsphasen - Grundlagen - Methoden - Neue Ansätze, 2., überarbeitete und erweiterte Auflage; Betriebswirtschaftlicher Verlag Dr. Th. Gabler | GWV Fachverlage GmbH Wiesbaden, Wiesbaden, 2007, S. 111-134.

Wall, M.; Ulrich, K.; Flowers, W., Evaluating prototyping technologies for product design, In: Research in Engineering Design, Nr. 3, 3. Jg., 1992, S. 163-177.

Wellmann, K. (2018) Agile Physische Produktentwicklung, Agile Physische Produktentwicklung. URL: https://www.scrum.de/agile-physische-produktentwicklung/ 31.03.2020.

Wiegers, K., First Things First: Prioritizing Requirements, In: Software Development, Nr. no. 9, vol. 7, 1999, S. 48-53.

Wiegers, K. E.; Beatty, J., Software requirements, Third edition, 2013.

Wysocki, R. K., Effective project management - Traditional, agile, extreme, 7th ed.; Wiley, Indianapolis, Ind., 2013.

WZL der RWTH Aachen; Fraunhofer IPT, Konsortial-Benchmarking Agile Invention - Unveröffentlichte Studienergebnisse,, 2018.

WZL der RWTH Aachen; Fraunhofer IPT, Konsortial-Benchmarking Agile Product Development - Unveröffentlichte Studienergebnisse,, 2019.

Yassine, A.; Braha, D., Complex Concurrent Engineering, In: Concurrent Engineering, Nr. 3, 11. Jg., 2016, S. 165-176.

Zeigler, B. P.; Muzy, A.; Kofman, E., Theory of modeling and simulation - Discrete event & iterative system computational foundations, Third edition; Academic Press, Amsterdam, 2018.

Zimmermann, H.-J., Operations Research - Methoden und Modelle ; für Wirtschaftsingenieure, Betriebswirte, Informatiker, 2., aktualisierte Aufl.; Vieweg, Wiesbaden, 2008.

A Anhang

A.1 Beschreibende Merkmale für Prototypen

Tabelle A-1: Potenzielle Prototypenmerkmale und Zuordnung nach Strukturierung

Quelle	Merkmal	Zuordnung nach Strukturierung
Böhmer et al. (2017), Towards Agile Product Development	Usability	Handhabung/ Usability
Breunig (2017), Produktarchitekturgestaltung	Mechanisches Wirkprinzip	Technologie
Breunig (2017), Produktarchitekturgestaltung	Elektrisches Wirkprinzip	Technologie
Breunig (2017), Produktarchitekturgestaltung	Informationstechnisches Wirkprinzip	Technologie
Breunig (2017), Produktarchitekturgestaltung	Mechanische Leistungsfähigkeit	Leistungsfähigkeit
Breunig (2017), Produktarchitekturgestaltung	Elektrische Leistungsfähigkeit	Leistungsfähigkeit
Breunig (2017), Produktarchitekturgestaltung	Informationstechn. Leistungsfähigkei	Leistungsfähigkeit
Breunig (2017), Produktarchitekturgestaltung	Physische Gestalt	Form
Breunig (2017), Produktarchitekturgestaltung	Volumen	Größe/ Volumen
Breunig (2017), Produktarchitekturgestaltung	Mechanische Verknüpfung	Verknüpfungsprinzip
Breunig (2017), Produktarchitekturgestaltung	Elektrische Verknüpfung	Verknüpfungsprinzip
Breunig (2017), Produktarchitekturgestaltung	Informationstechnische Verknüpfung	Verknüpfungsprinzip
Breunig (2017), Produktarchitekturgestaltung	Physische Anordnung	Räumliche Struktur/ Package
Christie et al. (2012), Prototyping strategies	Dimensionally scaled	Form
Christie et al. (2012), Prototyping strategies	Functionally scaled	Leistungsfähigkeit
Christie et al. (2012), Prototyping strategies	Materials	Material und Materialeigenschaften
Christie et al. (2012), Prototyping strategies	Failure modes	Funktionssicherheit/ Belastbarkeit
Exner et al. (2015), A transdisciplinary perspective on prototyping	Form	Form
Exner et al. (2015), A transdisciplinary perspective on prototyping	Material	Material und Materialeigenschaften
Exner et al. (2015), A transdisciplinary perspective on prototyping	Concept	Technologie
Exner et al. (2015), A transdisciplinary perspective on prototyping	Principle	Technologie
Exner et al. (2015), A transdisciplinary perspective on prototyping	Function	Leistungsfähigkeit
Gebhardt (2013), Generative Fertigungsverfahren	Geometrie	Form
Gebhardt (2013), Generative Fertigungsverfahren	Leistung	Leistungsfähigkeit
Gebhardt (2013), Generative Fertigungsverfahren	Funktion	Leistungsfähigkeit
Gebhardt (2013), Generative Fertigungsverfahren	Grundsätzliches Erscheinungsbild	Form
Gebhardt (2013), Generative Fertigungsverfahren	Modellproportionen	Form
Gebhardt (2013), Generative Fertigungsverfahren	Form	Form
Gebhardt (2013), Generative Fertigungsverfahren	Oberflächenqualität	Oberflächenbeschaffenheit/ Haptik
Gebhardt (2013), Generative Fertigungsverfahren	Handhabung	Allgemeine Handhabung
Gebhardt (2013), Generative Fertigungsverfahren	Bedienung	Allgemeine Handhabung
Gebhardt (2013), Generative Fertigungsverfahren	Benutzung	Allgemeine Handhabung
Gebhardt (2013), Generative Fertigungsverfahren	Funktionen	Leistungsfähigkeit
Gebhardt (2013), Generative Fertigungsverfahren	Funktionalität	Leistungsfähigkeit
Hannah et al. (2012), Engineering design representations	Function	Leistungsfähigkeit
Hannah et al. (2012), Engineering design representations	Geometric	Form
Hilton et al. (2015), Understanding prototyping strategies	Form	Form
Hilton et al. (2015), Understanding prototyping strategies	Fit	Räumliche Struktur/ Package
Hilton et al. (2015), Understanding prototyping strategies	Function	Leistungsfähigkeit
Jensen et al. (2016), Prototypes in engineering design	Scale	Größe/ Volumen
Jensen et al. (2016), Prototypes in engineering design	Integration	Räumliche Struktur/ Package
Jensen et al. (2016), Prototypes in engineering design	Embodiment	Material und Materialeigenschaften

Quelle	Merkmal	Zuordnung nach Strukturierung
Kohler et al. (2013), Durch schnelles Scheitern zum Erfolg	Material	Material und Materialeigenschaften
Kohler et al. (2013), Durch schnelles Scheitern zum Erfolg	Erscheinung	Form
Kohler et al. (2013), Durch schnelles Scheitern zum Erfolg	Größe	Größe/ Volumen
Kohler et al. (2013), Durch schnelles Scheitern zum Erfolg	Farbe	Farbe
Kohler et al. (2013), Durch schnelles Scheitern zum Erfolg	Form	Form
Kohler et al. (2013), Durch schnelles Scheitern zum Erfolg	Gewicht	Gewicht
Kohler et al. (2013), Durch schnelles Scheitern zum Erfolg	Härte	Oberflächenbeschaffenheit/ Haptik
Kohler et al. (2013), Durch schnelles Scheitern zum Erfolg	Haptik	Oberflächenbeschaffenheit/ Haptik
Kohler et al. (2013), Durch schnelles Scheitern zum Erfolg	Funktionalität	Leistungsfähigkeit
Kohler et al. (2013), Durch schnelles Scheitern zum Erfolg	Funktionsumfang	Leistungsfähigkeit
Kohler et al. (2013), Durch schnelles Scheitern zum Erfolg	Funktionstiefe	Technologie
Kohler et al. (2013), Durch schnelles Scheitern zum Erfolg	Interaktivität	Handhabung/ Usability
Kohler et al. (2013), Durch schnelles Scheitern zum Erfolg	Aktion	Handhabung/ Usability
Kohler et al. (2013), Durch schnelles Scheitern zum Erfolg	Reaktion	Reaktion
Kohler et al. (2013), Durch schnelles Scheitern zum Erfolg	Räumliche Struktur	Räumliche Struktur/ Package
Kohler et al. (2013), Durch schnelles Scheitern zum Erfolg	Platzierung	Räumliche Struktur/ Package
Lim et al. (2008), The anatomy of prototypes	Appearance	Form
Lim et al. (2008), The anatomy of prototypes	Size	Größe/ Volumen
Lim et al. (2008), The anatomy of prototypes	Color	Farbe
Lim et al. (2008), The anatomy of prototypes	Shape	Form
Lim et al. (2008), The anatomy of prototypes	Form	Form
Lim et al. (2008), The anatomy of prototypes	Weight	Gewicht
Lim et al. (2008), The anatomy of prototypes	Texture	Oberflächenbeschaffenheit/ Haptik
Lim et al. (2008), The anatomy of prototypes	Proportion	Form
Lim et al. (2008), The anatomy of prototypes	Hardness	Oberflächenbeschaffenheit/ Haptik
Lim et al. (2008), The anatomy of prototypes	Haptic	Oberflächenbeschaffenheit/ Haptik
Lim et al. (2008), The anatomy of prototypes	Functionality	Leistungsfähigkeit
Lim et al. (2008), The anatomy of prototypes	Interactivity	Handhabung/ Usability
Lim et al. (2008), The anatomy of prototypes	Input behavior	Handhabung/ Usability
Lim et al. (2008), The anatomy of prototypes	Output behavior	Reaktion
Lim et al. (2008), The anatomy of prototypes	Spatial structure	Räumliche Struktur/ Package
Lim et al. (2008), The anatomy of prototypes	Material	Material und Materialeigenschaften
McCurdy et al. (2006), Breaking the fidelity barrier	Visual Refinement	Form
McCurdy et al. (2006), Breaking the fidelity barrier	Breadth of Functionality	Leistungsfähigkeit
McCurdy et al. (2006), Breaking the fidelity barrier	Depth of Functionality	Leistungsfähigkeit
McCurdy et al. (2006), Breaking the fidelity barrier	Richness of Interactivity	Handhabung/ Usability
McCurdy et al. (2006), Breaking the fidelity barrier	Richness of Data Model	Technologie
Menold et al. (2017), Prototype for X (PFX)	Functionality	Leistungsfähigkeit
Menold et al. (2017), Prototype for X (PFX)	Systems architecture	Räumliche Struktur/ Package
Menold et al. (2017), Prototype for X (PFX)	Material	Material und Materialeigenschaften
Menold et al. (2017), Prototype for X (PFX)	Customer experience	Handhabung/ Usability
Menold et al. (2017), Prototype for X (PFX)	Aesthetics	Form
Menold et al. (2017), Prototype for X (PFX)	Ergonomics	Handhabung/ Usability
Menold et al. (2017), Prototype for X (PFX)	General appeal	Form
Menold et al. (2017), Prototype for X (PFX)	Performance	Leistungsfähigkeit
Menold et al. (2017), Prototype for X (PFX)	Functions	Leistungsfähigkeit
Schmidt et al. (2017), Media Richness Theory	Usability	Handhabung/ Usability
Schmidt et al. (2017), Media Richness Theory	User experience	Handhabung/ Usability
Schmidt et al. (2017), Media Richness Theory	Geometrical prototypes	Form
Schmidt et al. (2017), Media Richness Theory	Functional prototypes	Leistungsfähigkeit
Schmidt et al. (2017), Media Richness Theory	Functionality	Leistungsfähigkeit
Schmidt et al. (2017), Media Richness Theory	Aesthetics	Form
Schmidt et al. (2017), Media Richness Theory	Reliability	Funktionssicherheit/ Belastbarkeit

Quelle	Merkmal	Zuordnung nach Strukturierung
Schork & Kirchner (2018), Defining Requirements in Prototyping	Funktionsumfang	Leistungfähigkeit
Schork & Kirchner (2018), Defining Requirements in Prototyping	Funktionstiefe	Leistungfähigkeit
Schork & Kirchner (2018), Defining Requirements in Prototyping	Functional Prototype	Leistungfähigkeit
Schork & Kirchner (2018), Defining Requirements in Prototyping	Handling Prototype	Handhabung/ Usability
Schork & Kirchner (2018), Defining Requirements in Prototyping	Geometry Prototype	Form
Schork & Kirchner (2018), Defining Requirements in Prototyping	Functional	Leistungfähigkeit
Schork & Kirchner (2018), Defining Requirements in Prototyping	Packaging	Räumliche Struktur/ Package
Schork & Kirchner (2018), Defining Requirements in Prototyping	Interface prototype	Handhabung/ Usability
Schork & Kirchner (2018), Defining Requirements in Prototyping	Usage	Handhabung/ Usability
Schork & Kirchner (2018), Defining Requirements in Prototyping	Materials	Material und Materialeigenschaften
Schork & Kirchner (2018), Defining Requirements in Prototyping	Utilization time	Handhabung/ Usability
Schork & Kirchner (2018), Defining Requirements in Prototyping	Stress resistance	Funktionssicherheit/ Belastbarkeit
Wall et al. (1992), Evaluating Prototyping Technologies	Styling	Form
Wall et al. (1992), Evaluating Prototyping Technologies	Life testing	Funktionssicherheit/ Belastbarkeit
Wall et al. (1992), Evaluating Prototyping Technologies	Tolerance analysis	Toleranz
Wall et al. (1992), Evaluating Prototyping Technologies	Motion analysis	Kinematik
Wall et al. (1992), Evaluating Prototyping Technologies	Functional testing	Leistungsfähigkeit
Wall et al. (1992), Evaluating Prototyping Technologies	Strength	Material und Materialeigenschaften
Wall et al. (1992), Evaluating Prototyping Technologies	Stiffness	Material und Materialeigenschaften
Wall et al. (1992), Evaluating Prototyping Technologies	Form accuracy	Form
Wall et al. (1992), Evaluating Prototyping Technologies	Dimensional accuracy	Form
Wall et al. (1992), Evaluating Prototyping Technologies	Geometric accuracy	Form
Wall et al. (1992), Evaluating Prototyping Technologies	Surface finish	Oberflächenbeschaffenheit/ Haptik
Wall et al. (1992), Evaluating Prototyping Technologies	Material properties	Material und Materialeigenschaften
Wall et al. (1992), Evaluating Prototyping Technologies	Weight	Gewicht

A.2 Beispiele zur Differenzierung von Produktumfängen

TEMPLATE Fragestellung:		Funktionen						
Merkmalscluster	Elementgestalt							
	Funktionalität							
	Wirkprinzip							
	Topologie							
	Verknüpfung							
	Nutzerinteraktion							

Fragestellung: „Erlaubt eine kostengünstige Integration des Werks 4711 die Funktionsfähigkeit der Energieübertragung zur Zeitanzeige unter den vorgesehenen mechanischen Lastfällen?"		Funktionen						
		Energie übertragen	Energie nachladen	Zeit (manuell) einstellen	Innenraum abdichten	Energie bevorraten	Erschütterung dämpfen	Stunde/Min./ Sek. Anzeigen
		Hauptfunktion	Unterstützungsfunktion	Unerhebliche Funktion	Unerhebliche Funktion	Unterstützungsfunktion	Nebenfunktion	Unterstützungsfunktion
Merkmalscluster	Elementgestalt	Leistungsmerkmal	Unerhebliches Merkmal	Unerhebliches Merkmal	Unerhebliches Merkmal	Unerhebliches Merkmal	Fakultatives Merkmal	Unerhebliches Merkmal
	Funktionalität	Basismerkmal	Leistungsmerkmal	Unerhebliches Merkmal	Unerhebliches Merkmal	Leistungsmerkmal	Leistungsmerkmal	Leistungsmerkmal
	Wirkprinzip	Basismerkmal	Unerhebliches Merkmal	Unerhebliches Merkmal	Unerhebliches Merkmal	Unerhebliches Merkmal	Fakultatives Merkmal	Unerhebliches Merkmal
	Topologie	Unerhebliches Merkmal	Unerhebliches Merkmal	Unerhebliches Merkmal	Unerhebliches Merkmal	Unerhebliches Merkmal	Unerhebliches Merkmal	Unerhebliches Merkmal
	Verknüpfung	Unerhebliches Merkmal	Unerhebliches Merkmal	Unerhebliches Merkmal	Unerhebliches Merkmal	Unerhebliches Merkmal	Leistungsmerkmal	Unerhebliches Merkmal
	Nutzerinteraktion	Unerhebliches Merkmal	Unerhebliches Merkmal	Unerhebliches Merkmal	Unerhebliches Merkmal	Unerhebliches Merkmal	Unerhebliches Merkmal	Leistungsmerkmal

Fragestellung: „Erzeugt das aktuelle Konzept eine attraktive Bedienbarkeit und Ablesbarkeit der Taucheruhr sowohl über Wasser als auch unter Wasser?"		Funktionen						
		Energie übertragen	Energie nachladen	Zeit (manuell) einstellen	Innenraum abdichten	Energie bevorraten	Erschütterung dämpfen	Stunde/Min./ Sek. Anzeigen
		Unterstützungsfunktion	Nebenfunktion	Hauptfunktion	Nebenfunktion	Unerhebliche Funktion	Unerhebliche Funktion	Hauptfunktion
Merkmalscluster	Elementgestalt	Unerhebliches Merkmal	Basismerkmal	Basismerkmal	Unerhebliches Merkmal	Unerhebliches Merkmal	Unerhebliches Merkmal	Basismerkmal
	Funktionalität	Basismerkmal	Leistungsmerkmal	Leistungsmerkmal	Basismerkmal	Leistungsmerkmal	Unerhebliches Merkmal	Basismerkmal
	Wirkprinzip	Unerhebliches Merkmal	Leistungsmerkmal	Leistungsmerkmal	Unerhebliches Merkmal	Unerhebliches Merkmal	Unerhebliches Merkmal	Leistungsmerkmal
	Topologie	Unerhebliches Merkmal	Fakultatives Merkmal	Fakultatives Merkmal	Unerhebliches Merkmal	Unerhebliches Merkmal	Unerhebliches Merkmal	Leistungsmerkmal
	Verknüpfung	Unerhebliches Merkmal	Fakultatives Merkmal	Fakultatives Merkmal	Unerhebliches Merkmal	Unerhebliches Merkmal	Unerhebliches Merkmal	Leistungsmerkmal
	Nutzerinteraktion	Unerhebliches Merkmal	Basismerkmal	Basismerkmal	Unerhebliches Merkmal	Unerhebliches Merkmal	Unerhebliches Merkmal	Basismerkmal

Abbildung A-1: Differenzierung von Produktumfängen am Beispiel einer Uhr

Fragestellung: „Welches optische Konzept ist am besten geeignet, die Pupille des menschlichen Auges unter minimalen Bewegungen zu fokussieren?“	Funktionen					
	Lichtimpuls auslösen	Bildschärfe messen	Kamera verfahren	Kontraktion filmen	Messung auswerten	Gerät fixieren
	Unterstützungsfunktion	Hauptfunktion	Nebenfunktion	Unerhebliche Funktion	Unerhebliche Funktion	Unerhebliche Funktion
Merkmalscluster: Elementgestalt	Unerhebliches Merkmal	Leistungsmerkmal	Unerhebliches Merkmal	Unerhebliches Merkmal	Unerhebliches Merkmal	Unerhebliches Merkmal
Funktionalität	Fakultatives Merkmal	Basismerkmal	Basismerkmal	Fakultatives Merkmal	Fakultatives Merkmal	Unerhebliches Merkmal
Wirkprinzip	Unerhebliches Merkmal	Basismerkmal	Basismerkmal	Unerhebliches Merkmal	Unerhebliches Merkmal	Unerhebliches Merkmal
Topologie	Unerhebliches Merkmal	Leistungsmerkmal	Leistungsmerkmal	Unerhebliches Merkmal	Unerhebliches Merkmal	Unerhebliches Merkmal
Verknüpfung	Unerhebliches Merkmal	Unerhebliches Merkmal	Unerhebliches Merkmal	Unerhebliches Merkmal	Unerhebliches Merkmal	Unerhebliches Merkmal
Nutzerinteraktion	Unerhebliches Merkmal	Fakultatives Merkmal	Leistungsmerkmal	Unerhebliches Merkmal	Unerhebliches Merkmal	Unerhebliches Merkmal

Fragestellung: „Welche Auflösung und Kontraste ermöglichen valide Messergebnisse?“	Funktionen					
	Lichtimpuls auslösen	Bildschärfe messen	Kamera verfahren	Kontraktion filmen	Messung auswerten	Gerät fixieren
	Unterstützungsfunktion	Nebenfunktion	Unterstützungsfunktion	Hauptfunktion	Hauptfunktion	Unterstützungsfunktion
Merkmalscluster: Elementgestalt	Unerhebliches Merkmal	Leistungsmerkmal	Unerhebliches Merkmal	Fakultatives Merkmal	Fakultatives Merkmal	Fakultatives Merkmal
Funktionalität	Basismerkmal	Basismerkmal	Leistungsmerkmal	Basismerkmal	Basismerkmal	Leistungsmerkmal
Wirkprinzip	Unerhebliches Merkmal	Leistungsmerkmal	Unerhebliches Merkmal	Basismerkmal	Leistungsmerkmal	Unerhebliches Merkmal
Topologie	Unerhebliches Merkmal	Fakultatives Merkmal	Fakultatives Merkmal	Leistungsmerkmal	Fakultatives Merkmal	Leistungsmerkmal
Verknüpfung	Unerhebliches Merkmal	Unerhebliches Merkmal	Unerhebliches Merkmal	Leistungsmerkmal	Leistungsmerkmal	Unerhebliches Merkmal
Nutzerinteraktion	Unerhebliches Merkmal	Unerhebliches Merkmal	Unerhebliches Merkmal	Unerhebliches Merkmal	Leistungsmerkmal	Unerhebliches Merkmal

Abbildung A-2: Differenzierung von Produktumfängen am Beispiel eines optischen Messsystems (Teil 1/2)

Fragestellung: „Wie kann eine bedienoptimale Fokussierung der Pupille während der Messung erfolgen?"		Funktionen					
		Lichtimpuls auslösen	Bildschärfe messen	Kamera verfahren	Kontraktion filmen	Messung auswerten	Gerät fixieren
		Unerhebliche Funktion	Nebenfunktion	Hauptfunktion	Nebenfunktion	Unerhebliche Funktion	Unterstützungsfunktion
Merkmalscluster	Elementgestalt	Unerhebliches Merkmal	Leistungsmerkmal	Leistungsmerkmal	Leistungsmerkmal	Unerhebliches Merkmal	Leistungsmerkmal
	Funktionalität	Unerhebliches Merkmal	Basismerkmal	Basismerkmal	Fakultatives Merkmal	Unerhebliches Merkmal	Unerhebliches Merkmal
	Wirkprinzip	Unerhebliches Merkmal	Leistungsmerkmal	Basismerkmal	Leistungsmerkmal	Unerhebliches Merkmal	Unerhebliches Merkmal
	Topologie	Unerhebliches Merkmal	Leistungsmerkmal	Basismerkmal	Basismerkmal	Unerhebliches Merkmal	Leistungsmerkmal
	Verknüpfung	Unerhebliches Merkmal	Unerhebliches Merkmal	Fakultatives Merkmal	Fakultatives Merkmal	Unerhebliches Merkmal	Unerhebliches Merkmal
	Nutzerinteraktion	Unerhebliches Merkmal	Basismerkmal	Basismerkmal	Basismerkmal	Unerhebliches Merkmal	Basismerkmal

Fragestellung: "Wie kann eine kostengerechte Umsetzung der Messanwendung in einem mobilen Gerät erfolgen?"		Funktionen					
		Lichtimpuls auslösen	Bildschärfe messen	Kamera verfahren	Kontraktion filmen	Messung auswerten	Gerät fixieren
		Nebenfunktion	Unterstützungsfunktion	Hauptfunktion	Nebenfunktion	Unterstützungsfunktion	Hauptfunktion
Merkmalscluster	Elementgestalt	Basismerkmal	Unerhebliches Merkmal	Basismerkmal	Basismerkmal	Unerhebliches Merkmal	Basismerkmal
	Funktionalität	Leistungsmerkmal	Unerhebliches Merkmal	Basismerkmal	Leistungsmerkmal	Unerhebliches Merkmal	Leistungsmerkmal
	Wirkprinzip	Leistungsmerkmal	Unerhebliches Merkmal	Basismerkmal	Leistungsmerkmal	Unerhebliches Merkmal	Basismerkmal
	Topologie	Leistungsmerkmal	Leistungsmerkmal	Leistungsmerkmal	Leistungsmerkmal	Leistungsmerkmal	Leistungsmerkmal
	Verknüpfung	Fakultatives Merkmal	Fakultatives Merkmal	Fakultatives Merkmal	Fakultatives Merkmal	Fakultatives Merkmal	Fakultatives Merkmal
	Nutzerinteraktion	Leistungsmerkmal	Leistungsmerkmal	Basismerkmal	Leistungsmerkmal	Leistungsmerkmal	Basismerkmal

Abbildung A-3: Differenzierung von Produktumfängen am Beispiel eines optischen Messsystems (Teil 2/2)

A.3 Beispiele zur Dokumentation technischer Design-Parameter

Grunddaten				Spezifikation			Relationen (Auszug)		
ID	Bezeichnung	Ausprägungsart/ Wertemenge	Maß-einheit	Zielwert	Wertebereich	Grad der Bestimmtheit	Funktion(en)/ Prototypenmerkmal(e)	Vor-gänger	Nach-folger
1	Konstruktionsprinzip Gehäuse	Qualitativ-Diskret	/	2-teilig	2-teilig; 3-teilig	100%	- Erschütterung dämpfen/ Elementgestalt - Innenraum abdichten/ Funktionalität	3	2, 3, 5, 10, 11, 14
2	Befestigungspunkte Werkfixierung	Quantitativ-Kont.	/	4	3; 4; 5; 6; 7	1%	- Energie übertragen/ Funktionalität	1, 3, 10, 13, 14	
3	Krone verschraubt	Qualitativ-Binär	/	/	ja, nein	50%	- Innenraum abdichten/ Funktionalität - Erschütterung dämpfen/ Wirkprinzip	1	1, 2, 4, 5
4	Auszugskraft Krone	Quantitativ-Kont.	Milli-newton (mN)	/	100 - 1000	25%	- Energie nachladen/ Nutzerinteraktion - Zeit (manuell) einstellen/ Nutzerinteraktion	3, 5	5
5	Eindrückkraft Krone	Quantitativ-Kont.	Milli-newton (mN)	/	100 - 1000	25%	- Energie nachladen/ Nutzerinteraktion - Zeit (manuell) einstellen/ Nutzerinteraktion	1, 3, 4	4
6	Zähnezahl Minutenrad	Quantitativ-Kont.	/	/	>20	25%	- Energie übertragen/ Funktionalität	7, 8, 13	7, 8
7	Zähnezahl Kleinbodenrad	Quantitativ-Kont.	/	/	>20	25%	- Energie übertragen/ Funktionalität	6, 8, 13	6, 8
8	Zähnezahl Sekundenrad	Quantitativ-Kont.	/	/	>20	25%	- Energie übertragen/ Funktionalität	6, 7, 13	6, 7
9	Material Zifferblatt	Qualitativ-Diskret	/	Messing	Diverse	5%	- Stunde/Min./ Sek. Anzeigen/ Elementgestalt		10, 11
10	Abstand Zifferblatt → Glas	Quantitativ-Kont.	mm	/	0,1 - 1	10%	- Stunde/Min./ Sek. Anzeigen/ Elementgestalt	1, 9	2
11	Abstand Zifferblatt → Zeiger	Quantitativ-Kont.	mm	/	0,5 - 2	10%	- Stunde/Min./ Sek. Anzeigen/ Elementgestalt	1, 9	
12	Gangreserve	Quantitativ-Kont.	Stunden (h)	48	48	100%	- Energie bevorraten/ Funktionalität		13
13	Gesamtübersetzungsverhältnis Räderwerk	Quantitativ-Diskret	/	600	>1	50%	- Energie übertragen/ Wirkprinzip	12	2, 6, 7, 8
14	Material Gehäuse	Qualitativ-Diskret	/	/	Edelstahl, Platin, Titan etc.	5%	- Erschütterung dämpfen/ Funktionalität - Erschütterung dämpfen/ Elementgestalt	1	2

Abbildung A-4: Dokumentation technischer Design-Parameter am Beispiel einer Uhr

Grunddaten				Spezifikation			Relationen (Auszug)		
ID	Bezeichnung	Ausprägungsart/ Wertemenge	Maß-einheit	Zielwert	Wertebereich	Grad der Bestimmtheit	Funktion(en) / Prototypenmerkmal(e)	Vor-gänger	Nach-folger
1	Autofokussier-Prinzip	*Qualitativ-Diskret*	/	*Kanten-kontrast-messung (Passiv)*	*Diverse*	*50%*	- *Bildschärfe messen/ Wirkprinzip* - *Kamera verfahren/ Funktionalität*	*2, 3*	*5, 6, 7*
2	Kameraauflösung	*Quantitativ-Diskret*	*Pixel*	*1,920 x 1,080*	*2,336 x 1,728 ; 1,920 x 1,080; 1,024 x 768*	*100%*	- *Bildschärfe messen/ Funktionalität* - *Kontraktion filmen/ Funktionalität*	*/*	*1, 10*
3	Wellenlänge Lichtimpuls	*Quantitativ-Diskret*	*nm*	*850*	*850; 940*	*100%*	- *Lichtimpuls auslösen/ Funktionalität* - *Lichtimpuls auslösen/ Wirkprinzip*	*/*	*1, 4, 5*
4	*Arbeitsabstand*	*Quantitativ-Kont.*	*mm*	*/*	*>250mm*	*1%*	- *Bildschärfe messen/ Elementgestalt* - *Gerät fixieren/ Elementgestalt*	*3*	*/*
5	*Brennweite*	*Quantitativ-Kont.*	*mm*	*/*	*5mm – 100mm*	*1%*	- *Bildschärfe messen/ Elementgestalt* - *Bildschärfe messen/ Topologie*	*1, 3, 8*	*6*
6	*Verfahrweg der Kamera*	*Quantitativ-Kont.*	*mm*	*/*	*5mm – 100mm*	*1%*	- *Kamera verfahren/ Elementgestalt* - *Kamera verfahren/ Topologie*	*1, 5, 8*	*7, 9*
7	*Verfahrmechanismus der Kamera*	*Qualitativ-Diskret*	*/*	*/*	*Automatisiert, Manuell*	*50%*	- *Kamera verfahren/ Funktionalität* - *Kamera verfahren/ Wirkprinzip*	*1, 6*	*9*
8	*Linienfrequenz*	*Qualitativ-Diskret*	*Linien pro mm*	*/*	*50 - 100*	*25%*	- *Bildschärfe messen/ Wirkprinzip* - *Messung auswerten/ Wirkprinzip*	*1*	*5, 6, 10*
9	*Gewicht Verschiebebahn*	*Quantitativ-Kont*	*g*	*/*	*<200*	*1%*	- *Kamera verfahren/ Elementgestalt* - *Kontraktion filmen/ Elementgestalt*	*6, 7*	*/*
10	*Schnittstelle für Bilddaten*	*Qualitativ-Diskret*	*/*	*OpenCV*	*Diverse*	*10%*	- *Kontraktion filmen/ Verknüpfung* - *Messung auswerten/ Verknüpfung*	*2, 8*	*/*

Abbildung A-5: Dokumentation technischer Design-Parameter am Beispiel eines optischen Messsystems

A.4 Relationen zwischen technischen Design-Parametern und Funktionen/ Prototypenmerkmalen

Technischer Design-Parameter: Konstruktionsprinzip Gehäuse 1: Design-Parameter adressiert das Merkmalscluster bei der Funktion		Funktionen						
		Energie übertragen	Energie nachladen	Zeit (manuell) einstellen	Innenraum abdichten	Energie bevorraten	Erschütterung dämpfen	Stunde/Min./ Sek. anzeigen
Merkmalscluster	Elementgestalt						1	
	Funktionalität				1		1	
	Wirkprinzip							
	Topologie							
	Verknüpfung						1	
	Nutzerinteraktion							

Technischer Design-Parameter: Befestigungspunkte Werkfixierung		Funktionen						
		Energie übertragen	Energie nachladen	Zeit (manuell) einstellen	Innenraum abdichten	Energie bevorraten	Erschütterung dämpfen	Stunde/Min./ Sek. anzeigen
Merkmalscluster	Elementgestalt							
	Funktionalität	1						
	Wirkprinzip							
	Topologie							
	Verknüpfung							
	Nutzerinteraktion							

Technischer Design-Parameter: Krone verschraubt		Funktionen						
		Energie übertragen	Energie nachladen	Zeit (manuell) einstellen	Innenraum abdichten	Energie bevorraten	Erschütterung dämpfen	Stunde/Min./ Sek. anzeigen
Merkmalscluster	Elementgestalt							
	Funktionalität				1			
	Wirkprinzip						1	
	Topologie							
	Verknüpfung							
	Nutzerinteraktion							

Technischer Design-Parameter: Auszugskraft Krone		Funktionen						
		Energie übertragen	Energie nachladen	Zeit (manuell) einstellen	Innenraum abdichten	Energie bevorraten	Erschütterung dämpfen	Stunde/Min./ Sek. anzeigen
Merkmalscluster	Elementgestalt							
	Funktionalität							
	Wirkprinzip							
	Topologie							
	Verknüpfung							
	Nutzerinteraktion		1	1				

Technischer Design-Parameter: Eindrückkraft Krone		Funktionen						
		Energie übertragen	Energie nachladen	Zeit (manuell) einstellen	Innenraum abdichten	Energie bevorraten	Erschütterung dämpfen	Stunde/Min./ Sek. anzeigen
Merkmalscluster	Elementgestalt							
	Funktionalität							
	Wirkprinzip							
	Topologie							
	Verknüpfung							
	Nutzerinteraktion		1	1				

Technischer Design-Parameter: Zähnezahl Minutenrad		Funktionen						
		Energie übertragen	Energie nachladen	Zeit (manuell) einstellen	Innenraum abdichten	Energie bevorraten	Erschütterung dämpfen	Stunde/Min./ Sek. anzeigen
Merkmalscluster	Elementgestalt	1						
	Funktionalität	1						
	Wirkprinzip							
	Topologie							
	Verknüpfung							
	Nutzerinteraktion							

Technischer Design-Parameter: Zähnezahl Kleinbodenrad		Funktionen						
		Energie übertragen	Energie nachladen	Zeit (manuell) einstellen	Innenraum abdichten	Energie bevorraten	Erschütterung dämpfen	Stunde/Min./ Sek. anzeigen
Merkmalscluster	Elementgestalt	1						
	Funktionalität	1						
	Wirkprinzip							
	Topologie							
	Verknüpfung							
	Nutzerinteraktion							

Technischer Design-Parameter: Zähnezahl Sekundenrad		Funktionen						
		Energie übertragen	Energie nachladen	Zeit (manuell) einstellen	Innenraum abdichten	Energie bevorraten	Erschütterung dämpfen	Stunde/Min./ Sek. anzeigen
Merkmalscluster	Elementgestalt	1						
	Funktionalität	1						
	Wirkprinzip							
	Topologie							
	Verknüpfung							
	Nutzerinteraktion							

Technischer Design-Parameter: Material Zifferblatt		Funktionen						
		Energie übertragen	Energie nachladen	Zeit (manuell) einstellen	Innenraum abdichten	Energie bevorraten	Erschütterung dämpfen	Stunde/Min./ Sek. anzeigen
Merkmalscluster	Elementgestalt							1
	Funktionalität							
	Wirkprinzip							1
	Topologie							
	Verknüpfung							
	Nutzerinteraktion							

Technischer Design-Parameter: Abstand Zifferblatt --> Glas		Funktionen						
		Energie übertragen	Energie nachladen	Zeit (manuell) einstellen	Innenraum abdichten	Energie bevorraten	Erschütterung dämpfen	Stunde/Min./ Sek. anzeigen
Merkmalscluster	Elementgestalt							1
	Funktionalität							
	Wirkprinzip							
	Topologie							1
	Verknüpfung							1
	Nutzerinteraktion							1

Technischer Design-Parameter: Abstand Zifferblatt --> Zeiger		Funktionen						
		Energie übertragen	Energie nachladen	Zeit (manuell) einstellen	Innenraum abdichten	Energie bevorraten	Erschütterung dämpfen	Stunde/Min./ Sek. anzeigen
Merkmalscluster	Elementgestalt							1
	Funktionalität							
	Wirkprinzip							
	Topologie							1
	Verknüpfung							1
	Nutzerinteraktion							1

Technischer Design-Parameter: Gangreserve		Funktionen						
		Energie übertragen	Energie nachladen	Zeit (manuell) einstellen	Innenraum abdichten	Energie bevorraten	Erschütterung dämpfen	Stunde/Min./ Sek. anzeigen
Merkmalscluster	Elementgestalt							
	Funktionalität					1		
	Wirkprinzip							
	Topologie							
	Verknüpfung							
	Nutzerinteraktion							

Technischer Design-Parameter: Gesamtübersetzungsverhältnis Räderwerk		Funktionen						
		Energie übertragen	Energie nachladen	Zeit (manuell) einstellen	Innenraum abdichten	Energie bevorraten	Erschütterung dämpfen	Stunde/Min./ Sek. anzeigen
Merkmalscluster	Elementgestalt							
	Funktionalität							
	Wirkprinzip	1						
	Topologie	1						
	Verknüpfung	1						
	Nutzerinteraktion							

Technischer Design-Parameter: Material Gehäuse		Funktionen						
		Energie übertragen	Energie nachladen	Zeit (manuell) einstellen	Innenraum abdichten	Energie bevorraten	Erschütterung dämpfen	Stunde/Min./ Sek. anzeigen
Merkmalscluster	Elementgestalt						1	
	Funktionalität						1	
	Wirkprinzip						1	
	Topologie							
	Verknüpfung							
	Nutzerinteraktion							

Abbildung A-6: Beispielhafte Relationen zwischen technischen Design-Parametern und Funktionen/ Prototypenmerkmalen am Beispiel einer Uhr

Technischer Design-Parameter: Autofokussier-Prinzip 1: Design-Parameter adressiert das Merkmalscluster bei der Funktion		Funktionen						
		Lichtimpuls auslösen	Bildschärfe messen	Kamera verfahren	Kontraktion filmen	Messung auswerten	Gerät fixieren	
Merkmalscluster	Elementgestalt		1					
	Funktionalität		1	1		1		
	Wirkprinzip		1	1				
	Topologie							
	Verknüpfung							
	Nutzerinteraktion							

Technischer Design-Parameter: Kameraauflösung		Funktionen						
		Lichtimpuls auslösen	Bildschärfe messen	Kamera verfahren	Kontraktion filmen	Messung auswerten	Gerät fixieren	
Merkmalscluster	Elementgestalt							
	Funktionalität		1		1			
	Wirkprinzip					1		
	Topologie							
	Verknüpfung							
	Nutzerinteraktion							

Technischer Design-Parameter: Wellenlänge Lichtimpuls		Funktionen						
		Lichtimpuls auslösen	Bildschärfe messen	Kamera verfahren	Kontraktion filmen	Messung auswerten	Gerät fixieren	
Merkmalscluster	Elementgestalt							
	Funktionalität	1						
	Wirkprinzip	1						
	Topologie							
	Verknüpfung							
	Nutzerinteraktion							

Technischer Design-Parameter: Arbeitsabstand		Funktionen						
		Lichtimpuls auslösen	Bildschärfe messen	Kamera verfahren	Kontraktion filmen	Messung auswerten	Gerät fixieren	
Merkmalscluster	Elementgestalt		1				1	
	Funktionalität		1	1				
	Wirkprinzip							
	Topologie		1	1			1	
	Verknüpfung							
	Nutzerinteraktion							

Technischer Design-Parameter: Brennweite		Funktionen						
		Lichtimpuls auslösen	Bildschärfe messen	Kamera verfahren	Kontraktion filmen	Messung auswerten	Gerät fixieren	
Merkmalscluster	Elementgestalt		1				1	
	Funktionalität		1	1				
	Wirkprinzip							
	Topologie		1	1			1	
	Verknüpfung							
	Nutzerinteraktion							

Technischer Design-Parameter: Verfahrweg der Kamera		Funktionen						
		Lichtimpuls auslösen	Bildschärfe messen	Kamera verfahren	Kontraktion filmen	Messung auswerten	Gerät fixieren	
Merkmalscluster	Elementgestalt			1				
	Funktionalität			1				
	Wirkprinzip			1				
	Topologie			1				
	Verknüpfung							
	Nutzerinteraktion							

Technischer Design-Parameter: Verfahrmechanismus der Kamera		Funktionen						
		Lichtimpuls auslösen	Bildschärfe messen	Kamera verfahren	Kontraktion filmen	Messung auswerten	Gerät fixieren	
Merkmalscluster	Elementgestalt							
	Funktionalität			1				
	Wirkprinzip			1				
	Topologie							
	Verknüpfung							
	Nutzerinteraktion			1			1	

Technischer Design-Parameter: Linienfrequenz		Funktionen						
		Lichtimpuls auslösen	Bildschärfe messen	Kamera verfahren	Kontraktion filmen	Messung auswerten	Gerät fixieren	
Merkmalscluster	Elementgestalt							
	Funktionalität		1					
	Wirkprinzip					1		
	Topologie							
	Verknüpfung							
	Nutzerinteraktion							

Technischer Design-Parameter: Gewicht Verschiebebahn		Funktionen						
		Lichtimpuls auslösen	Bildschärfe messen	Kamera verfahren	Kontraktion filmen	Messung auswerten	Gerät fixieren	
Merkmalscluster	Elementgestalt			1	1			
	Funktionalität							
	Wirkprinzip							
	Topologie							
	Verknüpfung							
	Nutzerinteraktion							

Technischer Design-Parameter: Schnittstelle für Bilddaten		Funktionen						
		Lichtimpuls auslösen	Bildschärfe messen	Kamera verfahren	Kontraktion filmen	Messung auswerten	Gerät fixieren	
Merkmalscluster	Elementgestalt							
	Funktionalität							
	Wirkprinzip							
	Topologie							
	Verknüpfung				1	1		
	Nutzerinteraktion							

Abbildung A-7: Beispielhafte Relationen zwischen technischen Design-Parametern und Funktionen/ Prototypenmerkmalen am Beispiel eines optischen Messsystems

A.5 Wechselwirkungen zwischen technischen Design-Parametern

1: Die Spezifikation des technischen Design-Parameters der Zeile erfordert die Information aus der Spezifikation des technischen Design-Parameters der Spalte 0: Die Spezifikation des technischen Design-Parameters der Zeile erfordert <u>keine</u> Information aus der Spezifikation des technischen Design-Parameters der Spalte		Konstruktionsprinzip Gehäuse	Befestigungspunkte Werkfixierung	Krone verschraubt	Auszugskraft Krone	Eindrückkraft Krone	Zähnezahl Minutenrad	Zähnezahl Kleinbodenrad	Zähnezahl Sekundenrad	Material Zifferblatt	Abstand Zifferblatt --> Glas	Abstand Zifferblatt --> Zeiger	Gangreserve	Gesamtübersetzungsverhältnis Räderwerk	Material Gehäuse
Technische Design-Parameter	**ID**	1	2	3	4	5	6	7	8	9	10	11	12	13	14
Konstruktionsprinzip Gehäuse	1		0	1	0	0	0	0	0	0	0	0	0	0	0
Befestigungspunkte Werkfixierung	2	1		1	0	0	0	0	0	0	1	0	0	1	1
Krone verschraubt	3	1	0		0	0	0	0	0	0	0	0	0	0	0
Auszugskraft Krone	4	0	0	1		1	0	0	0	0	0	0	0	0	0
Eindrückkraft Krone	5	1	0	1	1		0	0	0	0	0	0	0	0	0
Zähnezahl Minutenrad	6	0	0	0	0	0		1	1	0	0	0	0	1	0
Zähnezahl Kleinbodenrad	7	0	0	0	0	0	1		1	0	0	0	0	1	0
Zähnezahl Sekundenrad	8	0	0	0	0	0	1	1		0	0	0	0	1	0
Material Zifferblatt	9	0	0	0	0	0	0	0	0		0	0	0	0	0
Abstand Zifferblatt --> Glas	10	1	0	0	0	0	0	0	0	1		0	0	0	0
Abstand Zifferblatt --> Zeiger	11	1	0	0	0	0	0	0	0	1	0		0	0	0
Gangreserve	12	0	0	0	0	0	0	0	0	0	0	0		0	0
Gesamtübersetzungsverhältnis Räderwerk	13	0	0	0	0	0	0	0	0	0	0	0	1		0
Material Gehäuse	14	1	0	0	0	0	0	0	0	0	0	0	0	0	

Abbildung A-8: Beispielhafte Wechselwirkungen zwischen technischen Design-Parametern am Beispiel einer Uhr

1: Die Spezifikation des technischen Design-Parameters der Zeile erfordert die Information aus der Spezifikation des technischen Design-Parameters der Spalte

0: Die Spezifikation des technischen Design-Parameters der Zeile erfordert keine Information aus der Spezifikation des technischen Design-Parameters der Spalte

Technische Design-Parameter	ID	Autofokussier-Prinzip	Kameraauflösung	Wellenlänge Lichtimpuls	Arbeitsabstand	Brennweite	Verfahrweg der Kamera	Verfahrmechanismus der Kamera	Linienfrequenz	Gewicht Verschiebebahn	Schnittstelle für Bilddaten	Grad der Bestimmtheit
Technische Design-Parameter	ID	1	2	3	4	5	6	7	8	9	10	
Autofokussier-Prinzip	1		1	1	0	0	0	0	0	0	0	50%
Kameraauflösung	2	0		0	0	0	0	0	0	0	0	100%
Wellenlänge Lichtimpuls	3	0	0		0	0	0	0	0	0	0	100%
Arbeitsabstand	4	0	0	1		0	0	0	0	0	0	1%
Brennweite	5	1	0	1	0		0	0	1	0	0	1%
Verfahrweg der Kamera	6	1	0	0	0	1		0	1	0	0	1%
Verfahrmechanismus der Kamera	7	1	0	0	0	0	1		0	0	0	50%
Linienfrequenz	8	1	0	0	0	0	0	0		0	0	25%
Gewicht Verschiebebahn	9	0	0	0	0	0	1	1	0		0	1%
Schnittstelle für Bilddaten	10	0	1	0	0	0	0	0	1	0		10%
Grad der Bestimmtheit		50%	100%	100%	1%	1%	1%	50%	25%	1%	10%	

Abbildung A-9: Beispielhafte Wechselwirkungen zwischen technischen Design-Parametern am Beispiel eines optischen Messsystems

Lebenslauf

Persönliche Angaben

Name	Elmar Sebastian Schlößer
Geburtsdatum und -ort	21.09.1989 in Aachen
Nationalität	deutsch
Familienstand	ledig
Eltern	Kornelia Schlößer, geb. Starmanns und Friedo Schlößer

Ausbildung

1996 – 2000	Gemeinschaftsgrundschule am Haarbach, Aachen
2000 – 2009	Privates Bischöfliches Pius-Gymnasium Aachen
2009 – 2016	Studium des Wirtschaftsingenieurwesen Fachrichtung Maschinenbau an der Rheinisch-Westfälischen Technischen Hochschule Aachen

Berufliche Erfahrung

2009	Technisches Grundpraktikum, KSA Kugelstrahlzentrum, Aachen
2011	Studentische Hilfskraft, Lehrstuhl für Wirtschaftswissenschaften für Ingenieure und Naturwissenschaftler, WIN RWTH Aachen
2012 – 2016	Studentische Hilfskraft, Lehrstuhl für Produktionssystematik, Werkzeugmaschinenlabor WZL der RWTH Aachen
2012 – 2013	Praktikum, AUDI AG, Ingolstadt
2014	Wissenschaftliche Hilfskraft, Abteilung Technologiemanagement, Fraunhofer Institut für Produktionstechnologie IPT, Aachen
2015	Praktikum, P3 North America, Los Angeles, Kalifornien, USA

Seit 2016	Wissenschaftlicher Mitarbeiter, Lehrstuhl für Produktionssystematik, Werkzeugmaschinenlabor WZL der RWTH Aachen
Seit 2018	Leiter der Gruppe Entwicklungsmanagement, Lehrstuhl für Produktionssystematik, Werkzeugmaschinenlabor WZL der RWTH Aachen

Aachen, im Oktober 2020

In der Reihe **Ergebnisse aus der Produktionstechnik** zuletzt erschienen:

Peters, Tido:
Untersuchungen zum diodenlaserbasierten in-situ Tapelegen als Produktions-technologie für einen großserienfähigen hybriden Leichtbau
ISBN: 978-3-86359-913-3
Erscheinungsdatum: 23.11.2020

Glöckner, Henrik:
Systemdynamische Modellierung des reaktiven Fehlermanagements in Produktionssystemen
ISBN: 978-3-86359-912-6
Erscheinungsdatum: 19.11.2020

Piel, Daniel:
Methode zur Beschreibung und Optimierung des Anregungsverhaltens von Planetengetrieben
ISBN: 978-3-86359-915-7
Erscheinungsdatum: 19.11.2020

Schlößer, Elmar Sebastian:
Auslegung prototypischer Produktinkremente im Kontext agiler Entwicklungsprojekte
ISBN: 978-3-86359-914-0
Erscheinungsdatum: 10.11.2020

Prümmer, Marcel:
Kennzahlenbasiertes Bewertungs-system der Leistungsfähigkeit verketteter Fertigungssysteme in der mechanischen Fertigung des Werkzeugbaus
ISBN: 978-3-86359-902-7
Erscheinungsdatum: 05.11.2020

Sauermann, Frederick:
Datenbasierte Prognose und Planung auftragsspezifischer Übergangszeiten
ISBN: 978-3-86359-911-9
Erscheinungsdatum: 05.11.2020

de Lange, Johan:
Prozessmodell für den Werkzeugbau im iterativen Produktentwicklungsprozess
ISBN: 978-3-86359-898-3
Erscheinungsdatum: 12.10.2020

Voigtmann, Christoph:
Modellierung des Risikos thermischer Verletzungen bei minimalinvasiven Eingriffen an der lateralen Schädelbasis
ISBN: 978-3-86359-867-9
Erscheinungsdatum: 12.10.2020

Lachenmaier, Maximilian:
Beschleunigungsbasierte Prozessauslegung des ungeführten Vibrationsgleitschleifprozesses
ISBN: 978-3-86359-900-3
Erscheinungsdatum: 06.10.2020

Pollaschek, Jonas:
Fertigungsgerechte Zahnfußoptimierung von Stirnrädern
ISBN: 978-3-86359-888-4
Erscheinungsdatum: 06.10.2020

Hild, Rafael:
Dry Full Forward Extrusion by Textured Workpieces and Self-Lubricating Tool Coatings
ISBN: 978-3-86359-892-1
Erscheinungsdatum: 30.09.2020

Welter, Tobias:
Logistikeffizienz der Produktions-steuerung in der variantenreichen Kleinserienproduktion
ISBN: 978-3-86359-887-7
Erscheinungsdatum: 16.09.2020

Edition Wissenschaft
Apprimus

Herrig, Tim:
Elektrochemisches Schneiden mit einer Drahtelektrode
ISBN: 978-3-86359-876-1
Erscheinungsdatum: 07.09.2020

Rey, Jan:
Methodik zur hochiterativen Gestaltung von Fertigungsprozessfolgen
ISBN: 978-3-86359-874-7
Erscheinungsdatum: 27.07.2020

Brill, Nicolai-André:
Optische Kohärenztomographie für die Quantifizierung funktioneller und morphologischer Eigenschaften von humanem Knorpelgewebe
ISBN: 978-3-86359-868-6
Erscheinungsdatum: 16.07.2020

Wetterney, Tim:
Disruptionsorientierter Spezifikationsprozess technischer Systeme
ISBN: 978-3-86359-875-4
Erscheinungsdatum: 09.07.2020

Schares, Richard:
Laserstrahl-Fügevorbehandlung von CFK-Bauteilen in Formwerkzeugen von Spritzgießanlagen
ISBN: 978-3-86359-852-5
Erscheinungsdatum: 18.05.2020

Teli, Mahesh Pradip:
Development of Wire- and Powder-based Laser Metal Deposition Process for Locally Modified Mechanical Properties of X37CrMoV5-1 Tool Steel
ISBN: 978-3-86359-848-8
Erscheinungsdatum: 04.05.2020

Vogt, Florian:
Gestaltung typenbasierter Transferprozesse von Innovationen aus firmeninternen Inkubatoren
ISBN: 978-3-86359-881-5
Erscheinungsdatum: 04.08.2020

Janssen, Henning:
Additive Prozesskette zur Herstellung von thermoplastischen Faserverbund-Hybridbauteilen
ISBN: 978-3-86359-870-9
Erscheinungsdatum: 23.07.2020

Ackermann, Philippe:
Optische Kohärenztomographie für Laserdurchstrahlschweißprozesse bei Kunststoffen
ISBN: 978-3-86359-872-3
Erscheinungsdatum: 13.07.2020

Kelzenberg, Christoph:
Datenstrukturmodell für den digitalen Schatten der Auftragsabwicklung von Werkzeugbaubetrieben
ISBN: 978-3-86359-861-7
Erscheinungsdatum: 01.07.2020

Rittstieg, Felix:
Ambidextre Organisationsarchitekturen im industriellen Werkzeugbau
ISBN: 978-3-86359-855-6
Erscheinungsdatum: 18.05.2020

Vollmer, Thomas:
Transparency-Driven Vertical Data Connection of Production Systems for Resources Monitoring in Manufacturing
ISBN: 978-3-86359-851-8
Erscheinungsdatum: 27.04.2020

Edition Wissenschaft
Apprimus

FSC
www.fsc.org
MIX
Papier | Fördert
gute Waldnutzung
FSC® C083411

Kolibri 360 GmbH
Ferdinand-Jühlke-Straße 7
99095 Erfurt, Deutschland
produktsicherheit@kolibri360.de